AutoCAD
入门教程全掌握

管殿柱　谈世哲　刘志刚　管玥◎编著

清華大學出版社
北京

内 容 简 介

　　全书分为两册，第一册共 11 章，包括 AutoCAD 概述、AutoCAD 绘图基础、绘制二维图形、规划与管理图层、修改二维图形、文字与表格、尺寸标注、图块与外部参照、高效绘图工具、布局与打印出图和图纸集等。第二册共 7 章，包括平面图形绘制、轴测投影图绘制、绘制三维图形、编辑和渲染三维图形、零件设计、零件装配和工业造型。

　　本书可作为大中专院校、高职院校和社会相关培训机构的教材，也可作为 AutoCAD 初学者及工程技术人员的自学用书。

本书封面贴有清华大学出版社防伪标签，无标签者不得销售。
版权所有，侵权必究。侵权举报电话：010-62782989　13701121933

图书在版编目（CIP）数据

AutoCAD 入门教程全掌握 / 管殿柱等编著. —北京：清华大学出版社，2019
ISBN 978-7-302-52646-9

Ⅰ. ①A…　Ⅱ. ①管…　Ⅲ. ①AutoCAD 软件–教材　Ⅳ. ①TP391.72

中国版本图书馆 CIP 数据核字（2019）第 045443 号

责任编辑：袁金敏
封面设计：刘新新
责任校对：胡伟民
责任印制：丛怀宇

出版发行：清华大学出版社
　　　　　网　　址：http://www.tup.com.cn, http://www.wqbook.com
　　　　　地　　址：北京清华大学学研大厦 A 座　　　邮　编：100084
　　　　　社 总 机：010-62770175　　　　　　　　　邮　购：010-62786544
　　　　　投稿与读者服务：010-62776969, c-service@tup.tsinghua.edu.cn
　　　　　质 量 反 馈：010-62772015, zhiliang@tup.tsinghua.edu.cn
印 装 者：三河市龙大印装有限公司
经　　销：全国新华书店
开　　本：185mm×260mm　　　印　张：36.5　　　字　数：915 千字
版　　次：2019 年 5 月第 1 版　　　　　　　　　印　次：2019 年 5 月第 1 次印刷
定　　价：99.00 元（全二册）

产品编号：065843-01

前　　言

AutoCAD 软件集二维绘图、三维设计和渲染为一体，广泛应用于机械、电气、服装、建筑、园林和室内装潢设计等众多领域，已成为工程设计领域应用最为广泛的计算机辅助绘图与设计软件之一。

AutoCAD 2018 中文版界面友好、功能强大，能够快捷地绘制二维与三维图形、渲染图形、标注图形尺寸和打印输出图纸等，深受广大工程技术人员的欢迎，其优化的界面使用户更易找到常用命令，并且以更少的命令更快地完成常规 AutoCAD 的烦琐任务。

本书详细介绍 AutoCAD 2018 中文版的新功能和各种基本操作方法与技巧。内容全面、层次分明、脉络清晰，方便读者系统地理解与记忆，并在每章中辅以典型实例，巩固读者对知识的实际应用能力，同时这些实例对解决实际问题也具有很好的指导意义。全书分为以下两册。

第一册共 11 章，包括 AutoCAD 概述、AutoCAD 绘图基础、绘制二维图形、规划与管理图层、修改二维图形、符号与表格、尺寸标注、图块与外部参照、高效绘图工具、布局与打印出图和图纸集。

第二册共 7 章，包括平面图形绘制、轴测投影图绘制、绘制三维图形、编辑和渲染三维图形、零件设计、零件装配和工业造型设计。

本书附赠专业篇共 27 章，为电子版，包括 AutoCAD 机械设计、AutoCAD 建筑设计、AutoCAD 电气设计、AutoCAD 室内设计、AutoCAD 园林设计和 AutoCAD 服装设计。

本书英文字母统一用正体。本书具有如下特色。

内容全面。本书涵盖 AutoCAD 2018 初级使用者的基本命令，包括设置绘图环境、图层管理、控制图形显示、绘制二维图形和三维图形、编辑二维图形和三维图形、注释文字和表格、标注图形尺寸、块与外部参照等内容。在专业篇设置了 AutoCAD 在机械设计、建筑设计、室内设计、电气设计、园林设计和服装等方面的应用，包含了 AutoCAD 在六大设计行业中的应用。

分类明确。为了在有限的篇幅内提高知识集中程度，本书对 AutoCAD 2018 的知识进行了详细且合理的划分，尽可能使章节安排符合读者的学习习惯，使读者学习起来轻松方便。

实例丰富。本书对大部分的命令均采用实例讲解，配有各个步骤的图片和操作说明，通过实例进行知识点讲解，既生动具体，又简洁明了。

手把手视频讲解。书中的大部分实例都录制了教学视频。视频录制采用模仿实际授课的形式，在各知识点的关键处给出解释和注意事项提醒。

小栏目设置。结合作者多年实际使用经验，在书中穿插了大量的"提示"，起到画龙点睛的作用。

全天候学习。书中大部分实例都提供了二维码，读者可以通过手机微信扫一扫，全天候观看相关的教学视频。

本书还随书附赠如下学习资源。

（1）AutoCAD 应用技巧精选。

（2）AutoCAD 疑难问题精选。

（3）AutoCAD 认证考试练习题。

（4）AutoCAD 大型设计图纸视频及源文件。

（5）AutoCAD 快捷键命令速查手册。

（6）AutoCAD 快捷键速查手册。

（7）AutoCAD 常用工具按钮速查手册。

本书学习资源获取方式如下。

（1）案例视频讲解可扫描案例旁边二维码直接观看。

（2）源文件请扫描图书封底的二维码进行下载。

编　者

2019 年 1 月

目　　录

第 12 章　平面图形绘制

本章重点

- 斜度和锥度
- 圆弧连接
- 平面图形尺寸分析
- 平面图形作图

12.1　斜度和锥度

1. 斜度

斜度是指一直线（或平面）相对另一直线（或平面）的倾斜程度。其大小用两直线（或平面）间夹角的正切值来表示，如图 12-1 所示，即斜度= $\tan\alpha$ =H/L。在工程图样中，通常将斜度值以 1：n 的形式标注，如斜度 1：5 的作图方法和标注，绘制水平线 AB 为五个单位长度，过 B 作 AB 的垂线 BC，取 BC 为一个单位长度，连接 A 和 C，即得斜度为 1：5 的直线，如图 12-2 所示。

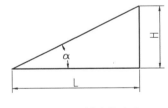

图 12-1　斜度的定义

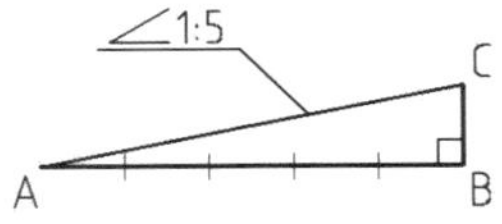

图 12-2　斜度的画法及标注

【例 12-1】　绘制如图 12-3 所示图形。

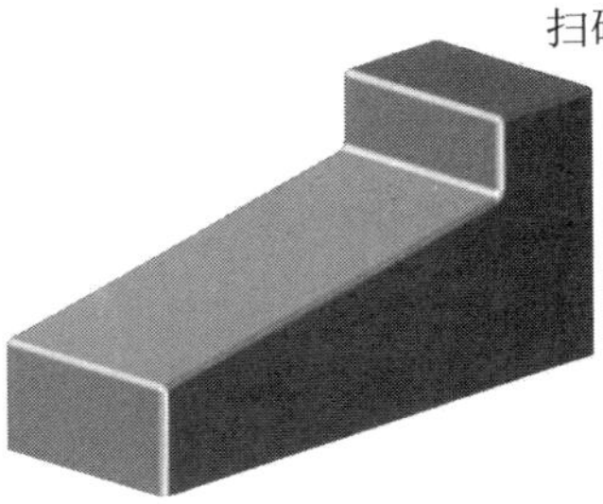

扫码看视频

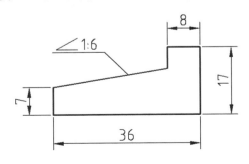

图 12-3　例题

作图步骤如下。

[1] 根据如图 12-3 所示的图形和尺寸，绘制除倾斜线以外的其他部分轮廓线，如图 12-4 所示。

[2] 过 A 点作水平线 AB，长度为六个单位，过 B 点作 AB 的垂线 BC，长度为一个单位，如图 12-5 所示。

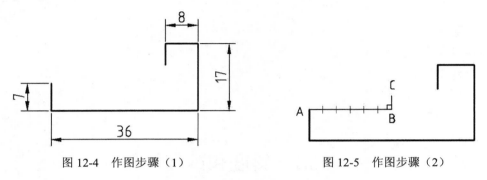

图 12-4　作图步骤（1）　　　　　　　　图 12-5　作图步骤（2）

[3] 连接 AC 并延长，然后完成其他细节，如图 12-6 所示。

[4] 擦去作图线，标注尺寸和斜度，完成图形，如图 12-7 所示。

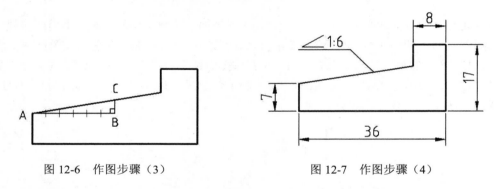

图 12-6　作图步骤（3）　　　　　　　　图 12-7　作图步骤（4）

标注斜度符号时，斜度符号的倾斜方向应与所标注图形的倾斜方向一致，其标注方法如图 12-8 所示。

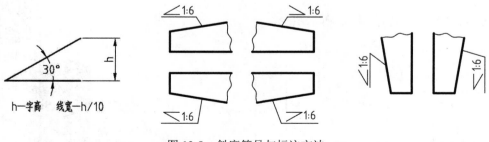

图 12-8　斜度符号与标注方法

2．锥度

锥度是指正圆锥的底圆直径与锥高之比，如图 12-9 所示，即锥度= $2\tan\alpha$ =D/L。在工程图样中，通常将锥度值以 1∶n 的形式标注，如锥度 1∶5 的作图方法和标注，绘制水平线 AB，长度为五个单位，过 B 作 AB 的垂线，分别向上和向下量取半个单位长度，得 C 和 D。分别过 C 和 D 作直线与 A 相连，即锥度为 1∶5，如图 12-10 所示。

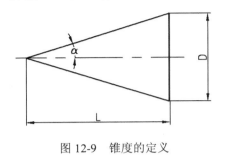

图 12-9　锥度的定义

图 12-10　锥度的画法和标注

扫码看视频

【例 12-2】 绘制如图 12-11 所示图形。

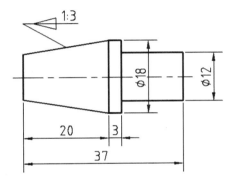

图 12-11　例题

作图步骤如下。

[1] 根据图 12-11 所示图形和尺寸，绘制除倾斜线以外的其他部分轮廓线，如图 12-12 所示。

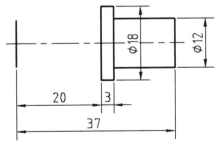

图 12-12　作图步骤（1）

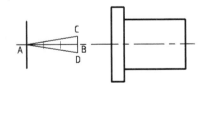

图 12-13　作图步骤（2）

[2] 过 A 点作水平线 AB，并将 AB 三等分，过 B 点作 AB 的垂线，分别向上和向下各量取半个单位长度，得 C 和 D。分别过 C 和 D 作直线与 A 相连，得到锥度为 1∶3 的直线 AC 和 AD，如图 12-13 所示。

[3] 分别过 E 和 G 点作直线 EF∥AC、GH∥AD，完成锥度线绘制，如图 12-14 所示。

[4] 擦去作图线，标注尺寸和锥度，完成图形，如图 12-15 所示。

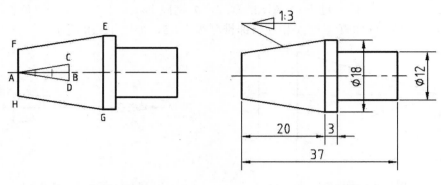

　　图 12-14　作图步骤（4）　　　　　　图 12-15　作图步骤（5）

　　标注锥度符号时，锥度符号的倾斜方向应与所标注图形的倾斜方向一致，其标注方法如图 12-16 所示。

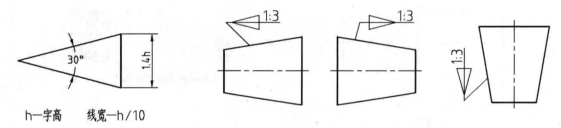

图 12-16　锥度符号和标注方法

12.2　圆 弧 连 接

　　在绘图时，经常需要用圆弧来光滑连接已知直线或圆弧，光滑连接也叫相切连接。为了保证相切，必须准确地作出连接圆弧的圆心和切点。

　　圆弧连接有三种情况：用已知半径为 R 的圆弧连接两条已知直线；用已知半径为 R 的圆弧连接两已知圆弧，其中有外连接和内连接之分；用已知半径为 R 的圆弧连接一已知直线和一已知圆弧。下面就各种情况作详细讲解。

12.2.1　圆弧与两已知直线连接的画法

　　已知两直线Ⅰ、Ⅱ以及连接圆弧的半径 R，要求作两直线的连接弧，手工作图过程如图 12-17 所示。

　　[1] 求连接弧的圆心：作与已知两直线分别相距为 R 的平行线，交点 O 即为连接弧圆心。

　　[2] 求连接弧的切点：从圆心 O 分别向两直线作垂线，垂足 M、N 即为切点。

[3] 画连接圆弧：以 O 为圆心，R 为半径在两切点 M、N 之间作圆弧，即为所求连接弧。

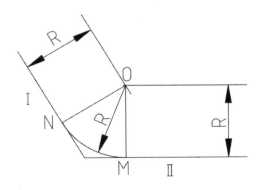

图 12-17　圆弧连接两直线的画法

使用 AutoCAD 软件作该图有两种方法：

（1）执行"倒圆"命令直接用圆弧连接。

（2）执行"绘图"→"圆"→"相切、相切、半径"命令，先绘制圆，然后修剪不需要的图线。

12.2.2　圆弧与两圆弧外连接的画法

已知两圆圆心 O_1、O_2 及其半径 R_1、R_2，用半径为 R 的圆弧外连接两圆弧。手工作图过程如图 12-18 所示。

[1] 求连接弧的圆心：以 O_1 为圆心，R_1+R 为半径画弧；以 O_2 为圆心，R_2+R 为半径画弧，两圆弧的交点 O 即为连接弧的圆心。

[2] 求连接弧的切点：连接 O、O_1 得点 N，连接 O、O_2 得点 M。点 N、M 即为切点。

[3] 画连接圆弧：以 O 为圆心，R 为半径，画圆弧 MN，MN 即为所求连接弧。

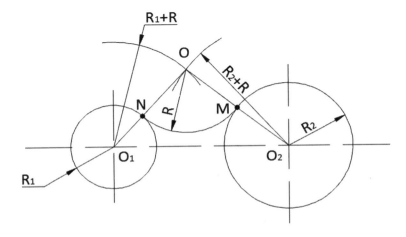

图 12-18　圆弧与两圆弧外连接的画法

使用 AutoCAD 软件作该图有两种方法：

（1）执行"倒圆"命令直接用圆弧连接。

（2）执行"绘图"→"圆"→"相切、相切、半径"命令先绘制圆，然后修剪不需要的图线，如图 12-19 所示。

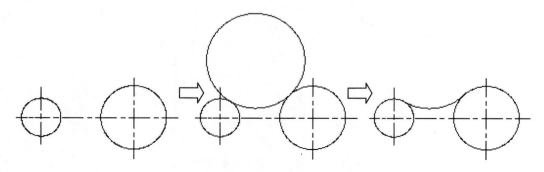

图 12-19　绘图过程

12.2.3　圆弧与两圆弧内连接的画法

已知两圆圆心 O_1、O_2 及其半径 R_1、R_2，用半径为 R 的圆弧内连接两圆弧。手工作图过程如图 12-20 所示。

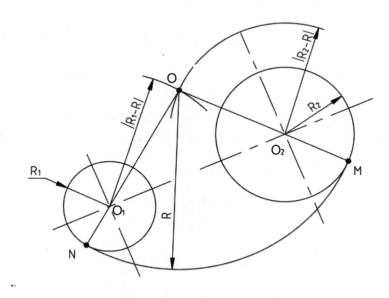

图 12-20　圆弧与两圆弧内连接的画法

[1] 求连接弧的圆心：以 O_1 为圆心，$|R-R_1|$ 为半径画弧；以 O_2 为圆心，$|R-R_2|$ 为半径画弧，两圆弧的交点即为连接弧的圆心。

[2] 求连接弧的切点：连接 O、O_1 得点 N，连接 O、O_2 得点 M，点 M、N 即为切点。

[3] 画连接圆弧：以 O 为圆心，R 为半径画圆弧 MN，MN 即为所求的连接弧。

使用 AutoCAD 软件作该图方法为：执行"绘图"→"圆"→"相切、相切、半径"命令先绘制圆，然后修剪不需要的图线，如图 12-21 所示。

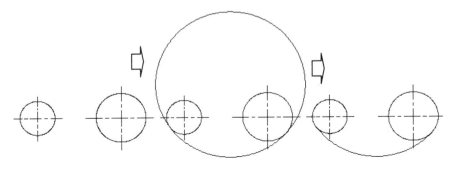

图 12-21　作图过程

12.3　平面图形的尺寸分析

一个平面图形常由若干线段（直线或圆弧）连接而成。而每条线段都有各自的尺寸和位置，因此，通过分析尺寸和线段间的位置关系可确定图形中哪些线段能够先画，哪些线段必须后画。

12.3.1　平面图形的尺寸分析

平面图形的尺寸按其作用不同，可分为定形尺寸和定位尺寸两类。

1. 定形尺寸

定形尺寸又称大小尺寸，它是确定平面图形中各线段或线框形状大小的尺寸，如矩形的长度和宽度、圆及圆弧的直径或半径、角度的大小等，例如图 12-22 的矩形块尺寸 40 和 5、同心圆的直径 ϕ12 和 ϕ20，两个连接圆弧的半径 R10 和 R8，斜线的倾斜角度 60° 等，均属于这类尺寸。

2. 定位尺寸

定位尺寸是确定平面图形上各线段或线框间相对位置的尺寸。例如图 12-22 中确定左上方同心圆与图形底部上下方向的定位尺寸 20 和左右方向的定位尺寸 3。

12.3.2　平面图形的线段分析

线段根据图形中所给的尺寸和线段间的连接关系可分为以下三种。

（1）已知线段：定形尺寸和定位尺寸齐全，作图时可以直接按尺寸画的线段，称为已知线段。

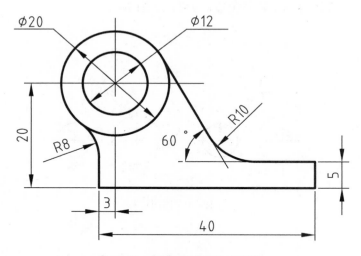

图 12-22   平面图形的尺寸标注

（2）中间线段：具有定形尺寸，但定位尺寸不全，作图时需要根据与其相邻的一个线段的连接关系才能画出的线段，称为中间线段。

（3）连接线段：只给出定形尺寸，而无定位尺寸，需要根据与其相邻的两个线段的连接关系才能画出的线段，称为连接线段。

如图 12-23 中，根据尺寸 $\phi19$、$\phi11$、14 和 6 可画出其左边的两个矩形，根据尺寸 80 和 R5.5 可画右边小圆弧，以上为已知线段；R52 为中间线段；R30 为连接线段。

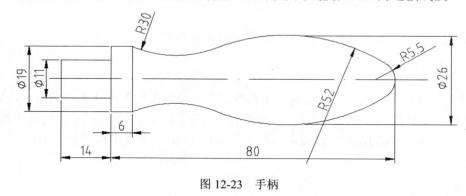

图 12-23   手柄

12.4   平面图形的作图步骤

扫码看视频

通过平面图形的线段和尺寸分析，可以得出如下结论：绘制平面图形时，必须先画出各已知线段，再依次画出各中间线段，最后画出各连接线段。

现以图 12-23 所示手柄为例，在对其线段分析的基础上，具体作图步骤如图 12-24

所示。

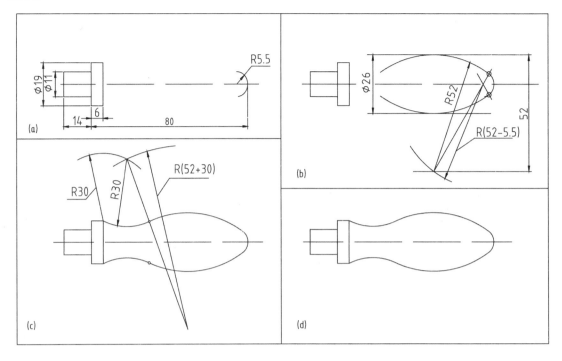

图 12-24　手柄的画图步骤

[1] 定出图形的基准线，画已知线段（图 12-24（a））。

[2] 画中间线段 R52（图 12-24（b））。

[3] 画连接线段 R30（图 12-24（c））。

[4] 擦去多余作图线，完成全图（图 12-24（d））。

12.5　平面图形绘制实例——挂轮架

扫码看视频

1．设计要求

设计挂轮架，将挂轮架的平面图形绘制在适当的模板中，并标注尺寸，如图 12-25 所示。

2．分析问题

对于这个图案，可以通过如下几个步骤来绘制。

（1）根据挂轮架的尺寸，将挂轮架平面图形横向画在 A3 模板中。

（2）因为挂轮架平面图形中圆和圆弧连接比较多，所以首先必须确定圆和圆弧的圆心。

（3）先画出已知线段，再画出中间线段，最后画出连接线段。

（4）以绘图基准作为尺寸基准，标注尺寸。

下面就按照上面的思路来制作图形。

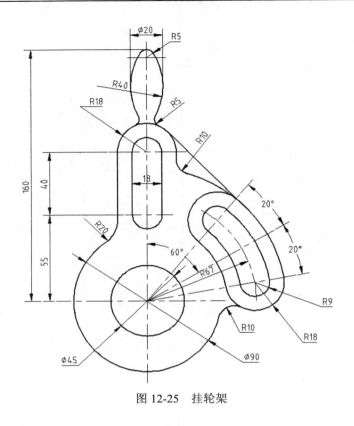

图 12-25   挂轮架

3. 实例制作

[1] 打开 A3 模板，选择点画线层，执行"直线"命令绘制水平点画线长为 90，垂直点画线长为 210，确定圆心 O_1，如图 12-26 所示。

[2] 执行"偏移"命令分别将水平点画线向上偏移 55、95、155，确定圆心 O_2、O_3、O_4，如图 12-27 所示。

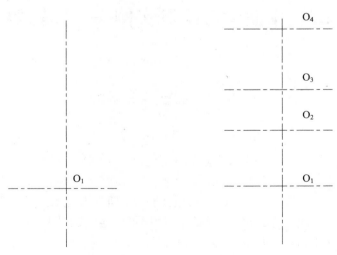

图 12-26   确定圆心 O_1 图 12-27   确定圆心 O_2、O_3、O_4

[3] 执行"**直线**"命令绘制点画线 O_1A、O_1B、O_1C，执行"**圆弧**"命令绘制半径为 R67 的圆弧 O_5O_6，确定圆心 O_5、O_6，如图 12-28 所示。

[4] 选择粗实线层，执行"**圆**"命令绘制以 O_1 为圆心、直径为 45、90 的圆，以 O_2 为圆心、直径为 18 的圆，以 O_3 为圆心、直径为 18、36 的圆，以 O_4 为圆心、直径为 10 的圆，以 O_5 和 O_6 为圆心、直径为 18、36 的圆，如图 12-29 所示。

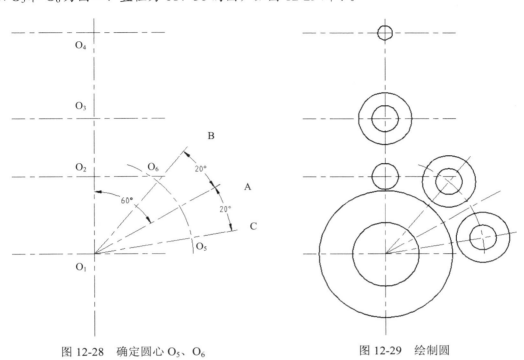

图 12-28 确定圆心 O_5、O_6 图 12-29 绘制圆

[5] 绘制圆弧，如图 12-30 所示。

[6] 执行"**修剪**"命令对图 12-30 进行修剪，修剪后的图形如图 12-31 所示。

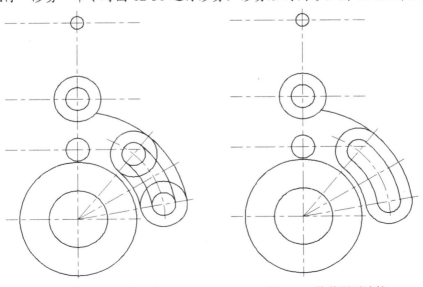

图 12-30 绘制圆弧   图 12-31 修剪圆弧连接

[7] 绘制 4 条竖线，如图 12-32 所示。

[8] 执行"修剪"命令对图 12-32 进行修剪，修剪后的图形如图 12-33 所示。

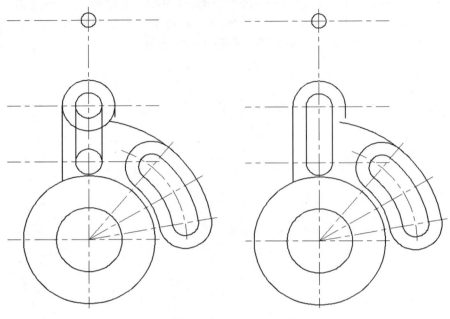

　　　图 12-32　绘制直线　　　　　　　　　　图 12-33　修剪直线圆弧连接

[9] 选择点画线层，执行"圆"命令绘制以 O_4 为圆心直径为 70 的圆。使用"偏移"命令将竖直的点画线向左偏移 30，确定圆心 O_7，如图 12-34 所示。

[10] 选择粗实线层，执行"圆"命令，绘制以 O_7 为圆心直径为 80 的圆，如图 12-35 所示。

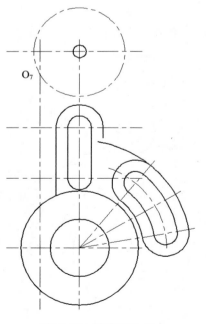
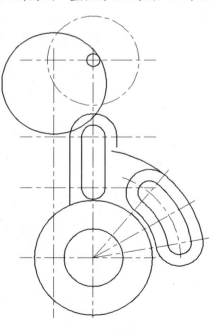

　　　图 12-34　确定圆心 O_7　　　　　　　　图 12-35　绘制直径 80 的圆

[11] 执行"修剪"命令对以 O_4 和 O_7 为圆心的圆进行修剪，并且删除确定圆心 O_7 的点画线圆和直线，如图 12-36 所示。

[12] 执行"圆角"命令（不修剪模式）倒图形中的圆角 R10、R20、R5，然后修剪掉多余对象，如图 12-37 所示。

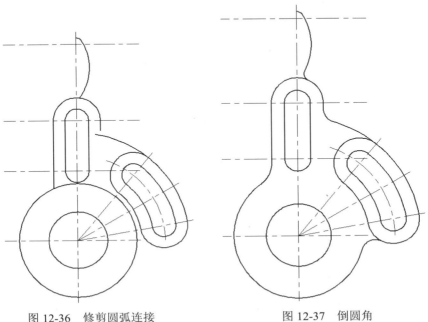

图 12-36　修剪圆弧连接　　　　　　　　图 12-37　倒圆角

[13] 执行"镜像"命令将上部半个手柄镜像，如图 12-38 所示。

[14] 调整点画线长度。执行"直线"命令绘制切线，如图 12-39 所示。

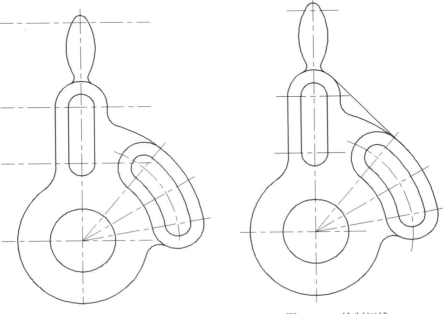

图 12-38　镜像手柄　　　　　　　　　　图 12-39　绘制切线

[15] 执行"旋转"命令将挂轮架平面图形旋转 90°，并对图形作适当调整。选择尺寸线层，选用适当的标注样式标注尺寸。将挂轮架平面图形和标注的尺寸进行适当调整后完成最终设计，如图 12-40 所示。

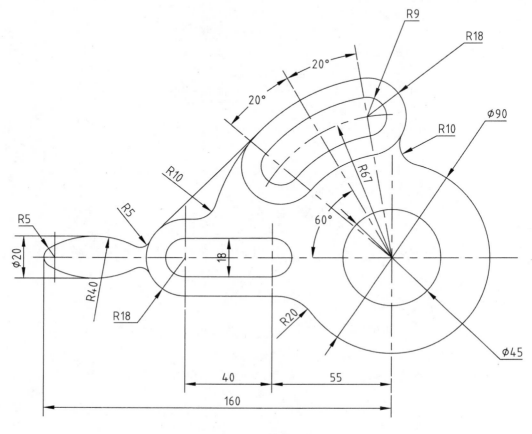

图 12-40　挂轮架设计图

12.6　思考与练习

1. 概念题

（1）斜度和锥度的定义是什么？怎样利用已知斜度和锥度作图？

（2）怎样利用 AutoCAD 软件进行圆弧连接？

（3）怎样对平面图形进行尺寸分析并作图？

2. 操作题：绘制如图 12-41～图 12-43 所示的图样。

图 12-41　操作题图 1

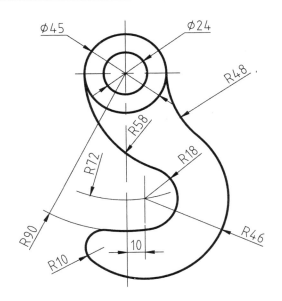

图 12-42　操作题图 2

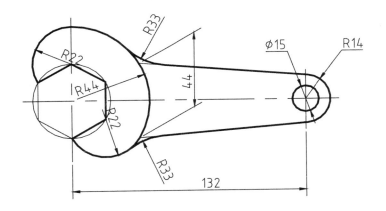

图 12-43　操作题图 3

第 13 章　轴测投影图绘制

本章重点

- 轴测图基本知识
- 使用等轴测捕捉
- 正等轴测图的画法
- 斜二轴测投影图的画法
- 使用等轴测捕捉绘制正等轴测图

13.1　轴测图的基本知识

轴测投影图是在工程绘图中广泛采用的一种三维图形绘制方法，简称轴测图。由于轴测图是在二维环境下，同时可以反映长、宽、高三个方向的投影，因此具有直观性好、立体感强、可以直接度量等优点。

轴测图是用平行投影法将立体连同确定其空间位置的直角坐标系沿不平行于任一坐标面的方向投射在单一投影面上所得到的、具有立体感的投影图。根据投射方向和轴向伸缩系数的不同，主要介绍下列两种常用轴测图的表达方法。

- 本章正等轴测投影图
- 斜二等轴测投影图

13.2　正等轴测投影图的画法

正等轴测投影图简称正等轴测图，它的空间直角坐标系的三个坐标轴与轴测投影面的倾角都为 $35°16'$，坐标轴的投影称为轴测轴，三个坐标轴的投影分别称为 X_1、Y_1、Z_1 轴，轴测轴之间的夹角称为轴间角。正等轴测图的轴间角同为 $120°$；三个轴测轴的轴向伸缩系数为 $p=q=r=1$，如图 13-1 所示。

提示： X_1 轴的轴向伸缩系数为 p，Y_1 轴的轴向伸缩系数为 q，Z_1 轴的轴向伸缩系数为 r。

【例 13-1】 根据图 13-2 所示的三视图及尺寸，画出正等轴测图。

[1] 单击"绘图"面板→"直线"命令按钮 , 执行绘直线命令，命令行提示如下：

命令： _line 指定第一点　//光标放置适当位置，单击鼠标确定第一点

扫码看视频

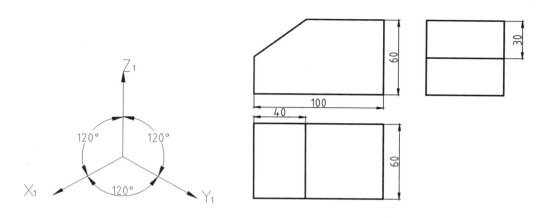

图 13-1　正等轴测图的轴间角和轴向伸缩系数　　　　图 13-2　三视图图例

指定下一点或[放弃（U）]：@0,-30

指定下一点或[放弃（U）]：@100＜30

指定下一点或[闭合（C）/放弃（U）]：　@0,60

指定下一点或[闭合（C）/放弃（U）]：　@60＜210

指定下一点或[闭合（C）/放弃（U）]：　C //闭合结束，如图 13-3 所示

[2] 按 Enter 键重复"直线"命令，命令行提示如下：

命令：LINE 指定第一点：　　　//自动捕捉右上的角点如图 13-4 所示，然后单击鼠标，

　　　　　　　　　　　　　　//确定第一点

指定下一点或[放弃（U）]：@60＜150

指定下一点或[放弃（U）]：　　//结束直线命令，如图 13-5 所示

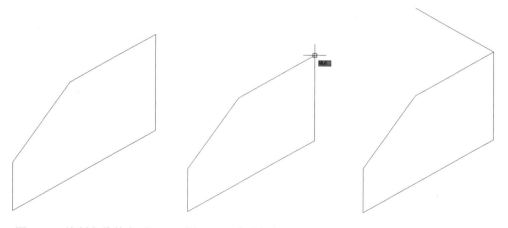

图 13-3　绘制立体前表面　　　图 13-4　自动捕捉右上角点　　　图 13-5　绘制 Y 方向直线

[3] 单击"修改"面板→"复制"按钮，复制直线如图 13-6 所示。

[4] 执行"直线"命令连接各端点，如图 13-7 所示。

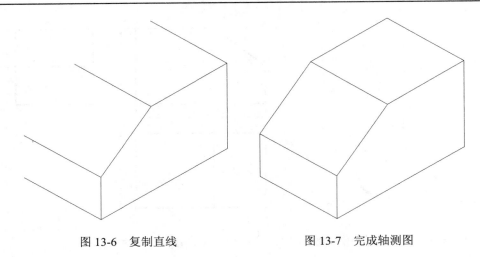

图 13-6　复制直线　　　　　　　　　　图 13-7　完成轴测图

13.3　斜二轴测投影图的画法

　　斜二轴测投影图的 X_1 轴与 Z_1 轴的轴间角为 90°，X_1 轴与 Y_1 轴的轴间角为 135°，Y_1 轴与 Z_1 轴的轴间角为 135°，X_1 轴与 Z_1 轴的轴向伸缩系数为 p=r=1，Y_1 轴的轴向伸缩系数为 q=0.5，如图 13-8 所示。

　　【**例 13-2**】　根据图 13-9 所给尺寸，绘出支架的斜二轴测图。

扫码看视频

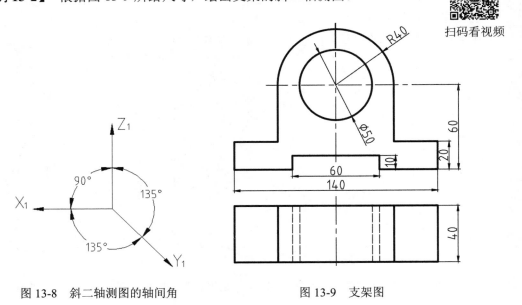

图 13-8　斜二轴测图的轴间角　　　　　图 13-9　支架图

　　[1] 绘制中心线，如图 13-10 所示。

　　[2] 单击"绘图"面板→"圆"命令按钮 ⊚，执行"绘圆"命令绘出 ϕ50、R40 的两同心圆，如图 13-11 所示。

　　[3] 执行"直线"命令和"修剪"命令，可以得到图 13-12。

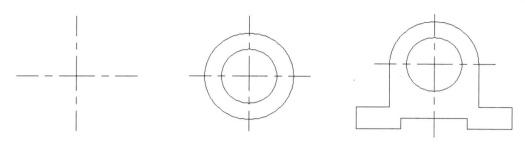

图 13-10　绘制中心线　　　图 13-11　ϕ50、R40 的两同心圆　　　图 13-12　剪切图形

[4] 单击"修改"面板→"复制"命令按钮，执行"复制"命令。命令行提示如下。

命令: _copy
选择对象: 指定对角点: 找到 15 个　　　　　　　　　//框选全部图形
选择对象:
当前设置: 复制模式 = 多个
指定基点或 [位移(D)/模式(O)] <位移>:　　　　　　　//捕捉圆心作为基点
指定第二个点或 <使用第一个点作为位移>: @20<135　　//结束命令，如图 13-13 所示
[5] 执行"直线"和"修剪"命令，完成轴测图如图 13-14 所示。

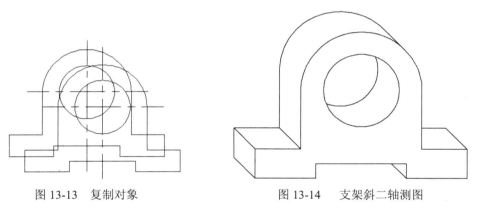

图 13-13　复制对象　　　　　　　图 13-14　支架斜二轴测图

13.4　使用等轴测捕捉绘制等轴测图

在状态栏栅格按钮上右击，在弹出的快捷菜单中选择"网格设置"选项，出现草图设置对话框，在"捕捉类型"区选中"等轴测捕捉"复选框。

13.4.1　轴测平面间的切换

在轴测投影图中，一般情况下正六面体仅有三个面是可见面，如图 13-15 所示。三个轴测平面是：

• 左视轴测平面由 Y_1 轴测轴和 Z_1 轴测轴所决定的平面及平行面。

- 右视轴测平面由 X_1 轴测轴和 Z_1 轴测轴所决定的平面及平行面。
- 顶视轴测平面由 X_1 轴测轴和 Y_1 轴测轴所决定的平面及平行面。

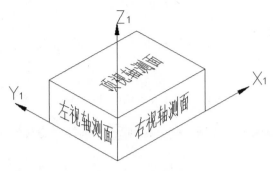

图 13-15　各轴测平面

在绘制轴测图时，三个轴测平面可以通过使用组合键 Ctrl+E 或 F5 键，在等轴测平面之间循环，每切换一个轴测平面，十字光标将随切换的轴测平面变化方向，如表 13-1 所示。

表 13-1　十字光标说明

十 字 光 标	说　　明
	选择左侧平面，由一对 90° 和 150° 的轴定义
	选择顶部平面，由一对 30° 和 150° 的轴定义
	选择右侧平面，由一对 90° 和 30° 的轴定义

13.4.2　实例

【例 13-3】　使用轴测投影模式，绘出图 13-16 所示的正等轴测图。

扫码看视频

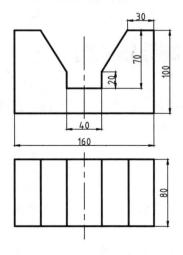

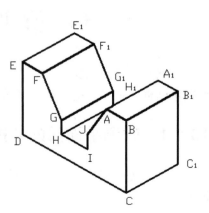

图 13-16　图例

[1] 打开正交、栅格和栅格捕捉（默认捕捉间距为 10），按 F5 键切换光标到左侧平面。

[2] 单击"直线"命令按钮 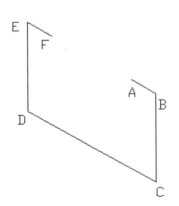，执行"直线"命令，命令行提示如下：

命令：_line 指定第一点：	//光标移至适当位置单击，确定 A 点
指定下一点或[放弃（U）]：30	//光标移至 A 点右侧，确定直线 AB 的方向，输 //入直线 AB 的长度，确定 B 点
指定下一点或[放弃（U）]：100	//确定直线 BC 的方向，输入直线 BC 的长度，确 //定 C 点
指定下一点或[闭合（C）/放弃（U）]：160	//确定直线 CD 的方向，输入直线 CD 的长度， //确定 D 点
指定下一点或[闭合（C）/放弃（U）]：100	//确定直线 DE 的方向，输入直线 DE 的长度， //确定 E 点
指定下一点或[闭合（C）/放弃（U）]：30	//确定直线 EF 的方向，输入直线 EF 的长度， //确定 F 点
指定下一点或[闭合（C）/放弃（U）]：	//结束命令，如图 13-17 所示

[3] 按 Enter 键重复"直线"命令，命令行提示如下：

命令：　line 指定第一点：	//确定 G 点
指定下一点或[放弃（U）]：	//沿 Z_1 轴向下量取 2 格，单击鼠标确定 H 点
指定下一点或[放弃（U）]：	//沿 Y_1 轴向右下量取 4 格，单击鼠标确定 I 点
指定下一点或[闭合（C）/放弃（U）]：	//沿 Z_1 轴向上量取 2 格，单击鼠标确定 J 点
指定下一点或[闭合（C）/放弃（U）]：	//结束命令，如图 13-18 所示

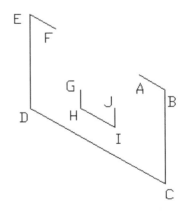

图 13-17　轮廓线 A～F　　　　　　　　　　图 13-18　栅格捕捉绘图线

[4] 连接 FG 和 AJ，如图 13-19 所示。

[5] 按 F5 键，切换到右视轴测平面。

[6] 执行"直线"命令绘制 CC_1，命令行提示如下：

命令：_line	
指定第一点：	//捕捉 C 点，单击鼠标确定 C 点
指定下一点或[放弃（U）]：80	//光标移至 C 点右侧，确定直线 CC1 方向，输入 //直线 CC1 的长度，绘出直线 CC1，如图 13-20 所示

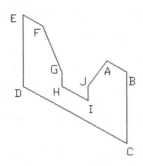

图 13-19　绘直线 FG 和 AJ

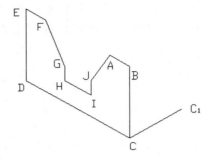

图 13-20　绘直线 CC1

[7] 单击"修改"面板→"复制"命令按钮，执行复制对象命令，复制直线 CC$_1$，如图 13-21 所示。

[8] 执行"直线"和"修剪"命令完成轴测图，如图 13-22 所示。

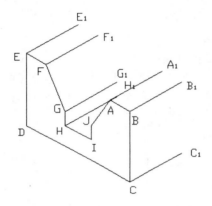

图 13-21　复制 X$_1$ 轴方向的直线

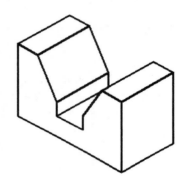

图 13-22　完成正等轴测图

13.5　正等轴测投影图中圆和圆角的绘制

在正等轴测图中，圆和圆角的投影分别是椭圆和椭圆弧，如图 13-23 所示。

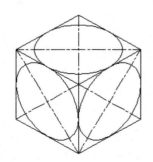

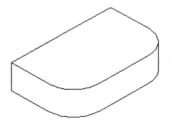

图 13-23　正等轴测图中的圆和圆弧

13.5.1　圆的正等轴测投影图

在正六面体的顶面、左侧面和右侧面上各有一个内切圆，向正等轴测投影面投影以后，三个可见面的轴测投影为三个形状相同的菱形，而三个面上的圆的正等轴测投影均为形状相同椭圆，且内切于三个形状相同的菱形，其几何关系为：椭圆长轴的方向是菱形长对角线的方向，椭圆短轴的方向是菱形短对角线的方向。

【例 13-4】　绘出边长为 50mm 的正六面体和三个可见面上的正等轴测图。

[1] 打开等轴测模式。

[2] 执行"直线"命令绘制如图 13-24 所示的正六面体正等轴测图。

[3] 按 F5 键，切换俯视轴侧面为当前绘图面。

[4] 单击"绘图"面板→"椭圆"命令按钮 ，执行"椭圆"命令，命令行提示如下：

> 命令：_ellipse
> 指定椭圆轴的端点或[圆弧（A）/中心点（C）/等轴测图（I）]：I
> 指定等轴测圆的圆心：　　　　　　//捕捉 A 点，单击鼠标确定圆心
> 指定等轴测圆的半径或[直径（D）]：　　//捕捉 M 点，单击鼠标完成顶面上圆的正等轴测图，
> 　　　　　　　　　　　　　　　　　//如图 13-25 所示

[5] 按 F5 键，切换左视轴测面为当前绘图面。

[6] 单击"绘图"面板→"椭圆"命令按钮 ，执行"椭圆"命令，命令行提示如下：

> 命令：_ellipse
> 指定椭圆轴的端点或[圆弧（A）/中心点（C）/等轴测图（I）]：I
> 指定等轴测圆的圆心：　　　　　　//捕捉 B 点，单击鼠标确定圆心
> 指定等轴测圆的半径或[直径（D）]：　　//捕捉 M 点，单击鼠标完成左侧面上圆的正等轴
> 　　　　　　　　　　　　　　　　　//测图，如图 13-25 所示

[7] 按 F5 键，切换右视轴测面为当前绘图面。

[8] 单击"绘图"面板→"椭圆"命令按钮 ，执行"椭圆"命令，命令行提示如下：

> 命令：_ellipse
> 指定椭圆轴的端点或[圆弧（A）/中心点（C）/等轴测图（I）]：I
> 指定等轴测圆的圆心：　　　　　　//捕捉 C 点，单击鼠标确定圆心
> 指定等轴测圆的半径或[直径（D）]：　　//捕捉 N 点，单击鼠标完成右侧面上圆的正等轴测
> 　　　　　　　　　　　　　　　　　//图，完成绘图全过程，如图 13-25 所示

【例 13-5】　绘出如图 13-26 所示圆台的正等轴测图。

[1] 打开等轴测模式。

[2] 按 F5 键，切换俯视轴测面为当前绘图面。

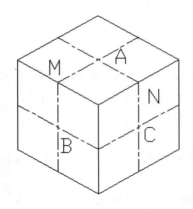

图 13-24　正六面体正等轴测图

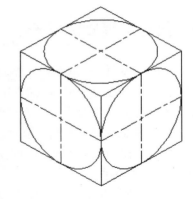

图 13-25　正六面体及表面上圆的正等轴测图

[3] 单击"绘图"面板→"椭圆"命令按钮 ⬭ 轴, 端点, 执行"椭圆"命令, 命令行提示如下:

命令: _ellipse
指定椭圆轴的端点或[圆弧（A）/中心点（C）/等轴测图（I）]: I
指定等轴测圆的圆心:　　　　　//光标移至适当位置, 单击鼠标确定圆台顶圆圆心
指定等轴测圆的半径或[直径（D）]: 30

[4] 按 Enter 键重复"椭圆"命令。命令行提示如下:

命令: _ellipse
指定椭圆轴的端点或[圆弧（A）/中心点（C）/等轴测图（I）]: I
指定等轴测圆的圆心: 90　//使用"对象追踪"功能, 从顶圆圆心向下追踪 90 获得底圆圆心,
　　　　　　　　　　　　　//如图 13-27 所示
指定等轴测圆的半径或[直径（D）]: 50

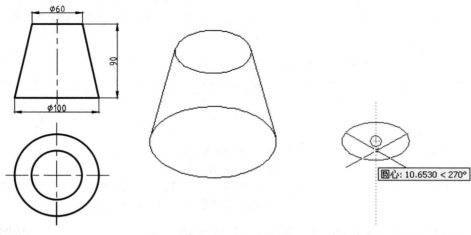

图 13-26　圆台图例　　　　　　　　　图 13-27　圆台底圆圆心

[5] 执行"直线"命令做两椭圆的共切线, 如图 13-28 所示。

[6] 执行"修剪"命令, 修剪后的图形如图 13-29 所示。

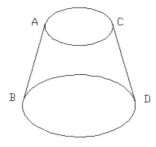

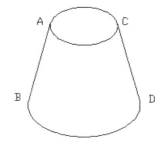

图 13-28　绘制转向轮廓线　　　　　　　图 13-29　修剪底圆

13.5.2　圆角的正等轴测投影

在平板物体上，由 1/4 圆弧组成的圆角轮廓，其轴测投影图为 1/4 椭圆弧组成的轮廓，如图 13-30 所示。

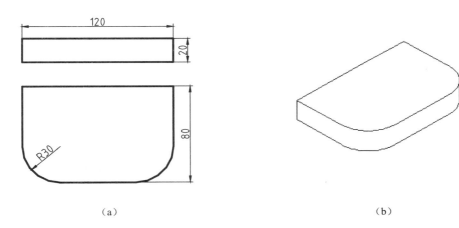

（a）　　　　　　　　　　　　　　　　　　（b）

图 13-30　圆角的正等轴测图

【例 13-6】　作出如图 13-30（a）、图 13-30（b）所示的正等轴测图。

[1] 打开正交功能，按 F5 键切换俯视轴侧面为当前绘图面。

[2] 执行"直线"命令，绘出如图 13-31 所示的平板顶面正等轴测图。

[3] 使用辅助线的方法确定椭圆圆心，如图 13-32 所示。

扫码看视频

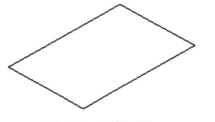

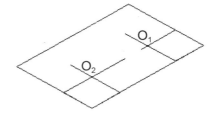

图 13-31　平板顶面　　　　　　　图 13-32　确定椭圆圆心

[4] 分别以 O_1 和 O_2 为圆心，以 30 为半径绘制椭圆，单击"绘图"面板→"椭圆"命

令按钮 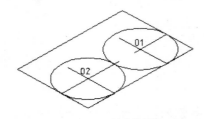，执行"椭圆"命令，命令行提示如下：

命令：_ellipse
指定椭圆轴的端点或 [圆弧(A)/中心点(C)/等轴测圆(I)]: I
指定等轴测圆的圆心：　　　　　　　　　　　　　　　//捕捉圆心
指定等轴测圆的半径或[直径（D）]: 30　　　　　　　//绘制图形如图 13-33 所示

[5] 修剪后结果如图 13-34 所示。

图 13-33　绘制椭圆

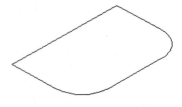
图 13-34　修剪结果

[6] 单击"修改"面板→"复制"按钮 ，执行"复制"命令，命令行提示如下：

命令: _copy
选择对象: 指定对角点: 找到 6 个　　　　　　　　　//框选全部图形
选择对象:
当前设置：复制模式 = 多个
指定基点或 [位移(D)/模式(O)] <位移>:　　　　　　//捕捉一点作为基点
指定第二个点或 <使用第一个点作为位移>: @0,20　　//结束命令，如图 13-35 所示

[7] 执行"直线"命令和"修剪"命令完成轴测图，如图 13-36 所示。

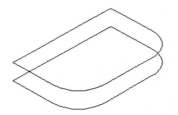
图 13-35　复制对象

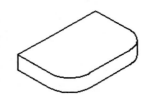
图 13-36　轴测图

13.6　轴测图的标注

如果需要在轴测图中标注文字和尺寸，需要注意文字（行）的方向和轴测轴方向一致，且文字的倾斜方向与另一轴测轴平行。

13.6.1　文字标注

在轴测图上书写文字时有两个角度：文字的旋转角度和文字的倾斜角度。

文字的倾斜角度由文字样式决定，故需要设置新的文字样式决定文字的倾斜角度。轴测图中文字的倾斜角度有两种：30°和-30°。

文字的旋转角度在输入文本时确定。如果使用的是"单行文字"工具，在输入文字的时候会提示输入旋转角度，如果使用的是"多行文字"工具，需要在指定矩形文字对齐边框的第二个角点时，根据提示输入 r、按空格键或 Enter 键确认，此时系统会提示输入旋转角度，输入后确认即可。

图 13-37 是各轴测面平行面上使用的文字倾斜角度和旋转角度及最终效果。

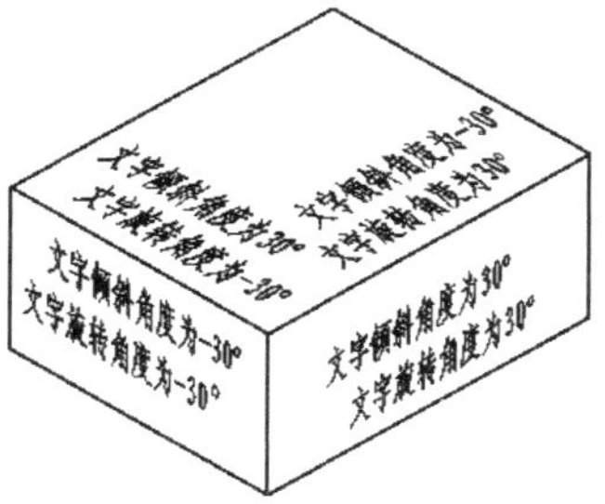

13.6.2　尺寸标注

在轴测图上标注尺寸时，要求尺寸界线平行于轴测轴，尺寸数字的方向和文字标注时要求倾斜方向也要相同。使用

图 13-37 各轴测面上的文字

尺寸标注工具标注尺寸时，尺寸界线总是垂直尺寸线，文字方向垂直于尺寸线，所以在完成轴测图尺寸标注后，需要调整尺寸界线的倾斜角度和尺寸数字的倾斜角度。

轴测图上各种尺寸数字的倾斜角度如表 13-2 所示。

表 13-2　轴测图上尺寸数字的倾斜角度

尺寸所在的轴测面	尺寸线平行的轴测轴	尺寸数字倾斜角度
左	Y	-30°
左	Z	30°
右	X	30°
右	Z	-30°
顶	X	-30°
顶	Y	30°

轴测图上各种尺寸界线的倾斜角度如表 13-3 所示。

表 13-3　轴测图上尺寸界线的倾斜角度

尺寸界线平行的轴测轴	尺寸界线倾斜角度
X	30°
Y	-30°
Z	90°

在一般情况下通过定义文字样式设置其倾斜角度。在标注完尺寸后，再使用展开的"标注"面板中的"倾斜"工具 H 修改尺寸线的倾斜角度，下面通过一个实例介绍标注方法。

【例 13-7】 轴测图尺寸标注实例。

标注给定的轴测图尺寸，最终效果如图 13-38 所示。

[1] 以"工程字"文字样式为基础样式设置两种文字样式，分别命名为"30"和"-30"，设置两种倾斜角度分别为"30°"和"-30°"。

扫码看视频

[2] 以"GB-35"为基础样式设置两种标注样式，分别命名为"30"和"-30"，设置两种标注样式的文字样式分别为"30"和"-30"。

[3] 将 "30" 标注样式设置为当前标注样式, 单击 "注释" 面板→ "对齐" 标注工具按钮 ，标注尺寸为 25、28、58 三个尺寸, 如图 13-39 所示。

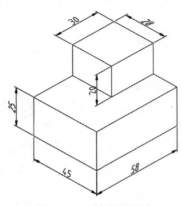

图 13-38　轴测图尺寸

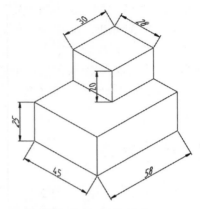

图 13-39　标注尺寸

[4] 将 "−30" 标注样式设置为当前标注样式, 单击 "注释" 面板中的 "对齐" 标注工具按钮 ，标注尺寸为 20、30、45 三个尺寸, 如图 13-39 所示。

[5] 选择功能区 "注释" 选项卡, 打开 "注释" 面板组, 在展开的 "标注" 面板中单击 "倾斜" 工具按钮 ，根据系统提示操作如下：

```
命令: _dimedit                                      //调用命令
输入标注编辑类型 [默认(H)/新建(N)/旋转(R)/倾斜(O)] <默认>: _o   //自动执行的操作
选择对象: 找到 1 个                                   //选择尺寸 45
选择对象:                                            //选择尺寸 58
选择对象:                                            //按空格键或 Enter 键退出选择状态
输入倾斜角度 (按 ENTER 表示无):90                      //输入 90, 按空格键或 Enter 键, 定义尺寸
                                                   //界线倾斜角度为 90°
```

[6] 使用步骤 5 的方法修改尺寸 25 和尺寸 30 的倾斜角度为−30°, 如图 13-40 所示。

[7] 使用步骤 5 的方法修改尺寸 28 和尺寸 20 的倾斜角度为 30°, 如图 13-40 所示。

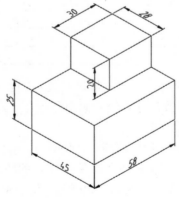

图 13-40　倾斜尺寸

[8] 执行 "夹点" 编辑命令, 移动尺寸或尺寸线的位置, 使尺寸 45 和尺寸 58 对齐,

移动尺寸 20 到合适的位置，如图 13-38 所示。

13.7　思考与练习

1．绘制如图 13-41、图 13-42 所示的正等轴测图。

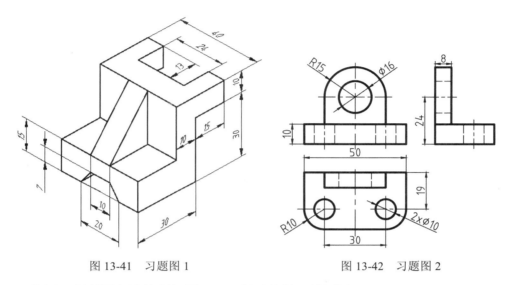

图 13-41　习题图 1　　　　　　　图 13-42　习题图 2

2．使用工程制图方法绘制如图 13-43 所示的斜二轴测图。

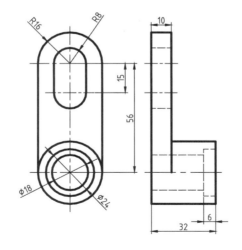

图 13-43　习题图 3

第 14 章　绘制三维图形

本章重点

- 绘制三维点、线
- 绘制三维实体图元
- 创建三维曲面

14.1　三维建模基础

AutoCAD 软件不仅提供丰富的二维绘图功能，而且还提供强大的三维造型功能。在三维坐标系下可以绘制三维的点、线、体和曲面等对象。

14.1.1　"三维建模"工作空间

AutoCAD 软件专门为三维绘图操作设置了"三维建模"工作空间，如图 14-1 所示，其中包括与三维操作相关的菜单、功能区、工具栏等。"三维建模"工作空间的功能区包括"常用""实体""曲面""网格""可视化""参数化""插入""注释""视图""管理""输出""附件模块""A 360"和"精选应用"14 个选项卡。

图 14-1　"三维建模"工作空间

14.1.2　"建模"子菜单和"建模"工具栏

AutoCAD 软件为绘制三维图形，在"绘图"菜单中专门提供了"建模"子菜单，如图 14-2 所示。并配备了 1 个"建模"工具栏，如图 14-3 所示。通过"建模"子菜单和"建模"工具栏及相对应的命令，可完成三维图形对象的绘制、编辑等操作。

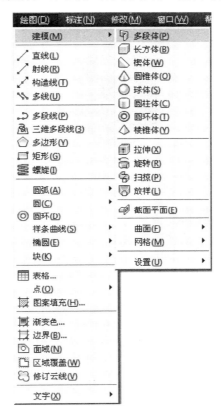

图 14-2　"建模"子菜单

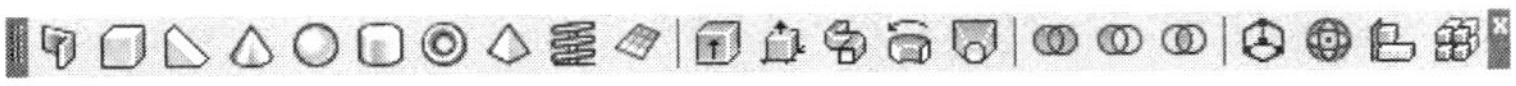

图 14-3　"建模"工具栏

14.1.3　三维模型

三维模型有 3 种，分别为线框模型、网格模型和实体模型，如图 14-4 所示。

线框模型是指使用直线和曲线表示真实三维对象的边缘或骨架，仅由描述对象边界的点、直线和曲线组成。由于构成线框模型的每个对象都必须单独绘制和定位，因此，这种建模方式非常耗时。但线框模型也有其优势，例如：使用线框模型可以从任何有利位置查看模型，还可以自动生成标准的正交和辅助视图或生成分解视图和透视图等。

如果需要使用消隐、着色和渲染功能，而线框模型无法提供这些功能，但又不需要实体模型提供的物理特性（质量、体积、重心和惯性矩等），则可以使用网格模型。

实体模型指的是整个对象，既包括体积，也包括各个表面，还包括构成实体的线框。实体模型可以用来分析质量特性（体积、惯性矩和重心等）或其他数据，可供数控铣床使用或进行 FEM（有限元法）分析，通过分解实体，还可以将其分解为面域、体、曲面和线框对象。

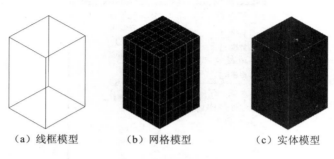

（a）线框模型　　　　　（b）网格模型　　　　　（c）实体模型

图 14-4　3 种三维模型

在各类三维模型中，实体模型的信息最完整，歧义最少。而且，对复杂的三维模型，实体模型比线框和网格模型更容易构造和编辑。

14.1.4　三维坐标系

AutoCAD 软件有 3 种三维坐标系：笛卡儿坐标系、柱坐标系和球坐标系。

在三维绘图过程中，经常使用的是笛卡儿坐标系，又称为直角坐标系。它由 X、Y、Z 三个坐标轴组成，如图 14-5 所示。直角坐标系有两种类型：世界坐标系（WCS）和用户坐标系（UCS）。用户可以根据自己的需要设定坐标系，即用户坐标系，合理地创建 UCS 坐标系，可以方便地创建三维模型。

柱坐标系通过点在 XY 平面中的投影与 UCS 坐标系原点之间的距离、点在 XY 平面中的投影与 X 轴的角度以及 Z 轴坐标值来描述精确的位置，如图 14-6 所示。柱坐标中的角度输入相当于三维空间中的二维极坐标输入，使用以下语法指定绝对柱坐标系中的点：X<角度,Z。

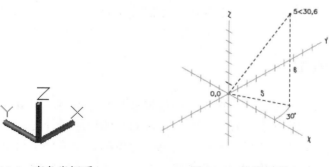

图 14-5　直角坐标系　　　　　　　　图 14-6　柱坐标系

例如：在图 14-6 中，(5<30,6)表示在 XY 平面中的投影距 UCS 坐标系原点 5 个单位、与 X 轴成 30°角、沿 Z 轴 6 个单位的点。

球坐标系通过指定某个位置距当前 UCS 坐标系原点的距离、在 XY 平面中的投影与 X 轴所成的角度，以及与 XY 平面所成的角度来指定该位置，如图 14-7 所示。球坐标的角度输入与二维中的极坐标输入类似，每个角度前面加了一个"<"，可使用以下语句指定绝对球坐标系下的点：X<[与 X 轴所成的角度]<[与 XY 平面所成的角度]。

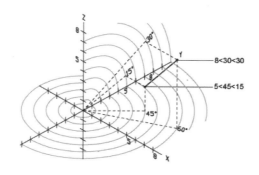

图 14-7 球坐标系

例如：在图 14-7 中，(5<45<15)表示该点与 UCS 坐标系原点的距离为 5 个单位、在 XY 平面中的投影与 X 轴正方向成 45°角以及与 XY 平面成 15°角。

在上述 3 种三维坐标系中如果要输入相对坐标，均需使用@符号作为前缀。

14.1.5 三维导航工具

AutoCAD 软件中的 ViewCube、SteeringWheels 与 ShowMotion 均为图形导航工具，可快速地在各个图形视图间切换。

1. ViewCube

ViewCube 工具主要应用于三维模型导航，使用 ViewCube 工具，用户可以在正投影视图和等轴测视图之间进行切换。

在 AutoCAD 软件中，有以下 3 种方法打开 ViewCube。

（1）执行"视图"→"显示"→ViewCube→"开"菜单命令。

（2）单击"视图"选项卡→"用户界面"面板→ViewCube。

（3）在命令行中输入"NAVVCUBE"并按 Enter 键，在命令行中输入"ON"并按 Enter 键。

ViewCube 是持续存在的、可单击和可拖动的界面，它可用于标准视图和等轴测视图之间切换。ViewCube 可处于活动状态或不活动状态。在不活动状态时，ViewCube 显示为半透明，将光标移至 ViewCube 上方可将其转至活动状态。如图 14-8 所示，ViewCube 显示为六面体形状，该六面体代表三维模型所处的六面体空间。单击六面体的顶点，可切换到对应的等轴测视图；单击六面体的面，可切换到对应的标准视图；单击六面体的边，可切换到对应的侧视图。

通过"ViewCube 设置"对话框对 ViewCube 进行设置，如图 14-9 所示。

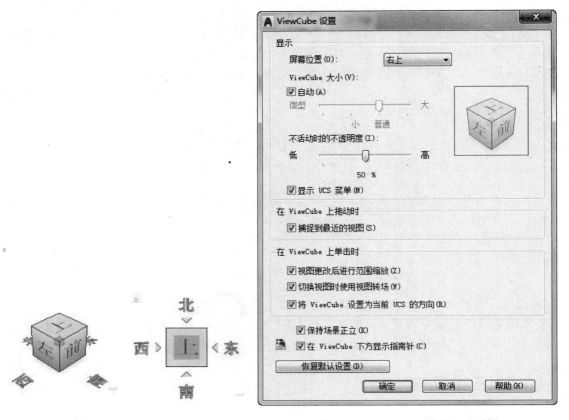

图 14-8　ViewCube 显示　　　　　　　图 14-9　"ViewCube 设置"对话框

有以下 3 种方法打开"ViewCube 设置"对话框。

（1）执行"视图"→"显示"→"ViewCube"→"设置"菜单命令。

（2）在 ViewCube 上右击，在弹出的快捷菜单中选择"ViewCube 设置"命令。

（3）在命令行中输入"NAVVCUBE"并按 Enter 键，在命令行中输入"S"并按 Enter 键。

"ViewCube 设置"对话框主要用于控制 ViewCube 的可见性和显示特性。

在"显示"选项组中，"屏幕位置"下拉列表框用来设置 ViewCube 显示在视口的哪个角，可选择为右上、右下、左上和左下；调整"ViewCube 大小"滑块，可控制 ViewCube 的显示尺寸；调整"不活动时的不透明度"滑块，可控制 ViewCube 处于不活动状态时的不透明度级别；如果选中"显示 UCS 菜单"复选框，那么在 ViewCube 下还将显示 UCS 坐标系的下拉菜单。

"ViewCube 设置"对话框的其他复选框可定义鼠标在 ViewCube 上拖动或单击的动作。

2．SteeringWheels

SteeringWheels 也称作控制盘，是划分为不同部分的追踪菜单。控制盘上的每个按钮代表一种导航工具，可以以不同的方式平移、缩放或操作模型的当前视图。SteeringWheels 将多个常用导航工具组合到一个单一界面中，从而为用户节省了空间，如图 14-10 所示。

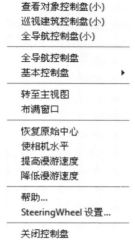

（a）大控制盘　　　　　　　　（b）右键快捷菜单　　　　　（c）小控制盘

图 14-10　SteeringWheels

在 AutoCAD 软件中，有以下 4 种方法打开 SteeringWheels。

（1）执行"视图"→SteeringWheels 菜单命令。

（2）单击"视图"选项卡→"导航"面板→SteeringWheels 系列按钮。

（3）单击导航栏的 SteeringWheels 按钮◎。

（4）在命令行中输入"NAVSWHEEL"并按 Enter 键。

SteeringWheels 可显示为大控制盘和小控制盘两种，分别如图 14-10（a）和图 14-10（c）所示。大控制盘和小控制盘的转换可通过在 SteeringWheels 上右击，在弹出的快捷菜单选择相应的命令，如图 14-10（b）所示。

控制盘集成了缩放、平移、动态观察和回放等视图工具。显示控制盘后，可以通过单击控制盘上的一个按钮来激活其中一种可用的导航工具。按住按钮后，在图形窗口上拖动，可以更改当前视图；松开按钮，即返回至控制盘。

通过"SteeringWheels 设置"对话框可对 SteeringWheels 进行设置，如图 14-11 所示。在 SteeringWheels 上右击，在弹出的快捷菜单中选择"SteeringWheels 设置"命令，可以打开"SteeringWheels 设置"对话框。

在"SteeringWheels 设置"对话框的"大控制盘"和"小控制盘"选项组中，可分别设置大控制盘和小控制盘的大小和不透明度。在"显示"选项组中，"显示工具消息"复选框用于控制当前工具的消息显示与否；"显示工具提示"复选框用于控制控制盘上的按钮的工具提示显示与否。

"SteeringWheels 设置"对话框的其他选项组分别用于定义漫游、缩放及回放缩略图等。

3. ShowMotion

ShowMotion 可以将定义的命名视图组织为动画序列，这些动画序列可用于创建演示和检查设计。视图只是静态的图像，通过 ShowMotion 可将其组织成动画。另外，ShowMotion 也可以直接创建动画，或者称为快照。如图 14-12 所示，如果图形中定义了命名视图，那么单击状态栏上的 ShowMotion 按钮，打开 ShowMotion 后将显示各个视图的缩略图。

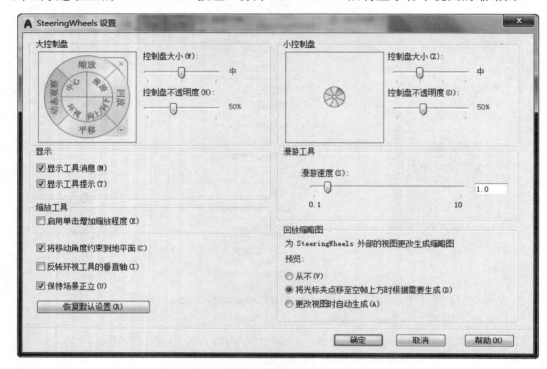

图 14-11 "SteeringWheels 设置"对话框

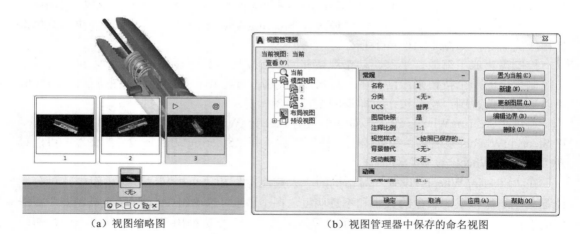

（a）视图缩略图　　　　　　　　　　　（b）视图管理器中保存的命名视图

图 14-12 ShowMotion

在 AutoCAD 软件中，有以下两种方法可打开 ShowMotion 工具栏，如图 14-13 所示。

图 14-13 ShowMotion 工具栏

（1）单击导航栏中的 ShowMotion 按钮 。

（2）单击"视图"选项卡→"视口工具"面板→ShowMotion 按钮 。

创建 ShowMotion 快照可以通过"新建视图/快照特性"对话框实现，如图 14-14 所示。

单击 ShowMotion 工具栏的"新建快照"按钮 可以打开"新建视图/快照特性"对话框，该对话框包括"视图特性"和"快照特性"2 个选项卡。"视图特性"选项卡主要用于创建静态的命名视图，"快照特性"选项卡主要用于定义使用 ShowMotion 回放的视图的转场和运动，包括"转场"和"运动"2 个选项组。

（1）"转场"选项组用于定义回放视图时使用的转场，即 2 个动作之间的连接部分。其中，"转场类型"下拉列表框用于定义回放视图时使用的转场类型。"转场持续时间"微调按钮用于设定转场的时间。

（2）"运动"选项组用于定义回放视图时的动作，该区域的左侧窗口为视图的预览。其中，"移动类型"下拉列表框用于定义快照的移动类型。只有在命名视图指定为"电影式"视图类型后，才能定义移动类型。对于模型空间，可以使用"放大""缩小""左追踪""右追踪""升高""降低""环视"和"动态观察"；对于布局视图，则只能使用"平移"和"缩放"。选择移动类型后，则会有相应的定义选项列出。如图 14-15 所示，选择"动态观察"之后，会出现定义"持续时间"等控件。"持续时间"用于设置动画回放时的时间；"向左"/"向右度数"可设置相机围绕 Z 轴旋转的角度；"向上"/"向下度数"可设置相机围绕 XY 平面旋转的角度。

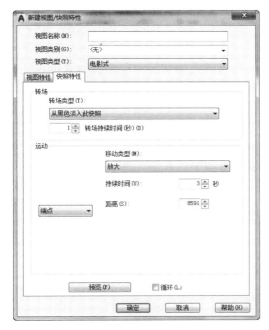

图 14-14　"新建视图/快照特性"对话框

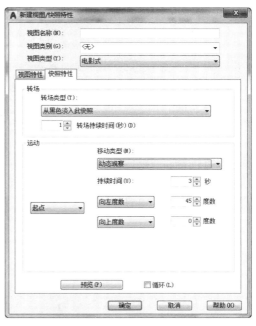

图 14-15　移动类型为"动态观察"时的选项

ShowMotion 工具栏的"全部播放"按钮 ▷、"停止"按钮 □ 和"循环"按钮 ↻ 分别用于控制 ShowMotion 动画的播放、停止和循环。

打开 ShowMotion 后，在视图缩略图中选择要播放的快照，然后单击其中的"播放"按钮 ▷ 可播放动画；单击"暂停"按钮 ❚❚ 即暂停播放；单击"循环"按钮 ↻，则将该动画循环播放。

14.1.6　三维视图

AutoCAD 软件预定义的视图包括正交视图和等轴测视图，使用功能区"可视化"选项卡的"视图"面板、"视图"菜单的"三维视图"子菜单和"视图"工具栏，可以快速切换到预定义视图，如图 14-16 所示。

（a）"视图"面板　　　　　　（b）"三维视图"子菜单

（c）"视图"工具栏

图 14-16　"视图"工具

要查看三维图形的每个细节，就必须在不同的视图之间切换。预定义的 6 种正交视图为俯视、仰视、左视、右视、前视、后视。这 6 种正交视图显示的是三维图形在平面上（上、下、左、右、前和后 6 个面）的投影，也可以理解为从上、下、前、后、左和右 6 个方向观察三维图形所得的影像，如图 14-17 所示。等轴测视图显示的三维图形具有最少的隐藏部分。预定义的等轴测视图有西南等轴测、东南等轴测、东北等轴测和西北等轴测。可以这样理解等轴侧视图的表现方式：想象正在俯视三维图形的顶部，如果朝图形的左下角移动，可以从西南等轴测视图观察图形；如果朝图形的右上角移动，可以从东北等轴测视图观察图形，如图 14-18 所示。

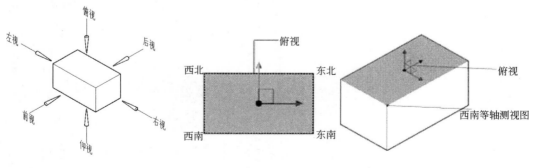

图 14-17　正交视图　　　　　　　　　　图 14-18　等轴侧视图

14.1.7　三维观察

在二维绘图过程中，只需平移和缩放即可查看图形的各个部分。但是对三维图形，平移和缩放并不能查看图形的各个部分，还需要借助其他的三维观察工具。如图 14-19 和图 14-20 所示为"视图"选项卡的"导航"面板和"三维导航"工具栏。

图 14-19　"导航"面板　　　　　　　　图 14-20　"三维导航"工具栏

"导航"面板集成了 SteeringWheels 工具、平移按钮、动态观察系统按钮及缩放系列按钮。"三维导航"工具栏集成了平移和缩放工具，还有三维动态观察工具、相机工具，以及漫游和飞行工具，用户可以方便快捷地在三维视图中进行动态观察、回旋、调整视距、缩放和平移，进而从不同的角度、高度和距离查看图形中的对象。

AutoCAD 软件的"动态观察"工具栏、"相机调整"工具栏及"漫游和飞行"工具栏，分别如图 14-21、图 14-22 和图 14-23 所示。这 3 个工具栏分别与"视图"菜单下的 3 个子菜单相对应。"三维导航"工具栏各部分说明如下。

图 14-21　"动态观察"工具栏 　　图 14-22　"相机调整"工具栏 　　图 14-23　"漫游和飞行"工具栏

（1）"三维平移"按钮："平移"是指在水平和垂直方向拖动视图。

（2）"三维缩放"按钮："缩放"是指模拟移动相机靠近或远离对象。

（3）动态观察工具：定义一个视点围绕目标移动，视点移动时，视图的目标保持静止。三维动态观察工具包括"受约束的动态观察""自由动态观察"和"连续动态观察"，这 3 个观察工具集成在"三维导航"工具栏的一个可扩展的按钮内。

①"受约束的动态观察"按钮：只能沿 XY 平面或 Z 轴约束三维动态观察。

②"自由动态观察"按钮：视点不受约束，可在任意方向上进行动态观察。

③"连续动态观察"按钮：连续地进行动态观察。在要连续动态观察移动的方向上单击并拖动，然后释放鼠标，轨道沿该方向继续移动。

（4）相机工具：相机位置相当于一个视点。在模型空间中放置相机，就可以根据需要调整相机设置来定义三维视图。"三维导航"工具栏提供的相机工具包括"回旋"和"调整视距"。

①"回旋"按钮：单击"回旋"按钮后，可在任意方向上拖动光标，系统将在拖动方向上模拟平移相机，平移过程中所看到的对象将被更改。可以沿 XY 平面或 Z 轴回旋视图。

②"调整视距"按钮：垂直移动光标时，将更改相机与对象间的距离，显示效果为

对象的放大和缩小。

（5）漫游和飞行：使用漫游和飞行，可使用户看起来像"飞"过模型中的区域。在图形中漫游和飞行，需要键盘和鼠标交互使用：使用 4 个方向键或 W 键、A 键、S 键和 D 键来向上、向下、向左或向右移动，拖动鼠标即可指定该方向为运动方向。要在漫游模式和飞行模式之间切换，需按 F 键。漫游和飞行的区别在于：漫游模型时，将沿 XY 平面行进；而飞行模型时，将不受 XY 平面的约束，所以看起来像"飞"过模型中的区域。

14.1.8　视觉样式

AutoCAD 软件提供以下 10 种预定义的视觉样式。

（1）二维线框：通过使用直线和曲线表示边界的方式显示对象。光栅和 OLE 对象、线型和线宽都是可见的。

（2）线框：通过使用直线和曲线表示边界的方式显示对象，并显示 1 个已着色的三维 UCS 坐标系图标。

（3）消隐：使用三维线框表示法显示对象，并隐藏表示背面的线。

（4）真实：着色多边形平面间的对象，并使对象的边平滑。真实视觉样式将显示已附着到对象的材质。

（5）概念：着色多边形平面间的对象，并使对象的边平滑。着色使用冷色和暖色之间的过渡，效果缺乏真实感，但是可以更方便地查看模型的细节。

（6）着色：使用平滑着色显示对象。

（7）带边缘着色：使用平滑着色和可见边显示对象。

（8）灰度：使用平滑着色和单色灰度显示对象。

（9）勾画：使用线延伸和抖动边修改器显示手绘效果的对象。

（10）X 射线：以局部透明度显示对象。

图 14-24 为 1 个螺母在 5 种视觉样式下的显示效果。

（a）二维线框　　　（b）线框　　　（c）消隐　　　（d）真实　　　（e）概念

图 14-24　1 个螺母的 5 种视觉样式

在 AutoCAD 软件中，有以下 5 种方法切换视觉样式。

（1）选择"视图"菜单→"视觉样式"子菜单，如图 14-25 所示。

（2）单击"常用"选项卡→"视图"面板，如图 14-26 所示。

（3）单击"可视化"选项卡→"视觉样式"面板，如图 14-27 所示。

（4）单击"视觉样式"工具栏的相关按钮，如图 14-28 所示。

（5）在命令行中输入"VSCURRENT"并按 Enter 键。

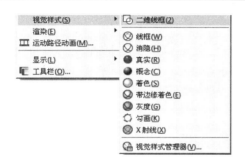

图 14-25　"视觉样式"子菜单

图 14-26　"视图"面板

图 14-27　"视觉样式"面板

图 14-28　"视觉样式"工具栏

14.2　绘制三维点和三维线

在三维图形对象上也可以绘制相关的三维点和三维线。

14.2.1　绘制三维点

三维空间中点的绘制方法和二维绘图一样，也是使用"绘图"菜单的"点"子菜单。但是，三维空间中点的绘制比二维空间要复杂，因为三维空间更加难以定位。在 AutoCAD 软件中，要精确地在三维空间的某个位置上绘制点，有以下 3 种方法。

（1）输入该点的绝对或相对坐标值，可以使用笛卡儿坐标、柱坐标或球坐标。

（2）切换到二维视图，在二维空间内绘制将简单得多。

（3）在要绘制三维点的平面上建立用户坐标系 UCS 原点，然后用在二维图形中绘制点的方法绘制三维点。

【例 14-1】在如图 14-29（a）所示的长方体的上表面的中心点上绘制 1 个点，绘制后的效果如图 14-29（b）所示。

扫码看视频

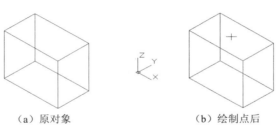

（a）原对象　　　　　　　　（b）绘制点后

图 14-29　绘制三维点

操作步骤如下。

[1] 执行"格式"→"点样式"菜单命令，在弹出的"点样式"对话框中选择"×"，单击 确定 按钮。

[2] 单击"常用"选项卡→"坐标"面板→"管理用户坐标系"按钮 ⌐。

[3] 命令行依次提示如下：

指定 UCS 坐标系的原点或 [面(F)/命名(NA)/对象(OB)/上一个(P)/视图(V)/世界(W)/X/Y/Z/Z 轴(ZA)] <世界>：
指定 X 轴上的点或 <接受>：
指定 XY 平面上的点或 <接受>：

此时在如图 14-29（a）所示的长方体的上表面按照以上提示信息指定 UCS 坐标系原点，新建 UCS 坐标系原点后的效果如图 14-30 所示。

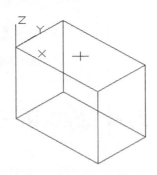

图 14-30　新建 UCS 坐标系原点

[4] 执行"绘图"→"点"→"单点"菜单命令。命令行提示如下：

_point　　　　　　//输入".x"并按 Enter 键。
指定点：　　　　　//单击长方体上表面的 X 轴中点。
于 (需要 YZ)：　　//单击长方体上表面的 Y 轴中点即可，绘制后的效果如图 14-29（b）所示

14.2.2　绘制三维线

三维空间中的线分为两种：平面曲线和空间曲线。平面曲线是指曲线上的任意一点均处在同一个平面内，绘制方法与前面介绍的各种曲线绘制方法相同，只需将视图转换到相应的平面视图。空间曲线是指曲线上的点并不在同一个平面内，它包括三维样条曲线、三维多段线和三维螺旋线。

1．绘制三维样条曲线

三维样条曲线的绘制方法和二维中的相同，也是使用 SPLINE 命令，通过指定一系列控制点和拟合公差来绘制。

2．绘制三维多段线

三维多段线是作为单个对象创建的直线段相互连接而成的序列。AutoCAD 软件中的三

维多段线可以不共面，但是不能包括圆弧段。

在 AutoCAD 软件中，有以下 3 种方法绘制三维多段线。

（1）执行"绘图"→"三维多段线"菜单命令。

（2）单击"常用"选项卡→"绘图"面板→"三维多段线"按钮 。

（3）在命令行中输入"3DPOLY"并按 Enter 键。

3．绘制三维螺旋线

在 AutoCAD 中，有以下 3 种方法可以绘制二维螺旋线。

（1）执行"绘图"→"螺旋"菜单命令。

（2）单击"常用"选项卡→"绘图"面板→"螺旋"按钮 。

（3）在命令行中输入"HELIX"并按 Enter 键。

【例 14-2】　绘制如图 14-31 所示的螺旋线。

扫码看视频

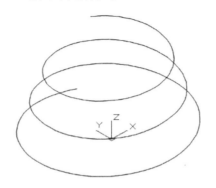

图 14-31　螺旋线

绘图步骤如下。

[1] 单击"可视化"选项卡→"视图"面板→"西南等轴测"按钮 ，将视图切换到西南等轴测视图。

[2] 单击"常用"选项卡→"绘图"面板→"螺旋"按钮 ，在坐标原点处创建螺旋线，命令行操作提示如下：

```
命令：_HELIX
指定底面的中心点：0,0,0
指定底面半径或[直径(D)]<1.0000>：50
指定顶面半径或[直径(D)]<50.0000>：30
指定螺旋高度或[轴端点(A)/ 圈数(T)/ 圈高(H)/ 扭曲(W)]<1.0000>：60
```

选项说明如下。

（1）指定螺旋高度：指定螺旋线的高度。执行该选项，即输入高度值后按 Enter 键，即可绘制出相应的螺旋线。

（2）轴端点(A)：确定螺旋线轴的另一端点位置。执行该选项，提示如下：

```
指定轴端点：
```

在此提示下指定轴端点的位置即可。指定轴端点后，所绘制螺旋线的轴线沿螺旋线底面中心点与轴端点的连线方向，即螺旋线底面不再与 USC 坐标系的 XY 面平行。

（3）圈数(T)：设置螺旋线的圈数（默认值为 3，最大值为 500）。执行该选项，提示如下：

输入圈数：

在此提示下输入圈数值即可。

（4）圈高(H)：指定螺旋线一圈的高度（即圈间距，又称节距，指螺旋线旋转一圈后，沿轴线方向移动的距离）。执行该选项，提示如下：

指定圈间距：

（5）扭曲(W)：确定螺旋线的旋转方向（即旋向）。执行该选项，提示如下：

输入螺旋的扭曲方向[顺时针(CW)/逆时针(CCW)]<CCW>：

根据提示输入即可。

【例 14-3】 绘制如图 14-32 所示的三维样条曲线和三维多段线。

扫码看视频

图 14-32　绘制三维样条曲线和三维多段线

绘图步骤如下。

[1] 在命令行中输入"SPL"并按 Enter 键。命令行提示如下：

命令：_spline
当前设置：方式=拟合　　节点=弦
指定第一个点或 [方式(M)/节点(K)/对象(O)]：
输入下一个点或 [起点切向(T)/公差(L)]：
输入下一个点或 [端点相切(T)/公差(L)/放弃(U)]：
输入下一个点或 [端点相切(T)/公差(L)/放弃(U)/闭合(C)]：

按照提示依次拾取长方体上的 4 个节点（按照顺时针或逆时针的方向依次拾取）。命令行继续提示如下：

输入下一个点或 [端点相切(T)/公差(L)/放弃(U)/闭合(C)]：c

在命令行中输入"C"并按 Enter 键。至此完成三维样条曲线绘制。

[2] 执行"绘图"→"三维多段线"菜单命令，命令行提示如下：

命令: _3dpoly
指定多段线的起点:
指定直线的端点或 [放弃(U)]:
指定直线的端点或 [放弃(U)]:
指定直线的端点或 [闭合(C)/放弃(U)]:   //依次拾取长方体上的 4 个节点（按照顺时针或逆时针的
                                         //方向依次拾取）
指定直线的端点或 [闭合(C)/放弃(U)]: c   //输入"C"并按 Enter 键，即完成三维多段线绘制

14.3 创建三维曲面

在三维空间中绘制曲面对象的方法有如下 3 种。
（1）直接创建。
（2）将现有的具有二维特征的对象转换为曲面。
（3）使用分解命令"EXPLODE"分解三维实体，生成曲面对象。

14.3.1 创建平面曲面

在 AutoCAD 软件中，有以下 4 种方法创建平面曲面。
（1）执行"绘图"→"建模"→"曲面"→"平面"菜单命令。
（2）单击"曲面"选项卡→"创建"面板→"平面曲面"按钮 。
（3）单击"建模"工具栏的"平面曲面"按钮 。
（4）在命令行中输入"PLANESURF"并按 Enter 键。

扫码看视频

下面以实例讲解如何创建平面曲面。

【例 14-4】 将如图 14-33（a）所示的原对象创建为如图 14-33（b）所示的曲面。

（a）原对象　　　　　　　　　　　　（b）绘制平面曲面后

图 14-33　绘制平面曲面

操作步骤如下。

[1] 执行"绘图"→"建模"→"曲面"→"平面"菜单命令，命令行提示如下：

命令: _Planesurf
指定第一个角点或 [对象(O)] <对象>:

[2] 单击图 14-33（a）中的左下角的角点，命令行提示如下。

指定其他角点:

[3] 单击图 14-33（a）中的右上角的角点。重复步骤（1），命令行提示如下:

命令: _Planesurf
指定第一个角点或 [对象(O)] <对象>: o

[4] 在命令行中输入 "O" 并按 Enter 键。命令行提示如下。

选择对象:

[5] 选择图 14-33（a）中的多段线并按 Enter 键即可。

提示: PLANESURF 命令中的"对象（O）"选项的有效对象包括闭合的多条直线、圆、圆弧、椭圆、椭圆弧、闭合的二维多段线、平面三维多段线和平面样条曲线。

14.3.2　绘制三维面

三维面是指以空间 3 个点或 4 个点组成一个面，可以通过任意指定 3 点或 4 点绘制三维面。执行方式如下。

（1）执行"绘图"→"建模"→"网格"→"三维面"菜单命令。

（2）在命令行中输入 "3DFACE" 或 3F 并按 Enter 键。

选项说明如下。

（1）指定第一点: 输入某一点的坐标或用鼠标确定某一点，以定义三维面的起点，在输入第一点后，可按顺时针或逆时针方向输入其余的点，以创建普通三维面。如果在输入 4 点后按 Enter 键，则以指定的 4 个点生成一个空间的三维平面。如果在提示下继续输入第二个平面上的第 3 点和第 4 点坐标，则生成第二个平面。该平面以第一个平面的第 3 点和第 4 点作为第二个平面的第一点和第二点，创建第二个三维平面。继续输入点可以创建用户要创建的平面，按 Enter 键结束。

（2）不可见（I）: 控制三维面各边的可见性，以便创建有孔对象的正确模型。如果在输入某一边之前输入 "I"，则可以使该边不可见。

如图 14-34 所示为创建以长方体时某一边使用 I 命令和不使用 I 命令的视图比较。

 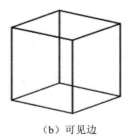

（a）不可见边　　　　　　　　　　　　　　（b）可见边

图 14-34　"不可见"命令选项视图比较

14.3.3 绘制三维网格

在 AutoCAD 软件中，可以指定多个点来组成三维网格，这些点按指定的顺序来确定其空间位置。操作步骤如下。

命令：3DMESH ✓
输入 M 方向上的网格数量：输入 2-256 之间的值
输入 N 方向上的网格数量：输入 2-256 之间的值
指定顶点（0，0）的位置：输入第一行第一列的顶点坐标
指定顶点（0，1）的位置：输入第一行第二列的顶点坐标
指定顶点（0，2）的位置：输入第一行第三列的顶点坐标
......
指定顶点（0，N-1）的位置：输入第一行第 N 列的顶点坐标
指定顶点（1，0）的位置：输入第二行第一列的顶点坐标
指定顶点（1，1）的位置：输入第二行第二列的顶点坐标
......
指定顶点（1，N-1）的位置：输入第二行第 N 列的顶点坐标
......
指定顶点（M-1，N-1）的位置：输入第 M 行第 N 列的顶点坐标

如图 14-35 所示为绘制的三维网格表面。

图 14-35 三维网格表面

14.3.4 偏移曲面

使用曲面偏移命令可以创建与原始曲面相距指定距离的平行曲面，可以指定偏移距离，以及偏移曲面是否保持与原始曲面的关联性，还可使用数学表达式指定偏移距离。执行方式如下。

（1）执行"绘图"→"建模"→"曲面"→"偏移"菜单命令。

（2）单击"曲面"选项卡→"创建"面板→"曲面偏移"按钮◎。

（3）在命令行输入"SURFOFFSET"并按 Enter 键。

【例 14-5】 创建如图 14-36 所示的偏移曲面。

操作步骤如下。

[1] 单击"曲面"选项卡→"创建"面板→"平面曲面"按钮◢，以（0,0）和（50,50）为角点创建平面曲面，如图 14-37 所示。

[2] 单击"曲面"选项卡→"创建"面板→"曲面偏移"按钮◎，将步骤[1]创建的曲面向上偏移，偏移距离为 50，命令行提示与操作如下。

命令：_SURFOFFSET
连接相邻边 = 否

选择要偏移的曲面或面域：选取步骤[1]创建的曲面，显示偏移方向，如图 14-38 所示。

选择要偏移的曲面或面域：
指定偏移距离或[翻转方向(F)/两侧(B) /实体(S) /连接(C) /表达式(E)]<0.0000>：B

将针对每项选择创建 2 个偏移曲面，显示如图 14-39 所示的偏移方向。

指定偏移距离或[翻转方向(F)/两侧(B) /实体(S) /连接(C) /表达式(E)]<0.0000>：25
1 个对象将偏移。
2 个偏移操作成功完成。

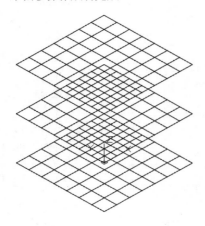

图 14-36　偏移曲面

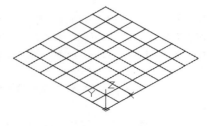

图 14-37　平面曲面

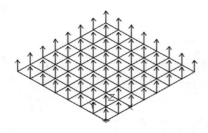

图 14-38　显示偏移方向

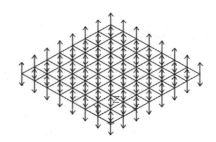

图 14-39　显示两侧偏移方向

14.3.5　过渡曲面

使用过渡命令在现有曲面和实体之间创建新曲面，对各曲面过渡以形成一个曲面时，可指定起始边和结束边的曲面连续性和凸度幅值。执行方式如下。

（1）执行"绘图"→"建模"→"曲面"→"过渡"菜单命令。

（2）单击"曲面"选项卡"创建"面板中的"曲面过渡"按钮🖐。

（3）在命令行输入"SURFBLEND"命令或按 Enter 键。

【例 14-6】　创建如图 14-40 所示的过渡曲面。

操作步骤如下。

[1] 打开例 14-5 的"偏移曲面"文件。

扫码看视频

[2] 单击"曲面"选项卡→"创建"面板→"曲面过渡"按钮，创建过渡曲面，命令行提示与操作如下。

命令：SURFBLEND ✓
连续性 = G1 - 相切，凸度幅值 = 0.5
选择要过渡的第一个曲面的边或[链(CH)]： //选择图 14-41 中第一个曲面上的边 1，2，3，4
选择要过渡的第一个曲面的边或[链(CH)]： //选择图 14-41 中第一个曲面上的边 5，6，7，8
按 Enter 键接受过渡曲面或[连续性(CON)/凸度幅值(B)]：B
第一条边的凸度幅值<0.5000>：1
第二条边的凸度幅值<0.5000>：1
按 Enter 键接受过渡曲面或[连续性(CON)/凸度幅值(B)]：

结果如图 14-40 所示。

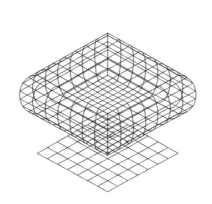

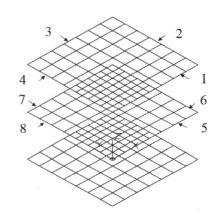

图 14-40　过渡曲面　　　　　　图 14-41　按照数字顺序选取边线

14.3.6　圆角曲面

可以在两个曲面或面域之间创建截面轮廓的半径为常数的相切曲面，以对两个曲面或面域之间的区域进行圆角处理，执行方式如下。

（1）执行"绘图"→"建模"→"曲面"→"圆角"菜单命令。

（2）单击"曲面"选项卡→"编辑"面板→"曲面圆角"按钮。

（3）在命令行输入"SURFFILLET"并按 Enter 键。

扫码看视频

【例 14-7】　创建如图 14-42 所示的圆角曲面。

操作步骤如下。

[1] 绘制如图 14-43 所示的曲面。

[2] 单击"曲面"选项卡→"编辑"面板→"曲面圆角"按钮，对曲面进行倒圆角，命令行提示与操作如下。

命令：SURFFILLET ✓
半径=0.0000，修剪曲面=是

选择要圆角化的第一个曲面或面域或者[半径(R)/修剪曲面(T)]：R ✓
选定半径或[表达式(E)]<1.0000>：30
选择要圆角化的第一个曲面或面域或者[半径(R)/修剪曲面(T)]：选择竖直曲面 1
选择要圆角化的第一个曲面或面域或者[半径(R)/修剪曲面(T)]：选择水平曲面 2
按 Enter 键接受圆角曲面或[半径(R)/修剪曲面(T)]：

结果如图 14-42 所示。

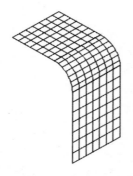
图 14-42　曲面圆角

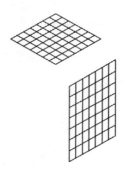
图 14-43　曲面

14.3.7　网络曲面

在 U 方向和 V 方向的几条曲线之间的空间中创建曲面，执行方式如下。

（1）执行"绘图"→"建模"→"曲面"→"网络"菜单命令。

（2）单击"曲面"选项卡→"编辑"面板→"曲面网络"按钮 ⊗。

（3）在命令行输入"SURFNETWORK"并按 Enter 键。

【例 14-8】　创建如图 14-44 所示的曲面。

扫码看视频

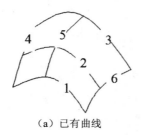

（a）已有曲线　　　　　　（b）三维曲面
图 14-44　创建三维曲面

操作步骤如下。

命令：SURFNETWORK ✓
沿第一个方向选择曲线或曲面边：//选择图 14-44（a）中的曲线 1
沿第一个方向选择曲线或曲面边：//选择图 14-44（a）中的曲线 2
沿第一个方向选择曲线或曲面边：//选择图 14-44（a）中的曲线 3
沿第一个方向选择曲线或曲面边：✓

沿第二个方向选择曲线或曲面边：//选择图 14-44（a）中的曲线 4
沿第二个方向选择曲线或曲面边：//选择图 14-44（a）中的曲线 5
沿第二个方向选择曲线或曲面边：//选择图 14-44（a）中的曲线 6
沿第二个方向选择曲线或曲面边：　✓

结果如图 14-44（b）所示。

14.3.8　修补曲面

创建修补曲面是指通过在已有的封闭曲面边上构成一个曲面的方式来创建一个新曲面，如图 14-45 所示，图 14-45（a）所示是已有曲面，图 14-45（b）所示是创建出的修补曲面，执行方式如下。

（1）执行"绘图"→"建模"→"曲面"→"修补"菜单命令。

（2）单击"曲面"选项卡→"编辑"面板→"曲面网络"按钮◈。

（3）在命令行输入"SURFPATCH"并按 Enter 键。

（a）已有曲线　　　　　　　　　　　（b）创建修补曲面结果

图 14-45　创建修补曲面

命令行方式的操作步骤如下。

命令：SURFPATCH ✓
连续性 = G0 – 位置，凸度幅值 = 0.5
选择要修补的曲面边或[链(CH)/曲线(CU)]<曲线>：//选择对应的曲面边或曲线
选择要修补的曲面边或[链(CH)/曲线(CU)]<曲线>：　✓
按 Enter 键接受修补曲面或[连续性(CON)/凸度幅值(B)/约束几何图形(CONS)]：

14.3.9　将对象转换为曲面

在 AutoCAD 软件中，有以下 3 种方法将对象转换为曲面。

（1）执行"修改"→"三维操作"→"转换为曲面"菜单命令。

（2）单击"常用"选项卡→"实体编辑"面板→"转换为曲面"按钮🔲。

（3）在命令行中输入"CONVTOSURFACE"并按 Enter 键。

下面以实例来说明如何将对象转换为曲面。

【例 14-9】　将如图 14-46（a）所示的原对象转换为如图 14-46（b）所示的曲面。

扫码看视频

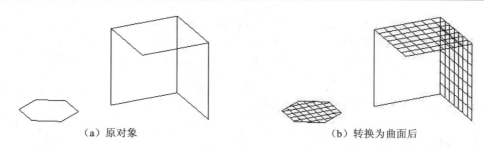

（a）原对象　　　　　　　　　　（b）转换为曲面后

图 14-46　将对象转换为曲面

操作步骤如下。

执行"修改"菜单→"三维操作"→"转换为曲面"命令。命令行提示如下。

命令: _convtosurface 网格转换设置为: 平滑处理并优化。
选择对象:

此时选择图 14-46（a）中对应的对象并按 Enter 键。

提示: 并不是所有的对象都可以转换为三维曲面。使用 CONVTOSURFACE 命令，只能将以下对象转换为曲面: 二维实体、面域、开放的具有厚度的零宽度多段线、具有厚度的直线、具有厚度的圆弧和三维平面。

14.3.10　分解实体生成曲面

实体是三维对象，将实体分解后将得到构成实体的表面。例如: 将长方体分解后得到的是 6 个面，将圆锥体分解后得到的是 1 个锥面和 1 个底面。

在 AutoCAD 软件中，有以下 4 种方法分解对象。

（1）执行"修改"→"分解"菜单命令。

（2）单击"常用"选项卡→"修改"面板→"分解"按钮 📦。

（3）单击"修改"工具栏的"分解"按钮 📦。

（4）在命令行中输入"EXPLODE"或 X 并按 Enter 键。

下面以实例来说明如何分解实体生成曲面。

【例 14-10】 分解图 14-47 中对应的棱锥体和圆柱体。

扫码看视频

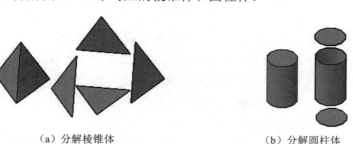

（a）分解棱锥体　　　　　　　　　（b）分解圆柱体

图 14-47　分解实体生成曲面

操作步骤如下。

[1] 在命令行中输入 "X" 并按 Enter 键。命令行提示如下。

命令: _explode
选择对象:

此时选择图 14-47 中的棱锥体和圆柱体并按 Enter 键。

[2] 用移动命令将分解后的曲面移动到合适的位置。移动后可以发现，分解棱锥体后生成 1 个三角形侧面和 1 个三角形底面；分解圆柱体后生成 1 个圆柱面和 2 个圆形底面，如图 14-47 所示。

14.4　网　格　模　型

14.4.1　基本三维网格模型

网格模型由使用多边形表示来定义三维形状的顶点、边和面组成。三维基本图元与三维基本形体表面类似，有长方体表面、圆柱体表面、棱锥面、楔体表面、球面、圆锥面、圆环面等。但是与实体模型不同的是，网格没有质量特性。

1．绘制网格长方体

给定长、宽、高，绘制一个立方壳面，执行方式如下。
（1）执行 "绘图" → "建模" → "网格" → "图元" → "长方体(B)" 菜单命令。
（2）单击 "网格" 选项卡 → "图元" 面板 → "网格长方体" 按钮 ▦ 。
（3）在命令行输入 "MESH" 并按 Enter 键。
命令行方式的操作步骤如下。

命令：MESH
输入选项[长方体(B)/ 圆锥体(C) /圆柱体(CY) /棱锥体(P) /球体(S) /楔体(W) /圆环体(T) /设置(SE)]<长方体>：B
　　指定第一个角点或[中心(C)]:　　　　　　　//随意指定一点
　　指定其他角点或[立方体(C)/长度(L)]:　　　//指定第二点
　　指定高度或[两点(2P)]:　　　　　　　　　　//指定高度

完成的网格长方体如图 14-48 所示。

2．绘制网格圆锥体

给定圆心、底圆半径和顶圆半径，绘制一个圆锥，执行方式如下。
（1）执行 "绘图" → "建模" → "网格" → "图元" → "圆锥体(C)" 菜单命令。
（2）单击 "网格" 选项卡 → "图元" 面板 → "网格圆锥体" 按钮 △ 。
（3）在命令行输入 "MESH" 并按 Enter 键。

命令行方式的操作步骤如下。

命令：MESH
输入选项[长方体(B)/ 圆锥体(C) /圆柱体(CY) /棱锥体(P) /球体(S) /楔体(W) /圆环体(T) /设置(SE)]<长方体>：C
　　指定底面的中心点或[三点(3P)/ 两点(2P)/切点、切点、半径(T)/椭圆(E)]：　//随意指定一点
　　指定底面半径或[直径(D)]：　　　　　　　　　　　　　　　　　　//指定底面圆上一点
　　指定高度或[两点(2P)/ 轴端点(A) /顶面半径(T)/]：　　　　　　　　//指定高度

完成的网格圆锥体如图 14-49 所示。

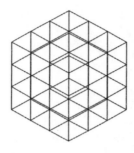
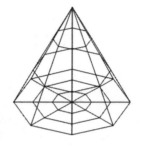

图 14-48　网格长方体　　　　　图 14-49　网格圆锥体

3．绘制网格圆柱体

执行方式如下。
（1）执行"绘图"→"建模"→"网格"→"图元"→"圆柱体(CY)"菜单命令。
（2）单击"网格"选项卡→"图元"面板→"网格圆柱体"按钮。
（3）在命令行输入"MESH"并按 Enter 键。
命令行方式的操作步骤如下。

命令：MESH
输入选项[长方体(B)/ 圆锥体(C) /圆柱体(CY) /棱锥体(P) /球体(S) /楔体(W) /圆环体(T) /设置(SE)]<长方体>：CY
　　指定底面的中心点或[三点(3P)/ 两点(2P)/切点、切点、半径(T)/椭圆(E)]：　//随意指定一点
　　指定底面半径或[直径(D)]：　　　　　　　　　　　　　　　　　　//指定底面圆上一点
　　指定高度或[两点(2P)/ 轴端点(A)]：　　　　　　　　　　　　　　//指定高度

完成的网格圆锥体如图 14-50 所示。

4．绘制网格棱锥体

给定棱台各顶点，绘制一个棱锥，执行方式如下。
（1）执行"绘图"→"建模"→"网格"→"图元"→"棱锥体(P)"菜单命令。
（2）单击"网格"选项卡→"图元"面板→"网格棱锥体"按钮。
（3）在命令行输入"MESH"并按 Enter 键。

命令行方式的操作步骤如下。

命令：MESH

输入选项[长方体(B)/ 圆锥体(C) /圆柱体(CY) /棱锥体(P) /球体(S) /楔体(W) /圆环体(T) /设置(SE)]<长方体>：P

　　指定底面的中心点或[边(E)/侧面(S)]：　　　　　　//随意指定一点
　　指定底面半径或[内接(I)]：　　　　　　　　　　　　//指定底面圆上一点
　　指定高度或[两点(2P)/ 轴端点(A)/顶面半径(T)]：//指定高度

完成的网格圆锥体如图 14-51 所示。

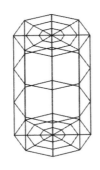 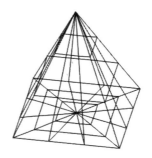

　　　　图 14-50　　网格圆柱体　　　　　　　图 14-51　　网格棱锥体

5．绘制网格球体

给定圆心和半径，绘制一个球，执行方式如下。

（1）执行"绘图"→"建模"→"网格"→"图元"→"球体(S)"菜单命令。

（2）单击"网格"选项卡→"图元"面板→"网格球体"按钮。

（3）在命令行输入"MESH"并按 Enter 键。

命令行方式的操作步骤如下。

命令：MESH

输入选项[长方体(B)/ 圆锥体(C) /圆柱体(CY) /棱锥体(P) /球体(S) /楔体(W) /圆环体(T) /设置(SE)]<长方体>：S

　　指定中心点或[三点(3P)/ 两点(2P)/ 切点、切点、半径(T)]：　　//随意指定一点
　　指定半径或[直径(D)]：　　　　　　　　　　　　　　　　　　　//指定一点

完成的网格球体如图 14-52 所示。

6．绘制网格楔体

给定长、宽、高，绘制一个楔形立体，执行方式如下。

（1）执行"绘图"→"建模"→"网格"→"图元"→"楔体(W)"菜单命令。

（2）单击"网格"选项卡→"图元"面板→"网格楔体"按钮。

（3）在命令行输入"MESH"并按 Enter 键。

命令行方式的操作步骤如下。

命令：MESH

输入选项[长方体(B)/ 圆锥体(C) /圆柱体(CY) /棱锥体(P) /球体(S) /楔体(W) /圆环体(T) /设置(SE)]<长方体>：W

指定第一个角点或[中心(C)]：　　　//随意指定一点

指定其他角点或[立方体(C)/长度(L)]：L

指定长度：　　　　　　　　　　//指定长度

指定宽度：　　　　　　　　　　//指定宽度

指定高度或[两点(2P)]：　　　　//定义高度

完成的网格楔体如图 14-53 所示。

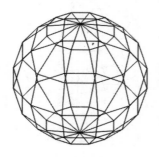
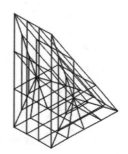

图 14-52　绘制网格球体　　　　　　　图 14-53　绘制网格楔体

7．绘制网格圆环体

给定圆心、环的半径和管的半径，绘制一个圆环，执行方式如下。

（1）执行"绘图"→"建模"→"网格"→"图元"→"圆环体(T)"菜单命令。

（2）单击"网格"选项卡→"图元"面板→"网格圆环体"按钮◉。

（3）在命令行输入"MESH"并按 Enter 键。

【例 14-11】　绘制如图 14-54 所示的手环。

操作步骤如下。

扫码看视频

[1]　单击"可视化"选项卡→"视图"面板→"西南等轴测"按钮◉，设置视图方向。

[2]　在命令行中输入"DIVMESHTORUSPATH"命令，将圆环体网格的边数设置为 20，命令行提示与操作如下：

命令：DIVMESHTORUSPATH

输入 DIVMESHTORUSPATH 的新值<8>：20

[3]　单击"网格"选项卡→"图元"面板→"网格圆环体"按钮◉，绘制手环网格，命令行提示与操作如下：

命令：MESH

指定中心点或[三点(3P)/ 两点(2P)/ 切点、切点、半径(T)]：0,0,0

指定半径或[直径(D)]：100

指定圆管半径或[两点(2P)/ 直径(D)]：10

完成的网格圆环体如图 14-55 所示。

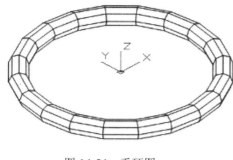

图 14-54　手环图

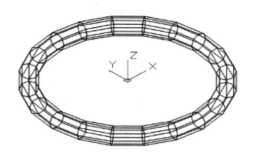

图 14-55　手环网格

（4）单击"可视化"选项卡→"视觉样式"面板→"隐藏"按钮，对图形进行消隐处理。最终结果如图 14-54 所示。

14.4.2　创建三维网格

在三维造型的生成过程中，可以通过二维图形来生成三维网格。AutoCAD 软件提供了 4 种方法来实现此功能。

扫码看视频

1．直纹网格

创建用于表示两直线或曲线之间的曲面网格，执行方式如下。

（1）执行"绘图"→"建模"→"网格"→"直纹网格"菜单命令。

（2）单击"网格"选项卡→"图元"面板→"直纹曲面"按钮。

（3）在命令行输入"RULESURF"并按 Enter 键。

命令行方式的操作步骤如下。

命令：_rulesurf
当前线框密度：SURFTAB1=6
选择第一条定义曲线：//选择曲线 1
选择第一条定义曲线：//选择曲线 2

绘制结果为如图 14-56 所示的直纹网格。

选择两条用于定义网格的边，边可以是直线、圆弧、样条曲线、圆或多线段。如果其中一条边是闭合的，那么另一条边必须也是闭合的。也可以将点用作开放曲线或闭合曲线的一条边。

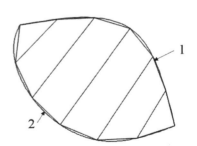

图 14-56　绘制直纹网格

2．平移网格

将路径曲线沿方向矢量进行平移后构成平移曲面，执行方式如下。

扫码看视频

（1）执行"绘图"→"建模"→"网格"→"平移网格"菜单命令。

（2）单击"网格"选项卡→"图元"面板→"平移曲面"按钮。

（3）在命令行输入"TABSURF"并按 Enter 键。

命令行方式的操作步骤如下。

命令：_tabsurf
当前线框密度：SURFTAB1=6
选择用作轮廓曲线的对象：选择图 14-57 中的曲线 1
选择用作方向矢量的对象：选择图 14-57 中的路径 2

绘制结果为如图 14-58 所示网格。

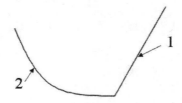

图 14-57　平移网格的曲线和路径　　　图 14-58　平移网格

扫码看视频

3. 旋转网格

使用 REVSURF 命令可以将曲线或轮廓绕指定的旋转轴旋转一定的角度，从而创建旋转网格。旋转轴可以是直线，也可以是开放的二维或三维多线段，执行方式如下。

（1）执行"绘图"→"建模"→"网格"→"旋转网格"菜单命令。

（2）单击"网格"选项卡→"图元"面板→"旋转曲面"按钮。

（3）在命令行输入"REVSURF"，并按 Enter 键。

【例 14-12】 绘制如图 14-59 所示的花盆。

扫码看视频

图 14-59　花盆

操作步骤如下。

[1] 在命令行中输入 SURFTAB1 和 SURFTAB2，设置曲面的线框密度为 20。

[2] 单击"常用"选项卡→"绘图"面板→"直线"按钮，以坐标原点为起点绘制一条竖直线。

[3] 单击"常用"选项卡→"绘图"面板→"多段线"按钮，绘制花盆的轮廓线，

命令行提示与操作如下。

命令：_pline
指定起点：10,0
当前线宽为 0.0000
指定下一个点或[圆弧(A)/ 半宽(H)/ 长度(L)/ 放弃(U)/ 宽度(W)]：<正交 开> @30,0
指定下一个点或[圆弧(A)/ 闭合(C)/半宽(H)/ 长度(L)/ 放弃(U)/ 宽度(W)]：　@80<80
指定下一个点或[圆弧(A)/ 闭合(C)/半宽(H)/ 长度(L)/ 放弃(U)/ 宽度(W)]：　@20,0
指定下一个点或[圆弧(A)/ 闭合(C)/半宽(H)/ 长度(L)/ 放弃(U)/ 宽度(W)]：

绘制结果如图 14-60 所示。

[4] 单击"常用"选项卡→"修改"面板→"圆角"按钮◻，设置圆角半径为 10，对斜直线与上端水平线进行圆角处理。重复"圆角"命令，设置圆角半径为 5，对下端水平直线与斜直线进行圆角处理，绘制结果如图 14-61 所示。

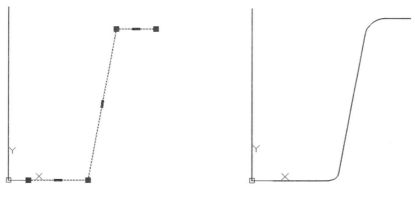

图 14-60　绘制花盆轮廓　　　　　　　　　　　图 14-61　倒圆角

[5] 执行"绘图"→"建模"→"网格"→"旋转网格"菜单命令，将倒圆角后的多段线绕竖直直线旋转 360°，绘制结果如图 14-62 所示。

图 14-62　旋转曲面

[6] 单击"视图"选项卡→"导航"面板→"动态观察"按钮✛，调整视图方向，并删除竖直线，绘制结果如图 14-59 所示。

4．平面曲面

可以通过选择关闭的对象或指定矩形表面的对角点创建平面曲面。也可以拾取选择并基于闭合轮廓生成平面曲面。通过命令指定曲面的角点，将创建平行于工作平面的曲面，执行方式如下。

（1）执行"绘图"→"建模"→"曲面"→"平面"菜单命令。

（2）单击"曲面"选项卡→"创建"面板→"平面曲面"按钮 。

（3）在命令行输入"PLANESURF"并按 Enter 键。

扫码看视频

【例 14-13】 绘制如图 14-63 所示的葫芦。

操作步骤如下。

[1] 将视图切换到前视图，单击"曲面"选项卡→"曲面"面板→"直线"按钮 和"样条曲线拟合"按钮 ，绘制如图 14-64 所示的图形。

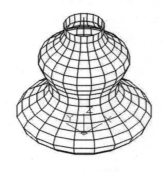

图 14-63   葫芦   图 14-64   绘制图形

[2] 在命令行中输入 SURFTAB1 和 SURFTAB2，设置曲面的线框密度为 20。

[3] 将视图切换到西南等轴测视图，单击"旋转网格"按钮 ，将样条曲线绕竖直线旋转 360°，创建旋转网格，结果如图 14-65 所示。

[4] 单击"常用"选项卡→"坐标"面板→"世界坐标系"按钮 ，将坐标系恢复到世界坐标系。

[5] 单击"常用"选项卡→"绘图"面板→"圆"按钮 ，以坐标原点为圆心，捕捉旋转曲面下方端点绘制圆。

[6] 单击"曲面"选项卡→"创建"面板→"平面曲面"按钮 ，以圆为对象创建平面。命令行提示与操作如下。

```
命令：_planesurf
指定第一个角点或[对象(O)] <对象>：O
选择对象：选择步骤（6）中绘制的圆
选择对象：
```

结果如图 14-66 所示。

选项说明如下。

（1）指定第一个角点：通过指定两个角点来创建矩形形状的平面曲面，如图 14-67 所示。

（2）对象（O）：通过指定平面对象创建平面曲面，如图 14-68 所示。

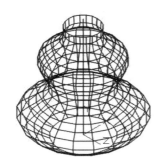
图 14-65　旋转曲面

图 14-66　平面曲面

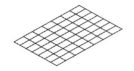
图 14-67　矩形形状的平面曲面

图 14-68　指定平面对象创建平面曲面

5．边界网格

使用 4 条首尾相接的边创建三维多边形网格，执行方式如下。

（1）执行"绘图"→"建模"→"网格"→"边界网格"菜单命令。

（2）单击"网格"选项卡→"图元"面板→"边界曲面"按钮。

（3）在命令行输入"EDGESURF"并按 Enter 键。

扫码看视频

扫码看视频

【**例 14-14**】　绘制如图 14-69 所示的牙膏壳。

操作步骤如下。

[1]　在命令行中输入 SURFTAB1 和 SURFTAB2，设置曲面的线框密度为 20。将视图切换到西南等轴测图。

[2]　单击"常用"选项卡→"绘图"面板→"直线"按钮，以（−10,0）和（10,0）为坐标点绘制直线。

[3]　单击"常用"选项卡→"绘图"面板→"圆心-起点-角度"圆弧按钮，以（0,0,90）为圆心绘制起点为（@10,0）、角度为 180°的圆弧，如图 14-70 所示。

图 14-69　牙膏壳

图 14-70　绘制圆弧

[4] 单击"常用"选型卡→"绘图"面板→"直线"按钮，连接直线和圆弧的两侧端点，结果如图 14-71 所示。

[5] 单击"网格"选项卡→"图元"面板→"边界曲面"按钮，依次选取边界对象，创建边界曲面，命令行提示与操作如下。

命令行：_edgesurf
当前线框密度：SURFTAB1=20   SURFTAB2=20
选择用作曲面边界的对象 1；//选取图 14-71 中的直线 1
选择用作曲面边界的对象 2；//选取图 14-71 中的圆弧 2
选择用作曲面边界的对象 3；//选取图 14-71 中的直线 3
选择用作曲面边界的对象 4；//选取图 14-71 中的直线 4

绘制结果如图 14-72 所示。

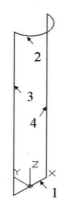 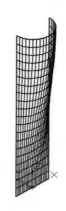

图 14-71　绘制直线   图 14-72　创建边界曲面

[6] 单击"常用"选项卡→"修改"面板→"镜像"按钮，将步骤[5]创建的曲面以第一条直线为镜像线进行镜像。

[7] 单击"常用"选项卡→"绘图"面板→"圆"按钮，以（0,0,90）为圆心绘制半径为 10 的圆；重复"圆"命令，以（0,0,93）为圆心绘制半径为 5 的圆。

[8] 单击"网格"选项卡→"图元"面板→"直纹曲面"按钮，依次选取步骤[7]创建的圆创建直纹曲面，命令行提示与操作如下。

命令：_rulesurf
当前线框密度：SURFTAB1=20
选择第一条定义曲线：//选取半径为 10 的圆
选择第二条定义曲线：//选取半径为 5 的圆

绘制结果如图 14-73 所示。

[9] 单击"常用"选项卡→"绘图"面板→"圆"按钮，以（0,0,93）为圆心绘制半径为 5 的圆，以（0,0,95）为圆心绘制半径为 5 的圆。

[10] 单击"网格"选项卡→"图元"面板→"直纹曲面"按钮，依次选取最上端的两个圆创建直纹曲面，如图 14-74 所示。

图 14-73　创建指纹曲面 1　　　　　　　图 14-74　创建指纹曲面 2

[11] 以（0,0,95）为圆心绘制半径为 5 的圆，选取"绘图"菜单→"建模"→"曲面"→"直面"命令，选取绘制的圆创建直面曲面。完成牙膏壳的绘制，消隐后如图 14-69 所示。

14.4.3　网格编辑

AutoCAD 2018 极大地加强了在网格编辑方面的功能，本节简要介绍这些新功能。

1．提高（降低）平滑度

执行方式如下。

（1）执行"修改"→"网格编辑"→"提高平滑度（或降低平滑度）"菜单命令。

（2）单击"网格"选项卡→"网格"面板→"提高平滑度"按钮⬚或"降低平滑度"按钮⬚。

（3）在命令行输入"MESHSMOOTHMORE"或"MESHSMOOTHLESS"并按 Enter 键。

【例 14-15】　提高手环的平滑度，提高后的效果图如图 14-75 所示。

操作步骤如下。

[1] 绘制如图 14-76 所示的手环。

扫码看视频

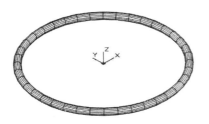

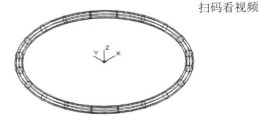

图 14-75　高平滑度手环　　　　　　　　图 14-76　绘制手环

[2] 单击"网格"选项卡→"网格"面板→"提高平滑度"按钮⬚，提高手环的平滑度，使手环看起来更光滑，命令行提示与操作如下。

命令：MESHSMOOTHMORE↙

选择要提高平滑度的网格对象：//选择手环

选择要提高平滑度的网格对象：↙

消隐后的结果如图 14-75 所示。

2．锐化（取消锐化）

锐化功能可以使平滑的曲面选定的局部变得尖锐，取消锐化功能则是锐化功能的逆过程。

执行方式如下。

（1）执行"修改"→"网格编辑"→"锐化取消锐化"菜单命令。

（2）单击"网格"选项卡→"网格"面板→"增加锐化"按钮 或"删除锐化"按钮 。

（3）在命令行输入"MESHCREASE"或"MESHUNCREASE"并按 Enter 键。

【例 14-16】 对手环进行锐化，如图 14-77 所示。

操作步骤如下。

[1] 打开例 14-15 绘制的手环。

[2] 单击"网格"选项卡→"网格"面板→"增加锐化"按钮 ，对手环进行锐化，命令行提示与操作如下。

扫码看视频

命令：_MESHCREASE

选择要锐化的网格子对象：//选择手环曲面上的子网格，被选中的子网格用虚线显示，如图 14-78 所示

选择要锐化的网格子对象：↙

指定锐化值[始终(A)] <始终>：50↙

结果如图 14-79 所示。

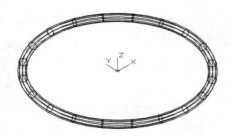

图 14-77　锐化手环

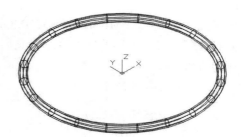

图 14-78　选择网格子对象

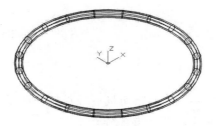

图 14-79　锐化结果

[3] 单击"网格"选项卡→"网格"面板→"删除锐化"按钮，对刚锐化的网格取消锐化，命令行提示与操作如下。

命令：_MESHUNCREASE
选择要删除的锐化：//选择锐化后的曲面
选择要删除的锐化：

结果如图 14-77 所示。

3．优化网格

优化网格对象可增加可编辑面的数目，从而提供对精细建模细节的附加控制。
执行方式如下。
（1）执行"修改"→"网格编辑"→"优化网格"菜单命令。
（2）单击"网格"选项卡→"网格"面板→"优化网格"按钮。
（3）在命令行输入"MESHREFINE"并按 Enter 键。
【例 14-17】　对手环进行优化，如图 14-80 所示。
操作步骤如下。
[1] 打开例 14-16 绘制的手环。
[2] 单击"网格"选项卡→"网格"面板→"优化网格"按钮，对手环进行优化，命令行操作与提示如下。

命令：_MESHREFINE
选择要优化的网格对象或面子对象：//选择手环曲面
选择要优化的网格对象或面子对象：↙

结果如图 14-80 所示，可以看出可编辑面增加了。

图 14-80　优化手环

AutoCAD 软件的"修改"菜单下还提供其他网格编辑子菜单，包括"分割面""转换为具有向前面的实体""转换为具有镶嵌面的曲面""转换成平滑实体""转换成平滑曲面"这里不再一一介绍。

14.5　绘制三维实体图元

利用 AutoCAD 软件中的相关命令，用户可以绘制长方体、圆锥体、圆柱体、圆环体和棱锥体等基本实体。

扫码看视频

14.5.1　绘制长方体

使用 BOX 命令可以创建实心长方体或立方体。默认情况下，AutoCAD 软件所绘制的长方体的底面始终与当前 UCS 坐标系的 XY 平面（工作平面）平行。

在 AutoCAD 软件中，有以下 5 种方法可绘制长方体。

（1）执行"绘图"→"建模"→"长方体"菜单命令。

（2）单击"常用"选项卡→"建模"面板→"长方体"按钮 。

（3）单击"实体"选项卡→"图元"面板→"长方体"按钮 。

（4）单击"建模"工具栏的"长方体"按钮 。

（5）在命令行中输入"BOX"并按 Enter 键。

使用 BOX 命令绘制长方体有 3 种方法：通过指定长方体的长度、宽度和高度来绘制；通过指定第一个角点、另一个角点和高度来绘制；通过指定中心点、角点和高度来绘制。下面详细讲述这三种方法。

1．通过指定长方体的长度、宽度和高度绘制

[1] 在命令行中输入"BOX"并按 Enter 键。命令行提示如下。

命令: _box
指定第一个角点或 [中心(C)]:

[2] 单击图 14-81 中的 A 点，即指定 A 点为长方体的 1 个角点。命令行继续提示如下。

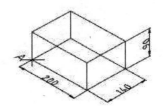

图 14-81　绘制长方体实例 1

指定其他角点或 [立方体(C)/长度(L)]: 1

[3] 在命令行中输入"L"并按 Enter 键。命令行继续提示如下。

指定长度: 200

[4] 在命令行中输入长方体的长度"200"并按 Enter 键。命令行继续提示如下。

指定宽度: 140

[5] 在命令行中输入长方体的宽度"140"并按 Enter 键。命令行继续提示如下。

指定高度或 [两点(2P)]: 90

[6]　在命令行中输入长方体的高度"90"并按 Enter 键，绘图完成。

2．通过指定第一个角点、另一个角点和高度绘制

[1]　在命令行中输入"BOX"并按 Enter 键。命令行提示如下。

命令：_box
指定第一个角点或 [中心(C)]:

[2]　单击图 14-82 中的 A 点，即指定 A 点为长方体的 1 个角点。命令行提示如下。

指定其他角点或 [立方体(C)/长度(L)]:

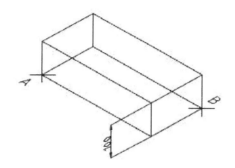

图 14-82　绘制长方体实例 2

[3]　单击图 14-82 中的 B 点，即指定 B 点为长方体的另一角点。

指定高度或 [两点(2P)]

[4]　在命令行中输入长方体的高度"100"并按 Enter 键，绘图完成。

3．通过指定中心点、角点和高度绘制

[1]　在命令行中输入"BOX"并按 Enter 键。命令行提示如下。

命令：_box
指定第一个角点或 [中心(C)]:

[2]　在命令行中输入"C"并按 Enter 键。命令行继续提示如下。

指定中心:

[3]　单击图 14-83 中的 O 点，即指定 O 点为长方体的底面中心点。命令行继续提示如下。

指定角点或 [立方体(C)/长度(L)]:

[4]　单击图 14-83 中的 A 点，即指定 A 点为长方体的 1 个角点。命令行继续提示如下。

指定高度或 [两点(2P)] <137.0979>:

[5]　在命令行中输入长方体的高度"100"并按 Enter 键，绘图完成。

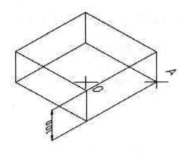

图 14-83　绘制长方体实例 3

扫码看视频

14.5.2　绘制楔体

楔体是长方体沿对角线切成两半后所创建的实体。默认情况下，楔体的底面总是与当前 UCS 坐标系的 XY 平面平行，斜面正对的第一个角点、楔体的高度与 Z 轴平行。在绘制楔体时，先确定楔体的底面，然后再确定楔体的高度。

在 AutoCAD 软件中，有以下 5 种方法可绘制楔体。

（1）执行"绘图"→"建模"→"楔体"菜单命令。

（2）单击"常用"选项卡→"建模"面板→"楔体"按钮 。

（3）单击"实体"选项卡→"图元"面板→"楔体"按钮 。

（4）单击"建模"工具栏的"楔体"按钮 。

（5）在命令行中输入"WEDGE"并按 Enter 键，下面详细讲述该方法。

1．通过指定长度、宽度和高度绘制

[1] 在命令行中输入"WEDGE"并按 Enter 键。命令行提示如下。

命令: _wedge
指定第一个角点或 [中心(C)]:

[2] 单击图 14-84 中的 A 点，即指定 A 点为楔体的 1 个角点。命令行提示如下。

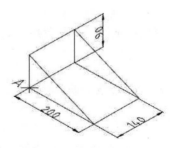

图 14-84　绘制楔体实例 1

指定其他角点或 [立方体(C)/长度(L)]: l

[3] 在命令行中输入"L"并按 Enter 键。命令行继续提示如下。

指定长度 <200.0000>:

[4] 在命令行中输入"200"并按 Enter 键。命令行继续提示如下。

指定宽度 <140.0000>:

[5] 在命令行中输入"140"并按 Enter 键。命令行继续提示如下。

指定高度或 [两点(2P)] <132.7456>:

[6] 在命令行中输入"90"并按 Enter 键，绘图完成。

2. 通过指定第一个角点、另一个角点和高度绘制

[1] 在命令行中输入"WEDGE"并按 Enter 键。命令行提示如下。

命令: _wedge
指定第一个角点或 [中心(C)]:

[2] 单击图 14-85 中的 A 点，即指定 A 点为楔体的 1 个角点。命令行提示如下。

指定其他角点或 [立方体(C)/长度(L)]:

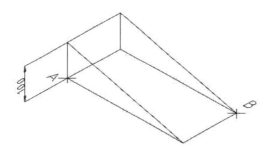

图 14-85　绘制楔体实例 2

[3] 单击图 14-85 中的 B 点，即指定 B 点为楔体的另一角点。命令行提示如下。

指定高度或 [两点(2P)] <174.0089>:

[4] 在命令行中输入"100"并按 Enter 键，绘图完成。

14.5.3　绘制圆锥体

扫码看视频

使用"CONE"命令可以创建底面为圆或椭圆的尖头圆锥体或圆台。默认情况下，所绘制的圆锥体的底面位于当前 UCS 坐标系的 XY 平面上，并且其中心轴与 Z 轴平行。AutoCAD 软件中绘制圆锥体时先指定底面圆或椭圆的大小和位置，再指定圆锥体的高度。

在 AutoCAD 软件中，有以下 5 种方法可绘制圆锥体。

（1）执行"绘图"→"建模"→"圆锥体"菜单命令。

（2）单击"常用"选项卡→"建模"面板→"圆锥体"按钮△。

（3）单击"实体"选项卡→"图元"面板→"圆锥体"按钮△。

（4）单击"建模"工具栏的"圆锥体"按钮 △。

（5）在命令行中输入"CONE"并按 Enter 键。

执行圆锥体命令后，命令行提示如下。

命令: _cone
指定底面的中心点或 [三点(3P)/两点(2P)/切点、切点、半径(T)/椭圆(E)]:

这一提示信息用于选择各种方法绘制底面的圆。例如：可以使用"圆心、半径"绘制。选择"椭圆（E）"选项还可以绘制底面为椭圆的圆锥体。

完成底面的圆或椭圆的绘制后，命令行提示如下。

指定高度或 [两点(2P)/轴端点(A)/顶面半径(T)] <59.8443>:

此时可输入高度值，完成圆锥体的绘制，或者选择中括号内的选项，其功能如下。

（1）两点（2P）：指定圆锥体的高度为两个指定点之间的距离。

（2）轴端点（A）：指定圆锥体轴的端点位置。轴端点是圆锥体的顶点，可以位于三维空间的任何位置，它定义了圆锥体的长度和方向。

（3）顶面半径（T）：用于设置创建圆台时圆台的顶面半径。

【例 14-18】 绘制如图 14-86 所示的圆锥体。

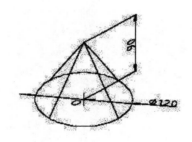

图 14-86　绘制圆锥体实例 1

[1] 在命令行中输入"CONE"并按 Enter 键。命令行提示如下。

命令: _cone
指定底面的中心点或 [三点(3P)/两点(2P)/切点、切点、半径(T)/椭圆(E)]:

[2] 单击图 14-86 中的 O 点，即指定 O 点为圆锥底面的圆心。命令行提示如下。

指定底面半径或 [直径(D)]:

[3] 在命令行中输入"60"并按 Enter 键。命令行继续提示如下。

指定高度或 [两点(2P)/轴端点(A)/顶面半径(T)] <59.8443>:

[4] 在命令行中输入"90"并按 Enter 键，绘图完成。

【例 14-19】 绘制如图 14-87 所示的圆锥台。

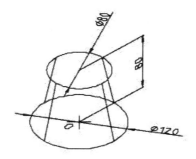

图 14-87　绘制圆锥台实例

[1] 在命令行中输入 "CONE" 并按 Enter 键。命令行提示如下。

命令: _cone
指定底面的中心点或 [三点(3P)/两点(2P)/切点、切点、半径(T)/椭圆(E)]:

[2] 单击图 14-87 中的 O 点，即指定 O 点为圆锥底面的圆心。命令行提示如下。

指定底面半径或 [直径(D)]:

[3] 在命令行中输入 "60" 并按 Enter 键。命令行继续提示如下。

指定高度或 [两点(2P)/轴端点(A)/顶面半径(T)] <136.0098>: t

[4] 在命令行中输入 "T" 并按 Enter 键。命令行继续提示如下。

指定顶面半径 <0.0000>:

[5] 在命令行中输入 "40" 并按 Enter 键。命令行继续提示如下。

指定高度或 [两点(2P)/轴端点(A)] <136.0098>:

[6] 在命令行中输入 "80" 并按 Enter 键，完成绘制。

【例 14-20】　绘制如图 14-88 所示的圆锥体。

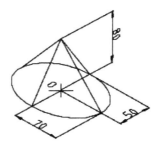

图 14-88　绘制圆锥体实例 2

[1] 在命令行中输入 "CONE" 并按 Enter 键。命令行提示如下。

命令: _cone
指定底面的中心点或 [三点(3P)/两点(2P)/切点、切点、半径(T)/椭圆(E)]:

[2] 在命令行中输入 "E" 并按 Enter 键。命令行继续提示如下。

指定第一个轴的端点或 [中心(C)]: c

[3] 在命令行中输入 "C" 并按 Enter 键。命令行继续提示如下。

指定中心点:

[4] 单击图 14-88 中的 O 点，即指定 O 点为圆锥底面的圆心。命令行提示如下。

指定到第一个轴的距离 <80.4875>:

[5] 在命令行中输入 "70" 并按 Enter 键。命令行继续提示如下。

指定第二个轴的端点:

[6] 在命令行中输入 "50" 并按 Enter 键。命令行继续提示如下。

指定高度或 [两点(2P)/轴端点(A)/顶面半径(T)] <112.0721>:

[7] 在命令行中输入 "80" 并按 Enter 键，圆锥体绘制完成。

14.5.4　绘制球体

球体是三维空间中到一个点的距离等于定值的所有点的集合，有以下 5 种方法可绘制球体。

（1）执行 "绘图" → "建模" → "球体" 菜单命令。
（2）单击 "常用" 选项卡→ "建模" 面板→ "球体" 按钮◯。
（3）单击 "实体" 选项卡→ "图元" 面板→ "球体" 按钮◯。
（4）单击 "建模" 工具栏的 "球体" 按钮◯。
（5）在命令行中输入 "SPHERE" 并按 Enter 键。

执行球体命令后，命令行提示如下。

命令: _sphere
指定中心点或 [三点(3P)/两点(2P)/切点、切点、半径(T)]:

根据此提示信息，可选择绘制圆的方法。默认是通过 "中心点、半径" 的方法绘制圆，也可以选择中括号中的选项来绘制圆。所绘制的圆即为球体的圆周，圆绘制完成，那么球体也绘制完成了。

【例 14-21】　绘制如图 14-89 所示的球体。

[1] 在命令行中输入 "SPHERE" 并按 Enter 键。命令行提示如下。

命令: _sphere
指定中心点或 [三点(3P)/两点(2P)/切点、切点、半径(T)]:

[2] 单击图 14-89 中的 O 点，即指定 O 点为中心点。命令行继续提示如下。

指定半径或 [直径(D)] <80.4875>:

[3] 在命令行中输入"300"并按 Enter 键，球体绘制完成。

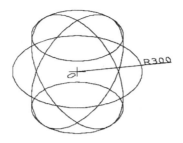

图 14-89　绘制球体实例

14.5.5　绘制圆柱体

扫码看视频

使用"CYLINDER"命令可以创建以圆或椭圆为底面的实体圆柱体。默认情况下，圆柱体的底面位于当前 UCS 坐标系的 XY 平面上。AutoCAD 软件中绘制圆柱体时先指定底面圆或椭圆的大小和位置，再指定圆柱体的高度。

有以下 5 种方法可绘制圆柱体。

（1）执行"绘图"→"建模"→"圆柱体"菜单命令。

（2）单击"常用"选项卡→"建模"面板→"圆柱体"按钮⬚。

（3）单击"实体"选项卡→"图元"面板→"圆柱体"按钮⬚。

（4）单击"建模"工具栏的"圆柱体"按钮⬚。

（5）在命令行中输入"CYLINDER"并按 Enter 键。

【例 14-22】　绘制如图 14-90 所示的圆柱体。

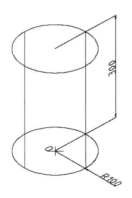

图 14-90　绘制圆柱体实例

[1] 在命令行中输入"CYLINDER"并按 Enter 键。命令行提示如下。

命令：_cylinder
指定底面的中心点或 [三点(3P)/两点(2P)/切点、切点、半径(T)/椭圆(E)]：

[2] 单击图 14-90 中的 O 点，即指定 O 点为中心点。命令行继续提示如下。

指定底面半径或 [直径(D)] <118.2523>:

[3] 在命令行中输入"100"并按 Enter 键。命令行继续提示如下。

指定高度或 [两点(2P)/轴端点(A)] <110.9840>:

[4] 在命令行中输入"300"并按 Enter 键，圆柱体绘制完成。

扫码看视频

14.5.6　绘制圆环体

圆环体可以看成是圆轮廓线绕与其共面的直线旋转所形成的实体，其形状与轮胎相似。在 AutoCAD 软件中，圆环体由两个半径值定义：一个是圆管半径；另一个是圆环半径，即从圆环体中心到圆管中心的距离，如图 14-91 所示，其中圆环半径为 100，圆管半径为 20。

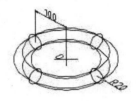

图 14-91　绘制圆环体实例 1

有以下 5 种方法可绘制圆环体。

（1）执行"绘图"→"建模"→"圆环体"菜单命令。

（2）单击"常用"选项卡→"建模"面板→"圆环体"按钮◎。

（3）单击"实体"选项卡→"图元"面板→"圆环体"按钮◎。

（4）单击"建模"工具栏的"圆环体"按钮◎。

（5）在命令行中输入"TORUS"并按 Enter 键。

【例 14-23】　绘制如图 14-91 所示的圆环体。

[1] 在命令行中输入"TORUS"并按 Enter 键。命令行提示如下。

命令: _torus
指定中心点或 [三点(3P)/两点(2P)/切点、切点、半径(T)]:

[2] 单击图 14-91 中的 O 点，即指定 O 点为中心点。命令行继续提示如下。

指定半径或 [直径(D)] <70.0585>:

[3] 在命令行中输入"100"并按 Enter 键。命令行继续提示如下。

指定圆管半径或 [两点(2P)/直径(D)]:

[4] 在命令行中输入"20"并按 Enter 键，完成圆环体的绘制。

【例 14-24】　绘制如图 14-92 所示的圆环体，其中圆环半径为 60，圆管半径为 80。

[1] 在命令行中输入"TORUS"并按 Enter 键。命令行提示如下。

命令: _torus

指定中心点或 [三点(3P)/两点(2P)/切点、切点、半径(T)]:

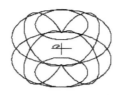

图 14-92　绘制圆环体实例 2

[2] 单击图 14-92 中的 O 点，即指定 O 点为中心点。命令行继续提示如下。

指定半径或 [直径(D)] <146.4417>: 60

[3] 此时在命令行中输入 "60" 并按 Enter 键。命令行继续提示如下。

指定圆管半径或 [两点(2P)/直径(D)] <30.2526>: 80

[4] 在命令行中输入 "80" 并按 Enter 键，完成圆环体的绘制。

【例 14-25】　绘制如图 14-93 所示的圆环体，其中圆环半径为–100，圆管半径为 200。

图 14-93　绘制圆环体实例 3

[1] 在命令行中输入 "TORUS" 并按 Enter 键。命令行提示如下。

命令: _torus
指定中心点或 [三点(3P)/两点(2P)/切点、切点、半径(T)]:

[2] 单击图 14-93 中的 O 点，即指定 O 点为中心点。命令行继续提示如下。

指定半径或 [直径(D)] <60.0000>: -100

[3] 在命令行中输入 "–100" 并按 Enter 键。命令行继续提示如下。

指定圆管半径或 [两点(2P)/直径(D)] <80.0000>: 200

[4] 在命令行中输入 "200" 并按 Enter 键，完成圆环体的绘制。

扫码看视频

14.5.7　绘制棱锥体

使用 "PYRAMID" 命令可以创建底面为正多边形的尖头棱锥体或棱台。默认情况下，所绘制的棱锥体的底面位于当前 UCS 坐标系的 XY 平面上，并且其中心轴与 Z 轴平行。

AutoCAD 软件中绘制棱锥体时先指定底面正多边形的大小和位置，再指定棱锥体的高度。

在 AutoCAD 软件中，有以下 5 种方法可绘制棱锥体。

（1）执行"绘图"→"建模"→"棱锥体"菜单命令。

（2）单击"常用"选项卡→"建模"面板→"棱锥体"按钮△。

（3）单击"实体"选项卡→"图元"面板→"棱锥体"按钮△。

（4）单击"建模"工具栏的"棱锥体"按钮△。

（5）在命令行中输入"PYRAMID"并按 Enter 键。

执行棱锥体命令后，命令行提示如下。

命令: _pyramid
 4 个侧面 外切
指定底面的中心点或 [边(E)/侧面(S)]:

该提示信息第一行显示当前的棱锥体绘制模式为 4 个侧面，底面多边形绘制模式为外切。此时可指定底面的中心点，绘制底面的正多边形，各选项的含义如下：

- 边（E）：使用绘制边的方法绘制底面正多边形。
- 侧面（S）：指定棱锥面的侧面数，可以输入 3～32 之间的数。

指定底面中心点后，命令行继续提示如下。

指定底面半径或 [内接(I)] <60.0000>:

此时指定底面内切圆的半径，完成棱锥体底面正多边形的绘制。选择"内接"选项，可以使用内接模式绘制正多边形，即指定正多边形的外接圆半径。

命令行继续提示如下。

指定高度或 [两点(2P)/轴端点(A)/顶面半径(T)] <226.3203>:

此时可输入棱锥体的高度，完成棱锥体的绘制，或者选择其他选项，这些选项与绘制圆锥体时的选项相同。

【例 14-26】 绘制如图 14-94 所示的棱锥体。

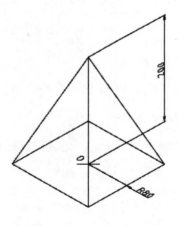

图 14-94 绘制棱锥体实例

[1] 在命令行中输入"PYRAMID"并按 Enter 键。命令行提示如下。

命令: _pyramid
　4 个侧面　外切
指定底面的中心点或 [边(E)/侧面(S)]:

[2] 单击图 14-94 中的 O 点，即指定 O 点为中心点。命令行继续提示如下。

指定底面半径或 [内接(I)] <107.9127>: 80

[3] 在命令行中输入"80"并按 Enter 键。命令行继续提示如下。

指定高度或 [两点(2P)/轴端点(A)/顶面半径(T)] <152.3310>: 200

[4] 在命令行中输入"200"并按 Enter 键，完成棱锥体的绘制。

【例 14-27】　绘制如图 14-95 所示的棱台（棱台的高度为 160）。

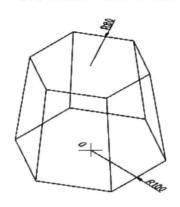

图 14-95　绘制棱台实例

[1] 在命令行中输入"PYRAMID"并按 Enter 键。命令行提示如下。

命令: _pyramid
　4 个侧面　外切
指定底面的中心点或 [边(E)/侧面(S)]: s

[2] 在命令行中输入"S"并按 Enter 键。命令行继续提示如下。

输入侧面数 <4>: 6

[3] 在命令行中输入"6"并按 Enter 键。命令行继续提示如下。

指定底面的中心点或 [边(E)/侧面(S)]:

[4] 单击图 14-95 中的 O 点，即指定 O 点为底面的中心点。命令行继续提示如下。

指定底面半径或 [内接(I)] <113.1371>: 100

[5] 在命令行中输入"100"并按 Enter 键。命令行继续提示如下。

指定高度或 [两点(2P)/轴端点(A)/顶面半径(T)] <200.0000>: t

[6] 在命令行中输入"T"并按 Enter 键。命令行继续提示如下。

指定顶面半径 <0.0000>: 80

[7] 在命令行中输入"80"并按 Enter 键。命令行继续提示如下。

指定高度或 [两点(2P)/轴端点(A)] <200.0000>: 160

[8] 在命令行中输入"160"并按 Enter 键，完成棱锥体的绘制。

扫码看视频

14.5.8　绘制多段体

绘制多段体与绘制多段线的方法相同。默认情况下，多段体始终带有一个矩形轮廓，也可以利用现有的直线、二维多段线、圆弧或圆创建多段体。多段体通常用于绘制建筑图的墙体。

在 AutoCAD 软件中，有以下 5 种方法可绘制多段体。

（1）执行"绘图"→"建模"→"多段体"菜单命令。

（2）单击"常用"选项卡→"建模"面板→"多段体"按钮 。

（3）单击"实体"选项卡→"图元"面板→"多段体"按钮 。

（4）单击"建模"工具栏的"多段体"按钮 。

（5）在命令行中输入"POLYSOLID"并按 Enter 键。

执行多段体命令后，命令行提示如下。

命令: _Polysolid 高度 = 80.0000, 宽度 = 5.0000, 对正 = 居中
指定起点或 [对象(O)/高度(H)/宽度(W)/对正(J)] <对象>:

此时可指定多段体的起点，各选项的含义如下。

- 对象（O）：用于将二维对象转换为多段体。可以转换的对象包括直线、圆弧、二维多段线和圆。
- 高度（H）：指定多段体的高度，如图 14-96 所示的多段体的高度为 80。
- 宽度（W）：指定多段体的宽度，如图 14-96 所示的多段体的宽度为 5。
- 对正（J）：使用命令定义轮廓时，可以将实体的宽度和高度设置为左对正、右对正或居中。

指定多段体的起点后，命令行会继续提示指定下一个点，直到按 Enter 键完成多段体的绘制，这一过程与绘制多段线相同。

【例 14-28】 绘制如图 14-96 所示的多段体。

[1] 在命令行中输入"POLYSOLID"并按 Enter 键。命令行提示如下。

命令: _Polysolid 高度 = 80.0000, 宽度 = 5.0000, 对正 = 居中
指定起点或 [对象(O)/高度(H)/宽度(W)/对正(J)] <对象>:

[2] 单击图 14-96 中的 A 点，即指定 A 点为起点。命令行继续提示如下。

指定下一个点或 [圆弧(A)/放弃(U)]:

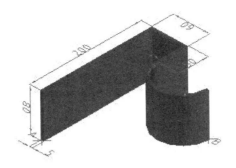

图 14-96　绘制多段体实例

[3] 单击"正交"按钮，将光标移至图 14-96 所示的对应方向，在命令行中输入"200"并按 Enter 键。命令行继续提示如下。

指定下一个点或 [圆弧(A)/放弃(U)]:

[4] 将光标移至图 14-96 所示的对应方向，在命令行中输入"60"并按 Enter 键。命令行继续提示如下。

指定下一个点或 [圆弧(A)/闭合(C)/放弃(U)]:

[5] 将光标移至图 14-96 所示的对应方向，在命令行中输入"50"并按 Enter 键。命令行继续提示如下。

指定下一个点或 [圆弧(A)/闭合(C)/放弃(U)]: a

[6] 在命令行中输入"A"并按 Enter 键。命令行继续提示如下。

指定圆弧的端点或 [闭合(C)/方向(D)/直线(L)/第二个点(S)/放弃(U)]:

[7] 单击图 14-96 中的 B 点即可。按 Enter 键结束当前命令。

【例 14-29】　将图 14-97（a）所示的对象转换为图 14-97（b）所示的多段体，参数选择默认。

（a）原对象

（b）转换为多段体后

图 14-97　将对象转换为多段体

[1] 在命令行中输入"POLYSOLID"并按 Enter 键。命令行提示如下。

命令: _Polysolid 高度 = 80.0000, 宽度 = 5.0000, 对正 = 居中
指定起点或 [对象(O)/高度(H)/宽度(W)/对正(J)] <对象>:

[2] 在命令行中输入"O"并按 Enter 键。命令行继续提示如下。

选择对象:

[3] 选中如图 14-97（a）所示的圆弧。重复步骤[1]。命令行继续提示如下。

选择对象:

[4] 选中图 14-97（a）所示的多段线即可。

14.6　从直线和曲线创建实体和曲面

在 AutoCAD 软件中，不但可以直接使用三维实体的相关命令创建三维对象，还可以将二维对象通过拉伸、扫掠、旋转和放样来创建三维对象。

14.6.1　拉伸

拉伸操作即通过沿指定的方向将对象或平面拉伸出指定高度来创建三维实体或曲面。一般地，开放曲线可以拉伸成曲面，闭合曲线或者曲面可以拉伸成实体。

在 AutoCAD 软件中，有以下 6 种方法可执行"拉伸"命令。

（1）执行"绘图"→"建模"→"拉伸"菜单命令。

（2）单击"常用"选项卡→"建模"面板→"拉伸"按钮⬆️。

（3）单击"实体"选项卡→"实体"面板→"拉伸"按钮⬆️。

（4）单击"曲面"选项卡→"创建"面板→"拉伸"按钮⬆️。

（5）单击"建模"工具栏的"拉伸"按钮⬆️。

（6）在命令行中输入"EXTRUDE"并按 Enter 键。

【例 14-30】将图 14-98（a）所示的圆拉伸为图 14-98（b）所示的圆柱，拉伸高度为 260。

（a）原对象　　　　　　（b）拉伸后

图 14-98　拉伸实例 1

操作步骤如下。

[1] 在命令行中输入"EXTRUDE"并按 Enter 键。命令行提示如下。

命令: _extrude
当前线框密度: ISOLINES=4，闭合轮廓创建模式 = 实体
选择要拉伸的对象或 [模式(MO)]:

[2] 选择图 14-98（a）中的圆并按 Enter 键。命令行继续提示如下。

指定拉伸的高度或 [方向(D)/路径(P)/倾斜角(T)/表达式(E)]: 260

[3] 在命令行中输入 "260" 并按 Enter 键。拉伸后的效果如图 14-98（b）所示。

【例 14-31】将图 14-99（a）所示的圆沿图示直线方向拉伸为如图 14-99（b）所示的圆柱。

（a）原对象　　　　　　　　　　（b）拉伸后

图 14-99　拉伸实例 2

操作步骤如下。

[1] 在命令行中输入 "EXTRUDE" 并按 Enter 键。命令行提示如下。

命令: _extrude
当前线框密度:　ISOLINES=4，闭合轮廓创建模式 = 实体
选择要拉伸的对象或 [模式(MO)]:

[2] 选择图 14-99（a）中的圆并按 Enter 键。命令行继续提示如下。

指定拉伸的高度或 [方向(D)/路径(P)/倾斜角(T)/表达式(E)] <-89.1090>: d

[3] 在命令行中输入 "D" 并按 Enter 键。命令行继续提示如下。

指定方向的起点:

[4] 单击图 14-99（a）中直线的下端点。命令行继续提示如下。

指定方向的端点:

[5] 单击图 14-99（a）中直线的上端点即可。

【例 14-32】 将图 14-100（a）所示的圆沿图示路径拉伸为图 14-100（b）所示的对象。

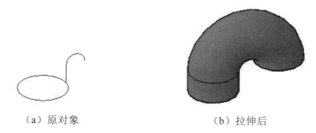

（a）原对象　　　　　　　　　　（b）拉伸后

图 14-100　拉伸实例 3

操作步骤如下。

[1] 在命令行中输入 "EXTRUDE" 并按 Enter 键。命令行提示:

命令: _extrude

当前线框密度： ISOLINES=4，闭合轮廓创建模式 = 实体
选择要拉伸的对象或 [模式(MO)]:

[2] 选择图 14-100（a）中的圆并按 Enter 键。命令行继续提示如下。

指定拉伸的高度或 [方向(D)/路径(P)/倾斜角(T)/表达式(E)] <-89.1090>:P

[3] 在命令行中输入 "P" 并按 Enter 键。命令行继续提示如下。

选择拉伸路径或 [倾斜角(T)]:

[4] 选择图 14-100（a）中的多段线。拉伸后的效果如图 14-100（b）所示。

【例 14-33】 将图 14-101（a）所示的两个圆分别拉伸为图 14-101（b）所示的对象（倾斜角度分别为 20°和–20°，拉伸高度为 140）。

（a）原对象   （b）拉伸后

图 14-101   拉伸实例 4

操作步骤如下。

[1] 在命令行中输入 "EXTRUDE" 并按 Enter 键。命令行提示如下。

命令: _extrude
当前线框密度： ISOLINES=4，闭合轮廓创建模式 = 实体
选择要拉伸的对象或 [模式(MO)]:

[2] 选择图 14-101（a）中的第一个圆并按 Enter 键。命令行继续提示如下。

指定拉伸的高度或 [方向(D)/路径(P)/倾斜角(T)/表达式(E)] <-89.1090>:T

[3] 在命令行中输入 "T" 并按 Enter 键。命令行继续提示如下。

指定拉伸的倾斜角度或 [表达式(E)] <0>: 20

[4] 在命令行中输入 "20" 并按 Enter 键。命令行继续提示如下。

指定拉伸的高度或 [方向(D)/路径(P)/倾斜角(T)/表达式(E)] <58.7367>:140

[5] 在命令行中输入 "140" 并按 Enter 键即可。

[6] 参照上述方法将拉伸的倾斜角度改为–20°，将图 14-101（a）中的第二个圆拉伸为图 14-101（b）中与之对应的第二个对象。

扫码看视频

14.6.2　扫掠

使用 AutoCAD 软件的扫掠操作，可以沿指定路径（扫掠路径）以指定轮廓的形状（扫掠对象）绘制实体或曲面。扫掠路径可以是开放或闭合的二维或三维路径；扫掠对象可以

是开放或闭合的平面曲线。同样，如果沿一条路径扫掠闭合曲线，则生成实体；如果沿一条路径扫掠开放曲线，则生成曲面。

在 AutoCAD 软件中，有以下 6 种方法可执行"扫掠"命令：

（1）执行"绘图"→"建模"→"扫掠"菜单命令。

（2）单击"常用"选项卡→"建模"面板→"扫掠"按钮 🖫。

（3）单击"实体"选项卡→"实体"面板→"扫掠"按钮 🖫。

（4）单击"曲面"选项卡→"创建"面板→"扫掠"按钮 🖫。

（5）单击"建模"工具栏的"扫掠"按钮 🖫。

（6）在命令行中输入"SWEEP"并按 Enter 键。

执行扫掠操作后，命令行提示如下。

命令: _sweep
当前线框密度: ISOLINES=4，闭合轮廓创建模式 = 实体
选择要扫掠的对象或 [模式(MO)]:

此时选择要扫掠的对象并按 Enter 键，命令行继续提示如下。

选择扫掠路径或 [对齐(A)/基点(B)/比例(S)/扭曲(T)]:

此时选择要作为扫掠路径的对象。各选项的含义如下：

- 对齐（A）：指定是否对齐轮廓以使其作为扫掠路径切向的法向。默认情况下，轮廓是对齐的。
- 基点（B）：指定要扫掠对象的基点。如果指定的点不在选定对象所在的平面上，则该点将被投影到该平面上。
- 比例（S）：指定比例因子以进行扫掠操作。从扫掠路径开始到结束，比例因子将统一应用到扫掠的对象。
- 扭曲（T）：设置被扫掠对象的扭曲角度。扭曲角度指定沿扫掠路径全部长度的旋转量。

提示：在选择扫掠对象和扫掠路径时，应注意哪种对象可以作为扫掠对象，哪种对象可以作为扫掠路径，如表 14-1 所示。

表 14-1 可以用作扫掠对象和扫掠路径的对象

扫 掠 对 象	扫 掠 路 径	扫 掠 对 象	扫 掠 路 径
直线	直线	三维面	二维样条曲线
圆弧	圆弧	二维实体	三维多段线
椭圆弧	椭圆弧	三维实体	螺旋
二维多段线	二维多段线	面域	实体或曲面的边
二维样条曲线	二维样条曲线	平曲面	
圆	圆	实体的平面	
椭圆	椭圆		

【例 14-34】 将如图 14-102（a）所示的圆沿样条曲线扫掠为如图 14-102（b）所示的对象。

（a）原对象   （b）扫掠后

图 14-102　扫掠实例

操作步骤如下。

[1] 选择"绘图"菜单→"建模"→"扫掠"命令。命令行提示如下。

命令: _sweep
当前线框密度：ISOLINES=4，闭合轮廓创建模式 = 实体
选择要扫掠的对象或 [模式(MO)]:

[2] 选择图 14-102（a）中的圆并按 Enter 键。命令行继续提示如下。

选择扫掠路径或 [对齐(A)/基点(B)/比例(S)/扭曲(T)]:

[3] 选择图 14-102（a）中的样条曲线即可。扫掠后的效果如图 14-102（b）所示。

14.6.3　旋转

扫码看视频

使用 AutoCAD 软件的旋转操作，可以通过绕旋转轴旋转开放或闭合对象来创建实体或曲面。如果旋转闭合对象，则生成实体；如果旋转开放对象，则生成曲面。可以对以下对象进行旋转操作：直线、圆弧、椭圆弧、二维多段线、二维样条曲线、圆、椭圆、三维平面、二维实体、宽线、面域、实体或曲面上的平面。

在 AutoCAD 软件中，有以下 6 种方法可执行"旋转"命令。

（1）执行"绘图"→"建模"→"旋转"菜单命令。

（2）单击"常用"选项卡→"建模"面板→"旋转"按钮。

（3）单击"实体"选项卡→"实体"面板→"旋转"按钮。

（4）单击"曲面"选项卡→"创建"面板→"旋转"按钮。

（5）单击"建模"工具栏的"旋转"按钮。

（6）在命令行中输入"REVOLVE"并按 Enter 键。

执行旋转命令后，命令行提示如下。

命令: _revolve
当前线框密度：ISOLINES=4，闭合轮廓创建模式 = 实体
选择要旋转的对象或 [模式(MO)]:

此时选择要旋转的对象并按 Enter 键，命令行继续提示如下。

指定轴起点或根据以下选项之一定义轴 [对象(O)/X/Y/Z] <对象>:

　　这一步提示指定旋转轴，可以指定轴的起点和端点来指定旋转轴，也可以选择中括号里的选项。"对象"选项用于选择一个现有的对象作为旋转轴；X、Y 和 Z 选项用于选择 X、Y 和 Z 轴作为旋转轴。

　　选定旋转轴后，命令行继续提示如下。

指定旋转角度或 [起点角度(ST)/反转(R)/表达式(EX)] <360>:

　　此时可指定旋转的角度。正角度表示按逆时针方向旋转对象，负角度表示按顺时针方向旋转对象。

　　【例 14-35】 将图 14-103（a）所示的两个对象旋转为对应的图 14-103（b）所示的两个对象。

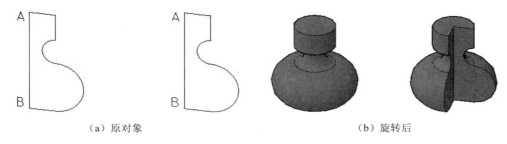

　　（a）原对象　　　　　　　　　　　　　　　　　　（b）旋转后

图 14-103　旋转实例 1

　　操作步骤如下。

　　[1] 执行"绘图"菜单→"建模"→"旋转"命令。命令行提示如下。

命令: _revolve
当前线框密度:　ISOLINES=4，闭合轮廓创建模式 = 实体
选择要旋转的对象或 [模式(MO)]:

　　[2] 选择图 14-103（a）中的第一个对象并按 Enter 键。命令行提示如下。

指定轴起点或根据以下选项之一定义轴 [对象(O)/X/Y/Z] <对象>:

　　[3] 单击刚选中对象上的 A 点。命令行提示如下。

指定轴端点:

　　[4] 单击选中对象上的 B 点。命令行继续提示如下。

指定旋转角度或 [起点角度(ST)/反转(R)/表达式(EX)] <360>:

　　[5] 在命令行中输入"360"并按 Enter 键。

　　[6] 参照步骤（1）～（4）可将图 14-103（a）中的第二个对象旋转为图 14-103（b）中与之对应的第二个对象，此时的旋转角度为–270°。

　　【例 14-36】 将图 14-104（a）所示的对象旋转为图 14-104（b）所示的对象。

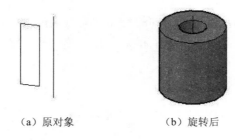

（a）原对象　　　　　　　（b）旋转后

图 14-104　旋转实例 2

操作步骤如下。

[1] 执行"绘图"菜单→"建模"→"旋转"命令。命令行提示如下。

命令: _revolve
当前线框密度: ISOLINES=4，闭合轮廓创建模式 = 实体
选择要旋转的对象或 [模式(MO)]:

[2] 选择图 14-104（a）中的多段线并按 Enter 键。命令行提示如下。

指定轴起点或根据以下选项之一定义轴 [对象(O)/X/Y/Z] <对象>:

[3] 在命令行中输入"O"并按 Enter 键。命令行提示如下。

选择对象:

[4] 选中图 14-104（a）中的直线。命令行提示如下。

指定旋转角度或 [起点角度(ST)/反转(R)/表达式(EX)] <360>:

[5] 在命令行中输入"360"并按 Enter 键，旋转后的效果如图 14-104（b）所示。

14.6.4　放样

扫码看视频

使用 AutoCAD 软件的放样操作，可以通过对包含两条或两条以上横截面曲线的一组曲线进行放样来创建三维实体或曲面。一系列横截面定义了放样后实体或曲面的轮廓形状。横截面（通常为曲线或直线）可以是开放的（如圆弧），也可以是闭合的（如圆），但必须至少指定两个横截面。同样，如果对一组闭合的横截面曲线进行放样，则生成实体；如果对一组开放的横截面曲线进行放样，则生成曲面。

提示：放样时所选择的横截面必须全部开放或全部闭合，不能使用既包含开放曲线又包含闭合曲线的选择集。

在 AutoCAD 软件中，有以下 6 种方法可执行"放样"操作。
（1）执行"绘图"→"建模"→"放样"菜单命令。
（2）单击"常用"选项卡→"建模"面板→"放样"按钮。
（3）单击"实体"选项卡→"实体"面板→"放样"按钮。
（4）单击"曲面"选项卡→"创建"面板→"放样"按钮。

（5）单击"建模"工具栏的"放样"按钮 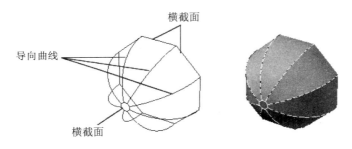。

（6）在命令行中输入"LOFT"并按 Enter 键。

执行放样命令后，命令行提示如下。

命令: _loft
当前线框密度:　ISOLINES=4，闭合轮廓创建模式 = 实体
按放样次序选择横截面或 [点(PO)/合并多条边(J)/模式(MO)]:

此时按照放样结果通过的次序选择要放样的对象并按 Enter 键，命令行提示如下。

输入选项 [导向(G)/路径(P)/仅横截面(C)/设置(S)] <仅横截面>:

此时可选择放样的方式。各选项的含义如下。

- 导向（G）：指定控制放样实体或曲面形状的导向曲线，如图 14-105 所示。导向曲线是直线或曲线。可以使用导向曲线来控制点如何匹配相应的横截面，以防止出现不希望看到的效果，例如实体或曲面中的皱褶。导向曲线必须满足与每个横截面相交，并且始于第一个横截面，止于最后一个横截面。

图 14-105　指定导向曲线放样

- 路径（P）：指定放样实体或曲面的单一路径。选择该选项后，命令行提示如下。

选择路径轮廓:

此时选择的路径曲线必须与横截面的所有平面相交，如图 14-106 所示。

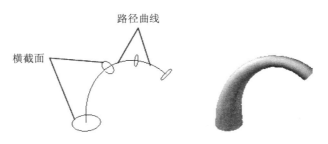

图 14-106　指定放样路径

- 仅横截面（C）：在不使用导向或路径的情况下，创建放样对象。
- 设置（S）：选择该选项，弹出"放样设置"对话框，如图 14-107 所示。

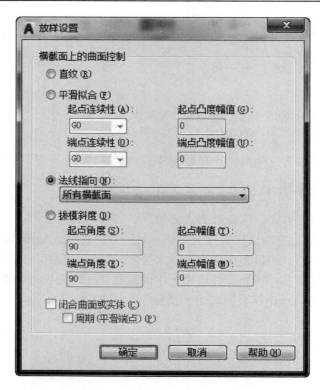

图 14-107　"放样设置"对话框

通过"放样设置"对话框，可以控制放样曲面在其横截面处的轮廓，还可以闭合曲面或实体。各选项设置说明如下。

（1）"直纹"单选按钮指定实体或曲面在横截面之间是直纹（直的），并且在横截面处具有鲜明边界，如图 14-108 所示。

（2）"平滑拟合"单选按钮指定在横截面之间绘制平滑实体或曲面，并且在起点横截面和端点横截面处具有鲜明边界，如图 14-109 所示。其中，"起点连续性"设定第一个横截面的切线和曲率；"起点凸度幅值"设定第一个横截面的曲线的大小；"端点连续性"设定最后一个横截面的切线和曲率；"端点凸度幅值"设定最后一个横截面的曲线的大小。

（3）"法线指向"下拉列表：控制实体或曲面在其通过横截面处的曲面法线。其中，"起点横截面"指定曲面法线为起点横截面的法向；"端点横截面"指定曲面法线为端点横截面的法向；"起点横截面和端点横截面"指定曲面法线为起点横截面和端点横截面的法向；"所有横截面"指定曲面法线为所有横截面的法向。

（4）"拔模斜度"单选按钮控制放样实体或曲面的第一个和最后一个横截面的拔模斜度和幅值。拔模斜度为曲面的开始方向。0 定义为从曲线所在平面向外，如图 14-110 所示。其中，"起点角度"指定起点横截面的拔模斜度；"起点幅值"在曲面开始弯向下一个横截面之前，控制曲面到起点横截面在拔模斜度方向上的相对距离；"端点角度"指定端点横截面拔模斜度；"端点幅值"在曲面开始弯向上一个横截面之前，控制曲面到端点横截面在拔模斜度方向上的相对距离。

图 14-108　直纹 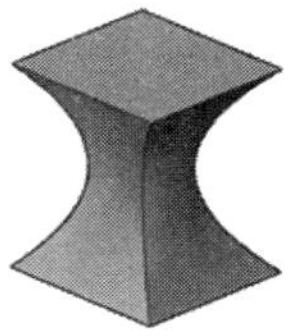　　　　　　　图 14-109　平滑拟合

拔模斜度为 0　　　　　　拔模斜度为 90　　　　　　拔模斜度为 180

图 14-110　拔模斜度

（5）"闭合曲面或实体"复选框：用于闭合和开放曲面或实体。使用该选项时，横截面应该形成圆环形图案，以便放样曲面或实体可以形成闭合的圆管，如图 14-111 所示。

取消选中"闭合曲面或实体"选项　　勾选"闭合曲面或实体"选项

图 14-111　闭合和开放曲面

（6）"周期（平滑端点）"复选框：用于创建平滑的闭合曲面，在重塑该曲面时其接缝不会扭折。仅当放样为直纹或平滑拟合且选择了"闭合曲面或实体"选项时，此选项才可用。

【例 14-37】 将图 14-112（a）中的对象分别放样为图 14-112（b）、图 14-112（c）、图 14-112（d）所示的三个对象。

（a）原对象　　　　　（b）直纹　　　　　（c）平滑拟合　　　（d）法线指向"所有横截面"

图 14-112　放样实例

操作步骤如下。

[1] 执行"绘图"菜单→"建模"→"放样"命令。命令行提示如下。

命令：_loft
当前线框密度：ISOLINES=4，闭合轮廓创建模式 = 实体
按放样次序选择横截面或 [点(PO)/合并多条边(J)/模式(MO)]:

[2] 按照由下而上（或由上而下）的顺序依次选择图 14-112（a）中的对象并按 Enter

键。命令行提示如下。

输入选项 [导向(G)/路径(P)/仅横截面(C)/设置(S)] <仅横截面>: S

[3] 在命令行中输入 "S" 并按 Enter 键，弹出 "放样设置" 对话框。

[4] 选择 "放样设置" 对话框中的 "直纹" 单选按钮，如图 14-113 所示，单击 确定 按钮。放样后的效果如图 14-112（b）所示。

图 14-113   选择 "直纹"

[5] 重复步骤（1）、（2）。

[6] 选择 "放样设置" 对话框中的 "平滑拟合" 单选按钮，如图 14-114 所示，单击 确定 按钮。放样后的效果如图 14-112（c）所示。

[7] 重复步骤（1）、（2）。

[8] 选择 "放样设置" 对话框中的 "法线指向" 单选按钮，并在其下拉选项中选择 "所有横截面"，如图 14-115 所示，单击 确定 按钮。放样后的效果如图 14-112（d）所示。

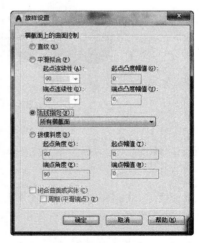

图 14-114   选择 "平滑拟合"   图 14-115   选择法线指向 "所有横截面"

14.7　思考与练习

（1）ViewCube 默认放置在绘图窗口的（　　）位置。

 A．右上   B．右下   C．左上   D．左下

（2）在对三维模型进行操作时，以下说法错误的是（　　）。

 A．消隐指的是显示用三维线框表示的对象并隐藏表示后向面的直线

 B．在三维模型使用着色后，使用"重画"命令可停止着色图形以网格显示

 C．用于着色操作的工具条名称是视觉样式

 D．SHADEMODE 命令配合参数实现着色操作

（3）如图 14-116 所示，当左侧图形的平滑度为 2 时，右侧图形的平滑度为（　　）。

平滑度=2   平滑度=?

图 14-116　水平滑度例图

 A．0   B．1   C．2   D．4

（4）如图 14-117 所示的半圆体，其体积为（　　）。

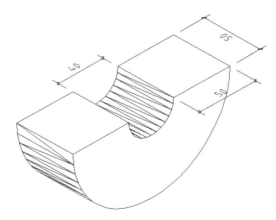

图 14-117　半圆体

 A．353429.1734 B．353429.1735 C．353429.1736 D．353429.1737

（5）在 Steering Wheels 控制盘中，单击动态观察选项，可以围绕轴心进行动态观察，动态观察轴心使用鼠标加（　　）键可以调整。

 A．Shift   B．Ctrl   C．Alt   D．Tab

第 15 章　编辑和渲染三维图形

本章重点
- 编辑三维对象
- 渲染三维实体

15.1　编辑三维子对象

在 AutoCAD 软件中，三维实体属于体对象的范畴，其子对象包括顶点、边和面，可以单独选择并修改这些子对象。

15.1.1　三维对象夹点编辑

如图 15-1 所示，选择三维对象之后，可显示三维对象的夹点。三维对象的夹点和二维对象的夹点有所区别，三维对象还包括一些三角形的夹点，通过移动这些夹点，可对三维对象进行编辑，比如拉伸、移动等。

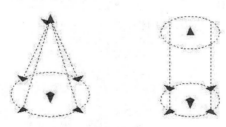

图 15-1　三维对象的夹点

三维对象的夹点编辑分为以下两种。
（1）单击方形的夹点，命令行提示如下。

命令:
** 拉伸 **
指定拉伸点或 [基点(B)/复制(C)/放弃(U)/退出(X)]:

这与编辑二维对象夹点时的提示一样，对三维对象也可以进行同样的操作。按 Enter 键或空格键，可在"拉伸""移动""旋转""比例缩放"和"镜像"夹点编辑模式间切换。
（2）单击三角形的夹点，命令行提示如下。

命令:

指定点位置或 [基点(B)/放弃(U)/退出(X)]:

此时通过指定新点的位置即可完成夹点编辑。

15.1.2　选择三维子对象

在三维实体上单击或者用窗口来选择时，选择的是三维实体对象。如果要选择三维实体的子对象，需要在选择时按住 Ctrl 键，再选定顶点、边和面后，将分别显示不同类型的夹点，如图 15-2 所示。

（a）选择顶点　　　　　　　　　（b）选择边　　　　　　　　　（c）选择面

图 15-2　选择三维子对象

扫码看视频

15.1.3　实例——编辑三维子对象

【例 15-1】　将图 15-3（a）中的长方体顶面以 A 点为基点放大 2 倍，放大后的效果如图 15-3（b）所示。

操作步骤如下。

[1] 在命令行中输入"SC"并按 Enter 键。命令行提示如下。

命令: SC
SCALE
选择对象:

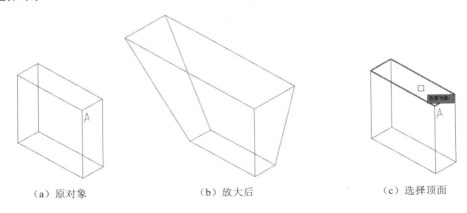

（a）原对象　　　　　　　　　（b）放大后　　　　　　　　　（c）选择顶面

图 15-3　编辑三维子对象实例

[2] 按住 Ctrl 键选择长方体的顶面并按 Enter 键，如图 15-3（c）所示。命令行提示如下。

指定基点:

[3] 单击图 15-3（a）中的 A 点，即指定 A 点为基点，命令行提示如下。

指定比例因子或 [复制(C)/参照(R)]: 2

[4] 在命令行中输入 "2" 并按 Enter 键，放大后的效果如图 15-3（b）所示。

15.2　三维编辑操作

在 AutoCAD 软件中，可以通过三维移动、三维旋转和三维对齐等操作方式对三维对象进行编辑。

15.2.1　三维移动

在 AutoCAD 软件中，三维移动操作可将指定对象移动到三维空间中的任何位置，并且可以约束移动的轴和面，有以下 4 种方法可执行 "三维移动" 命令。
（1）执行 "修改" → "三维操作" → "三维移动" 菜单命令。
（2）单击 "常用" 选项卡→ "修改" 面板→ "三维移动" 按钮。
（3）单击 "建模" 工具栏的 "三维移动" 按钮。
（4）在命令行中输入 "3DMOVE" 并按 Enter 键。

【例 15-2】　将如图 15-4 所示的长方体以 A 点为基点，沿 X 轴正方向移动 300mm。

图 15-4　三维移动实例

操作步骤如下。

[1] 在命令行中输入 "3DMOVE" 并按 Enter 键。命令行提示如下。

命令: _3dmove
选择对象:

[2] 选择图 15-4 中的长方体并按 Enter 键。命令行提示如下。

指定基点或 [位移(D)] <位移>:

[3] 单击图 15-4 中的 A 点，即指定 A 点为基点。命令行提示如下。

指定第二个点或 <使用第一个点作为位移>:

[4] 单击"正交"按钮，将光标移至 X 轴正方向的位置，在命令行中输入"300"并按 Enter 键即可。

15.2.2　三维旋转

扫码看视频

在 AutoCAD 软件中，三维旋转操作可自由旋转指定对象和子对象，并可以将旋转约束到轴，有以下 4 种方法可执行"三维旋转"命令。

（1）执行"修改"→"三维操作"→"三维旋转"菜单命令。

（2）单击"常用"选项卡→"修改"面板→"三维旋转"按钮 。

（3）单击"建模"工具栏的"三维旋转"按钮 。

（4）在命令行中输入"3DROTATE"并按 Enter 键。

【例 15-3】　将如图 15-5（a）所示的对象旋转为图 15-5（b）所示的对象。其中，旋转基点为 O 点；旋转轴为 Y 轴；角的起点为 A 点；角的端点为 B 点。

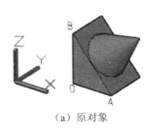

（a）原对象　　　　　　　　　　（b）三维旋转后

图 15-5　三维旋转实例

操作步骤如下。

[1] 在命令行中输入"3DROTATE"并按 Enter 键。命令行提示如下。

命令: _3drotate
UCS 当前的正角方向：ANGDIR=逆时针　ANGBASE=0
选择对象:

[2] 选择图 15-5（a）中的对象并按 Enter 键。命令行提示如下。

指定基点:

[3] 单击图 15-5（a）中的 O 点，即指定 O 点为旋转基点。命令行提示如下。

拾取旋转轴:

[4] 用鼠标拾取 Y 轴为旋转轴，命令行提示如下。

指定角的起点或输入角度:

[5] 用鼠标单击图 15-5（a）中 A 点，即指定 A 点为角的起点。命令行提示如下。

指定角的起点或键入角度:

[6] 单击图 15-5（a）中 B 点，即指定 B 点为角的端点。旋转后的效果如图 15-5（b）所示。

15.2.3　三维对齐

三维对齐操作是通过移动、旋转或倾斜对象（原始对象）来使该对象与另一个对象（目标对象）在二维和三维空间中对齐。三维对齐通过指定两个对象的两个对齐面来对齐原对象和目标对象，对齐过程中，原对象将按照定义的对齐面移向固定的目标对象。

在 AutoCAD 软件中，有以下 4 种方法可执行"三维对齐"命令。

（1）执行"修改"→"三维操作"→"三维对齐"菜单命令。

（2）单击"常用"选项卡→"修改"面板→"三维对齐"按钮 。

（3）单击"建模"工具栏的"三维对齐"按钮 。

（4）在命令行中输入"3DALIGN"并按 Enter 键。

【例 15-4】 将图 15-6（a）所示的原对象三维对齐为图 15-6（b）所示的对象。

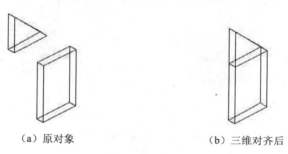

　　（a）原对象　　　　　　　　　　（b）三维对齐后

图 15-6　三维对齐实例

操作步骤如下。

[1] 在命令行中输入"3DALIGN"并按 Enter 键。命令行提示如下。

命令: _3dalign
选择对象:

[2] 此时选择图 15-6（a）中的楔体并按 Enter 键。命令行提示如下。

指定源平面和方向 ...
指定基点或 [复制(C)]:
指定第二个点或 [继续(C)] <C>:
指定第三个点或 [继续(C)] <C>:

[3] 依次单击图 15-6（a）中楔体下底面的 3 个顶点。命令行提示如下。

指定目标平面和方向 ...

指定第一个目标点：
指定第二个目标点或 [退出(X)] <X>:
指定第三个目标点或 [退出(X)] <X>:

[4] 依次单击图 15-6（a）中长方体上顶面与之对应的 3 个顶点即可。

15.2.4　三维镜像

扫码看视频

三维镜像命令是指通过指定镜像平面来镜像对象。镜像平面可以是以下平面：平面对象所在的平面、通过指定点确定一个与当前 UCS 坐标系的 XY、YZ 或 XZ 平面平行的平面或由 3 个指定点定义的平面。

在 AutoCAD 软件中，有以下 3 种方法可执行"三维镜像"命令。

（1）执行"修改"→"三维操作"→"三维镜像"菜单命令。

（2）单击"常用"选项卡→"修改"面板→"三维镜像"按钮 。

（3）在命令行中输入"MIRROR3D"并按 Enter 键。

【例 15-5】　将如图 15-7（a）所示的对象三维镜像为如图 15-7（b）所示的对象。

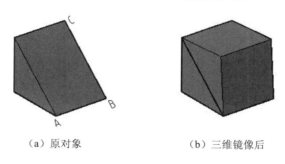

（a）原对象　　　　　　　　　（b）三维镜像后

图 15-7　三维镜像实例 1

操作步骤如下。

[1] 在命令行中输入"MIRROR3D"并按 Enter 键。命令行提示如下。

命令：_mirror3d
选择对象：

[2] 选择图 15-7（a）中的对象并按 Enter 键。命令行提示如下。

指定镜像平面 (三点) 的第一个点或
　[对象(O)/最近的(L)/Z 轴(Z)/视图(V)/XY 平面(XY)/YZ 平面(YZ)/ZX 平面(ZX)/三点(3)] <三点>:

[3] 单击图 15-7（a）中的 A 点，命令行提示如下。

在镜像平面上指定第二点：

[4] 单击图 15-7（a）中的 B 点，命令行提示如下。

在镜像平面上指定第三点：

[5]　单击图 15-7（a）中的 C 点，命令行提示如下。

是否删除源对象？[是(Y)/否(N)] <否>:

[6]　在命令行中输入"N"并按 Enter 键，镜像后的效果如图 15-7（b）所示。

【例 15-6】　将如图 15-8（a）所示的对象三维镜像为如图 15-8（b）所示的对象。
操作步骤如下。

[1]　在命令行中输入"MIRROR3D"并按 Enter 键。命令行提示如下。

命令: _mirror3d
选择对象:

[2]　选择图 15-8（a）中的对象并按 Enter 键。命令行提示如下。

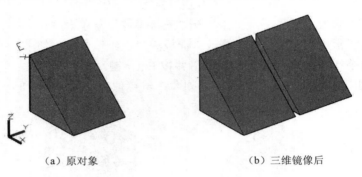

（a）原对象　　　　　　　　　　（b）三维镜像后

图 15-8　　三维镜像实例 2

指定镜像平面 (三点) 的第一个点或
　[对象(O)/最近的(L)/Z 轴(Z)/视图(V)/XY 平面(XY)/YZ 平面(YZ)/ZX 平面(ZX)/三点(3)]<三点>:zx

[3]　在命令行中输入"ZX"并按 Enter 键，命令行提示如下。

指定 ZX 平面上的点 <0,0,0>:

[4]　用鼠标拾取图 15-8（a）中的 E 点，命令行提示如下。

是否删除源对象？[是(Y)/否(N)] <否>:

[5]　在命令行中输入"N"并按 Enter 键，镜像后的效果如图 15-8（b）所示。

15.2.5　三维阵列

扫码看视频

　　三维阵列包括矩形阵列和环形阵列，可以在三维空间中创建对象的矩形
阵列或环形阵列。三维阵列要指定阵列的行数（X 方向）、列数（Y 方向）和层数（Z 方向）。
　　在 AutoCAD 软件中，有以下 3 种方法可执行"三维阵列"命令。
　　（1）执行"修改"→"三维操作"→"三维阵列"菜单命令。
　　（2）单击"建模"工具栏的"三维阵列"按钮。
　　（3）在命令行中输入"3DARRAY"并按 Enter 键。

【**例 15-7**】　将如图 15-9（a）所示的对象矩形阵列为如图 15-9（b）所示的对象，层间距为 300。

操作步骤如下。

[1] 在命令行中输入"3DARRAY"并按 Enter 键。命令行提示如下。

命令: _3darray
选择对象:

[2] 选择图 15-9（a）中的对象并按 Enter 键。命令行继续提示如下。

选择对象: 输入阵列类型 [矩形(R)/环形(P)] <R>: _R

[3] 在命令行中输入"R"并按 Enter 键。命令行提示如下。

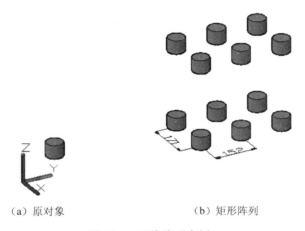

（a）原对象　　　　　　　　　　（b）矩形阵列

图 15-9　三维阵列实例 1

输入行数 (---) <1>: 3

[4] 在命令行中输入"3"并按 Enter 键，命令行提示如下。

输入列数 (|||) <1> 2

[5] 在命令行中输入"2"并按 Enter 键，命令行提示如下。

输入层数 (...) <1>: 2

[6] 在命令行中输入"2"并按 Enter 键，命令行提示如下。

指定行间距 (---): 152

[7] 在命令行中输入"152"并按 Enter 键，命令行提示如下。

指定列间距 (|||): 171

[8] 在命令行中输入"171"并按 Enter 键。命令行提示如下。

指定层间距 (...): 300

[9] 在命令行中输入 "300" 并按 Enter 键，阵列后的效果如图 15-9（b）所示。

【例 15-8】 将如图 15-10（a）所示的对象环形阵列为如图 15-10（b）所示的对象。操作步骤如下。

[1] 在命令行中输入 "3DARRAY" 并按 Enter 键。命令行提示如下。

[2] 选择图 15-10（a）中的球体并按 Enter 键。命令行提示如下。

（a）原对象　　　　　　　　　　　　　　　（b）环形阵列

图 15-10　三维阵列实例 2

命令: _3darray
选择对象:
输入阵列类型 [矩形(R)/环形(P)] <矩形>:p

[3] 在命令行中输入 "P" 并按 Enter 键，命令行提示如下。

输入阵列中的项目数目: 9

[4] 在命令行中输入 "9" 并按 Enter 键，命令行提示如下。

指定要填充的角度 (+=逆时针, -=顺时针) <360>:

[5] 在命令行中输入 "360" 并按 Enter 键，命令行提示如下。

旋转阵列对象？ [是(Y)/否(N)] <Y>:

[6] 在命令行中输入 "Y" 并按 Enter 键，命令行提示如下。

指定阵列的中心点:

[7] 单击图 15-10（a）中直线的一个端点，命令行提示如下。

指定旋转轴上的第二点:

[8] 单击图 15-10（a）中直线的另一个端点即可。

15.3　三维实体逻辑运算

扫码看视频

三维实体的逻辑运算包括并集、差集和交集 3 种运算。

15.3.1　并集运算

在 AutoCAD 软件中，三维实体的并集运算可以合并两个或两个以上实体的总体积，成为一个复合对象，有以下 6 种方法执行三维实体并集运算。

（1）执行"修改"→"实体编辑"→"并集"菜单命令。

（2）单击"常用"选项卡→"实体编辑"面板→"并集"按钮⬭。

（3）单击"实体"选项卡→"布尔值"面板→"并集"按钮⬭。

（4）单击"建模"工具栏的"并集"按钮⬭。

（5）单击"实体编辑"工具栏的"并集"按钮⬭。

（6）在命令行中输入"UNION"并按 Enter 键。

【例 15-9】 将如图 15-11（a）所示对象用并集运算合并为如图 15-11（b）所示的对象。

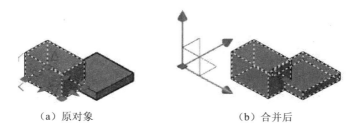

（a）原对象　　　　　　　　　　　（b）合并后

图 15-11　并集运算实例

操作步骤如下。

[1] 在命令行中输入"UNION"并按 Enter 键，命令行提示如下。

命令：_union
选择对象：

[2] 选择图 15-11（a）中的两个对象并按 Enter 键。并集运算后的效果如图 15-11（b）所示。

15.3.2　差集运算

在 AutoCAD 软件中，三维实体的差集运算可以从一组实体中删除与另一组实体的公共区域，有以下 6 种方法可执行三维实体差集运算。

（1）执行"修改"→"实体编辑"→"差集"菜单命令。

（2）单击"常用"选项卡→"实体编辑"面板→"差集"按钮⬭。

（3）单击"实体"选项卡→"布尔值"面板→"差集"按钮⬭。

（4）单击"建模"工具栏的"差集"按钮⬭。

（5）单击"实体编辑"工具栏的"差集"按钮⬭。

（6）在命令行中输入"SUBTRACT"并按 Enter 键。

【例 15-10】 将如图 15-12（a）所示对象用差集命令转换为如图 15-12（b）所示的对象。

（a）原对象　　　　　　　　　　　　　（b）差集后

图 15-12　差集运算实例

操作步骤如下。

[1] 在命令行中输入"SUBTRACT"并按 Enter 键。命令行提示如下。

命令:
SUBTRACT
选择要从中减去的实体、曲面和面域...
选择对象:

[2] 选择图 15-12（a）中的右侧长方体并按 Enter 键。命令行提示如下。

选择要减去的实体、曲面和面域...
选择对象:

[3] 选择图 15-12（a）中的左侧长方体并按 Enter 键。差集运算后的效果如图 15-12（b）所示。

15.3.3　交集运算

在 AutoCAD 软件中，三维实体的交集运算可以从两个或两个以上重叠实体的公共部分创建复合实体，有以下 6 种方法可执行三维实体交集运算。

（1）执行"修改"→"实体编辑"→"交集"菜单命令。

（2）单击"常用"选项卡→"实体编辑"面板→"交集"按钮◍。

（3）单击"实体"选项卡→"布尔值"面板→"交集"按钮◍。

（4）单击"建模"工具栏的"交集"按钮◍。

（5）单击"实体编辑"工具栏的"交集"按钮◍。

（6）在命令行中输入"INTERSECT（或 IN）"并按 Enter 键。

【例 15-11】　将如图 15-13（a）所示的对象用交集命令转换为如图 15-13（b）所示的对象。

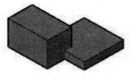

（a）原对象　　　　　　　　　　　　　（b）交集后

图 15-13　交集运算实例

操作步骤如下。

[1] 在命令行中输入"IN"并按 Enter 键。命令行提示如下。

命令:
INTERSECT
选择对象:

[2] 选择图 15-13（a）中的两个对象并按 Enter 键，交集运算后的效果如图 15-13（b）
所示。

15.4　编辑三维实体

通过 AutoCAD 软件创建出的三维实体，再加以编辑和组合，便可以形成逼真的物体
图像。

15.4.1　三维实体倒角

扫码看视频

在 AutoCAD 软件中，有以下 8 种方法可执行三维倒角操作。
（1）执行"修改"→"倒角"菜单命令。
（2）执行"修改"→"实体编辑"→"倒角边"菜单命令。
（3）单击"常用"选项卡→"修改"面板→"倒角"按钮◢。
（4）单击"实体"选项卡→"实体编辑"面板→"倒角边"按钮◆。
（5）单击"实体编辑"工具栏的"倒角边"按钮◆。
（6）单击"修改"工具栏的"倒角"按钮◢。
（7）在命令行中输入"CHAMFER"并按 Enter 键。
（8）在命令行中输入"CHAMFEREDGE"并按 Enter 键。

【例 15-12】将图 15-14（a）中的对象倒角为图 15-14（b）中的对象，倒角为 5 mm×5mm。
操作步骤如下。

[1] 在命令行中输入"CHAMFEREDGE"并按 Enter 键，命令行提示如下。

命令: _CHAMFEREDGE 距离 1 = 5.0000，距离 2 = 5.0000
选择一条边或 [环(L)/距离(D)]: d　　　　　　　　　　//设置倒角距离
指定距离 1 或 [表达式(E)] <5.0000>:
指定距离 2 或 [表达式(E)] <5.0000>:
选择一条边或 [环(L)/距离(D)]:　　　　　　　　　　//选择要倒角的边
选择同一个面上的其他边或 [环(L)/距离(D)]:

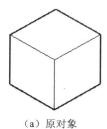

（a）原对象

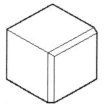

（b）倒角后

图 15-14　三维倒角实例

[2] 参照图 4-14（b）中的倒角边选择图 15-14（a）中对应的两条边并按 Enter 键。倒角后的效果如图 15-14（b）所示。

15.4.2　三维实体圆角

在 AutoCAD 软件中，有以下 8 种方法可执行三维圆角操作。

（1）执行"修改"→"圆角"菜单命令。

（2）执行"修改"→"实体编辑"→"圆角边"菜单命令。

（3）单击"常用"选项卡→"修改"面板→"圆角"按钮 。

（4）单击"实体"选项卡→"实体编辑"面板→"圆角边"按钮 。

（5）单击"实体编辑"工具栏的"圆角边"按钮 。

（6）单击"修改"工具栏的"圆角"按钮 。

（7）在命令行中输入"FILLET"并按 Enter 键。

（8）在命令行中输入"FILLETEDGE"并按 Enter 键。

【例 15-13】 将图 15-15（a）中的对象倒圆角为图 15-15（b）中的对象，圆角为 R10。

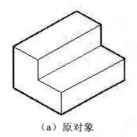

（a）原对象　　　　　　　　　　　　　　　（b）圆角后

图 15-15　三维圆角实例

操作步骤如下。

单击"实体"选项卡→"实体编辑"面板→"圆角边"按钮 ，命令行提示如下。

```
命令: _FILLETEDGE
半径 = 10.0000
选择边或 [链(C)/环(L)/半径(R)]: r
输入圆角半径或 [表达式(E)] <10.0000>: 10
选择边或 [链(C)/环(L)/半径(R)]:
选择边或 [链(C)/环(L)/半径(R)]:
选择边或 [链(C)/环(L)/半径(R)]:
选择边或 [链(C)/环(L)/半径(R)]:                    //此时按 Enter 键即可
已选定 3 个边用于圆角。
```

15.4.3　三维实体压印

扫码看视频

压印操作可以在选定的三维实体上压印一个对象。压印操作要求被压印的对象必须与选定的对象的一个或多个面相交。

在 AutoCAD 软件中，有以下 5 种方法可执行三维压印操作。

（1）执行"修改"→"实体编辑"→"压印边"菜单命令。

（2）单击"常用"选项卡→"实体编辑"面板→"压印"按钮。

（3）单击"实体"选项卡→"实体编辑"面板→"压印"按钮。

（4）单击"实体编辑"工具栏的"压印"按钮。

（5）在命令行中输入"IMPRINT"并按 Enter 键。

【例 15-14】　将如图 15-16（a）所示的对象压印为如图 15-16（b）所示的对象。

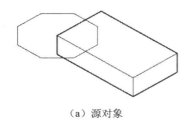

（a）源对象　　　　　　　　　　　（b）压印后

图 15-16　压印实例

操作步骤如下。

[1] 在命令行中输入"IMPRINT"并按 Enter 键，命令行提示如下。

命令: _imprint
选择三维实体或曲面:

[2] 选择图 15-17（a）中的长方体，命令行提示如下。

选择要压印的对象:

[3] 选择图 15-17（a）中的多边形，命令行提示如下。

是否删除源对象 [是(Y)/否(N)] <N>: y

[4] 在命令行中输入"Y"并按 Enter 键，压印后的效果如图 15-17（b）所示。

[5] 按 Enter 键或 Esc 键退出当前命令。

15.4.4　三维实体分割

扫码看视频

分割操作是指将组合实体分割成零件。组合三维实体对象不能共享公共的面积或体积，将三维实体分割后，独立的实体将保留原来的图层和颜色，所有嵌套的三维实体对象都将分割成最简单的结构。

在 AutoCAD 软件中，有以下 5 种方法可执行三维分割操作。

（1）执行"修改"→"实体编辑"→"分割"菜单命令。

（2）单击"常用"选项卡→"实体编辑"面板→"分割"按钮。

（3）单击"实体"选项卡→"实体编辑"面板→"分割"按钮。

（4）单击"实体编辑"工具栏的"分割"按钮▯▮。

（5）在命令行中输入"SOLIDEDIT"并按 Enter 键，选择"体"选项，然后选择"分割实体"选项。

【例 15-15】 将如图 15-17（a）所示的对象分割为如图 15-17（b）所示的对象。

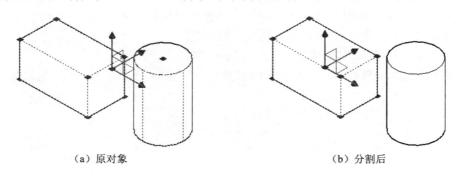

（a）原对象　　　　　　　　　　　　　　　（b）分割后

图 15-17　分割实例

操作步骤如下。

[1] 单击"常用"选项卡→"实体编辑"面板→"分割"按钮▯▮，命令行提示如下。

命令: _solidedit
选择三维实体:

[2] 选择图 15-17（a）中的对象。按 Esc 键退出当前命令，分割后的效果如图 15-17（b）所示。

15.4.5　三维实体抽壳

扫码看视频

抽壳是用指定的厚度创建一个空的薄层。AutoCAD 通过将现有面偏移出其原位置实现抽壳，一个三维实体只允许创建一个壳。

在 AutoCAD 软件中，有以下 5 种方法可执行三维抽壳操作。

（1）执行"修改"→"实体编辑"→"抽壳"菜单命令。

（2）单击"常用"选项卡→"实体编辑"面板→"抽壳"按钮▣。

（3）单击"实体"选项卡→"实体编辑"面板→"抽壳"按钮▣。

（4）单击"实体编辑"工具栏的"抽壳"按钮▣。

（5）在命令行中输入"SOLIDEDIT"并按 Enter 键，选择"体"选项，然后选择"抽壳"选项。

【例 15-16】 将如图 15-18（a）所示的对象抽壳为如图 15-18（b）所示的对象，抽壳厚度为 20。

操作步骤如下。

[1] 单击"常用"选项卡→"实体编辑"面板→"抽壳"按钮▣。命令行提示如下。

命令: _solidedit
实体编辑自动检查:　SOLIDCHECK=1

输入实体编辑选项 [面(F)/边(E)/体(B)/放弃(U)/退出(X)] <退出>: _body
输入体编辑选项
[压印(I)/分割实体(P)/抽壳(S)/清除(L)/检查(C)/放弃(U)/退出(X)] <退出>: _shell
选择三维实体:

[2] 选择图 15-18（a）中的对象。命令行提示如下。

删除面或 [放弃(U)/添加(A)/全部(ALL)]: //找到一个面，已删除 1 个
删除面或 [放弃(U)/添加(A)/全部(ALL)]:

[3] 选中图 15-18（a）中对象的顶面并按 Enter 键，命令行提示如下。

输入抽壳偏移距离: 20

[4] 在命令行中输入"20"并按 Enter 键，抽壳后的效果如图 15-18（b）所示。
[5] 按 Esc 键退出当前命令。

（a）原对象　　　　　　　　　　　　　　　（b）抽壳后

图 15-18　抽壳实例 1

【例 15-17】　将如图 15-19（a）所示的对象抽壳为如图 15-19（b）所示的对象，不删除任何面且抽壳厚度为–20。

 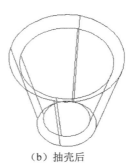

（a）原对象　　　　　　　　　　　　　　　（b）抽壳后

图 15-19　抽壳实例 2

操作步骤如下。
[1] 单击"常用"选项卡→"实体编辑"面板→"抽壳"按钮 🔲。命令行提示如下。

命令: _solidedit
实体编辑自动检查：　SOLIDCHECK=1
输入实体编辑选项 [面(F)/边(E)/体(B)/放弃(U)/退出(X)] <退出>: _body
输入体编辑选项

[压印(I)/分割实体(P)/抽壳(S)/清除(L)/检查(C)/放弃(U)/退出(X)] <退出>: _shell
选择三维实体:

[2] 选择图 15-19（a）中的对象。命令行提示如下。

删除面或 [放弃(U)/添加(A)/全部(ALL)]:

[3] 直接按 Enter 键,命令行提示如下。

输入抽壳偏移距离: –20

[4] 在命令行中输入 "–20" 并按 Enter 键,抽壳后的效果如图 15-19（b）所示。
[5] 按 Esc 键退出当前命令。

15.4.6　清除和检查三维实体

清除操作即删除三维实体上所有冗余的边和顶点,但是不删除压印的边。在特殊情况下,可以删除共享边或那些在边的侧面或顶点具有相同曲面或曲线定义的顶点。检查操作用于检查三维实体中的几何数据。

1. 清除

在 AutoCAD 软件中,有以下 5 种方法可执行三维实体清除操作。
（1）执行 "修改" → "实体编辑" → "清除" 菜单命令。
（2）单击 "常用" 选项卡→ "实体编辑" 面板→ "清除" 按钮 。
（3）单击 "实体" 选项卡→ "实体编辑" 面板→ "清除" 按钮 。
（4）单击 "实体编辑" 工具栏的 "清除" 按钮 。
（5）在命令行中输入 "SOLIDEDIT" 并按 Enter 键,选择 "体" 选项,然后选择 "清除" 选项。

2. 检查

在 AutoCAD 软件中,有以下 5 种方法可执行三维实体检查操作。
（1）执行 "修改" → "实体编辑" → "检查" 菜单命令。
（2）单击 "常用" 选项卡→ "实体编辑" 面板→ "检查" 按钮 。
（3）单击 "实体" 选项卡→ "实体编辑" 面板→ "检查" 按钮 。
（4）单击 "实体编辑" 工具栏的 "检查" 按钮 。
（5）在命令行中输入 "SOLIDEDIT" 并按 Enter 键,选择 "体" 选项,然后选择 "检查" 选项。
操作步骤如下。
在执行 "清除" 或 "检查" 命令时,命令行提示如下。

命令: _solidedit
实体编辑自动检查:　SOLIDCHECK=1
输入实体编辑选项 [面(F)/边(E)/体(B)/放弃(U)/退出(X)] <退出>: _body

输入体编辑选项

[压印(I)/分割实体(P)/抽壳(S)/清除(L)/检查(C)/放弃(U)/退出(X)] <退出>: _check

选择三维实体:

此时选择要清除或检查的三维实体对象，即可完成相应操作。

3．实体干涉

用于查询两个实体之间是否产生干涉，即是否有共属于两个实体所有的部分。如果存在干涉，可根据用户需要确定是否将公共部分生成新的实体。

使用如下命令之一，可以调用干涉命令。

（1）执行"修改"→"三维操作"→"干涉检查"菜单命令。

（2）单击"实体"选项卡→"实体编辑"面板→"干涉"按钮 🔲 干涉。

（3）在命令行中输入"Interfere"并按 Enter 键。

15.4.7　编辑三维实体的面

在 AutoCAD 软件建模中，对实体面同样可进行三维编辑操作。执行"修改"菜单"实体编辑"子菜单中的命令，可以对实体面进行拉伸、移动、偏移、删除、旋转、倾斜、复制等操作。

1．拉伸面

执行"修改"→"实体编辑"→"拉伸面"菜单命令，或单击"实体编辑"面板→"拉伸面"按钮 🔳，可以按指定的长度或沿着指定的路径拉伸实体面。要对如图 15-20 所示的 A 面和 B 面拉伸 100，可以执行"修改"→"实体编辑"→"拉伸面"菜单命令，单击 A 面和 B 面，然后在命令行输入高度 100。

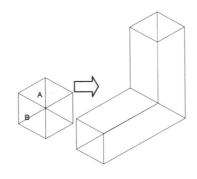

图 15-20　拉伸面

2．移动面

执行"修改"→"实体编辑"→"移动面"菜单命令，或单击"实体编辑"面板→"移动面"按钮 🔳，可以按指定的距离移动实体的指定面。例如，将图 15-21 所示的 A 面沿 Z

轴移动 100。

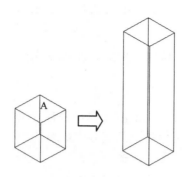

图 15-21　移动面

3．偏移面

执行"修改"→"实体编辑"→"偏移面"菜单命令，或单击"实体编辑"面板→"偏移面"按钮，可以等距离偏移实体指定面。例如要将如图 15-21 所示的 A 面向外偏移 100，可以执行"修改"→"实体编辑"→"偏移面"菜单命令，单击 A 所在的面，然后在命令行指定偏移的距离为 100，按 Enter 键即可。

4．删除面

执行"修改"→"实体编辑"→"删除面"菜单命令，或单击"实体编辑"面板→"删除面"按钮，可以删除实体上指定的面。例如要删除如图 15-22 所示图形中的 A 面，则可以执行"修改"→"实体编辑"→"删除面"菜单命令，单击 A 所处的面，然后按 Enter 键即可。

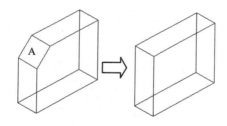

图 15-22　删除面

5．旋转面

旋转面命令，可以绕指定轴旋转实体的面。例如将如图 15-23 所示图形 A 面绕 Z 轴旋转 45°。

先将 UCS 坐标系调整到指定位置，然后执行"修改"→"实体编辑"→"旋转面"菜单命令，或单击"实体编辑"面板→"旋转面"按钮。命令行信息操作如下。

命令: _solidedit
实体编辑自动检查:　SOLIDCHECK=1

输入实体编辑选项 [面(F)/边(E)/体(B)/放弃(U)/退出(X)] <退出>: _face
输入面编辑选项
[拉伸(E)/移动(M)/旋转(R)/偏移(O)/倾斜(T)/删除(D)/复制(C)/颜色(L)/材质(A)/放弃(U)/退出
(X)] <退出>:
_rotate
选择面或 [放弃(U)/删除(R)]: 找到一个面。　　　　　　　　　　//选择 A 面
选择面或 [放弃(U)/删除(R)/全部(ALL)]:
指定轴点或 [经过对象的轴(A)/视图(V)/X 轴(X)/Y 轴(Y)/Z 轴(Z)] <两点>: //捕捉 1 点
在旋转轴上指定第二个点: 　　　　　　　　　　　　　　　　　//捕捉 2 点
指定旋转角度或 [参照(R)]: –45　　　　　　　　　　　　　　//输入旋转角度

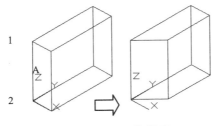

图 15-23　旋转面

6．倾斜面

执行"修改"→"实体编辑"→"倾斜面"菜单命令，或单击"实体编辑"面板→"倾斜面"按钮，可以将实体面倾斜一个指定角度。它的作用和旋转面有点类似，这里不再累述。

7．复制面

执行"修改"→"实体编辑"→"复制面"菜单命令，或单击"实体编辑"面板→"复制面"按钮，可以复制指定的实体面。例如要复制如图 15-24 所示图形中的 A 面，可以执行"修改"→"实体编辑"→"复制面"菜单命令，单击需要复制的面，指定位移的基点和位移的第二点，然后按 Enter 键即可。

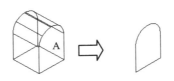

图 15-24　复制面

15.4.8　三维实体的剖切、截面

1．实体剖切

实体剖切是指用平面把三维实体剖开成两部分。用户可以选择保留其中一部分或全部

保留。

使用如下命令之一，可以完成剖切操作。

（1）执行"修改"→"三维操作"→"剖切"菜单命令。

（2）单击"常用"选项卡→"实体编辑"面板→"剖切"按钮 ⬚。

（3）"实体"选项卡→"实体编辑"面板→"剖切"按钮 ⬚。

（4）在命令行中输入"Slice"并按 Enter 键。

操作步骤如下。

调用该命令后，命令行提示信息如下。

命令：SLICE

选择对象：　　　　　　　　　　　　//选择要剖切的三维实体

选择对象：

指定切面上的第一个点或依照[对象(O)/Z 轴(Z)/视图(V)/XY 平面(XY)/YZ 平面(YZ)/ZX 平面(ZX)/三点(3)]<三点>：

该命令选项说明如下。

- 三点（3）：以三点确定剖切平面。
- 对象（O）：以被选对象构成的平面作为剖切平面。
- Z 轴（Z）：指定两点确定剖切平面的位置与法线方向，即两点连线与剖切面垂直。
- 视图（V）：表示剖切平面与当前视图平面平行且通过某一指定点。为保证剖切平面能够剖到三维实体，通常指定点为实体上的一点。
- XY 平面(XY)/YZ 平面(YZ)/ZX 平面(ZX)：表示剖切平面通过一个指定点且平行于 XY 平面（或 YZ 平面、ZX 平面）。

如图 15-25 所示为将实体沿前后对称平面剖切。

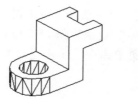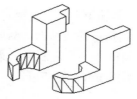

图 15-25　实体剖切

扫码看视频

2. 截面

以一个截平面截切三维实体，截平面与实体表面产生的交线称之为截交线。它是一个平面封闭线框。通过"截面"命令，可以产生截平面与三维实体的截交线并建立面域。

操作步骤如下。

命令行输入 section，按 Enter 键，命令行提示如下。

命令：_SECTION

选择对象：　　　　　　　　//选择欲作剖切的对象

选择对象：

指定剖切平面上的第一个点或依照[对象(O)/Z 轴(Z)/视图(V)/XY 平面(XY)/YZ

平面(YZ)/ZX 平面(ZX)/三点(3)]<三点>：

各选项的含义参见"剖切"命令中的选项说明。"截面"命令与"剖切"命令不同之处在于：前者只生成截平面截切三维实体后产生的断面，实体仍是完整的；后者则以截平面将三维实体截切成两部分，并不单独分离出断面。如图 15-26 所示为进行"截面"操作后的效果。截面命令只对实体模型生效，对线框模型和表面模型无效。

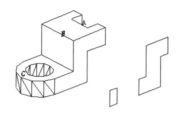

图 15-26　生成剖截面

扫码看视频

3．截面平面

截面平面命令可以创建截面对象，可以通过该对象查看使用三维对象创建的模型内部细节。使用以下命令之一，可以执行该命令。

（1）执行"绘图"→"建模"→"截面平面"菜单命令。

（2）单击"常用"选项卡→"截面"面板→"截面平面"按钮 ▱。

（3）在命令行中输入"sectionplane"并按 Enter 键。

操作步骤如下。

在命令行输入 sectionplane，按 Enter 键，命令行的提示如下。

命令: SECTIONPLANE

选择面或任意点以定位截面线或 [绘制截面(D)/正交(O)/类型（T）]:

　　　　　　　　//此时可选择实体上的面或选择屏幕上不在面上的任意点创建截面对象

指定一个点后，命令行继续提示如下。

指定通过点:　　　//用指定的两个点定义截面对象，第一点可建立截面对象旋转所围绕的点，第

　　　　　　　　//二点可创建截面对象

选项含义如下。

* "绘制截面（D）"选项：可以定义具有多个点的截面对象，以创建带有折弯的截面线。
* "正交（O）"选项，可以将截面对象与相对于 UCS 坐标系的正交方向对齐。
* "类型（T）"选项，可以在创建截面平面时，指定平面、切片、边界或体积作为参数。选择样式后，命令将恢复到第一个提示，且选定的类型将设置为默认类型。

如图 15-27 所示为通过指定两点定义一个截面对象。

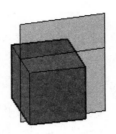

图 15-27　两点定义截面对象

15.5　三维建模实例

　　本节通过绘制一个实体零件，进一步熟悉实体创建和编辑方法，进一步掌握创建三维图形时的坐标变换和三维图形的尺寸标注方法，如图 15-28 所示。

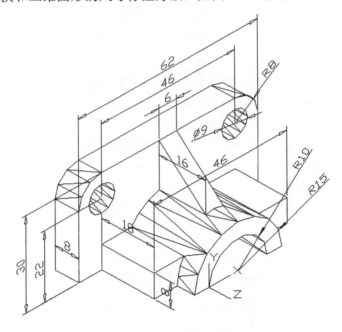

图 15-28　三维图形

1．创建三维图形

　　[1] 单击"常用"选项卡→"视图"面板→ 东南等轴测 按钮，单击"常用"选项卡→"长方体"按钮 ⬜，创建角点分别为（0,0,0）和（8,62,30）的长方体，如图 15-29 所示。

　　[2] 单击"坐标"面板→"原点"按钮 ⊾，移动坐标系到边的中点，然后单击 按钮，将坐标系绕 Y 轴顺时针旋转 90°，如图 15-30 所示。

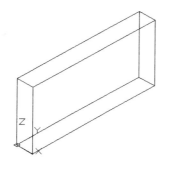

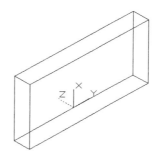

图 15-29　绘制长方体　　　　　　　　图 15-30　移动和旋转坐标系

[3] 在当前坐标系下，以原点为圆心绘制半径为 10 和 15 的圆，以（22，−23）和（22,23）为圆心，分别绘制半径为 4.5 的圆，如图 15-31 所示。

[4] 单击"建模"面板→"拉伸"按钮，拉伸上方的两个小圆，将其拉伸-8，选中下方的两个大圆，将其拉伸-32，如图 15-32 所示。

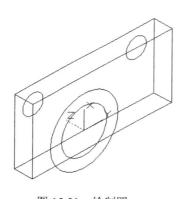

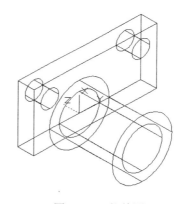

图 15-31　绘制圆　　　　　　　　　　图 15-32　拉伸圆

[5] 单击"常用"选项卡→"长方体"按钮，创建角点分别为（0,-23,-8），（8,23,-26）的长方体，如图 15-33 所示。

[6] 单击"坐标"面板→"原点"按钮，移动坐标系到前边的中点，如图 15-34 所示，以原点为圆心，绘制半径为 15 的辅助圆，如图 15-35 所示。

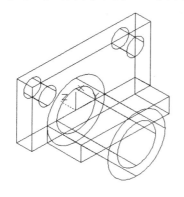

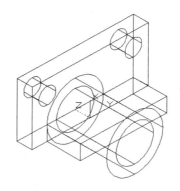

图 15-33　绘制长方体　　　　　　　　图 15-34　改变坐标系

[7] 单击"绘图"面板→"三维多段线"按钮 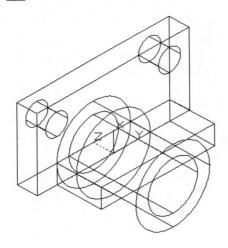，以（30,–3,0）为起点，向下移动鼠标，捕捉和辅助圆的交点后单击（启用捕捉和追踪），接下来输入@0,0,–16，按 Enter 键后再输入"c"封闭多段线，如图 15-36 所示。

[8] 单击 按钮，将坐标系绕 X 轴逆时针旋转 90°，单击"建模"面板→"拉伸"按钮 ，拉伸多段线，将其拉伸–6，如图 15-37 所示。

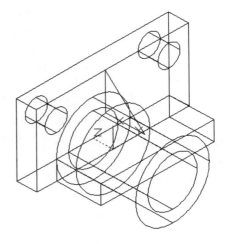

图 15-35　辅助圆　　　　　　　　　　　图 15-36　绘制多段线

[9] 单击"修改"面板→"圆角"按钮 ，设置圆角半径为 8，对实体边进行圆角，如图 15-38 所示。

[10] 单击"实体编辑"面板→"剖切"按钮 ，分别选中下方的两个圆柱体，按 Enter 键结束选择，使用三点法确定长方体的底面三点，把底面作为剖切面，然后选择保留上方，剖切后如图 15-39 所示。

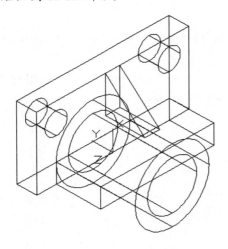

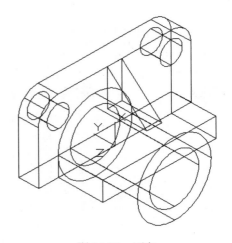

图 15-37　改变坐标系拉伸多段线　　　　　图 15-38　圆角

[11] 单击"实体编辑"面板→"并集"按钮 ，选中两个长方体、肋板、大半圆柱，将其合并为一个实体，如图 15-40 所示。

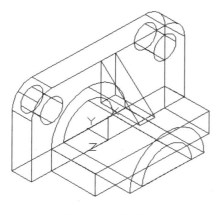

图 15-39　剖切

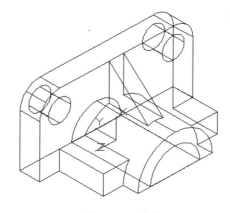

图 15-40　并集

[12] 单击"实体编辑"面板→"差集"按钮⟪◎⟫，选中上步合并的实体，按 Enter 键，再选两个小圆柱和小半圆柱，按 Enter 键，结果如图 15-41 所示。

[13] 执行"视图"→"消隐"菜单命令，三维图形如图 15-42 所示。

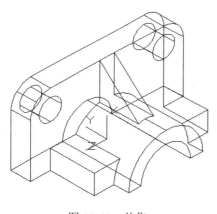

图 15-41　差集

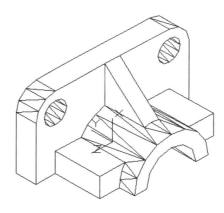

图 15-42　消隐

2．标注三维图形

在 AutoCAD 软件中，单击"注释"选项卡的"标注"面板上的标注工具，也可以标注三维图形，由于所有的尺寸标注是在当前坐标的 XY 平面上进行的，所以，在标注三维图形不同部分时，需要不断地变换坐标系。

下面以标注图 15-42 的图形为例，介绍三维图形的标注。

（1）变换坐标系，标注图示尺寸，如图 15-43 所示。

（2）变换坐标系，标注 8 和 18 两个尺寸，如图 15-44 所示。

（3）变换坐标系，标注尺寸 8，如图 15-45 所示。

（4）变换坐标系，标注尺寸 16，如图 15-46 所示。

（5）变换坐标系，标注尺寸 R10 和 R15，如图 15-47 所示。

（6）变换坐标系，标注尺寸 46，如图 15-48 所示。

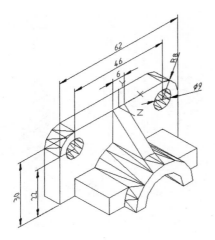

图 15-43　尺寸标注 1

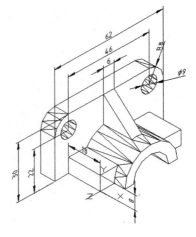

图 15-44　尺寸标注 2

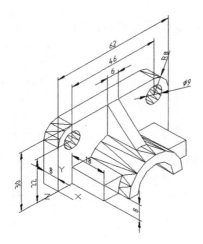

图 15-45　尺寸标注 3

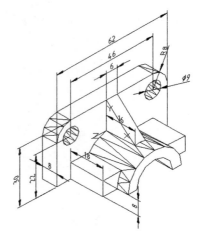

图 15-46　尺寸标注 4

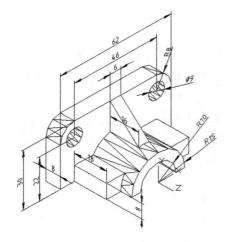

图 15-47　尺寸标注 5

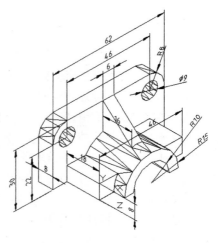

图 15-48　尺寸标注 6

15.6　三维转二维视图

创建好三维实体模型后，可以在 AutoCAD 软件中将其转换成二维平面图形，单击"常用"选项卡→"建模"面板→"实体视图"按钮、"实体图形"按钮、"实体轮廓"按钮可实现这个功能。

- "实体视图"按钮：用正投影法由三维实体创建多面视图和截面视图。
- "实体图形"按钮：对截面视图生成二维轮廓并进行图案填充。
- "实体轮廓"按钮：创建三维实体图像的轮廓。

下面以图 15-42 的三维实体为例讲述三维转二维的操作，首先改变坐标系，如图 15-49 所示。

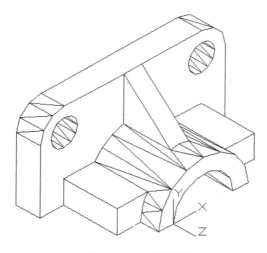

图 15-49　三维模型

操作步骤如下。

[1] 单击"布局 1"选项卡，单击选中视口的细实线边框，按 Delete 键删除。

[2] 单击"实体视图"按钮，命令行提示如下。

```
命令: _solview
输入选项 [UCS(U)/正交(O)/辅助(A)/截面(S)]: u       //按用户坐标系创建视口
输入选项 [命名(N)/世界(W)/?/当前(C)] <当前>:         //按 Enter 键
输入视图比例 <1>:                                  //确定视图比例
指定视图中心:                                      //在适当的位置指定视图中心位置
指定视图中心 <指定视口>:                           //调整位置按 Enter 键
指定视口的第一个角点:                              //在视图左上角拾取一点
指定视口的对角点:                                  //在视图右下角拾取一点
输入视图名: zhushitu                               //输入视图名称
输入选项 [UCS(U)/正交(O)/辅助(A)/截面(S)]: *取消*   //按 Esc 键取消
```

[3] 操作结果如图 15-50 所示。再次单击"实体视图"按钮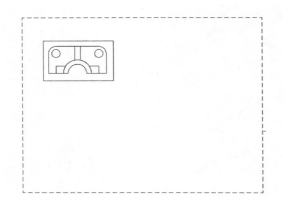，命令行提示如下。

命令: _solview

输入选项 [UCS(U)/正交(O)/辅助(A)/截面(S)]: o　　　　　　　　　//指定正交视图

指定视口要投影的那一侧:　　　　　　　　　　　　　　　　//在主视图边框的上边线单击

指定视图中心:　　　　　　　　　　　　　　　　　　　　//在适当的位置指定视图中心位置

指定视图中心 <指定视口>:　　　　　　　　　　　　　　//调整位置按 Enter 键

指定视口的第一个角点:　　　　　　　　　　　　　　　　//在视图左上角拾取一点

指定视口的对角点:　　　　　　　　　　　　　　　　　　//在视图右下角拾取一点

输入视图名: fushitu　　　　　　　　　　　　　　　　　　//输入视图名称

输入选项 [UCS(U)/正交(O)/辅助(A)/截面(S)]: *取消*　　　//按 Esc 键取消

[4] 操作结果如图 15-51 所示，在主视图上双击激活模型空间，单击"实体视图"按钮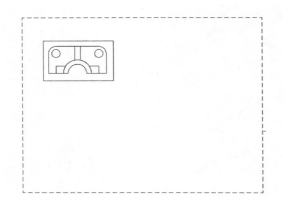，命令行提示如下。

图 15-50　　主视图　　　　　　　　　　　　　　图 15-51　　俯视图

命令: _solview

输入选项 [UCS(U)/正交(O)/辅助(A)/截面(S)]: s　　　　　　　　//创建截面图

指定剪切平面的第一个点:　　　　　　　　　　　　　　//拾取 1 点

指定剪切平面的第二个点:　　　　　　　　　　　　　　//拾取 2 点

指定要从哪侧查看:　　　　　　　　　　　　　　　　　//拾取 3 点

输入视图比例 <1>:

指定视图中心:

指定视图中心 <指定视口>:

指定视口的第一个角点:

指定视口的对角点:

输入视图名: zuoshitu

输入选项 [UCS(U)/正交(O)/辅助(A)/截面(S)]: *取消*　　　//按 Esc 键取消

[5] 操作结果如图 15-52 所示，单击"实体图形"按钮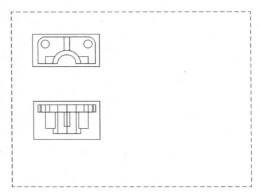，选择三个视图，操作结果如图 15-53 所示。

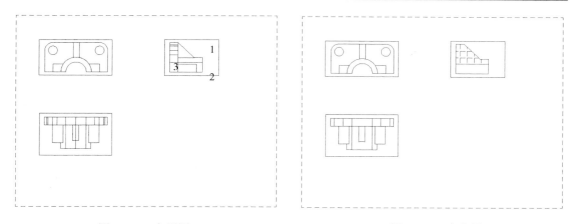

图 15-52　左视图　　　　　　　　　　　　　　　　图 15-53　实体图形

[6] 图中生成的剖面线不符合要求，双击激活剖视图所在的视口，双击剖面区域，打开图案填充编辑器，修改填充，如图 15-54 所示。

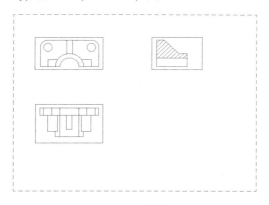

图 15-54　改变剖面线

[7] 打开图层特性管理器，冻结 0 层和"VPORTS"层，修改"fushitu-HID"层的线型为"HIDDEN"，修改"fushitu-VIS""zuoshitu-VIS"和"zhushitu-VIS"三层的线宽为 0.5，结果如图 15-55 所示。

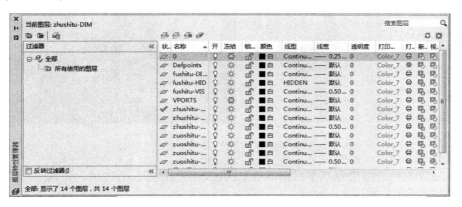

图 15-55　图层管理器

> **提示**：图层特性管理器中自动形成了一些图层，如"zhushitu-VIS"代表主视图中的可见轮廓线所在层，"zhushitu-HID"代表主视图中的不可见轮廓线所在层。

[8] 视图显示修改为如图 15-56 所示。

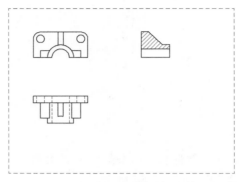

图 15-56　平面视图

15.7　渲染三维实体

　　渲染是对三维图形对象加上颜色和材质因素，或灯光、背景、场景等因素的操作，能够更真实地表达图形的外观和纹理。模型的真实感渲染往往可以为产品团队或潜在客户提供比打印图形更清晰的视觉效果。绘制图形时，通常绝大部分时间都花在模型的线条表示上，但有时也可能需要包含色彩和透视的更具有真实感的图像。例如：验证设计或提交最终设计时，就需要将绘制的模型渲染，以得到更接近真实的效果，渲染后的图像如图 15-57 所示。

图 15-57　渲染

　　AutoCAD 软件的渲染是基于三维场景来创建二维图像的。它使用已设置的光源、已应用的材质和环境设置（如背景和雾化），为场景的几何图形着色。为了更方便地设置光源、材质并渲染，AutoCAD 软件中专门提供了"可视化"选项卡和"渲染"工具栏，如图 15-58 和图

15-59 所示。

图 15-58　"可视化"选项卡

图 15-59　"渲染"工具栏

15.7.1　消隐和视觉样式

用 hide 消隐命令来创建模型对象的消隐视图，用以隐藏被前景对象遮掩的背景对象，从而使图形显得更加简洁，设计更加清晰。

视觉样式是一组设置，用来控制视口中边和着色的显示。如果应用了视觉样式或更改了其设置，就可以在视口中查看效果。在对模型进行渲染前，先使用视觉样式对模型进行消隐和着色，这样可以比较快速、形象地查看三维模型的整体效果。

1. 隐藏

使用以下命令之一，可以使用隐藏命令。

（1）执行"视图(V)"→"隐藏(H)"菜单命令。

（2）单击"可视化"选项卡→"视图样式"面板→"隐藏"按钮 。

（3）单击工具栏的"隐藏"按钮 。

（4）在命令行中输入"hide"。

"隐藏"命令生成不显示隐藏线的三维线框模型，当使用 vpoint、dview 或 view 创建二维图形的三维视图时，"隐藏"命令将消除屏幕上的隐藏线。而在三维图形中，"隐藏"命令可启动视图样式，并将当前视口中的视觉样式设置为"三维隐藏"。

2. "真实"视觉样式

"真实"视觉样式是着色多边形平面间的对象，并使对象的边平滑化，显示已附着到对象的材质。

使用如下命令之一，可以调用"真实"命令。

（1）执行"工具(T)"→"选项板"→"视觉样式(V)"→"真实"菜单命令。

（2）单击"可视化"选项卡→"视图样式"面板→"隐藏"按钮 。

（3）单击工具栏的"真实"按钮 。

3. "概念"视觉样式

"概念"视觉样式是着色多边形平面间的对象，并使对象的边平滑化。该视觉样式使用古氏面样式，即通过缓和加亮区域与阴影区域之间的对比，加亮区域使用暖色调，而阴影区域使用冷色调。效果虽然缺乏真实感，但是可以方便地查看模型的细节。

使用如下命令之一，可以调用"概念"命令。

（1）执行"工具(T)"→"选项板"→"视觉样式(V)"→"概念"菜单命令。

（2）单击"可视化"选项卡→"视觉样式"面板→"概念"按钮██。

（3）单击工具栏的"概念"按钮██。

【例 15-18】 消隐视图。

[1] 打开文件"自行车轮胎.dwg"，可以得到如图 15-60 所示的"线框"图形。

[2] 单击"视图"菜单栏→"消隐"按钮██，可以得到如图 15-61 所示的图形。命令行如下：

命令：_hide 正在重生成模型

　　图 15-60　自行车轮胎原始图　　　　　图 15-61　自行车轮胎消隐图

[3] 单击"视觉样式"工具栏→"真实"按钮██，可以得到如图 15-62 所示的图形。命令行如下：

命令：_vscurrent
vscurrent 输入选项 [二维线框(2)/线框(W)/隐藏(H)/真实(R)/概念(C)/着色(S)/带边缘着色(E)/灰度(G)/勾画(SK)/X 射线(X)/其他(O)] <概念>：_R

[4] 单击"视觉样式"工具栏→"概念"按钮██，可以得到如图 15-63 所示的图形。命令行如下：

命令：_vscurrent
vscurrent 输入选项 [二维线框(2)/线框(W)/隐藏(H)/真实(R)/概念(C)/着色(S)/带边缘着色(E)/灰度(G)/勾画(SK)/X 射线(X)/其他(O)]<真实>：_C

　　图 15-62　自行车轮胎真实样式图　　　　图 15-63　自行车轮胎概念样式图

15.7.2　材质和纹理

1．材质浏览器

将材质附加到图形的对象上，可以使得渲染的图像更加真实。"材质浏览器"选项板为用户提供了大量材质，还可以通过创建和添加为当前文档添加新的材质。

在 AutoCAD 软件中，有以下 4 种方法可打开"材质浏览器"选项板。

（1）执行"视图"→"渲染"→"材质浏览器"菜单命令。

（2）单击"可视化"选项卡→"材质"面板→"材质浏览器"按钮 。

（3）单击"渲染"工具栏的"材质浏览器"按钮 。

（4）在命令行中输入"MATBROWSEROPEN"并按 Enter 键。

执行命令后，弹出如图 15-64 所示的"材质浏览器"选项板，它由"搜索""文档材质"和"Autodesk 库"3 部分组成。各部分的含义如下。

- 搜索：用作在多个库中搜索材质外观。
- 文档材质：显示当前文档中所使用的材质。
- Autodesk 库：显示 Autodesk 中系统默认的材质。

2．材质编辑器

"材质编辑器"选项板用于创建和编辑"文档材质"面板中选定的材质。"材质编辑器"选项板中提供了许多用于修改材质特性的设置工具，材质编辑器的配置将随选定材质和样板类型的不同而有所变化。

在 AutoCAD 软件中，有以下 5 种方法可打开"材质编辑器"选项板。

（1）执行"视图"→"渲染"→"材质编辑器"菜单命令。

（2）单击"可视化"选项卡→"材质"面板→"材质编辑器"按钮 。

（3）单击"渲染"工具栏的"材质编辑器"按钮 。

（4）单击"材质浏览器"选项板右下角的"打开/关闭材质编辑器"按钮 。

（5）在命令行中输入"MATEDITOROPEN"并按 Enter 键。

执行命令后，弹出如图 15-65 所示的"材质编辑器"选项板，它由"外观"选项卡"信息"选项卡和几个面板组成。各选项的含义如下。

（1）"外观"选项卡：用于定义材质的特性，包括颜色、反射率、透明度等。"外观"选项卡包括如下内容。

- "创建或复制材质"按钮 ：用于创建和复制材质，如陶瓷、玻璃、金属等。选择的材质不同，在"外观"选项卡中的设置参数也不同。
- "打开/关闭材质浏览器"按钮 ：单击该按钮，系统将打开或关闭"材质浏览器"选项板，用户可在该选项板中选择所需要的材质。
- "常规"选项：用于设置材质的颜色、图像、图像褪色、光泽度、高光等特性。
- "反射率"选项：用于设置光源照射到材质的反射光的直接率和倾斜率。

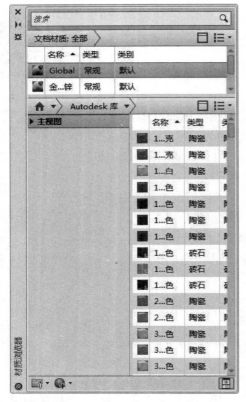

图 15-64 "材质浏览器"选项板

图 15-65 "材质编辑器"选项板

- "透明度"选项：用于控制材质的透明度级别。透明度值是一个百分比值：值 1.0 表示材质完全透明；较低的值表示材质部分半透明；值 0.0 表示材质完全不透明。其中"半透明度"和"折射"特性仅当"透明度"值大于 0 时才可编辑。"半透明度"是一个百分比值：值 0.0 表示材质不透明；值 1.0 表示材质完全半透明。"折射"控制光线穿过材质时的弯曲度，因此可在对象的另一侧看到对象被扭曲。例如：折射值为 1.0 时，透明对象后面的对象不会失真；折射值为 1.5 时，对象将严重失真，就像通过玻璃球看对象一样。

- "剪切"选项：裁切贴图以使材质部分透明，从而提供基于纹理灰度转换的穿孔效果。可以选择图像文件以用于裁切贴图。将浅色区域渲染为不透明，深色区域渲染为透明。使用透明度实现磨砂或半透明时，反射率将保持不变。裁切区域不反射。

- "自发光"选项：用于推断变化的值。此特性可控制材质的过滤颜色、亮度和色温。"过滤颜色"可在照亮的表面上创建颜色过滤器的效果。"亮度"可使材质模拟在光度控制光源中被照亮的效果。在光度控制单位中，发射光线的多少是选定的值。

- "凹凸"选项："凹凸"复选框用于打开或关闭使用材质的浮雕图案，使对象看起来具有凹凸或不规则的表面。使用凹凸贴图材质渲染对象时，贴图的较浅区域看起来升高，而较深区域看起来降低。其中"数量"用于调整凹凸的高度，较高的值渲染时凸出得较高；较低的值渲染时凸出得较低；灰度图像生成有效的凹凸贴图。

- "染色"选项：用于设置染色的 RGB 数值。

（2）"信息"选项卡：包含用于编辑和查看材质的关键信息的所有控件。"信息"选项卡包括如下内容。

- "名称"文本框：显示材质名称。
- "描述"文本框：提供材质外观的说明信息。
- "关键字"文本框：提供材质外观的关键字或标记。关键字用于在材质浏览器中搜索和过滤材质。
- "关于"选项：显示材质的类型、版本和位置。

材质设置完成后，选中要定义材质的对象，然后单击"材质浏览器"选项板中定义的材质。

提示：只有在渲染后或者在"真实"视觉样式下才能看到材质的不同显示效果。

【例 15-19】　应用材质。

[1] 打开文件"自行车轮胎.dwg"，参见图 15-60。

[2] 单击"渲染"工具栏或"材料"面板上的"材质"按钮⊗，然后选择如图 15-66 所示的"织物：皮革"选项，单击"添加材质"按钮⬆，之后将其拖至轮胎模型上。

[3] 单击"视觉样式"工具栏上的"真实"按钮🍂，此时的实体效果如图 15-67 所示。

图 15-66　应用材质

图 15-67　自行车轮胎真实视觉样式

【例 15-20】　使用贴图技术创建新的材质。

[1] 打开文件"仿古盘_work.dwg"，效果如图 15-68 所示。

[2] 单击"渲染"工具栏或"材料"面板上的"材质"按钮⊗，然后单击如图 15-69 所示的"创建新材质"按钮🔵。

图 15-68　仿古盘原图

图 15-69　创建新材质

[3] 在弹出的"创建新材质"对话框中将名称更改为"盘材质"，填写说明为"盘贴图"，

如图 15-70 所示。

[4] 在材质浏览器"文档材质"中"盘材质"上单击"编辑"按钮，进入"材质编辑器"进行图案选择，如图 15-71 所示，单击图像窗口，如图 15-72 所示。

[5] 选择图像文件"BBB.jpg"，如图 15-73 所示。

图 15-70　材质命名

图 15-71　选择贴图图像

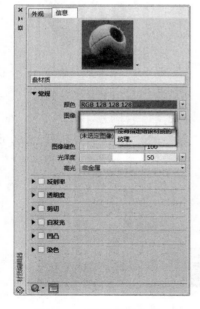

图 15-72　选择图像文件

图 15-73　选择图像文件

[6] 如图 15-74 所示，在"材质"对话框顶部，拖动新建立的材质"盘材质"，将其放

置到绘图窗口中的盘子上，从而进行"盘材质"的应用。

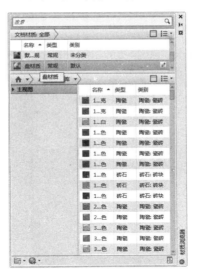

图 15-74　应用材质

[7] 单击"视觉样式"工具栏→"真实"按钮，使对象处于快速渲染状态，便于动态观察。

[8] 在如图 15-75 所示的"材质编辑器"窗口中进行参数设置和调整。

[9] 完成调整后的结果如图 15-76 所示。

提示： 调整贴图过程是一个不断调整和完善的过程，通过试凑逐渐得到需要的效果。

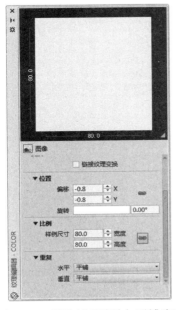

图 15-75　调整材质缩放与平铺选项

图 15-76　调整后结果

[10] 调整观察视角，准备进行实体渲染，在绘图区域右击，在弹出的快捷菜单中选择"平移"命令，如图 15-77 所示。再继续右击，在弹出的快捷菜单中选择"透视"命令，如图 15-78 所示，从而增强实体的立体感。

[11] 单击"导航"工具栏→"动态观察"按钮，调整后的结果如图 15-79 所示。

图 15-77　选择"平移"命令　图 15-78　选择"透视"命令　　　图 15-79　三维观察结果

[12] 单击"渲染"面板→"渲染"按钮，弹出渲染窗口，如图 15-80 所示。

[13] 保存渲染，命名文件为"仿古盘"，选择格式为"bmp"，如图 15-81 所示，单击保存，选择 24 位，如图 15-82 所示。

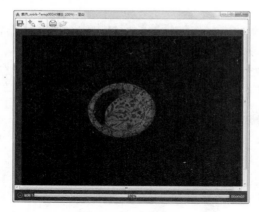

图 15-80　渲染窗口

图 15-81　"渲染输出文件"对话框图

[14] 用图像浏览工具观察输出的图像 "仿古盘.bmp"，结果如图 15-83 所示。

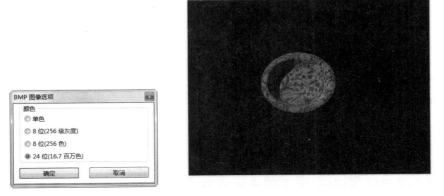

图 15-82 "图像选项"对话框　　　图 15-83 "仿古盘.bmp"预览

扫码看视频

15.7.3 添加光源

光源的设置直接影响渲染的效果，一般在进行渲染操作时都要先设置光源。创建场景时，都离不开光源的设置，它可以对整个场景提供照明，从而呈现出各种真实的效果，如反射、自发光等。

在 AutoCAD 软件中，可以创建点光源、聚光灯和平行光以达到想要的效果，还可以使用夹点工具移动或旋转光源，并可以将光源打开或关闭，以及更改其特性（如颜色和衰减）。

AutoCAD 软件中专门提供了"光源"子菜单、"光源"面板和"光源"工具栏来添加光源，如图 15-84 和图 15-85 所示。

图 15-84 "光源"子菜单

（a）"光源"面板

（b）"光源"工具栏

图 15-85 "光源"面板和"光源"工具栏

1. 创建点光源

点光源是从光源处向四周发射光线，其效果与一般的灯泡功能类似。点光源不以一个对象为目标，因此，只需要指定一个点就可以定义其位置，如图 15-86 所示。

在 AutoCAD 软件中，有以下 4 种方法可创建点光源。

（1）执行"视图"→"渲染"→"光源"→"新建点光源"菜单命令。

（2）单击"可视化"选项卡→"光源"面板→"点"按钮 。

（3）单击"光源"工具栏的"新建点光源"按钮 。

（4）在命令行中输入"POINTLIGHT"并按 Enter 键。

2. 创建聚光灯

聚光灯（如闪光灯、剧场中的跟踪聚光灯或前灯）分布投射一个聚焦光束，如图 15-87 所示。聚光灯发射的光是定向锥形光，可以设置光源的方向和圆锥体的尺寸。

图 15-86　点光源　　　　　图 15-87　聚光灯

在 AutoCAD 软件中，有以下 4 种方法可创建聚光灯。

（1）执行"视图"→"渲染"→"光源"→"新建聚光灯"菜单命令。

（2）单击"渲染"选项卡→"光源"面板→"聚光灯"按钮 。

（3）单击"光源"工具栏→"新建聚光灯"按钮 。

（4）在命令行中输入"SPOTLIGHT"并按 Enter 键。

3. 创建平行光

平行光仅向一个方向发射统一的平行光光线。

在 AutoCAD 软件中，有以下 4 种方法创建平行光：

（1）执行"视图"→"渲染"→"光源"→"新建平行光"菜单命令。

（2）单击"可视化"选项卡→"光源"面板→"平行光"按钮 。

（3）单击"光源"工具栏的"新建平行光"按钮 。

（4）在命令行中输入"DISTANTLIGHT"并按 Enter 键。

提示：在图形中，没有轮廓表示平行光，因为它们没有离散的位置，并且也不会影响到整个场景。平行光的强度并不随距离的增加而衰减。对于每个照射的面，平行光的亮度都与其在光源处相同。因此，可以用平行光统一照亮对象或背景。

4．设置阳光

在 AutoCAD 软件中，有以下 4 种方法可设置阳光。

（1）执行"视图"→"渲染"→"光源"→"阳光特性"菜单命令。

（2）单击"可视化"选项卡→"阳光和位置"面板→"阳光特性"按钮 ❧。

（3）单击"光源"工具栏→"阳光特性"按钮 🗔。

（4）在命令行中输入"SUNPROPERTIES"并按 Enter 键。

执行"阳光特性"命令后，将弹出"阳光特性"选项板，如图 15-88 所示。

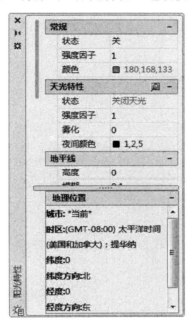

图 15-88　"阳光特性"选项板

"阳光特性"选项板主要分为"常规""天光特性""太阳角度计算器""渲染阴影细节"和"地理位置"5 个面板。"常规"面板用于设置阳光的基本特性，如打开和关闭、强度因子等；"天光特性"面板用于设置天光强度、地平线、太阳圆盘外观和夜间颜色等；"太阳角度计算器"面板用于根据日期计算阳光的角度；"渲染阴影细节"面板用于设置渲染时的阳光阴影类型；"地理位置"面板用于显示当前地理位置设置，为只读面板。

5．光源列表

光源列表用于查看图形中的所有光源。

在 AutoCAD 软件中，有以下 4 种方法可打开光源列表。

（1）执行"视图"→"渲染"→"光源"→"光源列表"菜单命令。

（2）单击"可视化"选项卡→"光源"面板→"模型中的光源"按钮 ❧。

（3）单击"光源"或"渲染"工具栏的"光源列表"按钮 ❧。

（4）在命令行中输入"LIGHTLIST"并按 Enter 键。

　　执行"打开光源列表"命令后，将弹出"模型中的光源"选项板，该选项板将列出图形中的所有光源，如图 15-89 所示。选择某个光源，然后右击，可以在弹出的快捷菜单中选择删除光源或对光源的特性进行修改。

图 15-89　"模型中的光源"选项板

【例 15-21】　调整阳光特性。

[1] 打开文件 "3DHouse.dwg"，结果如图 15-90 所示。

[2] 设置系统变量 LIGHTINGUNITS 为 1，从而可以修改阳光特性，结果如图 15-91 所示。命令行如下：

　　命令：LIGHTINGUNITS

　　输入 LIGHTINGUNITS 的新值 <0>：1✓

图 15-90　3DHouse 初始图

图 15-91　打开光度控制流程选项的效果图

[3] 单击"光源"工具栏→"阳光特性"按钮，在如图 15-92 所示的"阳光特性"对话框中调整"强度因子"为 6，调整后的效果如图 15-93 所示。

图 15-92　"阳光特性"对话框

图 15-93　调整强度后的效果图

扫码看视频

15.7.4　渲染环境设置

在 AutoCAD 软件中，可通过"渲染环境和曝光"对话框来设置渲染环境，即设置其雾化和背景效果，如图 15-94 所示。

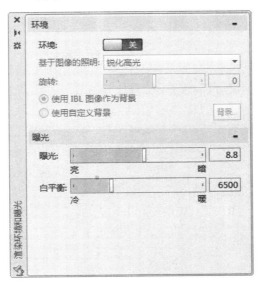

图 15-94　"渲染环境和曝光"对话框

在 AutoCAD 软件中，有以下 3 种方法可打开"渲染环境和曝光"对话框。

（1）单击"可视化"选项卡→"渲染"面板→"渲染环境和曝光"按钮 。

（2）单击"渲染"工具栏→"渲染环境和曝光"按钮 。

（3）在命令行中输入"RENDERENVIRONMENT"并按 Enter 键。

通过"渲染环境"对话框，可以设置雾化和深度，以达到非常相似的大气效果，可以使对象随着距相机距离的增大而淡入显示，如图 15-95 所示。实际上，雾化和深度是同一效果的两个极端，雾化为白色，而传统的深度设置为黑色。"启用雾化"选项用于启用或关闭雾化；"颜色"选项用于指定雾化颜色；"雾化背景"选项打开后，渲染时不仅对背景进行雾化，也对几何图形进行雾化；"近距离"和"远距离"选项分别用于指定雾化开始处和结束处到相机的距离；"近处雾化百分比"和"远处雾化百分比"选项分别用于指定近距离处和远距离处雾化的不透明度。

图 15-95　设置雾化

15.7.5　高级渲染设置

"渲染环境"对话框仅仅可以对渲染的雾化和背景进行设置，"高级渲染设置"选项板则可以设置渲染时的每个具体参数。

在 AutoCAD 软件中，有以下 4 种方法可进行高级渲染设置。

（1）执行"视图"→"渲染"→"高级渲染设置"菜单命令。

（2）单击"可视化"选项卡→"渲染"面板→"高级渲染设置"按钮 ▧。

（3）单击"渲染"工具栏→"高级渲染设置"按钮 ▧。

（4）在命令行中输入"RPREF"并按 Enter 键。

执行"高级渲染设置"命令后，将弹出"高级渲染设置"选项板，如图 15-96 所示。通过运行 RENDERPRESETS 命令，打开"渲染预设管理器"对话框，在其中也可以设置渲染，两者的设置内容是一致的，但是"渲染预设管理器"可以创建用户的渲染样式并将渲染样式置为当前，如图 15-97 所示。

"高级渲染设置"选项板包括 1 个"渲染预设"下拉列表框，还有"常规""光线跟踪""间接发光""诊断"和"处理"5 个面板。在"渲染预设"下拉列表框中从最低质量到最高质量列出了 5 个标准渲染预设，选择"管理渲染预设"选项可以打开"渲染预设管理器"对话框。"高级渲染设置"选项板的 5 个面板的渲染参数设置说明如下。

1．"常规"面板

（1）"渲染描述"包含影响模型获得渲染方式的设置，有以下 6 个选项。

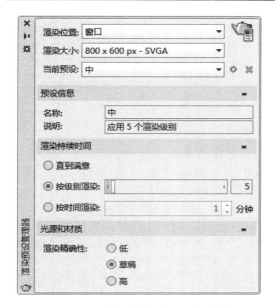

图 15-96　"高级渲染设置"选项板

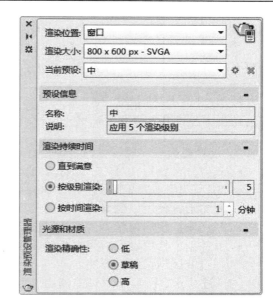

图 15-97　"渲染预设管理器"对话框

① 过程：控制渲染过程中处理的模型内容。

- 视图：渲染当前视图而不显示渲染对话框。
- 修剪：在渲染时创建一个渲染区域。选择"修剪窗口"后，单击"渲染"按钮，系统将提示用户在进行渲染之前在图形中指定一个区域。这个选项只有在"目标"框中选择了"视口"时才可用。
- 选定的：显示选择要渲染对象的提示。

② 目标：确定渲染器用于显示渲染图像的输出位置，可以"渲染"到窗口和视口。

③ 输出文件名称：指定文件名和存储渲染图像的位置，可以输出 BMP(*.bmp)、PCX(*.pcx)、TGA(*.tga)、TIF(*.tif)、JPEG(*.jpg)和 PNG(*.png)等文件格式。

④ 输出尺寸：显示渲染图像的当前输出分辨率设置。

⑤ 曝光类型：控制色调运算符设置。无须存储在命名渲染预设中，可以将其存储在渲染描述的每个图形中。

- 自动：指示应选择使用的色调运算符与当前视口色调运算符策略相匹配。
- 对数：指示应使用对数曝光控制。

⑥ 物理比例：指定物理比例。默认值为 1500。

（2）"材质"包含影响渲染器处理材质方式的设置，有以下 3 个选项。

① 应用材质：应用用户定义并附着到图形中的对象的表面材质。

② 纹理过滤：指定过滤纹理贴图的方式。

③ 强制双面：控制是否渲染面的两侧。

（3）"采样"控制渲染器执行采样的方式，有以下 7 个选项。

① 最小样例数：设定最小采样率。该值表示每像素的样例数。该值大于或等于 1 表示每像素计算一个或多个样例。该值为分数表示每 N 个像素计算一个样例（例如：1/4 表

示每四个像素最少计算一个样例)。默认值为 1/4。

② 最大样例数：设定最大采样率。如果邻近样例发现对比中的差异超出了对比限制，则包含该对比的区域将细分为最大数指定的深度。默认值为 1。

提示："最小样例数"和"最大样例数"列表的值被"锁定"在一起，从而使最小样例数的值不超过最大样例数的值。

---

③ 过滤器类型：确定如何将多个样例组合为单个像素值。

- 长方体：使用相等的权值计算过滤区域中所有样例的总和，这是最快的采样方法。
- 高斯：使用以像素为中心的 Gauss(bell)曲线计算样例权值。
- 三角形：使用以像素为中心的棱锥体计算样例权值。
- 米切尔：使用以像素为中心的曲线（比 Gauss 曲线陡峭）计算样例权值。
- 蓝佐斯：使用以像素为中心的曲线（比 Gauss 曲线陡峭）计算样例权值，降低样例在过滤区域边缘的影响。

④ "过滤器宽度"和"过滤器高度"：指定过滤区域的大小。增加过滤器宽度和过滤器高度值可以柔化图像，但是将增加渲染时间。

⑤ 对比色：单击 按钮打开"选择颜色"对话框，从中可以交互指定 R、G、B 的阈值。

⑥ 对比红色、对比蓝色、对比绿色：指定样例的红色、蓝色和绿色分量的阈值。这些值已被正则化且范围介于 0.0～1.0，其中 0.0 表示颜色分量完全不饱和（黑色或以八位编码表示的 0），1.0 表示颜色分量完全饱和（白色或以八位编码表示的 255）。

⑦ 对比 Alpha：指定样例的 alpha 分量的阈值。该值已被正则化且范围介于 0.0（完全透明或以八位编码表示的 0）和 1.0（完全不透明或以八位编码表示的 255）之间。

（4）"阴影"包含影响阴影在渲染图像中显示方式的设置，有以下 3 个选项。

① 模式：指定处理透明度阴影时使用的方式。

- 简化：按随机顺序生成阴影着色器。
- 分类：按从对象到光源的顺序生成阴影着色器。
- 分段：沿光线从体积着色器到对象和光源之间的光线段的顺序生成阴影着色器。

② 阴影贴图：控制是否使用阴影贴图来渲染阴影。打开时，渲染器将渲染使用阴影贴图的阴影。关闭时，将对所有阴影使用光线跟踪。

③ 采样乘数：全局限制区域光源的阴影采样。这是渲染预设数据的一部分，使得草图和低质量预设可以减少区域光源采样。这种效果用于调整为每个光源指定的固有采样频率。新预设的默认值为 1。值的取值范围为 0、1/8、1/4、1/2、1、2。草图：0；低：1/4；中：1/2；高：1；演示：1。

2. "光线跟踪"面板

"光线跟踪"面板包含影响渲染图像着色的 3 个设置。

（1）最大深度：限制反射和折射的组合。当反射和折射总数达到最大深度时，光线追踪将停止。例如：如果"最大深度"等于 3 并且两个跟踪深度都等于默认值 2，则光线可以反射两次，折射一次；反之亦然，但是不能反射和折射四次。

（2）最大反射：设定光线可以反射的次数。设定为 0 时，不发生反射；设定为 1 时，光线只能反射一次；设定为 2 时，光线可以反射两次，依此类推。

（3）最大折射：设定光线可以折射的次数。设定为 0 时，不发生折射；设定为 1 时，光线只能折射一次；设定为 2 时，光线可以折射两次，依此类推。

3．其他面板

（1）"间接发光"面板包括以下 3 个设置。

① 全局照明：影响场景的照明方式。

② 最终聚集：计算全局照明。

③ 光源特性：影响计算间接发光时光源的操作方式。默认情况下，能量和光子设置可应用于同一场景中的所有光源。

（2）"诊断"面板有助于用户了解渲染器以特定方式工作的原因。

（3）"处理"面板设置平铺尺寸、平铺次序和内存限制。

15.7.6　启动渲染

在 AutoCAD 软件中，设置好对象的材质，并将光源应用到场景之后，就可以渲染图形获得真实的图像，有以下 4 种方法可执行渲染。

（1）执行"视图"→"渲染"→"渲染"菜单命令。

（2）单击"可视化"选项卡→"渲染"面板→"渲染窗口"按钮。

（3）单击"渲染"工具栏→"渲染"按钮。

（4）在命令行中输入"RENDER"并按 Enter 键。

此时在视口指定一个区域后，AutoCAD 软件将渲染该区域，这是因为在默认情况下，"高级渲染设置"选项板中的渲染过程设置为"修剪"。这种渲染过程只是暂时性的，在执行"重画"命令后，渲染效果将消失。

在"高级渲染设置"选项板中指定渲染目标为窗口后，再执行 RENDER 命令，将弹出"渲染"窗口，并开始渲染过程，如图 15-98 所示。

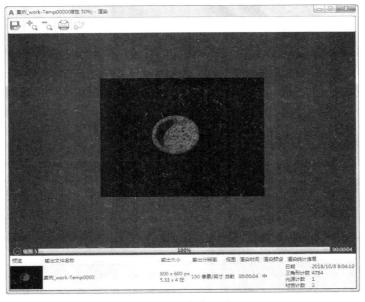

图 15-98　"渲染"窗口

"渲染"窗口包括 3 个下拉菜单和 3 个窗格,各部分功能说明如下。

(1)"文件"菜单:保存渲染图像。

(2)"视图"菜单:显示组成"渲染"窗口的各个元素。

(3)"工具"菜单:提供用于放大和缩小渲染图像的命令。

(4)"图像"窗格:显示渲染图像。

(5)"图像信息"窗格:位于窗口右侧,显示渲染的当前设置。

(6)"历史记录图像"窗格:位于窗口底部,提供当前模型的渲染图像的近期历史记录及进度条。

15.7.7 实例——渲染三维对象

扫码看视频

【例 15-22】 复杂渲染。

操作步骤如下。

[1] 打开文件"桌子_work.dwg",在"渲染"面板的"渲染预设"中选择"中"等渲染,如图 15-99 所示。

[2] 单击"渲染"面板→"渲染"按钮 直接进行渲染,得到默认背景为黑色的效果图,如图 15-100 所示。

图 15-99   高级渲染设置

图 15-100   直接渲染效果图

[3] 为了增强效果,增加一个地板(薄的长方体)来进行陪衬,长方体要大一些、薄一些,作为替代背景。进入俯视图绘制如图 15-101 所示的长方体。

[4] 单击"视图"工具栏→"西南等轴测"按钮,结果如图 15-102 所示。

[5] 渲染之前,单击"导航"工具栏→"动态观察"按钮 ,通过动态调整命令调整一下姿势,观察渲染是否合适;右击,在弹出的快捷菜单中选择"透视"命令,增强立体感,如图 15-103 所示。

图 15-101   绘制地板背景

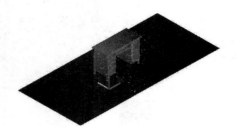

图 15-102   西南轴测图

[6] 再次渲染。如果对上面的渲染效果不满意，可用步骤[5]中的方法再进行调整，直到满意为止。本例调整的最终效果如图 15-104 所示。

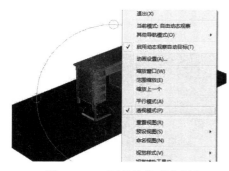

图 15-103 调整渲染观察视角 　　　图 15-104 调整视角效果图

[7] 将调整结果通过命名视图进行保存。单击"视图"工具栏→"视图管理器"按钮，弹出如图 15-105 所示的"视图管理器"对话框。

[8] 单击"新建"按钮 ，弹出如图 15-106 所示的"新建视图"对话框。将新视图命名为"场景 1"。

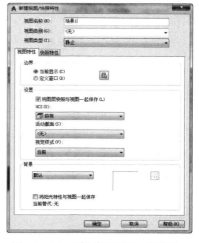

图 15-105 "视图管理器"对话框 　　　图 15-106 "新建视图"对话框

（9）单击 按钮，将"场景 1"置为当前视图，如图 15-107 所示。

图 15-107 将"场景 1"置为当前视图

[10] 为地板选择材质，在"材质浏览器"中拖动 白橡木 - 天然　木材　地板：到地板上（长方体），为其添加材质。

[11] 将"场景 1"置为当前视图，单击"渲染"面板→"渲染"按钮进行渲染，渲染效果如图 15-108 所示。

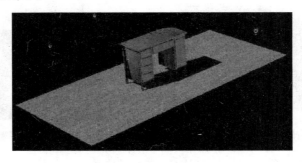

图 15-108　渲染效果

[12] 利用快捷键 Ctrl+3 调出"工具选项板"，单击标示区域，选择"荧光灯"选项，如图 15-109 所示。"工具选项板"显示为"荧光灯"内容，该窗口列出了常用的一些灯的定义，如图 15-110 所示，这些灯可以直接使用。

图 15-109　"工具选项板"选项

图 15-110　光源选项

[13] 接下来采用最常用的"三点式"方法增加背景灯光，调整渲染效果。在"工具选项板"上单击"灯"放置到屏幕上。然后单击"视图"工具栏→"俯视"按钮，切换视图到俯视视图，再放置三个光源到图示位置，如图 15-111 所示。

[14] 单击"视图"工具栏→"左视"按钮，切换视图到左视视图，直接移动三个光源到图示位置，如图 15-112 所示。

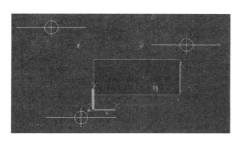

图 15-111　放置三盏灯

图 15-112　调整灯的位置

提示： 不要使光源位于地板下方，否则感觉不到光源的存在。

---

[15] 将"场景 1"置为当前视图，单击"渲染"面板→"渲染"按钮进行渲染，效果如图 15-113 所示，观察灯光以及阴影是否合适。

[16] 单击"光源"面板右下角的"模型中的光源"箭头按钮，调整灯光特性。如图 15-114 所示，调整"点光源 1"的强度因子为"0.2"；调整"点光源 2"的强度因子为"0.2"；调整"点光源 3"的强度因子为"4"。

图 15-113　渲染效果

图 15-114　调整灯光特性

[17] 单击"渲染"的工具栏→"材质"按钮，在弹出的"材质"对话框中选择桌子和地板的材质，调整"材质编辑器选项"，重点调整"反射率"和"自发光"特性，如图 15-115 所示，改善灯光特性。

[18] 将"场景 1"置为当前视图，单击"渲染"面板→"渲染"按钮进行渲染，效果如图 15-116 所示，观察灯光以及阴影是否合适。

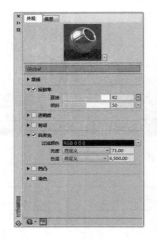

图 15-115　调整材质特性

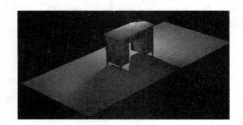

图 15-116　渲染效果图

提示： 三点式方法，就是用三盏灯组成三角形包围在对象上方，其中一个灯为主，光线较强，打开阴影，用来照亮对象；另外两个位置比主光源低一些，光线也较暗，关闭阴影，主要用来冲淡主灯的阴影，同时补充背对主光源的地方。

下面再介绍一种比较常用的渲染方法，即采用渐变色渲染背景。

将地板长方体删除，调整好渲染视角。新建"场景 2"视图，如图 15-117 所示，选择背景为"渐变色"，将其设置为当前视图。单击"渲染"面板→"渲染"按钮 进行渲染，效果如图 15-118 所示，观察是否合适。

图 15-117　场景 2

图 15-118　渲染效果图

15.8　思考与练习

2．操作题

根据如图 15-119～15-122 所示的视图绘制三维模型（标注尺寸），并生成三视图。

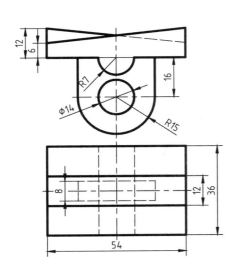

图 15-119　习题图 1

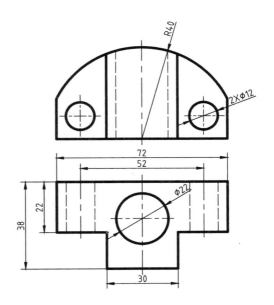

图 15-120　习题图 2

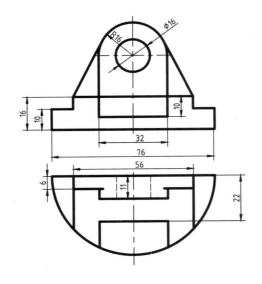

图 15-121　习题图 3

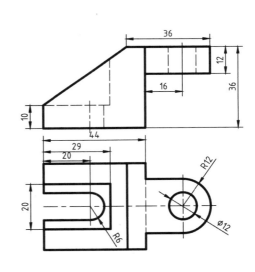

图 15-122　习题图 4

1．选择题

（1）标准渲染预设中，（　　）的渲染质量是最好的。

　　A．草图质量　　　B．中等质量　　　C．高级质量　　　D．演示质量

（2）创建如图 15-123 所示的圆柱实体，然后对其进行删除 A 面的抽壳处理，抽壳厚度为 5，最后计算实体的体积是（　　）。

A．153680.25　　　B．163582.19　　　C．181034.28　　　D．278240.42

（3）创建如图 15-124 所示的实体，然后将其中的圆孔内表面绕其轴线倾斜-5°，则实体的体积为（　　）。

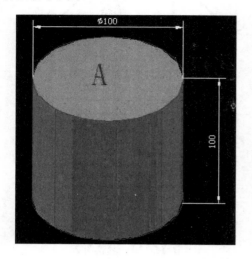

图 15-123　习题图 5

图 15-124　习题图 6

A．153680.25　　　B．189756.34　　　C．223687.38　　　D．278240.42

（4）如图 15-125 中所示的平面曲线，拉伸高度为 150，倾斜角度为 5°，其体积为（　　）。

A．3110092.1277　　　B．895939.1946　　C．2701788.8982　D．854841.4588

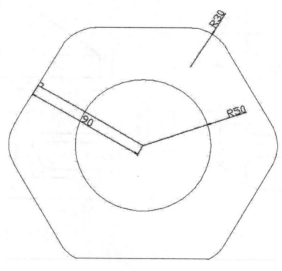

图 15-125　习题图 7

（5）可以保存渲染图像的文件格式不包括（　　）。

A．BMP(*.bmp)　　　B．PCX(*.pcx)　　C．TIF(*.tif)　　　D．DWG(*.dwg)

（6）两个圆球，半径为 200，球心相距 250，则两球相交部分的体积为（　　）。

A．6184999.712　　　B．6184452.712　　C．6254999.712　D．6125899.712

（7）创建如图 15-126 所示三维实体，其中主体为 80×100×70 的立方体，删除顶面抽壳，抽壳厚度为 7，两侧中心穿孔，孔直径为 30，完成后实体的体积为（　　　）。

　　A．192515.96　　　B．192515.97　　　C．192515.98　　　D．192515.99

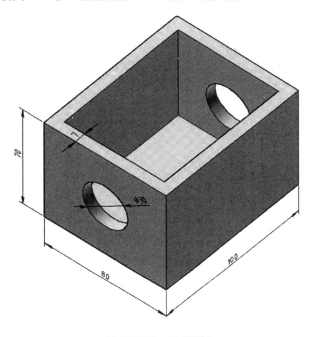

图 15-126　习题图 8

第16章 零件设计

本章重点
- 滑块设计
- 十字连接件设计
- 连接板设计
- 联结销设计
- 支撑座设计
- 叉架设计

16.1 滑　　块

扫码看视频

本例要制作一个如图 16-1 所示的滑块。首先绘制实体右侧的两个长方体，然后绘制圆柱，最后进行打孔、倒角处理。

图 16-1　滑块

在本例中，用到的命令如表 16-1 所示。

表 16-1　本例用到的命令

命　令　行	面　　　板	菜　单　栏
box	"建模"面板上的 ▤	绘图（D）→模（M）→长方体（B）
move	"修改"面板上的 ✥	修改（M）→移动（V）
cylinder	"建模"面板上的 ▤	绘图（D）→建模（M）→圆柱体（C）
union	"实体编辑"面板上的 ◎	修改（M）→实体编辑（N）→并集（U）
subtract	"实体编辑"面板上的 ◎	修改（M）→实体编辑（N）→差集（S）
ucs	"坐标"面板上的 ⌐	工具（T）→新建 UCS（W）→Y
fillet	"修改"面板上的 ◸	修改（M）→圆角（F）

滑块的绘制过程如图 16-2 所示。

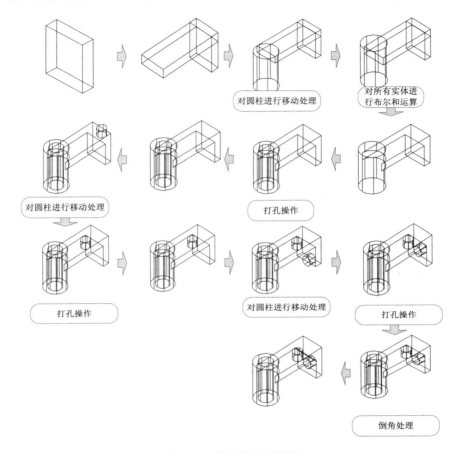

图 16-2　滑块的绘制过程

1．创建新图

单击"可视化"选项卡→"视图"面板→"西南等轴测"按钮◈，进入三维绘图模式，输入"Ucsicon""N"命令，使坐标系显示在绘图区的左下角，当前坐标系为 WCS 坐标系。

2．创建三个基本体，定位后合并

（1）单击"建模"面板→▭按钮，绘制竖直薄板，如图 16-3 所示。命令行如下。

```
命令：_box
指定第一个角点或 [中心(C)]：//在绘图窗口任取一点
指定其他角点或 [立方体(C)/长度(L)]：L ✓
指定长度：0.375 ✓
指定宽度：1.25 ✓
指定高度或 [两点(2P)]：1.5
```

（2）单击"建模"面板→ ▢ 按钮，绘制水平薄板，如图 16-4 所示。命令行如下。

命令：_box
指定第一个角点或 [中心(C)]：//捕捉到竖直薄板前侧面和右侧面交线的上顶点
指定其他角点或 [立方体(C)/长度(L)]：L ✓
指定长度 <0.3750>：-3.125 ✓
指定宽度 <1.2500>：1.25 ✓
指定高度或 [两点(2P)] <1.5000>：-0.375 ✓

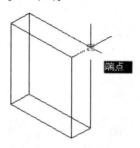

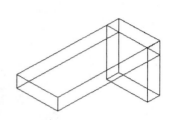

图 16-3　竖直薄板　　　　　　　　图 16-4　水平薄板

（3）单击"建模"面板→ ▢ 按钮绘制圆柱。命令行如下。

命令：_cylinder
指定底面的中心点或[三点(3P)/两点(2P)/相切、相切、半径(T)/椭圆(E)]：　//捕捉到水平薄板顶面
　　　　　　　　　　　　　　　　　　　　　　　　　　　　　　　　　//左侧边中点
指定底面半径或 [直径(D)]：0.625 ✓
指定高度或 [两点(2P)/轴端点(A)] <-0.3750>：-2 ✓

（4）单击"修改"面板→ ✥ 按钮，将圆柱进行定位。命令行如下。

命令：_move
选择对象：找到 1 个 ✓
选择对象：
指定基点或 [位移(D)] <位移>：0, 0, 0.5 ✓
指定第二个点或 <使用第一个点作为位移>： ✓

（5）单击"实体编辑"面板→ ◎ 按钮，将三个基体合为一个实体。命令行如下。

命令：_union
选择对象：找到 1 个 ✓
选择对象：找到 1 个，总计 2 个 ✓
选择对象：找到 1 个，总计 3 个 ✓

其效果图如图 16-5 所示。

3．在实体上穿孔、倒圆角

（1）单击"建模"面板→ ▢ 按钮绘制圆柱。命令行如下。

命令：_cylinder

指定底面的中心点或 [三点(3P)/两点(2P)/相切、相切、半径(T)/椭圆(E)]：//捕捉到圆柱上侧面的圆心
指定底面半径或 [直径(D)] <0.6250>：0.3750　✓
指定高度或 [两点(2P)/轴端点(A)] <-2.0000>：-2　✓

（2）单击"实体编辑"面板→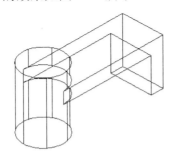按钮，在实体上打孔。命令行如下。

命令：_subtract 选择要从中减去的实体或面域...
选择对象：找到 1 个
选择对象：✓
选择要减去的实体或面域 ..
选择对象：找到 1 个
选择对象：✓

此时实体的效果如图 16-6 所示。

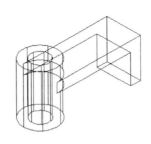

图 16-5　三个基本体　　　　图 16-6　在圆柱上打孔

（3）单击"建模"面板→按钮绘制圆柱。命令行如下。

命令：_cylinder
指定底面的中心点或 [三点(3P)/两点(2P)/相切、相切、半径(T)/椭圆(E)]：　　//捕捉到水平薄板右侧
　　　　　　　　　　　　　　　　　　　　　　　　　　　　　　　　//面顶边中点

指定底面半径或 [直径(D)] <0.6250>：0.25　✓
指定高度或 [两点(2P)/轴端点(A)] <-2.0000>：-0.375　✓

（4）单击"修改"面板→✛ 按钮，将圆柱进行定位。命令行如下。

命令：_move
选择对象：找到 1 个
选择对象：✓
指定基点或 [位移(D)] <位移>：-1，0，0　✓
指定第二个点或 <使用第一个点作为位移>：　✓

（5）单击"实体编辑"面板→按钮，在实体上打孔。命令行如下。

命令：_subtract 选择要从中减去的实体或面域...
选择对象：找到 1 个
选择对象：✓
选择要减去的实体或面域 ..
选择对象：找到 1 个

选择对象： ✓

此时实体的效果如图 16-7 所示。

（6）单击"坐标"面板→ 按钮，将当前 UCS 坐标系围绕 Y 轴旋转 90°。命令行如下。

命令： _ucs
当前 UCS 名称：*世界*
指定 UCS 的原点或 [面(F)/命名(NA)/对象(OB)/上一个(P)/视图(V)/世界(W)/X/Y/Z/Z 轴(ZA)]
<世界>： _y
指定绕 Y 轴的旋转角度 <90>： ✓

此时坐标系如图 16-8 所示。

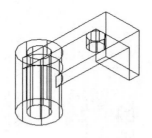
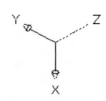

图 16-7　在水平板上打孔   图 16-8　旋转后的坐标系

（7）单击"建模"面板→ 按钮，绘制圆柱。命令行如下。

命令： _cylinder
指定底面的中心点或 [三点(3P)/两点(2P)/相切、相切、半径(T)/椭圆(E)]：   //捕捉到竖直薄板右侧
                                                                //面底边中点
指定底面半径或 [直径(D)] <0.2500>： 0.25 ✓
指定高度或 [两点(2P)/轴端点(A)] <-0.3750>： -0.375 ✓

（8）单击"修改"面板→ 按钮，将圆柱进行定位。命令行如下。

命令： _move
选择对象：找到 1 个
选择对象： ✓
指定基点或 [位移(D)] <位移>： -0.5，0，0 ✓
指定第二个点或 <使用第一个点作为位移>： ✓

（9）单击"实体编辑"面板→ 按钮，在实体上打孔。命令行如下。

命令： _subtract
选择要从中减去的实体或面域...
选择对象：找到 1 个
选择对象： ✓
选择要减去的实体或面域 ..
选择对象：找到 1 个
选择对象： ✓

（10）执行"视图"→"消隐"命令，此时的实体效果如图 16-9 所示。

（11）单击"修改"面板→ ⬡ 按钮，对竖直板和水平板相交的内侧进行倒圆角，命令行如下。

命令：_fillet
当前设置：模式 = 修剪，半径 = 0.0000
选择第一个对象或 [放弃(U)/多段线(P)/半径(R)/修剪(T)/多个(M)]：//选择两薄板相交的内侧边
输入圆角半径：0.19 ✓
选择边或 [链(C)/半径(R)]：✓
已选定 1 个边用于圆角

（12）执行"视图"→"消隐"命令，此时的实体效果如图 16-10 所示。

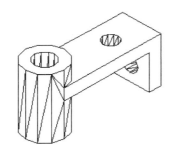

图 16-9 消隐效果图

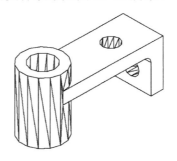

图 16-10 倒角效果图

16.2 十字连接件

扫码看视频

本实体是规则实体，可以通过拉伸的方式创建实体。

在本例中用到的命令如表 16-2 所示。

表 16-2 本例用到的命令

命 令 行	面 板	菜 单 栏
circle	"绘图"面板上的 ⊙	绘图（D）→圆（C）→圆心、半径（R）
copy	"修改"面板上的 ⅋	修改（M）→复制（Y）
line	"绘图"面板上的 ╱	绘图（D）→直线（L）
trim	"修改"面板上的 ⊹	修改（M）→修剪（T）
region	"绘图"面板上的 ◙	绘图（D）→面域（N）
extrude	"建模"面板上的 ▥	绘图（D）→建模（M）→拉伸（X）
subtract	"实体编辑"面板上的 ⬮	修改（M）→实体编辑（N）→差集（S）
mirror3d	"修改"面板上的 ⧆	修改（M）→三维操作（3）→三维镜像（D）

十字连接件的绘制过程如图 16-11 所示。

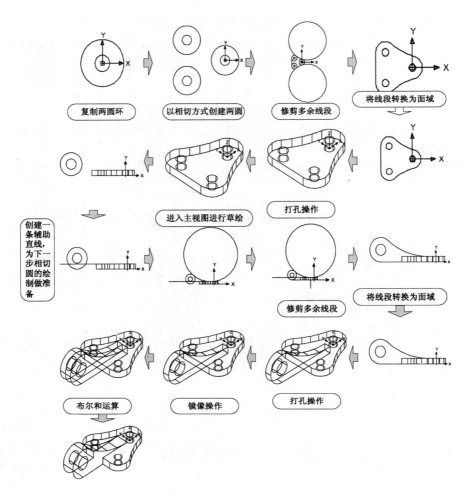

图 16-11 十字连接件的绘制过程

1. 利用拉伸命令创建底板

[1] 单击"可视化"选项卡→"视图"面板→俯视按钮，将当前坐标系设置为俯视图方向的 X-Y 平面，绘制封闭二维图形。

[2] 单击"绘图"面板→按钮，通过指定圆心的方式绘制圆。命令行如下。

命令：_circle 指定圆的圆心或 [三点(3P)/两点(2P)/相切、相切、半径(T)]：0, 0, 0✓
指定圆的半径或[直径(D)]：D✓
指定圆的直径：12.3✓

[3] 单击"绘图"面板→按钮，通过指定圆心的方式绘制圆。命令行如下。

命令：_circle 指定圆的圆心或 [三点(3P)/两点(2P)/相切、相切、半径(T)]：//捕捉到上一个圆的圆心
指定圆的半径或 [直径(D)] <6.1500>：18✓

[4] 单击"修改"面板→按钮，复制步骤[2]、[3]中创建的两个圆。命令行如下。

命令：_copy
选择对象：指定对角点：找到 2 个　//选择刚创建的两个圆
选择对象：↙
当前设置：　复制模式 = 多个
指定基点或 [位移(D)/模式(O)] <位移>：-50，25↙
指定第二个点或 <使用第一个点作为位移>：↙

[5] 单击"修改"面板→ ⬚ 按钮，重复复制命令。命令行如下。

命令：_copy
选择对象：指定对角点：找到 2 个　//原来的两个圆
选择对象：↙
当前设置：　复制模式 = 多个
指定基点或 [位移(D)/模式(O)] <位移>：-50，-25↙
指定第二个点或 <使用第一个点作为位移>：↙

[6] 单击"绘图"面板→ ⬚ 按钮，绘制直线。命令行如下。

命令：_line 指定第一点：_tan　//捕捉到复制的第一个圆的切点
指定下一点或 [放弃(U)]：_tan　//捕捉到复制的第二个圆的切点
指定下一点或 [放弃(U)]：↙

此时效果如图 16-12 所示。

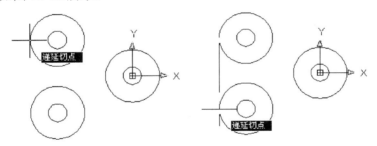

图 16-12　底板圆

[7] 单击"绘图"面板→ ⬚ 按钮，通过相切方式绘制两圆。命令行如下。

命令：_circle 指定圆的圆心或[三点(3P)/两点(2P)/相切、相切、半径(T)]：T↙
指定对象与圆的第一个切点：//捕捉到第一个圆
指定对象与圆的第二个切点：//捕捉到第二个圆
指定圆的半径 <15.0000>：125↙
命令：_circle 指定圆的圆心或[三点(3P)/两点(2P)/相切、相切、半径(T)]：T↙
指定对象与圆的第一个切点：//捕捉到第一个圆
指定对象与圆的第二个切点：//捕捉到第二个圆
指定圆的半径 <15.0000>：125↙

此时二维图形效果如图 16-13 所示。
[8] 单击"修改"面板→ ⬚ 按钮，修改后的效果如图 16-14 所示。

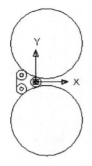

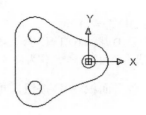

图 16-13   底板相切圆   图 16-14   底板二维图

[9] 单击"绘图"面板→ 按钮，将俯视图中的所有对象转换为面域。命令行如下。

命令：_region
选择对象：指定对角点：找到 9 个//选择所有对象
选择对象：✓
已提取 4 个环。
已创建 4 个面域。

2．以拉伸方式创建底板

[1] 单击"视图"面板→ 按钮，进入西南轴测图。

[2] 单击"建模"面板→ 按钮，对所有的面域进行拉伸。命令行如下。

命令：_extrude
当前线框密度：ISOLINES=4
选择要拉伸的对象：找到 1 个   //选择所有的二维图形
选择要拉伸的对象：找到 1 个，总计 2 个
选择要拉伸的对象：找到 1 个，总计 3 个
选择要拉伸的对象：找到 1 个，总计 4 个
选择要拉伸的对象：✓
指定拉伸的高度或 [方向(D)/路径(P)/倾斜角(T)]：10✓

[3] 对底板进行布尔差操作，从中减去三个小圆柱，此时的实体效果如图 16-15 所示。

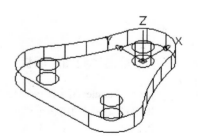

3．侧板的设计

[1] 单击"视图"面板→ 按钮，进入主视图。

[2] 单击"绘图"面板→ 按钮，通过指定圆心的方式绘制圆。命令行如下。

图 16-15   底板

命令：_circle 指定圆的圆心或 [三点(3P)/两点(2P)/相切、相切、半径(T)]：-110，22✓
指定圆的半径或 [直径(D)] <125.0000>：22✓

[3] 单击"绘图"面板→ 按钮，绘制圆。命令行如下。

命令：_circle 指定圆的圆心或 [三点(3P)/两点(2P)/相切、相切、半径(T)]：//捕捉到圆的圆心
指定圆的半径或 [直径(D)] <22.0000>：10✓

[4] 单击"绘图"面板→📐按钮，绘制直线，（为下一步创建与底板相切的圆做准备），如图 16-16 所示。命令行如下。

命令：_line 指定第一点：
指定下一点或 [放弃(U)]：//捕捉到主视图中底板的右上顶点
指定下一点或 [放弃(U)]：//沿 X 轴负方向移动一段距离后单击

[5] 单击"绘图"面板→⊚按钮，通过相切的方式绘制圆。命令行如下。

命令：_circle 指定圆的圆心或[三点(3P)/两点(2P)/相切、相切、半径(T)]：T✓
指定对象与圆的第一个切点：//捕捉到主视图中的大圆
指定对象与圆的第二个切点：//捕捉到直线上
指定圆的半径 <10.0000>：125✓

此时效果如图 16-17 所示。

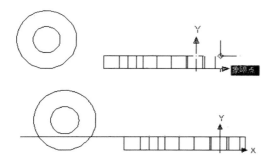

图 16-16　绘制辅助直线

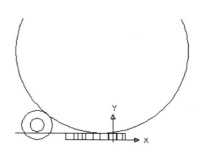

图 16-17　绘制相切圆

[6] 单击"绘图"面板→📐按钮，绘制直线。命令行如下。

命令：_line 指定第一点：_qua 于　//捕捉到大圆底部的象限点
指定下一点或 [放弃(U)]：　　　　//捕捉到底板主视图中的底边
指定下一点或 [放弃(U)]：_qua 于　//捕捉到左侧大圆底板象限点
指定下一点或 [闭合(C)/放弃(U)]：✓

此时效果如图 16-18 所示。

[7] 单击"修改"面板→／按钮，对二维草图进行修剪，此时效果如图 16-19 所示。

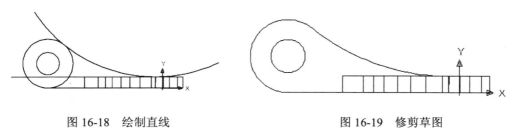

图 16-18　绘制直线　　　　　　　　　　图 16-19　修剪草图

[8] 单击"绘图"面板→◙按钮，将主视图中的所有对象转换为面域。命令行如下。

命令：_region
选择对象：指定对角点：找到 5 个
选择对象：↙
已提取 2 个环。
已创建 2 个面域。

4．以拉伸方式创建侧板

[1] 单击"视图"面板→ ◈ 按钮，进入西南轴测图。

[2] 单击"建模"面板→ ⬛ 按钮，对刚创建的所有的面域进行拉伸。命令行如下。

命令：_extrude
当前线框密度： ISOLINES=4
选择要拉伸的对象：找到 1 个
选择要拉伸的对象：找到 1 个，总计 2 个
选择要拉伸的对象：↙
指定拉伸的高度或 [方向(D)/路径(P)/倾斜角(T)] <10.0000>：10↙

[3] 对侧板进行布尔差操作，从中减去小圆柱，此时效果如图 16-20 所示。

[4] 单击"UCS"面板→ ⬛ 按钮，回到世界坐标系。

[5] 执行"修改"→"三维操作"→"三维镜像"命令，对创建的拉伸体进行镜像操作。命令行如下。

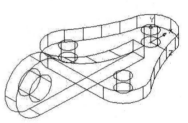

图 16-20 侧板布尔差

命令：_mirror3d
选择对象：找到 1 个
选择对象：↙
指定镜像平面 (三点) 的第一个点或
    [对象(O)/最近的(L)/Z 轴(Z)/视图(V)/XY 平面(XY)/YZ 平面(YZ)/ZX 平面(ZX)/三点(3)] <三点>：ZX↙
指定 ZX 平面上的点 <0, 0, 0>：↙
是否删除源对象？[是(Y)/否(N)] <否>：N↙

此时效果如图 16-21 所示。

[6] 单击"实体编辑"面板→ ⬤ 按钮，将所有实体合并，合并后的效果如图 16-22 所示。

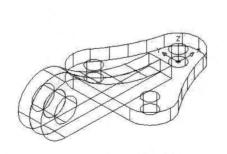

图 16-21 镜像操作

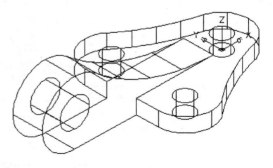

图 16-22 实体合并

扫码看视频

16.3　连　接　板

对于本例的制作，可以将其分成两部分来完成，首先完成底板的创建，其次完成侧板的创建。

在本例中，用到的命令如表 16-3 所示。

表 16-3　本例用到的命令

命　令　行	面　　板	菜　单　栏
box	"建模"面板上的 ▢	绘图（D）→建模（M）→长方体（B）
move	"修改"面板上的 ✛	修改（M）→移动（V）
cylinder	"建模"面板上的 ▢	绘图（D）→建模（M）→圆柱体（C）
union	"实体编辑"面板上的 ◎	修改（M）→实体编辑（N）→并集（U）
copy	"修改"面板上的 ⬡	修改（M）→复制（Y）
mirror3d	"修改"面板上的 ⅍	修改（M）→三维操作（3）→三维镜像（D）
subtract	"实体编辑"面板上的 ◎	修改（M）→实体编辑（N）→差集（S）
fillet	"修改"面板上的 ▱	修改（M）→圆角（F）

底板和侧板的绘制过程分别如图 16-23 和图 16-24 所示。

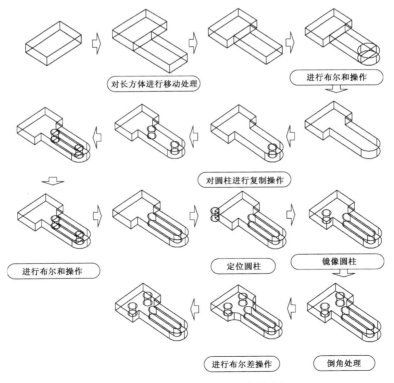

图 16-23　连接板的底板的绘制过程

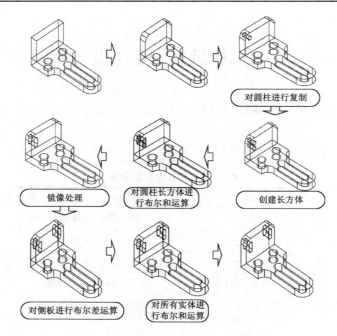

图 16-24 连接板的侧板的绘制过程

下面详细介绍绘制过程。

1. 利用动态 UCS 创建底板

[1] 单击"视图"面板→ 按钮，进入三维绘图模式，输入"Ucsicon""N"命令，使坐标系显示在绘图区的左下角。当前坐标系为 WCS 坐标系。

[2] 单击"建模"面板→ 按钮，绘制底板。命令行如下。

```
命令：_box
指定第一个角点或 [中心(C)]：//在绘图区任一位置单击
指定其他角点或 [立方体(C)/长度(L)]：L
指定长度：32✓
指定宽度：52✓
指定高度或 [两点(2P)]：10✓
```

[3] 按 F6 键打开动态 UCS，单击"建模"面板→ 按钮，将光标捕捉在长方体的右侧面，此时图像如图 16-25 所示。命令行如下。

```
命令：_box
指定第一个角点或 [中心(C)]：//捕捉到长方体右侧面左上顶点
指定其他角点或 [立方体(C)/长度(L)]：L✓
指定长度 <32.0000>：28✓
指定宽度 <52.0000>：-10✓
指定高度或 [两点(2P)] <10.0000>：56✓
```

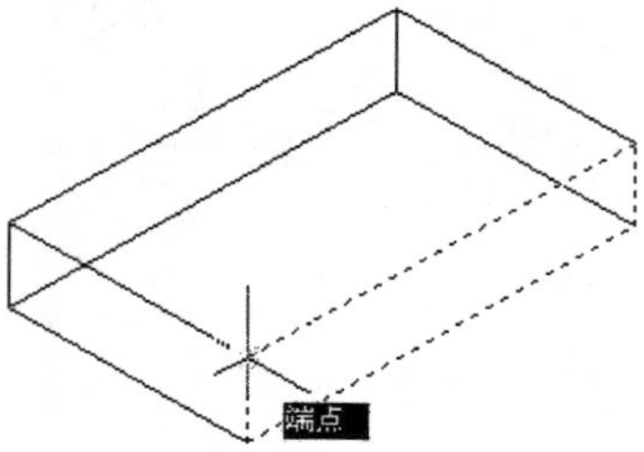

[4] 单击"修改"面板→ 按钮，将刚创建的长方体

图 16-25 捕捉长方体右侧面

进行定位。命令行如下。

命令：_move
选择对象：找到 1 个
选择对象：✓
指定基点或 [位移(D)] <位移>： 0，12，0✓
指定第二个点或 <使用第一个点作为位移>：✓

[5] 单击"建模"面板→![按钮]按钮，利用动态 UCS 绘制圆柱，捕捉到第二个长方体的右侧面顶边中点，命令行如下。

命令：_cylinder
指定底面的中心点或 [三点(3P)/两点(2P)/相切、相切、半径(T)/椭圆(E)]：
指定底面半径或 [直径(D)]：14✓
指定高度或 [两点(2P)/轴端点(A)] <56.0000>：-10✓
此时效果如图 16-26 所示。

[6] 单击"实体编辑"面板→![按钮]按钮，将所有实体合并，合并后的效果如图 16-27 所示。

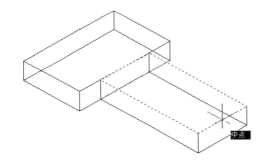

图 16-26　捕捉第二个长方体右侧面顶边中点

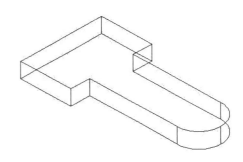

图 16-27　实体合并

2．对底板进行打孔、切割操作

[1] 单击"建模"面板→![按钮]按钮，捕捉半圆圆心，如图 16-28 所示，绘制圆柱。命令行如下。

命令：_cylinder
指定底面的中心点或 [三点(3P)/两点(2P)/相切、相切、半径(T)/椭圆(E)]：　　//捕捉到半圆圆心，如图
　　　　　　　　　　　　　　　　　　　　　　　　　　　　　　　　　　//16-28 所示
指定底面半径或 [直径(D)]：6✓
指定高度或 [两点(2P)/轴端点(A)] <-10.0000>：-10✓

[2] 单击"修改"面板→![按钮]按钮，复制刚创建的圆柱。命令行如下。

命令：_copy
选择对象：找到 1 个
选择对象：✓

当前设置：复制模式 = 多个
指定基点或 [位移(D)/模式(O)] <位移>：　-44，0，0✓
指定第二个点或 <使用第一个点作为位移>：✓

此时效果如图 16-29 所示。

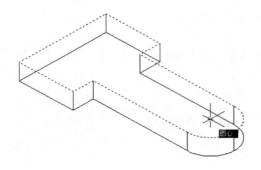

图 16-28　捕捉半圆圆心

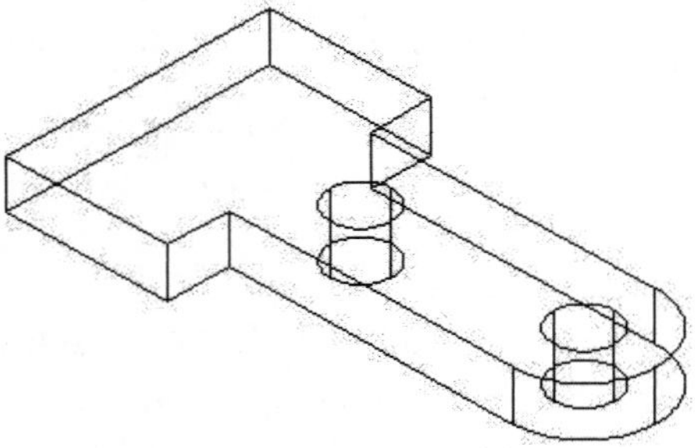

图 16-29　复制圆柱体

[3] 单击"建模"面板→▢ 按钮，过程如图 16-30 所示。命令行如下。

命令：_box
指定第一个角点或 [中心(C)]：//捕捉到如图 16-30（a）所示的第 1 点
指定其他角点或 [立方体(C)/长度(L)]：//捕捉到如图 16-30（b）所示的第 2 点
指定高度或 [两点(2P)] <10.0000>：-10

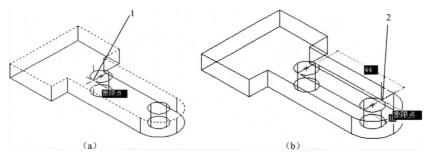

图 16-30　绘制长方体

[4] 单击"实体编辑"面板→◉ 按钮，合并两圆柱与长方体，此时效果如图 16-31 所示。

[5] 单击"建模"面板→▢ 按钮，绘制圆柱，此时效果如图 16-32 所示。命令行如下。

命令：_cylinder
指定底面的中心点或 [三点(3P)/两点(2P)/相切、相切、半径(T)/椭圆(E)]：//捕捉到底板的左上顶点
指定底面半径或 [直径(D)] <6.0000>：6
指定高度或 [两点(2P)/轴端点(A)] <-10.0000>：-10

[6] 单击"修改"面板→✛ 按钮，将刚创建的圆柱进行定位。命令行如下。

命令：_move

选择对象：找到 1 个

选择对象：↙

指定基点或 [位移(D)] <位移>：20，12，0↙

指定第二个点或 <使用第一个点作为位移>：↙

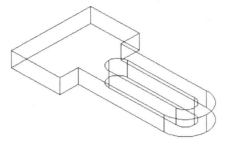

图 16-31　合并两圆柱与长方体

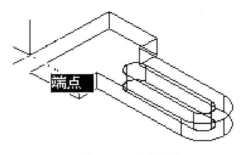

图 16-32　绘制圆柱

此时效果如图 16-33 所示。

[7] 单击"修改"面板→ 按钮，对刚创建的圆柱体进行镜像操作，此时效果如图 16-34 所示。命令行如下。

命令：_mirror3d

选择对象：找到 1 个

选择对象：↙

指定镜像平面 (三点) 的第一个点或

[对象(O)/最近的(L)/Z 轴(Z)/视图(V)/XY 平面(XY)/YZ 平面(YZ)/ZX 平面(ZX)/三点(3)] <三点>：ZX↙

指定 ZX 平面上的点 <0，0，0>：↙ //指定底板右端半圆的圆心

是否删除源对象？[是(Y)/否(N)] <否>：N↙

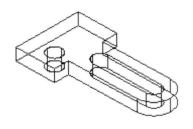

图 16-33　移动圆柱

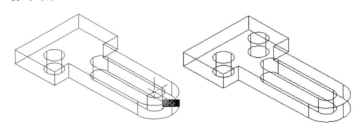

图 16-34　镜像圆柱体

[8] 单击"实体编辑"面板→ ◎ 按钮，从底板中减去创建的两圆柱和组合体。

[9] 单击"修改"面板→ 按钮，对底板进行倒角处理，效果如图 16-35 所示。用同样的方法对另一边进行倒角处理，效果如图 16-36 所示。命令行如下。

命令：_fillet

当前设置：模式 = 修剪，半径 = 0.0000

选择第一个对象或 [放弃(U)/多段线(P)/半径(R)/修剪(T)/多个(M)]：//捕捉到如图 16-35 所示的边

输入圆角半径：12↙

选择边或 [链(C)/半径(R)]：↙

已选定 1 个边用于圆角。

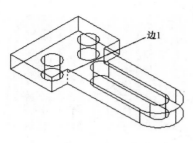

图 16-35　倒角 1

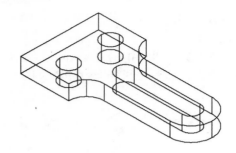

图 16-36　倒角 2

3. 侧板的设计

[1] 单击"建模"面板→ ▢ 按钮，绘制长方体，此时效果如图 16-37 所示。命令行如下。

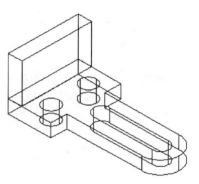

图 16-37　绘制长方体

```
命令：_box
指定第一个角点或 [中心(C)]：//捕捉到底板的左上顶点
指定其他角点或 [立方体(C)/长度(L)]：L✓
指定长度 <10.0000>：10✓
指定宽度 <52.0000>：52✓
指定高度或 [两点(2P)] <-10.0000>：30✓
```

[2] 单击"修改"面板→ ▱ 按钮，对侧板的边 2 进行倒角处理，如图 16-38（a）所示。命令行如下。

```
命令：_fillet
当前设置：模式 = 修剪，半径 = 12.0000
选择第一个对象或 [放弃(U)/多段线(P)/半径(R)/修剪(T)/多个(M)]：//捕捉到边 2
输入圆角半径<12.0000>：8
选择边或 [链(C)/半径(R)]：
已选定 1 个边用于圆角。
```

[3] 单击"修改"面板→ ▱ 按钮，对侧板的边 3 进行倒角处理，如图 16-38（b）所示。命令行如下。

```
命令：_fillet
当前设置：模式 = 修剪，半径 = 5.0000
选择第一个对象或 [放弃(U)/多段线(P)/半径(R)/修剪(T)/多个(M)]：//捕捉到边 3
输入圆角半径 <5.0000>：✓
选择边或 [链(C)/半径(R)]：✓
已选定 1 个边用于圆角。
```

倒角完成后的效果如图 16-38（c）所示。

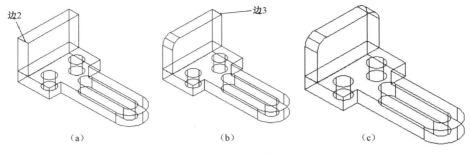

（a）　　　　　　　（b）　　　　　　　（c）

图 16-38　对侧板倒角

4．对侧板进行切割

[1] 单击"建模"面板→![按钮]按钮，利用动态 UCS 绘制圆柱：先捕捉侧板的右侧面，再捕捉倒圆角的圆心。命令行如下。

命令：_cylinder
指定底面的中心点或 [三点(3P)/两点(2P)/相切、相切、半径(T)/椭圆(E)]：　　//捕捉到侧板右表面倒
　　　　　　　　　　　　　　　　　　　　　　　　　　　　　　//圆角的圆心
指定底面半径或 [直径(D)] <6.0000>：3↙
指定高度或 [两点(2P)/轴端点(A)] <30.0000>：-10↙

[2] 单击"修改"面板→![按钮]按钮，复制刚创建的圆柱，此时效果如图 16-39 所示。命令行如下。

命令：_copy
选择对象：指定对角点：找到 0 个
选择对象：找到 1 个
选择对象：↙
当前设置：　复制模式 = 多个
指定基点或 [位移(D)/模式(O)] <位移>：0，0，-8↙
指定第二个点或 <使用第一个点作为位移>：↙

[3] 单击"建模"面板→![按钮]按钮，利用动态捕捉的方法创建长方体。命令行如下。

命令：_box
指定第一个角点或 [中心(C)]：//捕捉到如图 16-40（a）所示的第 3 点，此时侧板右侧面虚线显示
指定其他角点或 [立方体(C)/长度(L)]：//捕捉到如图 16-40（b）所示的第 4 点
指定高度或 [两点(2P)] <10.0000>：-10↙

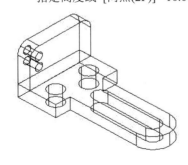

图 16-39　复制圆柱

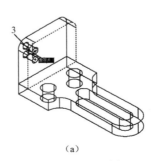

（a）

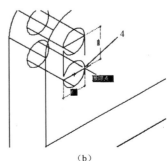

（b）

图 16-40　创建长方体

　　[4] 单击"实体编辑"面板→ 按钮，合并两圆柱与长方体，此时效果如图 16-41
所示。

　　[5] 单击"修改"面板→ 按钮，对刚创建的组合体进行镜像操作。命令行如下。

```
命令：_mirror3d
选择对象：找到 1 个
选择对象：↙
指定镜像平面 (三点) 的第一个点或
[对象(O)/最近的(L)/Z 轴(Z)/视图(V)/XY 平面(XY)/YZ 平面(YZ)/ZX 平面(ZX)/三点(3)] <三点>：ZX↙
指定 ZX 平面上的点 <0，0，0>：↙//指定底板右端半圆的圆心
是否删除源对象？[是(Y)/否(N)] <否>：N↙
```

此时效果如图 16-42 所示。

　　[6] 单击"实体编辑"面板→ 按钮，从底板中减去刚创建的两个组合体。

　　[7] 单击"实体编辑"面板→ 按钮，将侧板与底板合并，合并后的效果如图 16-43
所示。

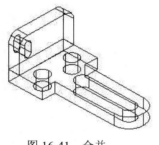　　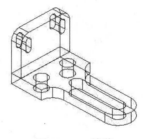　　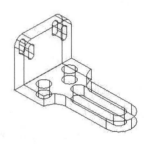

图 16-41　合并　　　　　　　　图 16-42　镜像　　　　　　图 16-43　合并后的效果

16.4　联　结　销

扫码看视频

　　本例制作如图 16-44 所示的联结销，可以采用视图法创建。首先在俯视图中绘制旋转
线，然后进行旋转操作，对于实体上的修剪部分，可以采用布尔求交的方法，将没有相交
的部分减掉（当然，也可以采用布尔求差的方法），最后完成打孔操作。

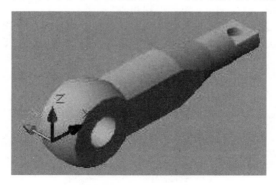

图 16-44　联结销

在本例中用到的命令如表 16-4 所示。

表 16-4　本例用到的命令

命　令　行	面　　板	菜　单　栏
circle	"绘图"面板上的 ⊙	绘图（D）→圆（C）→圆心、半径（R）
offset	"修改"面板上 ⊿	修改（M）→偏移（S）
line	"绘图"面板上的 ╱	绘图（D）→直线（L）
ucs	"坐标"面板上的 ⌐	工具（T）→新建 UCS（W）→原点（N）
revolve	"建模"面板上的 ⊜	绘图（D）→建模（M）→旋转（R）
box	"建模"面板上的 ⬛	绘图（D）→建模（M）→长方体（B）
mirror3d	"修改"面板上 ⧗	修改（M）→三维操作（3）→三维镜像（D）
subtract	"实体编辑"面板上的 ⊙	修改（M）→实体编辑（N）→差集（S）
intersect	"实体编辑"面板上的 ⊙	修改（M）→实体编辑（N）→交集（I）
cylinder	"建模"面板上的 ⬚	绘图（D）→建模（M）→圆柱体（C）
move	"修改"面板上的 ✛	修改（M）→移动（V）

联结销的绘制过程如图 16-45 所示。

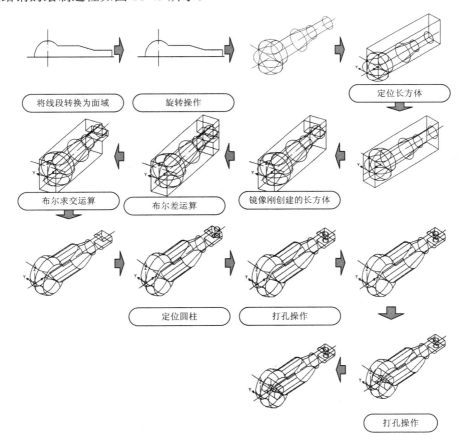

图 16-45　联结销的绘制过程

1．通过旋转方式创建主体

[1] 单击"视图"面板→ ▣ 按钮，将当前坐标系设置为俯视图方向的 X-Y 平面，先绘制两条正交的基准线（进入到基准线层），图像效果如图 16-46 所示。

[2] 进入到粗实线层，绘制如图 16-47 所示的二维图形。

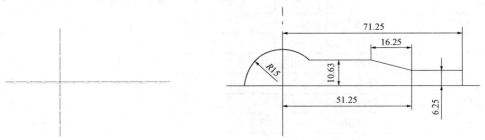

图 16-46　绘制基准线　　　　　　　　　图 16-47　二维图形

[3] 单击"绘图"面板→ ◎ 按钮，将俯视图中的所有对象转换为面域。命令行如下。

命令：_region
选择对象：指定对角点：找到 6 个
选择对象：↙
已提取 1 个环。
已创建 1 个面域。

[4] 单击"坐标"面板→ ∟ 按钮，建立 UCS 坐标系，此时绘图区图形如图 16-48 所示。命令行如下。

命令：_ucs
当前 UCS 名称：*俯视*
指定 UCS 的原点或 [面(F)/命名(NA)/对象(OB)/上一个(P)/视图(V)/世界(W)/X/Y/Z/Z 轴(ZA)]
<世界>：//单击面域的最左点
指定 X 轴上的点或 <接受>：↙

[5] 单击"建模"面板→ ◉ 按钮，对面域进行旋转操作，旋转后的效果如图 16-49 所示。命令行如下。

命令：_revolve
当前线框密度： ISOLINES=4
选择要旋转的对象：找到 1 个
选择要旋转的对象：↙
指定轴起点或根据以下选项之一定义轴 [对象(O)/X/Y/Z] <对象>：X↙
指定旋转角度或 [起点角度(ST)] <360>↙

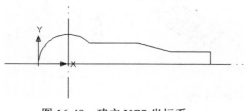

图 16-48　建立 UCS 坐标系

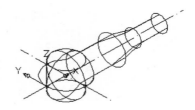

图 16-49　旋转操作

2．对旋转体进行切割

[1]　单击"建模"面板→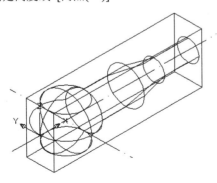按钮，绘制长方体。命令行如下。

命令：_box
指定第一个角点或 [中心(C)]：0，0，0↙
指定其他角点或 [立方体(C)/长度(L)]：L↙
指定长度：86.25
指定宽度：-15.82
指定高度或 [两点(2P)]：30

[2]　单击"修改"面板→✛按钮，将刚创建的长方体进行定位，此时的实体效果如图 16-50 所示。命令行如下。

命令：_move
选择对象：找到 1 个
选择对象：↙
指定基点或 [位移(D)] <位移>：　0，7.91，-15↙
指定第二个点或 <使用第一个点作为位移>：↙

[3]　单击"建模"面板→按钮，利用动态 UCS 的方法绘制长方体，先将光标移动到长方体的前侧面，此时长方体前侧面边框变为虚线，然后再捕捉到长方体前侧面的右上端点，此时效果如图 16-51 所示。命令行如下。

命令：_box
指定第一个角点或 [中心(C)]：//捕捉长方体前侧面的右上端点
指定其他角点或 [立方体(C)/长度(L)]：L↙
指定长度 <86.2500>：-10↙
指定宽度 <15.8200>：15.82↙
指定高度或 [两点(2P)] <30.0000>：-12.19

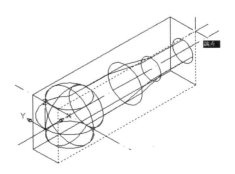

图 16-50　移动长方体　　　　　　　图 16-51　捕捉光标

[4]　单击"修改"面板→按钮，对刚创建的长方体进行镜像操作，此时效果如图 16-52 所示。命令行如下。

命令：_mirror3d

选择对象：找到 1 个

选择对象：✓

指定镜像平面 (三点) 的第一个点或[对象(O)/最近的(L)/Z 轴(Z)/视图(V)/XY 平面(XY)/YZ 平面(YZ)/ZX 平面(ZX)/三点(3)] <三点>：XY✓

指定 XY 平面上的点 <0，0，0>：✓

是否删除源对象？[是(Y)/否(N)] <否>：N✓

[5] 单击"实体编辑"面板→⊙按钮，从大长方体中减去两个小长方体，此时的实体效果如图 16-53 所示。

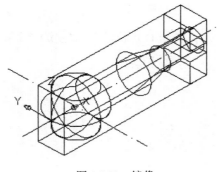　　　　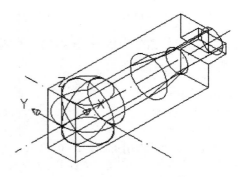

图 16-52　镜像　　　　　　　　　　图 16-53　布尔差操作

[6] 单击"实体编辑"面板→⊙按钮，将两实体求交，求交后的实体效果如图 16-54 所示。

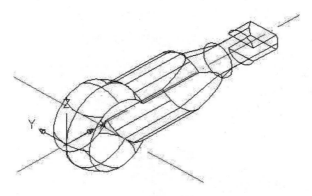

图 16-54　两实体求交

3．对实体进行打孔操作

[1] 单击"建模"面板→按钮，捕捉到如图 16-55（a）所示的实体右上角的中点，创建圆柱，此时效果如图 16-55（b）所示。命令行如下。

命令：_cylinder

指定底面的中心点或 [三点(3P)/两点(2P)/相切、相切、半径(T)/椭圆(E)]：//捕捉到实体右上角的中点

指定底面半径或 [直径(D)]：2.5✓

指定高度或 [两点(2P)/轴端点(A)] <-12.1900>：-5.62✓

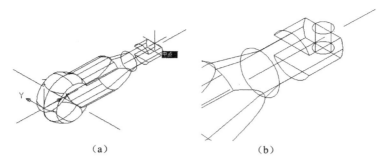

（a）　　　　　　　　　　　　　（b）

图 16-55　捕捉到实体右上角的中点

[2] 单击"修改"面板→✥ 按钮，将刚创建的圆柱进行定位，此时效果如图 16-56 所示。命令行如下。

命令：_move
选择对象：找到 1 个
选择对象：↙
指定基点或 [位移(D)] <位移>：-5，0，0↙
指定第二个点或 <使用第一个点作为位移>：↙

[3] 单击"建模"面板→ 🔲 按钮，利用动态 UCS 的方法创建圆柱：先将光标移动到前侧面，此时，前侧面轮廓线虚显，然后捕捉到前侧面的圆心。命令行如下。

命令：_cylinder
指定底面的中心点或 [三点(3P)/两点(2P)/相切、相切、半径(T)/椭圆(E)]：//捕捉到前侧面的圆心
指定底面半径或 [直径(D)] <2.5000>：D↙
指定直径 <5.0000>：11.25↙
指定高度或 [两点(2P)/轴端点(A)] <-5.6200>：-15.82↙

[4] 单击"实体编辑"面板→ 回 按钮，从实体中减去刚创建的两圆柱体，此时的实体效果如图 16-57 所示。

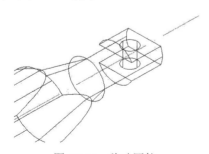

图 16-56　移动圆柱

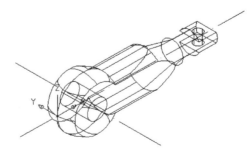

图 16-57　实体的效果图

16.5　支　撑　座

扫码看视频

本例要制作如图 16-58 所示的支撑座，可以将其分成三部分来完成，首先绘制底部，

然后完成中间部分的绘制，最后完成上部的绘制。

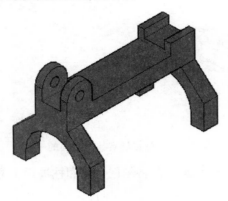

图 16-58　支撑座

在本例中用到的命令如表 16-5 所示。

表 16-5　本例用到的命令

命　令　行	面　　板	菜　单　栏
box	"建模"面板上的 ▨	绘图（D）→建模（M）→长方体（B）
chamfer	"修改"面板上的 ◢	修改（M）→倒角（C）
ucs	"坐标"面板上的 ▨	工具（T）→新建 UCS（W）→面（M）
cylinder	"建模"面板上的 ▨	绘图（D）→建模（M）→圆柱体（C）
slice	"实体编辑"面板上的 ▨	修改（M）→三维操作（3）→剖切（S）
union	"实体编辑"面板上的 ◎	修改（M）→实体编辑（N）→并集（U）
subtract	"实体编辑"面板上的 ◎	修改（M）→实体编辑（N）→差集（S）
move	"修改"面板上的 ✥	修改（M）→移动（V）
copy	"修改"面板上的 ▨	修改（M）→复制（Y）
ucs	"坐标"面板上的 ▨	工具（T）→新建 UCS（W）→世界（W）
fillet	"修改"面板上的 ◢	修改（M）→圆角（F）
mirror3d	"修改"面板上的 ▨	修改（M）→三维操作（3）→三维镜像（D）

支撑座的绘制过程如图 16-59 所示。

1．零件底部的设计

[1] 单击"视图"面板→ ◈ 按钮，进入三维绘图模式，输入"Ucsicon""N"命令，使坐标系显示在绘图区的左下角。当前坐标系为 WCS 坐标系。

[2] 单击"建模"面板→ ▨ 按钮，绘制底板。命令行如下。

命令：_box
指定第一个角点或 [中心(C)]：//在绘图区任意点单击
指定其他角点或 [立方体(C)/长度(L)]：L✓
指定长度：5.50✓
指定宽度：30✓
指定高度或 [两点(2P)] <303.6850>：15.2✓

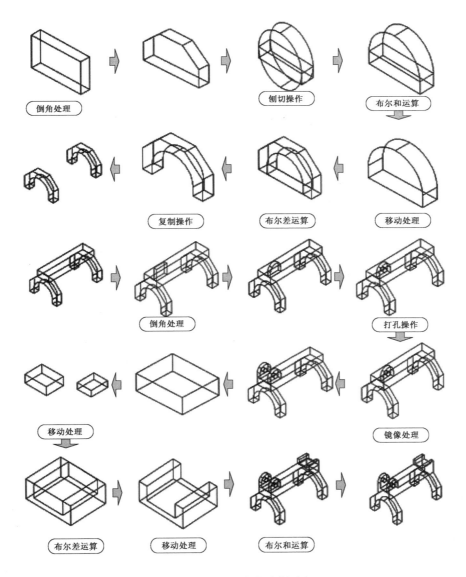

图 16-59 支撑座的绘制过程

[3] 单击"修改"面板→按钮，对长方体进行倒角处理，用同样的方法对另一边进行倒角处理，倒角前后的模型如图 16-60 所示。命令行如下。

命令：_chamfer
（"修剪"模式）当前倒角距离 1 = 0.0000，距离 2 = 0.0000
选择第一条直线或 [放弃(U)/多段线(P)/距离(D)/角度(A)/修剪(T)/方式(E)/多个(M)]：
基面选择...
输入曲面选择选项 [下一个(N)/当前(OK)] <当前(OK)>：（单击要倒角的边）✓
指定基面的倒角距离：5.4✓
指定其他曲面的倒角距离 <5.4000>：5.8✓
选择边或 [环(L)]：选择边或 [环(L)]：（单击要倒角的边）✓

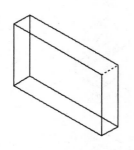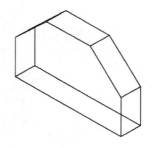

图 16-60　长方体倒角

[4] 单击"建模"面板→ 按钮，绘制长方体。命令行如下。

命令：_box
指定第一个角点或 [中心(C)]：//在绘图区任意点单击
指定其他角点或 [立方体(C)/长度(L)]：L✓
指定长度 <5.5000>： 5.5✓
指定宽度 <30.0000>：20.4✓
指定高度或 [两点(2P)] <15.2000>：4.2✓

[5] 单击"坐标"面板→ 按钮，然后再单击刚绘制的长方体的左侧面，此时绘图区图形如图 16-61 所示。

[6] 单击"建模"面板→ 按钮，创建圆柱，此时的实体效果如图 16-62 所示。命令行如下。

命令：_cylinder
指定底面的中心点或 [三点(3P)/两点(2P)/相切、相切、半径(T)/椭圆(E)]：//捕捉左侧面顶边中点
指定底面半径或 [直径(D)]：10.2✓
指定高度或 [两点(2P)/轴端点(A)] <4.2000>：-5.5✓

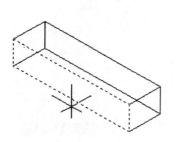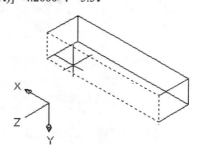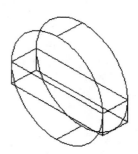

图 16-61　建立 UCS　　　　　　　　　　　图 16-62　创建圆柱

[7] 单击"实体编辑面板→"剖切"按钮 ，对圆柱进行剖切，过程如图 16-63 所示，效果如图 16-64 所示。命令行如下。

命令：_slice
选择要剖切的对象：找到 1 个//指定圆柱
选择要剖切的对象：✓
指定切面的起点或 [平面对象(O)/曲面(S)/Z 轴(Z)/视图(V)/XY(XY)/YZ(YZ)/ZX(ZX)/三点(3)]
<三点>：ZX✓

指定 ZX 平面上的点 <0，0，0>：//捕捉长方体上表面的中点
在所需的侧面上指定点或 [保留两个侧面(B)] <保留两个侧面>：//捕捉圆柱上半部分的一点

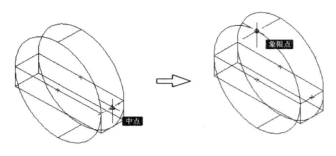

图 16-63　剖切过程

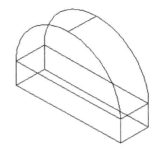

图 16-64　剖切效果

[8] 单击"实体编辑"面板→⊚按钮，将长方体和修剪后的圆柱进行合并，合并后的效果如图 16-65 所示。

[9] 单击"修改"面板→✛按钮，将刚创建的实体进行定位。命令行如下。

命令：_move
选择对象：找到 1 个　　　　　　　　　　//单击刚创建的实体
选择对象：↙
指定基点或 [位移(D)] <位移>：_mid 于　　//捕捉刚创建实体前侧底边中点，如图 16-66 所示
指定第二个点或<使用第一个点作为位移>：_mid 于 //如图 16-67 所示，捕捉上一个实体前侧底边中点

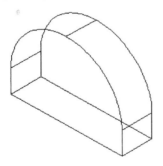

图 16-65　合并

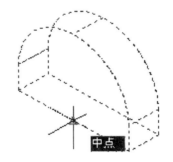

图 16-66　捕捉实体前侧底边中点

[10] 单击"实体编辑"面板→⊚按钮，对两实体进行布尔差运算，其效果如图 16-68 所示。

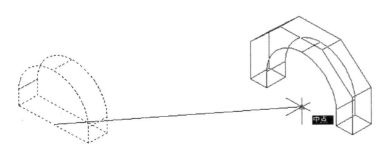

图 16-67　捕捉上一个实体前侧底边中点

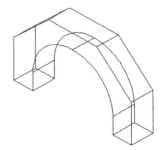

图 16-68　布尔差

2．复制支架

利用复制命令创建另一脚支架，单击"修改"面板→ 按钮，复制刚创建的实体，复制后的实体效果如图 16-69 所示。命令行如下。

命令：_copy
选择对象：找到 1 个//单击创建的实体
选择对象：↙
当前设置： 复制模式 = 多个
指定基点或 [位移(D)/模式(O)] <位移>：0，0，-44.9↙
指定第二个点或 <使用第一个点作为位移>：↙

3．零件中间部分的创建

[1] 单击"坐标"面板→按钮，回到世界坐标系，此时效果如图 16-70 所示。

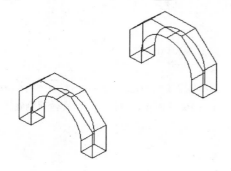
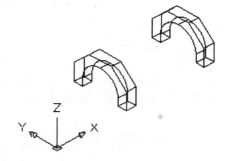

图 16-69 　复制实体 　　　　　　　　　　　图 16-70 　回到世界坐标系

[2] 单击"建模"面板→按钮，绘制长方体，过程如图 16-71 所示，绘制完成后的效果如图 16-72 所示。命令行如下。

命令：_box
指定第一个角点或 [中心(C)]：//捕捉图 16-71 点 1
指定其他角点或 [立方体(C)/长度(L)]：//捕捉图 16-71 点 2
指定高度或 [两点(2P)] <-5.5000>：6↙

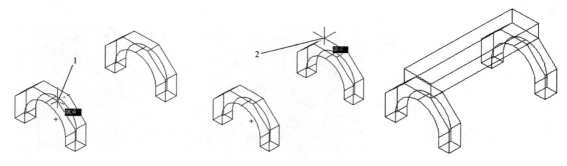

图 16-71 　绘制长方体过程 　　　　　　　　　图 16-72 　绘制长方体

4．零件上部的创建

[1] 单击"建模"面板→ 按钮，绘制长方体，绘制完成后效果如图 16-73 所示。命令行如下。

命令：_box
指定第一个角点或 [中心(C)]：//捕捉到长方体前侧面的左上顶点
指定其他角点或 [立方体(C)/长度(L)]：L✓
指定长度<5.5000>：　10✓
指定宽度<20.4000>：2.6✓
指定高度或 [两点(2P)] <6.0000>：9.2✓

[2] 单击"修改"面板→ 按钮，对刚创建的长方体进行圆角处理，处理后的效果如图 16-74 所示。命令行如下。

命令：_fillet
当前设置：模式 = 修剪，半径 = 0.0000
选择第一个对象或 [放弃(U)/多段线(P)/半径(R)/修剪(T)/多个(M)]：//单击长方体的上侧面左边
输入圆角半径：5.0
选择边或 [链(C)/半径(R)]：✓
已选定 1 个边用于圆角。

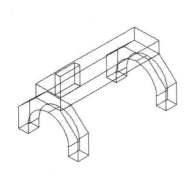

图 16-73　绘制长方体

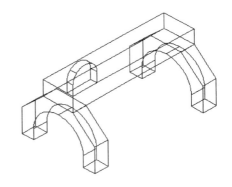

图 16-74　圆角

[3] 单击"坐标"面板→ 按钮，然后再单击倒角处理后的长方体的前侧面，此时绘图的图形效果如图 16-75 所示。

[4] 单击"建模"面板→ 按钮，创建圆柱，此时绘制效果如图 16-76 所示。命令行如下。

命令：_cylinder
指定底面的中心点或 [三点(3P)/两点(2P)/相切、相切、半径(T)/椭圆(E)]：//捕捉倒角圆弧的圆心
指定底面半径或 [直径(D)] <10.2000>：D✓
指定直径 <20.4000>：3.3✓
指定高度或 [两点(2P)/轴端点(A)] <9.2000>：-2.6✓

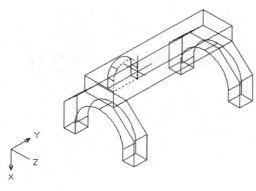

图 16-75　UCS   图 16-76　创建圆柱

[5]　单击"实体编辑"面板→▣按钮，从长方体中减去刚创建的圆柱，此时绘制效果如图 16-77 所示。

[6]　单击"修改"面板→▣按钮，对刚创建的组合体进行镜像操作，此时绘制效果如图 16-78 所示。命令行如下。

命令：_mirror3d
选择对象：找到 1 个//单击修剪后的长方体
选择对象：↙
指定镜像平面（三点）的第一个点或[对象(O)/最近的(L)/Z 轴(Z)/视图(V)/XY 平面(XY)/YZ 平面(YZ)/ZX 平面(ZX)/三点(3)] <三点>：　　XY↙
指定 XY 平面上的点 <0，0，0>：↙//指定如图 16-78 所示的中点
是否删除源对象？[是(Y)/否(N)] <否>：N↙

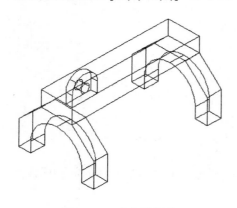

图 16-77　布尔差操作

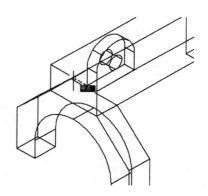

图 16-78　镜像操作

[7]　单击"坐标"面板→▣按钮，回到世界坐标系。

[8]　单击"建模"面板→▣按钮，绘制两长方体。命令行如下。

命令：_box
指定第一个角点或 [中心(C)]：//任意点单击
指定其他角点或 [立方体(C)/长度(L)]：L↙
指定长度 <10.0000>：9.8↙

指定宽度 <2.6000>：12.4↙

指定高度或 [两点(2P)] <-2.6000>：4.4↙

命令：_box

指定第一个角点或 [中心(C)]：//任意点单击

指定其他角点或 [立方体(C)/长度(L)]：L↙

指定长度 <9.8000>：9.8↙

指定宽度 <12.4000>：8↙

指定高度或 [两点(2P)] <4.4000>：3.2↙

[9] 单击"修改"面板→✛ 按钮，将刚创建的长方体进行定位，其过程如图 16-79 所示。命令行如下。

命令：_move

选择对象：找到 1 个//选择刚创建的长方体

选择对象：↙

指定基点或 [位移(D)] <位移>：　指定第二个点或 <使用第一个点作为位移>：　//分别指定长方体的

//左侧面顶边中点

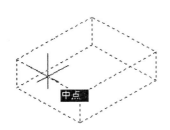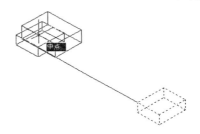

图 16-79　移动长方体

[10] 单击"实体编辑"面板→◎ 按钮，从大长方体中减去小长方体，此时效果如图 16-80 所示。

用同样的方法，将上面创建的实体进行定位，此时零件的效果图如图 16-81 所示。

5．将上、中、下三部分进行合并

单击"实体编辑"面板→◎ 按钮，选择所有实体进行布尔和运算，处理后的实体效果如图 16-82 所示。

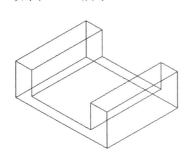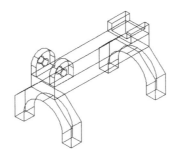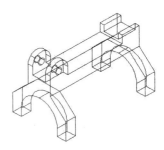

图 16-80　布尔差操作　　　　　　图 16-81　移动实体　　　　　　图 16-82　效果图

第17章 零件装配

扫码看视频

本章重点
- 装配技术
- 机器装配流程

17.1 零件组成

本例以转向螺杆为基础，依次插入如图17-1～图17-5所示的转向螺杆、转向螺母、导管夹、导管和轴承，该螺杆副的装配图如图17-6所示。

图 17-1　转向螺杆

图 17-2　转向螺母

图 17-3　导管夹

图 17-4　导管

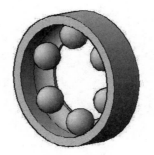

图 17-5　轴承

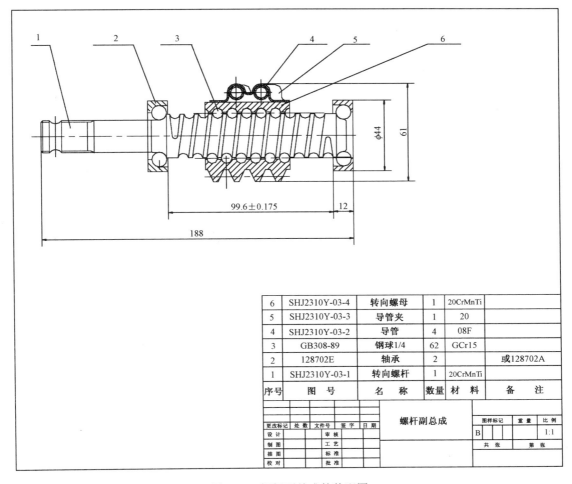

6	SHJ2310Y-03-4	转向螺母	1	20CrMnTi	
5	SHJ2310Y-03-3	导管夹	1	20	
4	SHJ2310Y-03-2	导管	4	08F	
3	GB308-89	钢球1/4	62	GCr15	
2	128702E	轴承	2		或128702A
1	SHJ2310Y-03-1	转向螺杆	1	20CrMnTi	
序号	图 号	名 称	数量	材 料	备 注

图 17-6 螺杆副总成的装配图

17.2 加载装配基准——转向螺杆

[1] 新建“螺杆副总成 3d_v1.dwg”文件。

[2] 载入螺杆，作为整个装配的基准。

① 单击“插入”→“外部参照(N)”命令，如图 17-7 所示；在空白处右击，在弹出的快捷菜单中选择“附着 DWG(D)”命令，如图 17-8 所示。或者在工具栏上右击，打开“参照”工具栏，如图 17-9 所示，单击“附着外部参照”按钮 。

② 在如图 17-10 所示的“选择参照文件”对话框中，打开本书资源包中文件“高级篇/第 17 章/螺杆副装配/转向螺杆 3d_v1.dwg”。

图 17-7 选择“外部参照”

图 17-8　选择"附着 DWG(D)"命令

图 17-9　"参照"工具栏

图 17-10　"选择参照文件"对话框

③ 在如图 17-11 所示的"附着外部参照"对话框中，参照类型选择"附着型"，路径类型选择"相对路径"，插入点选项中取消选中"在屏幕上指定"，比例选择"统一比例"，最后单击"确定"按钮。

图 17-11　"附着外部参照"对话框

④ 在绘图区单击缩放工具栏上的 ![按钮]，使图形缩放，如图 17-12 所示。

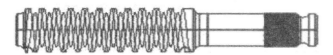

图 17-12　图形缩放

17.3　装配转向螺母

[1] 在工具栏上右击，打开"参照"工具栏，单击"附着外部参照"按钮![]，在"选择参照文件"对话框中选择"转向螺母 3d_v1.dwg"文件。

[2] 在"附着外部参照"对话框中，参照类型选择"附着型"，路径类型选择"相对路径"，插入点选项中取消选中"在屏幕上指定"，比例选择"统一比例"，最后单击"确定"按钮，结果如图 17-13 所示。

[3] 单击"可视化"选项卡→"视图"面板→"西南轴测图"按钮![]，结果如图 17-14 所示。

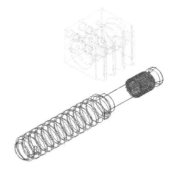

图 17-13　加载转向螺母　　　　　　　　图 17-14　西南轴测图

单击"常用"选项卡→"修改"面板→"三维对齐"按钮![]，选择转向螺母左端面上螺旋孔的圆心的点 1 与转向螺杆左端面上的圆心 1' 对齐，转向螺母右端面上螺旋孔的圆心点 2 与转向螺杆右端面上的圆心 2' 对齐，操作过程如图 17-15 所示，结果如图 17-16 所示。命令行如下：

```
命令: 3DALIGN
选择对象: 找到 1 个              //选择要对齐的对象，在屏幕上选择转向螺母
选择对象: ↙
指定源平面和方向 ...
指定基点或 [复制(C)]:            //在屏幕上选择点 1（转向螺母左端面上螺旋孔的圆心）
指定第二个点或 [继续(C)] <C>:   //在屏幕上选择点 2（转向螺母右端面上螺旋孔的圆心）
指定第三个点或 [继续(C)] <C>: ↙
指定目标平面和方向 ...
指定第一个目标点:               //在屏幕上选择点 1'（转向螺杆左端面上的圆心）
```

指定第二个目标点或 [退出(X)] <X>://在屏幕上选择点 2'（转向螺杆右端面上的圆心）
指定第三个目标点或 [退出(X)] <X>:↙

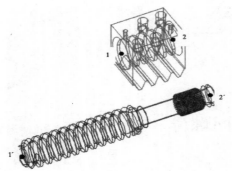

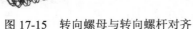

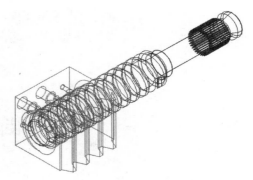

图 17-15   转向螺母与转向螺杆对齐   图 17-16   对齐效果图

[4] 适量地沿螺杆轴向移动螺母，在此给出运用三维移动和二维移动操作的两种方法，任选其一即可。

① 单击"修改"面板→"三维移动"按钮 。命令行如下。

命令: _3dmove
选择对象: 找到 1 个//选择要移动的对象，在屏幕上选择转向螺母
选择对象:
指定基点或 [位移(D)] <位移>: 指定第二个点或 <使用第一个点作为位移>: 正在重生成模型选择
//转向螺杆左端面圆心为基点（如图 17-17 所示）；打开正交模式；选择导向为沿螺杆轴向方向进行
//（如图 17-18 所示），移动合适的距离即可

结果如图 17-19 所示。

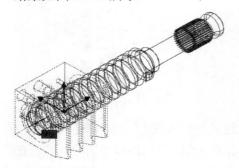

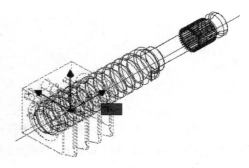

图 17-17   选择转向螺杆左端面圆心为基点   图 17-18   选择导向为沿螺杆轴向方向进行

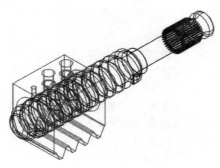

图 17-19   移动效果图

② 单击"视图"面板→前视按钮 ，将视图切换为前视图；单击"修改"面板→移动按钮 。命令行如下。

命令: _-view 输入选项 [?/删除(D)/正交(O)/恢复(R)/保存(S)/设置(E)/窗口(W)]: _front 正在重生成模型
命令: _move
选择对象: 找到 1 个//选择要移动的对象，在屏幕上选择转向螺母，如图 17-20 所示
选择对象: ↙
指定基点或 [位移(D)] <位移>: 指定第二个点或 <使用第一个点作为位移>: <正交 开>
>>输入 ORTHOMODE 的新值 <1>: //选择转向螺母上任意点为基点，如图 17-21 所示；打开正交
//模式；正在恢复执行 MOVE 命令
指定第二个点或 <使用第一个点作为位移>: @20<0//沿着 X 方向移动 20，如图 17-21 所示

结果如图 17-22 所示。

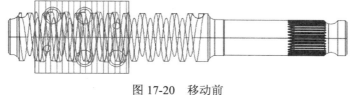

图 17-20　移动前

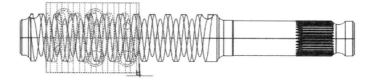

图 17-21　打开"正交"模式，利用导向进行移动

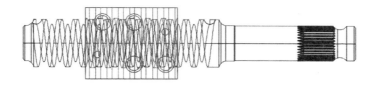

图 17-22　移动后效果图

③ 在执行完上述移动操作之后，单击"视图"面板→左视按钮 ，切换到左视图，如图 17-23 所示，检查移动是否正确，是否有误操作行为。

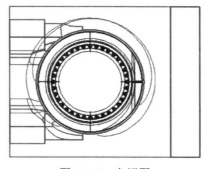

图 17-23　左视图

17.4　装配转向导管

[1]　关闭螺杆所在层 ![转向螺杆3d_v1|转向螺杆3D]，以最大化装配可视化空间。

[2]　单击"视图"面板→概念按钮 ![icon]。

[3]　单击"视图"面板→西北轴测按钮 ![icon]，结果如图 17-24 所示。

[4]　单击"插入"选项卡→"参照"面板→"附着外部参照"按钮 ![icon]，在"选择参照文件"对话框中选择"导管 3d_v1.dwg"文件。

[5]　在"外部参照"对话框中，参照类型选择"附着型"，路径类型选择"相对路径"，插入点"在屏幕上指定"，比例选择"统一比例"，最后单击"确定"按钮。

[6]　单击"修改"面板→三维移动按钮 ![icon]，将导管移动到合适的、比较容易装配的位置，并单击"三维导航"工具栏→![icon]按钮，调整视图，效果如图 17-25 所示。

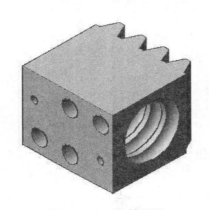 

图 17-24　西北轴测图　　　　　　　　　　　图 17-25　调整视图

[7]　定位导管，单击"修改"面板→三维对齐按钮 ![icon]，结果如图 17-26 所示。命令行如下：

```
命令: _3dalign
选择对象: 找到 1 个                //选择导管
选择对象: ↙
指定源平面和方向 ...
指定基点或 [复制(C)]:             //在屏幕上选择点 1
指定第二个点或 [继续(C)] <C>:     //在屏幕上选择点 2
指定第三个点或 [继续(C)] <C>:     //在屏幕上选择点 3
指定目标平面和方向 ...
指定第一个目标点:                 //在屏幕上选择点 1'
指定第二个目标点或 [退出(X)] <X>: //在屏幕上选择点 2'
指定第三个目标点或 [退出(X)] <X>: //在屏幕上选择点 3'
```

[8]　安装第二个导管，在此进行阵列操作，先将阵列方向调节为 xyz 轴上的正方向，

单击"修改"面板→"三维阵列"按钮，结果如图 17-27 所示。命令行如下：

```
命令：3darray
选择对象: 找到 1 个                //选择导管
选择对象: ↙
输入阵列类型 [矩形(R)/环形(P)] <矩形>:R    //选择矩形阵列
输入行数 (---) <1>:                //1 行
输入列数 (|||) <1>: 2             //2 列
输入层数 (...) <1>:               //1 层
指定列间距 (|||):  指定第二点:    //通过制定两个圆孔圆心来确定，即选择点 1 和点 2
```

图 17-26　定位导管

图 17-27　阵列导管

17.5　装配导管夹

[1] 单击"参照"面板→"附着外部参照"按钮，在"选择参照文件"对话框中选择"导管夹 3d_v1.dwg"文件。

[2] 在"外部参照"对话框中，参照类型选择"附着型"，路径类型选择"相对路径"，插入点选项勾选"在屏幕上指定"，比例选择"统一比例"，最后单击"确定"按钮。

[3] 单击"建模"工具栏→"三维移动"按钮，将导管移动到合适的、比较容易装配的位置，并单击"三维导航"工具栏→按钮，调整视图，效果如图 17-28 所示。

[4] 定位导管夹，单击"修改"面板"三维对齐"按钮，结果如图 17-29 所示。命令行如下：

```
命令:_3dalign
选择对象: 找到 1 个                //选择导管夹
选择对象: ↙
指定源平面和方向 ...
指定基点或 [复制(C)]:             //在屏幕上选择点 1，如图 17-28 所示
指定第二个点或 [继续(C)] <C>:    //在屏幕上选择点 2，如图 17-28 所示
指定第三个点或 [继续(C)] <C>:    //在屏幕上选择点 3，如图 17-28 所示
指定目标平面和方向 ...
指定第一个目标点:                //在屏幕上选择点 1'，如图 17-28 所示
指定第二个目标点或 [退出(X)] <X>: //在屏幕上选择点 2'，如图 17-28 所示
```

指定第三个目标点或 [退出(X)] <X>://在屏幕上选择点 3'，如图 17-28 所示

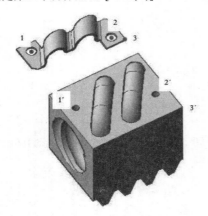

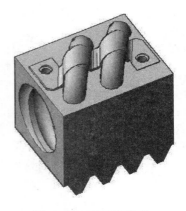

图 17-28　调整视图　　　　　　　　　　图 17-29　对齐导管夹

提示：由于生产中导管夹具有弹性，可以直接压紧导管，而本文中装配则有嵌入现象，不属于装配操作的问题。

17.6　装 配 轴 承

[1] 打开螺杆所在层 `转向螺杆3d_v1 转向螺杆3D`，关闭其他所有的层，以最大化装配可视化空间。

[2] 单击"参照"面板→"附着外部参照"按钮，在"选择参照文件"对话框中选择"轴承 3d_v1.dwg"文件。

[3] 在"外部参照"对话框中，参照类型选择"附着型"，路径类型选择"相对路径"，插入点选项勾选"在屏幕上指定"，比例选择"统一比例"，最后单击"确定"按钮。

[4] 单击"修改"面板→"三维移动"按钮 和"旋转"按钮，将轴承移动到合适的、比较容易装配的位置，并单击"三维导航"工具栏→ 按钮，调整视图，效果如图 17-30 所示。

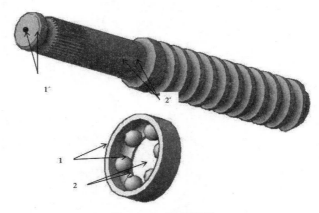

图 17-30　调整视图

[5] 定位轴承，单击"修改"面板→"三维对齐"按钮，结果如图 17-31 所示。命令行如下：

命令: _3dalign
选择对象: 找到 1 个　　　　　　　　//选择轴承
选择对象: ✓
指定源平面和方向 ...
指定基点或 [复制(C)]:　　　　　　　//在屏幕上选择点 1，如图 17-30 所示
指定第二个点或 [继续(C)] <C>:　　　//屏幕上选择点 2，如图 17-30 所示
指定第三个点或 [继续(C)] <C>:✓
指定目标平面和方向 ...
指定第一个目标点:　　　　　　　　 //在屏幕上选择点 1'，如图 17-30 所示
指定第二个目标点或 [退出(X)] <X>: //屏幕上选择点 2'，如图 17-30 所示
指定第三个目标点或 [退出(X)] <X>:✓

[6] 单击"视图"工具栏→"西北轴测"按钮和"后视"按钮，结果如图 17-32 所示。

图 17-31　定位轴承　　　　　　　　　　　图 17-32　后视图

[7] 移动轴承与螺杆左端面对齐，单击"视图"面板→"西北轴测"按钮，单击"修改"面板→"移动"按钮，最后在二维线框模式下检查结果，如图 17-33 所示。命令行如下。

命令: _move
选择对象: 找到 1 个//选择轴承
选择对象: ✓
指定基点或 [位移(D)] <位移>:　指定第二个点或 <使用第一个点作为位移>://分别指定轴承的左端面
　　　　　　　　　　　　　　　　　　　　　　　　　　　　　　//圆心和螺杆的左端面圆心

命令: _vscurrent
输入选项 [二维线框(2)/三维线框(3)/三维隐藏(H)/真实(R)/概念(C)/其他(O)] <三维线框>: _2 正在重生成模型

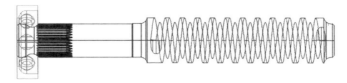

图 17-33　轴承与螺杆左端面对齐后效果图

[8] 根据二维工程图计算，将轴承向右平移（188–12–96.6–12=64.4），单击"修改"面板→"移动"按钮 ，结果如图 17-34 所示。

图 17-34　左轴承装配效果图

[9] 重复步骤[2]～[8]，完成右侧轴承的安装，结果如图 17-35 所示，调整视角，效果如图 17-36 所示。

图 17-35　安装右侧轴承

图 17-36　完成轴承安装的效果图

[10] 打开所有三维零件图层，完成装配图，最后的效果如图 17-37 所示。

图 17-37　总装配效果图

第 18 章 工业造型设计

本章重点

- 曲面设计
- 产品设计

本章通过大量的工业实例的制作过程详细地介绍曲面、实体命令在工业造型过程中应该注意的问题。

18.1 伞

本例制作如图 18-1 所示的伞。首先绘制伞面的截面弧线，然后进行阵列处理，再进行曲面处理，最后用扫掠绘制柄。

图 18-1　伞

在本例中用到的命令如表 18-1 所示。

表 18-1　本例用到的命令

命　令　行	面　　板	菜　单　栏
arc	"绘图" 面板上的	绘图（D）→圆弧（A）→三点（P）
view	"修改" 面板上的	修改（M）→阵列（A）
line	"绘图" 面板上的	绘图（D）→直线（L）
rulesurf	"图元" 面板上的	绘图（D）→建模（M）→网格（M）→直纹网格（R）
circle	"绘图" 面板上的	绘图（D）→圆（C）→圆心、半径（R）
pedit	"修改" 面板上的	修改（M）→对象（O）→多段线（P）
sweep	"实体" 面板上的	绘图（D）→建模（M）→扫掠（P）

伞的绘制过程如图 18-2 所示。

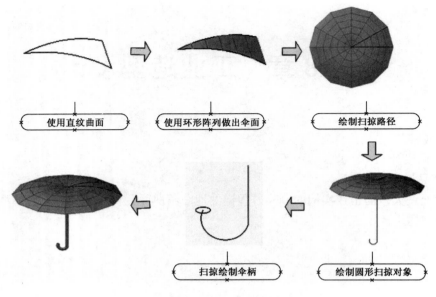

图 18-2　伞的绘制过程

1.　绘制一个扇形曲面

[1]　单击"视图"面板→■按钮，进入主视图模式，然后单击"绘图"面板→⌒按钮，绘制一段伞的截面弧线，如图 18-3 所示。命令行如下。

```
命令: _arc
指定圆弧的起点或 [圆心(C)]:              //任取一点
指定圆弧的第二个点或 [圆心(C)/端点(E)]:   //取一合适的点作如图 18-3 所示的弧线
指定圆弧的端点:                          //取一合适的点作如图 18-3 所示的弧线
```

[2]　单击"视图"面板→□按钮，进入俯视图模式，然后单击"修改"面板→"环形阵列"按钮，拾取弧线的端点为中心点，如图 18-4（a）所示，选择该弧线为阵列对象，项目总数为 2，填充角度为 30°，效果如图 18-4（b）所示。

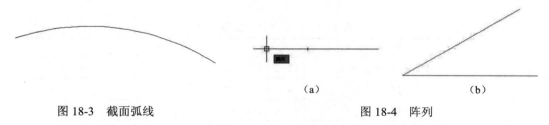

图 18-3　截面弧线　　　　　　　　　　　　　图 18-4　阵列

命令行如下：

```
命令: _array
选择对象: 找到 1 个    //选取弧线
指定阵列中心点:        //取弧线的起点
```

[3]　单击"视图"面板→◇按钮，进入西南等轴测视图模式，然后单击"绘图"面板

→ 🖋 按钮, 将两条弧线连接起来, 如图 18-5 所示。命令行如下。

```
命令: _line
指定第一点:                     //取弧线末端点
指定下一点或 [放弃(U)]:          //取另一弧线末端点
```

[4] 单击"图元"面板→ 🔺 按钮, 然后选择两条弧线, 可以创建出一个扇形曲面, 如图 18-6 所示。命令行如下。

```
命令: _rulesurf
当前线框密度: SURFTAB1=6
选择第一条定义曲线:             //取其中一条弧线
选择第二条定义曲线:             //取另一条弧线
```

图 18-5　连接弧线　　　　　　　　图 18-6　创建扇形曲面

2. 绘制整个伞面

单击"视图"面板→ 🗗 按钮, 进入俯视图模式, 然后单击"修改"面板→"环形阵列"按钮 ⊞, 拾取扇形曲面的端点为中心点, 如图 18-7（a）所示, 选择该扇形曲面为阵列对象, 项目总数为 12, 填充角度为 360°, 然后单击"确定"按钮, 效果如图 18-7（b）所示。命令行如下。

```
命令: _array
指定阵列中心点://拾取扇形曲面的端点为中心点, 忽略倾斜、不按统一比例缩放的对象
选择对象: 找到 1 个//选择该扇形曲面为阵列对象
```

3. 绘制伞柄

[1] 单击"视图"面板→ ◇ 按钮, 进入西南等轴侧图模式, 然后单击"绘图"面板→ 🖋 按钮, 沿伞面中心作一条垂直于伞面的直线, 如图 18-8（a）所示, 单击"视图"面板→ 🗗 按钮, 进入前视图模式, 然后单击"绘图"面板→ 🖋 按钮, 以直线的另一个端点为起始点绘制一段伞柄的弧线, 如图 18-8（b）所示。命令行如下。

```
命令: _line
指定第一点:                     //取伞面中心
指定下一点或 [放弃(U)]:          //作一条垂直于伞面的直线

命令: _arc
指定圆弧的起点或 [圆心(C)]:        //取直线的另一个端点为起始点
指定圆弧的第二个点或 [圆心(C)/端点(E)]://取一合适的点作如图 18-8（b）的弧线
指定圆弧的端点:                  //取一合适的点作如图 18-8（b）的弧线
```

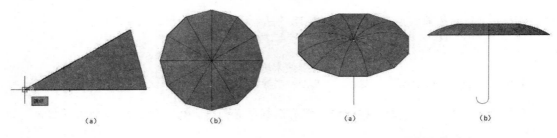

图 18-7　绘制伞面　　　　　　　　图 18-8　绘制伞柄弧线

[2] 单击"视图"面板→▢️和🔵按钮，从俯视图模式进入轴侧视图模式，然后单击"绘图"面板→⊙️按钮，以弧线的端点为圆心，作一个伞柄的截面圆，如图 18-9 所示。命令行如下。

命令: _circle 指定圆的圆心或 [三点(3P)/两点(2P)/相切、相切、半径(T)]: //取弧线的端点，忽略倾斜、
　　　　　　　　　　　　　　　　　　　　　　　　　　　//不按统一比例缩放的对象
指定圆的半径或 [直径(D)]:　　　　　　　　　　　　　　　//输入一个合适的直径

[3] 单击"修改"面板→☁️按钮，然后依次选择步骤（1）中所绘制的直线和弧线，可生成多段线。命令行如下。

命令: _pedit
选择多段线或 [多条(M)]:　　　　　　//选取上步所绘制的弧线
选定的对象不是多段线
是否将其转换为多段线? <Y> y ✓
输入选项 [闭合(C)/合并(J)/宽度(W)/编辑顶点(E)/拟合(F)/样条曲线(S)/非曲线化(D)/线型生成(L)/放弃(U)]: j ✓
选择对象: 找到 1 个　　　　　　　　//选取上步所绘制的直线
选择对象: 找到 1 个，总计 2 个　　　//选取上步所绘制的弧线
1 条线段已添加到多段线
输入选项 [闭合(C)/合并(J)/宽度(W)/编辑顶点(E)/拟合(F)/样条曲线(S)/非曲线化(D)/线型生成(L)/放弃(U)]: j ✓

[4] 单击"实体"面板→🔲按钮，然后依次选择截面圆、伞柄曲线扫掠出伞柄，最终效果如图 18-10 所示。命令行如下。

命令: _sweep
当前线框密度: ISOLINES=4
选择要扫掠的对象: 找到 1 个　　　　　　　　　　　//选取截面圆
选择扫掠路径或 [对齐(A)/基点(B)/比例(S)/扭曲(T)]: //选取合并的多段线

图 18-9　绘制伞柄截面圆

图 18-10　伞的最终效果

18.2 楼　　梯

本例绘制如图 18-11 所示的楼梯。首先绘制阶梯和栏杆，然后阵列处理，再进行三维移动，最后用扫掠绘制扶手。

图 18-11 楼梯

在本例中用到的命令如表 18-2 所示。

表 18-2 本例所用到的命令

命　令　行	面　　板	菜　单　栏
line	"绘图"面板上的	绘图（D）→直线（L）
extrude	"建模"面板上的	绘图（D）→建模（M）→拉伸（X）
3dface	"图元"面板上的	绘图（D）→建模（M）→网格（M）→三维面（F）
_ucs	"坐标"面板上的	工具（T）→新建 UCS（W）→三点（3）
circle	"绘图"面板上的	绘图（D）→圆（C）→圆心、半径（R）
view	"修改"面板上的	修改（M）→阵列（A）
_3drotate	"修改"面板上的	修改（M）→三维操作（3）→三维移动（M）
spline	"绘图"面板上的	绘图（D）→样条曲线（S）
_ucs	"坐标"面板上的	工具（T）→新建 UCS（W）→Z 轴矢量（A）
sweep	"实体"面板上的	绘图（D）→建模（M）→扫掠（P）

楼梯的绘制过程如图 18-12 所示。

1．绘制一个楔形曲面

[1] 单击"视图"面板→■按钮，进入主视图模式，然后单击"绘图"面板→✎按钮，绘制一个最小角为 30°的等腰三角形，如图 18-13 所示。命令行如下。

命令:_line
指定第一点:　　　　　　　　　　　　//任取一点

指定下一点或 [放弃(U)]: 100
命令: _line
指定第一点:　　　　　　　　　　//选取上条直线的端点
指定下一点或 [放弃(U)]: @100<30
指定下一点或 [闭合(C)/放弃(U)]:　　//闭合

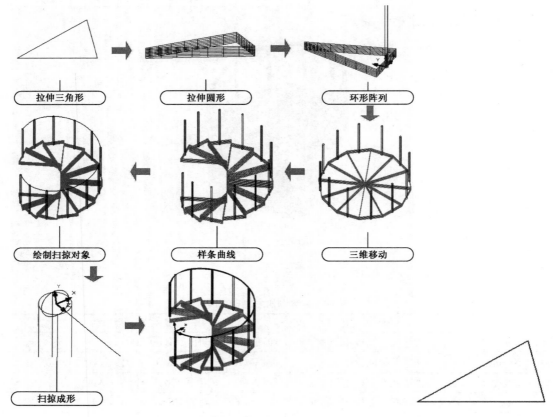

图 18-12　楼梯的绘制过程　　　　　　　　　　　图 18-13　绘制等腰三角形

[2] 单击"建模"面板→![按钮]按钮，依次选取三条直线，并输入拉伸高度，如图 18-14 所示。命令行如下。

命令: _extrude
当前线框密度: ISOLINES=4
选择要拉伸的对象: 找到 1 个　　　　　　//选取直线
选择要拉伸的对象: 找到 1 个，总计 2 个　　//选取直线
选择要拉伸的对象: 找到 1 个，总计 3 个　　//选取直线
指定拉伸的高度或[方向(D)/路径(P)/倾斜角(T)] <30.0000>: 10

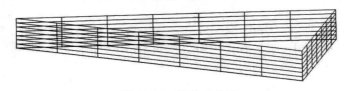

图 18-14　拉伸三角形

[3] 单击“图元”面板→ ![按钮图标] 按钮，依次选取楔形曲面的顶面的三个点，绘制一个面，再用同样的方法绘制一个底面，如图 18-15 所示。命令行如下。

命令: _3dface
指定第一点或 [不可见(I)]:
指定第二点或 [不可见(I)]:
指定第三点或 [不可见(I)] <退出>:
指定第四点或 [不可见(I)] <创建三侧面>:

2. 绘制栏杆

[1] 单击“坐标”面板→ ![按钮图标] 按钮，依次选取点 A（三角形底边中点）、B（三角形端点）、C（三角形端点），建立新的坐标系，如图 18-16 所示。命令行如下：

命令: _ucs
当前 UCS 名称: *世界*
指定 UCS 的原点或 [面(F)/命名(NA)/对象(OB)/上一个(P)/视图(V)/世界(W)/X/Y/Z/Z 轴(ZA)]
<世界>: _3
指定新原点 <0，0，0>://选取 A 点
在正 X 轴范围上指定点 <1231.8919，945.4424，0.0000>://选取 B 点
在 UCS XY 平面的正 Y 轴范围上指定点 <1229.9260，945.1836，0.0000>>://选取 C 点

图 18-15　绘制底面　　　　　　　　　图 18-16　建立新坐标系

[2] 单击“绘图”面板→ ![按钮图标] 按钮，以点 A 为圆心，绘制一个直径为 2 的圆，如图 18-17 所示。命令行如下。

命令: _circle
指定圆的圆心或 [三点(3P)/两点(2P)/相切、相切、半径(T)]://选取 A 点
指定圆的半径或 [直径(D)]: 2

[3] 单击“建模”面板→ ![按钮图标] 按钮，选取圆作为对象，并输入拉伸高度，拉伸后的效果如图 18-18 所示。命令行如下。

命令: _extrude
当前线框密度:　ISOLINES=4
选择要拉伸的对象: 找到 1 个　　　　//选取圆
指定拉伸的高度或 [方向(D)/路径(P)/倾斜角(T)] <10.0000>: 100

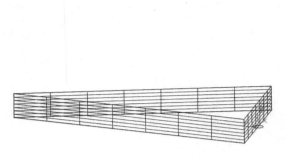

图 18-17　绘制栏杆的断面圆

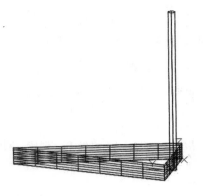

图 18-18　拉伸断面圆

3．阵列、移动出转梯

[1] 单击"视图"面板→▢按钮，进入主视图模式，然后单击"修改"面板→▦按钮，环形阵列出 12 个如图 18-18 所示的栏杆图形，如图 18-19 所示。命令行如下。

```
命令: _array
选择对象:
指定对角点: 找到 6 个                    //全选
指定阵列中心点:                        //指定圆心
```

[2] 单击"修改"面板→⊕按钮，选取一个阶梯和栏杆，然后选取点 A 为基点，点 B 为第二点，如图 18-20 所示。命令行如下。

```
命令: _3dmove
选择对象:                            //选取一个阶梯和栏杆
指定基点或 [位移(D)] <位移>:           //选取 A 点
指定第二个点或 <使用第一个点作为位移>:    //选取 B 点
```

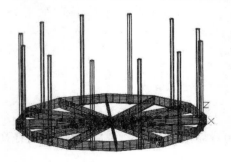

图 18-19　阵列栏杆

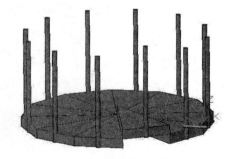

图 18-20　上移一个阶梯和栏杆

[3] 以同样的方法，依次上移其他部分，最终效果如图 18-21 所示。

4．绘制扶手

[1] 单击"绘图"面板→〜按钮，依次选取每个栏杆的顶面圆心，如图 18-22 所示。

命令行如下。

命令: _spline
指定第一个点或 [对象(O)]:
指定下一点或 [闭合(C)/拟合公差(F)] <起点切向>:
指定下一点或 [闭合(C)/拟合公差(F)] <起点切向>:
指定下一点或 [闭合(C)/拟合公差(F)] <起点切向>:
指定下一点或 [闭合(C)/拟合公差(F)] <起点切向>:
指定下一点或 [闭合(C)/拟合公差(F)] <起点切向>:
指定下一点或 [闭合(C)/拟合公差(F)] <起点切向>:
指定下一点或 [闭合(C)/拟合公差(F)] <起点切向>:
指定下一点或 [闭合(C)/拟合公差(F)] <起点切向>:
指定下一点或 [闭合(C)/拟合公差(F)] <起点切向>:
指定下一点或 [闭合(C)/拟合公差(F)] <起点切向>:
指定下一点或 [闭合(C)/拟合公差(F)] <起点切向>:
指定起点切向://单击右键
指定端点切向://单击右键

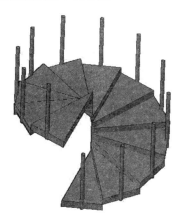

图 18-21　上移所有阶梯和栏杆

图 18-22　依次选取每个栏杆的顶面圆心

[2] 单击"坐标"面板→ ![按钮] 按钮，选取第一个栏杆的顶面圆心，以样条曲线为 Z 轴矢量，如图 18-23 所示。命令行如下:

命令: _ucs
当前 UCS 名称: *主视*
指定 UCS 的原点或 [面(F)/命名(NA)/对象(OB)/上一个(P)/视图(V)/世界(W)/X/Y/Z/Z 轴(ZA)]
<世界>: _zaxis
指定新原点或 [对象(O)] <0，0，0>:　　　　　　　　　　//选取圆心
在正 Z 轴范围上指定点 <1112.9453，100.0000，-826.2030>:　　//选取样条曲线方向

[3] 单击"绘图"面板→ ![按钮] 按钮，以栏杆顶面的圆心为圆心，绘制一个圆，如图 18-24 所示。命令行如下。

命令: _circle
指定圆的圆心或 [三点(3P)/两点(2P)/相切、相切、半径(T)]:　　　//选取栏杆顶面的圆心
指定圆的半径或 [直径(D)]: 2

[4] 单击 "实体" 面板→ 按钮，以步骤[3]中所作的圆为扫掠对象，以样条曲线为路径，绘制出扶手，最后的楼梯效果如图 18-25 所示。命令行如下：

命令: _sweep
当前线框密度: ISOLINES=4
选择要扫掠的对象: 找到 1 个　　　　　　　　　//选取圆作为对象
选择扫掠路径或 [对齐(A)/基点(B)/比例(S)/扭曲(T)]: //选取样条曲线

　　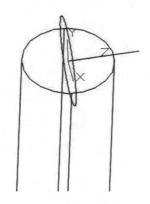　　

图 18-23　扶手样条曲线　　　图 18-24　绘制扶手的断面圆　　　图 18-25　楼梯

18.3 足　　球

本例绘制如图 18-26 所示的足球。首先绘制足球的五边形和六边形弧面体，然后用阵列的方法绘制足球。

图 18-26　足球

在本例中用到的命令如表 18-3 所示。

表 18-3　本例所用到的命令

命　令　行	面　　板	菜　单　栏
arc	"绘图" 面板上的 ⬠	绘图（D）→正多边形（Y）
line	"绘图" 面板上的 ✎	绘图（D）→直线（L）

命　令　行	面　　　板	菜　单　栏
circle	"绘图"面板上的 ⊘	绘图（D）→圆（C）→圆心、半径（R）
circle	"绘图"面板上的 ◯	绘图（D）→圆（C）→相切、相切、相切
_ucs	"坐标"面板上的 ⊡³	工具（T）→新建 UCS（W）→三点（3）
_point	"绘图"面板上的 ▫	绘图（D）→点（O）→单点（S）
_loft	"建模"面板上的 ⬭	绘图（D）→建模（M）→放样（L）
_sphere	"建模"面板上的 ◯	绘图（D）→建模（M）→球体（S）
_intersect	"实体编辑"面板上的 ⬭	修改（M）→实体编辑（N）→交集（I）
3darray	"修改"面板上的 ⬚	修改（M）→三维操作（3）→三维阵列（3）

足球的绘制过程如图 18-27 所示。

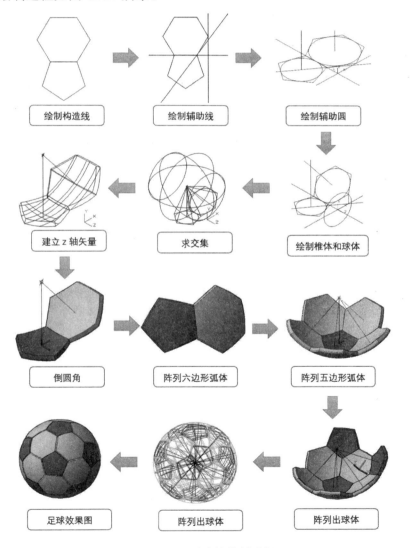

图 18-27　足球的绘制过程

1．绘制基础平面图

[1] 单击"视图"面板→ ▢ 按钮，进入俯视图模式，然后单击"绘图"面板→ ⬡ 按钮，绘制一个边长为 50 的六边形，如图 18-28 所示。命令行如下。

```
命令: _polygon
输入边的数目 <6>: 6
指定正多边形的中心点或 [边(E)]: e
指定边的第一个端点:       //任意指定一点
指定边的第二个端点:       //打开正交模式，指定水平方向的一点，输入距离 50，如图 18-28 所示
```

[2] 单击"绘图"面板→ ⬠ 按钮，以六边形的水平边为边，绘制一个五边形，如图 18-29 所示。命令行如下。

```
命令: _polygon
输入边的数目 <6>: 5
指定正多边形的中心点或 [边(E)]: e
指定边的第一个端点:       //六边形底边的右端点
指定边的第二个端点:       //六边形底边的左端点
```

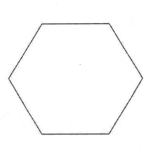

图 18-28　绘制六边形

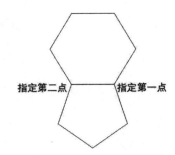

图 18-29　绘制六边形和五边形

> **提示**：当正多边形以指定边作图时，注意起点和终点的绘制顺序，本例应顺时针选取多边形边线上的端点。

[3] 在命令行输入"XL"，打开构造线命令，过六边形水平边作一条向右延伸的构造线 n，过点 E 和点 B 作构造线 m，过点 C 作构造线 n 的垂线，垂足为 D，如图 18-30 所示。

> **提示**：打开设置"对象捕捉"中垂足捕捉等其他捕捉选项，可加快作图速度。

2．绘制辅助圆

[1] 单击"视图"面板→"东南轴侧视图" ◈ 按钮，如图 18-31 所示。

[2] 建立用户坐标系：单击用户坐标系或者在命令行输入 UCS 并按 Enter 键，以 D 点为原点、DC 边为 x 轴、DA 边为 y 轴建立坐标系；然后单击"绘制圆" ⊙ 按钮（也可以输入快捷键 C 后按 Enter 键或者空格键），选择"相切，相切，相切"命令绘制正五边形和

正六边形的内切圆；然后分别以正五边形和正六边形的中心绘制垂直于它们的直线（也就是沿 z 轴正方向），如图 18-32（a）所示。

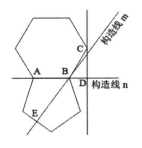

图 18-30 作构造线

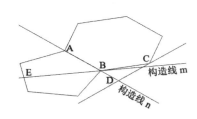

图 18-31 东南轴侧视图

再建立用户坐标系：选择绕 x 轴旋转用户坐标系，输入旋转角度为 90°，按 Enter 键或空格键。以 D 点坐标原点为圆心，DC 长度为半径作圆，再以构造线 m 与直线 DC 交点 M 为起点向 z 轴正方向作直线交圆于 N 点。其绘制效果如图 18-32（b）所示。

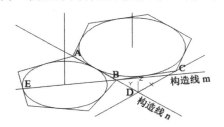

（a）新建坐标系绘制辅助圆

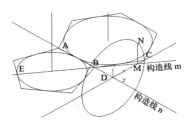

（b）旋转坐标系绘制辅助圆和辅助线

图 18-32 绘制辅助图

3．旋转六边形成所需角度

[1] 单击旋转按键（或者输入快捷键 RO 后按空格键或者 Enter 键），然后选择对象（对象选择正六边形、以及它的内切圆和过中心的直线），选择好之后按 Enter 键或者空格键；指定基点为 D 点，指定第二点为 N 点。绘制效果如图 18-33 所示。

[2] 旋转之后原正五边形和正六边形过中心的垂线相交于 O 点，因此 O 点就是这个足球的球心。单击"修剪" 按钮，选择两条辅助圆中心线为对象，按 Enter 键或者空格键一次，选择多余的 O 点以外的线，按 Enter 键或者空格键，处理后的效果如图 18-34 所示。

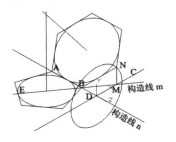

图 18-33 旋转六边形

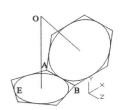

图 18-34 旋转六边形的结果

4．绘制足球的六边形和五边形弧形体

[1] 首先更改点样式，选择工具栏→"格式"→"点样式"，如图 18-35 所示，在"点样式"里面更改点的样式为如图 18-36 所示。

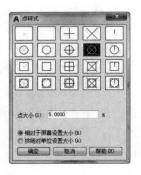

图 18-35　点样式　　　　　　　　图 18-36　选择点样式

[2] 单击"绘图"面板→ 按钮，选取 O 点，在球心 O 点绘制两个点。然后单击放样（或者输入快捷键 LOFT 后按空格键），选择正六边形和球心的一点，按空格键，选择路径 P（路径为正六边形中心到球心的中心线），按空格键。同样选择放样命令，选择正五边形和球心的一点，按空格键，选择路径 P（路径为正五边形中心到球心的中心线），按空格键。然后绘制直线，分别从球心 O 到正六边形和正五边形的中心绘制直线。在正五边形和正六边形内画内切圆是为了绘图时能够方便扑捉它们的中心。其效果如图 18-37 所示。

[3] 单击"建模"面板→ 按钮（或者输入快捷键 SPHERE 后按空格键），以 O 为球心，以点 O 到正六边形内切圆圆心为半径作一个球体，其二维线框和概念模式如图 18-38 和 18-39 所示。

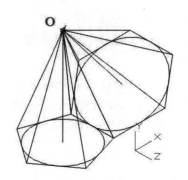
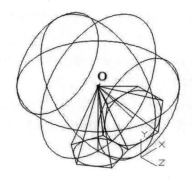

图 18-37　放样锥体　　　　图 18-38　绘制球体（二维线框）　　　图 18-39　绘制球体（概念）

[4] 单击"实体"选项板→"抽壳" 按钮，在球体上单击，按空格键，然后输入抽壳偏移距离为 8（可自定），按空格键，然后按键盘上的 Esc 键退出。然后单击"交集" 按钮，选择对象为球壳和正六边形所成的实体，按空格键。其效果图如图 18-40 所示。

[5] 同样的方式，以点 O 为球心，以点 O 到六边形内切圆圆心距离为半径画球体。单

击实体选项板→"抽壳"  按钮，偏移距离为 8。最后求交集，删除多余的圆。其效果图如图 18-41 所示。

图 18-40　选中锥体和球体

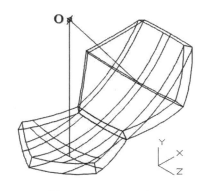

图 18-41　处理五边形

[6] 对所绘制弧形表面进行倒角，选择倒圆角命令（或者输入快捷键 F 后按空格键），在弹出选择第一个对象时，选择正五（或者正六）边形表面的一条棱，输入倒圆角半径为 2（可以自定），连续两次按空格键确认。同理，按空格键重复倒圆角命令，单击正多边形表面的另外那些棱，然后连续两次按空格键，一直重复相同的操作直至表面的每一条棱都被倒了角。然后改变其颜色，双击正五边形实体，进行颜色改变，如图 18-42 所示，效果图如图 18-43 所示。

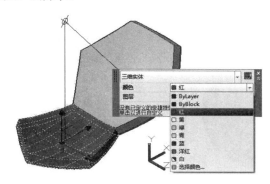

图 18-42　倒圆角选择颜色

图 18-43　倒圆角后效果图

5．三维阵列出足球

[1] 单击 z 轴矢量命令，指定原点为正五边形的中心点，然后对话框提示"在正 z 轴上指定一点"，单击球心 O。一定要改变坐标系，使 z 轴的方向为旋转中心的那一点和球心的连线，如图 18-44 所示。

单击"修改"面板→  按钮，或者输入快捷键 3A 后按空格键，选择对象为正六边形的实体和中心点的直线后按空格键确认，选择阵列类型为环列，输入阵列中的项目数目为 5（加上原对象一起共 5 个），指定填充的角度为 360°，在"是否旋转阵列对象"中选择"是"，然后弹出指定阵列中心点，第一点为坐标原点，第二点为球心，效果如图 18-45 所示。

图 18-44　建立 z 轴矢量

图 18-45　阵列六边形弧体

[2] 选择正六边形的实体为旋转中心建立坐标系，以正五边形的实体为被旋转的对象，单击修改面板→ 按钮，选择正五边形弧体后按 Enter 键，输入旋转数目为 3，步骤如同步骤[1]，效果如图 18-46 所示。

[3] 多次重复步骤[1]、[2]，不过在之后的绘制过程中阵列操作会发生重合，所以为了操作方便，把多余的先删掉，只留下一个对象，如图 18-47 所示。

图 18-46　阵列五边形弧体图

图 18-47　删除阵列操作将要重合的六边形弧体

[4] 接下来的部分步骤如图 18-48 所示。

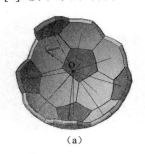

（a）

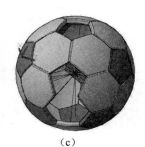

（b）

（c）

图 18-48　阵列

[5] 最后完成的效果如图 18-49 所示。

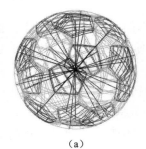

（a）

（b）

图 18-49　足球的效果图

18.4　圆　　凳

扫码看视频

本例制作如图 18-50 所示的圆凳。首先绘制凳子腿的截面，然后扫掠处理，再进行阵列处理，最后用实体圆柱体绘制凳面。

图 18-50　圆凳

在本例中用到的命令如表 18-4 所示。

表 18-4　本例所用到的命令

命　令　行	面　　板	菜　单　栏
arc	"绘图"面板上的 ⬠	绘图（D）→正多边形（Y）
circle	"绘图"面板上的 ◎	绘图（D）→圆（C）→圆心、半径（R）
line	"绘图"面板上的 ✏	绘图（D）→直线（L）
view	"修改"面板上的 ◰	修改（M）→圆角（F）
pedit	"修改"面板上的 ✎	修改（M）→对象（O）→多段线（P）
sweep	"实体"面板上的 ⬙	绘图（D）→建模（M）→扫掠（P）
3darray	"修改"面板上的 ⊞	修改（M）→三维操作（3）→三维阵列（3）
cylinder	"实体"面板上的 ⬚	绘图（D）→建模（M）→圆柱体（A）

圆凳的绘制过程如图 18-51 所示。

1．绘制一个凳子腿的截面

[1] 单击"视图"面板→ ▣ 按钮，进入主视图模式。单击"绘图"面板→ ⬠ 按钮，绘制一段凳子腿的截面弧线，如图 18-52 所示。命令行如下。

命令: _polygon
输入边的数目 <3>:
指定正多边形的中心点或 [边(E)]: e
指定边的第一个端点: 指定边的第二个端点: 500

[2] 单击"绘图"面板→ ◎ 按钮，以三角形对边的中点为圆心，取半径为 10，作一个

辅助圆，然后再以此圆与三角形边的交点为圆心，以 10 为半径作一个圆，即为凳子腿的截面，如图 18-53 所示。命令行如下。

```
命令: _circle
指定圆的圆心或 [三点(3P)/两点(2P)/相切、相切、半径(T)]:
指定圆的半径或 [直径(D)] <10.0000>: 10
命令: _circle
指定圆的圆心或 [三点(3P)/两点(2P)/相切、相切、半径(T)]:
指定圆的半径或 [直径(D)] <10.0000>: 10
```

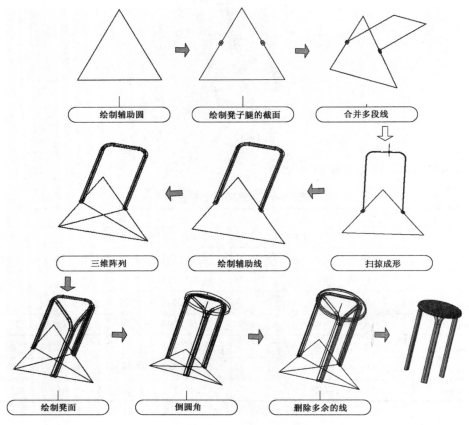

图 18-51　圆凳的绘制过程

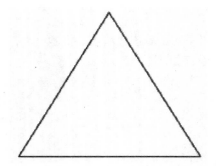

图 18-52　凳子腿的截面弧线

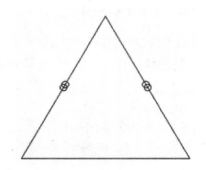

图 18-53　凳子腿的截面

2．绘制扫掠路径

[1] 单击"视图"面板→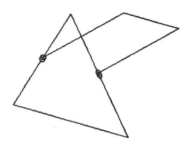按钮，进入"东南轴侧图"模式，然后单击"绘图"面板→按钮，以图 18-53 中的两个截面圆的圆心为起点，分别作长 500 的直线，再连接两条线的上部端点，如图 18-54 所示。命令行如下：

图 18-54　绘制凳子腿基本轴线

```
命令: _line
指定第一点:
指定下一点或 [放弃(U)]: 500
命令: _line
指定第一点:
指定下一点或 [放弃(U)]: 500
命令: _line
指定第一点:
指定下一点或 [放弃(U)]:
```

[2] 单击"修改"面板→按钮，依次选取步骤[1]中所绘制的三条直线进行倒角，使圆角半径 R 为 50。命令行如下。

```
命令: _fillet
当前设置: 模式 = 修剪，半径 = 0.0000
选择第一个对象或 [放弃(U)/多段线(P)/半径(R)/修剪(T)/多个(M)]: r
指定圆角半径 <0.0000>: 50
选择第一个对象或 [放弃(U)/多段线(P)/半径(R)/修剪(T)/多个(M)]:
选择第二个对象，或按住 Shift 键选择要应用角点的对象:指定阵列中心点:
```

[3] 单击"修改"面板→按钮，依次选取步骤[1]中所绘制的三条直线和步骤[2]所得的两个圆角弧线，将其合并为多段线，如图 18-55 所示。命令行如下。

```
命令: _pedit
选择多段线或 [多条(M)]:
选定的对象不是多段线
是否将其转换为多段线? <Y>
输入选项 [闭合(C)/合并(J)/宽度(W)/编辑顶点(E)/拟合(F)/样条曲线(S)/非曲线化(D)/线型生成(L)/放弃(U)]: J
选择对象: 找到 1 个
选择对象: 找到 1 个，总计 2 个
选择对象: 找到 1 个，总计 3 个
选择对象: 找到 1 个，总计 4 个
选择对象: 找到 1 个，总计 5 个
4 条线段已添加到多段线
输入选项 [闭合(C)/合并(J)/宽度(W)/编辑顶点(E)/拟合(F)/样条曲线(S)/非曲线化(D)/线型生成(L)/放弃(U)]: J
```

[4] 单击"实体"面板→按钮，选中截面圆，单击"确定"按钮，再单击多段线，得到的图形效果如图 18-56 所示。命令行如下。

命令: _sweep
当前线框密度: ISOLINES=4
选择要扫掠的对象: 找到 1 个
选择扫掠路径或 [对齐(A)/基点(B)/比例(S)/扭曲(T)]:

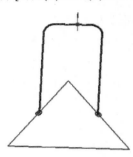 

图 18-55   合并多线段   图 18-56   扫描凳子腿

3. 阵列出三条凳子腿

[1] 单击"绘图"面板→![按钮]按钮，绘制两条辅助线，确定三角形的中心点，如图 18-57 所示。命令行如下。

命令: _line
指定第一点:
指定下一点或 [放弃(U)]:
命令: _line
指定第一点:
指定下一点或 [放弃(U)]:

[2] 单击"修改"面板→"三维阵列"按钮![图标]，以步骤[1]中所做的凳子腿为对象，三角形的中心点为轴线点，打开正交模式，选择如图 18-57 所示的右上方向，处理后的图形效果如图 18-58 所示。命令行如下。

命令: _3darray
正在初始化... 已加载 3DARRAY。
选择对象: 找到 1 个
输入阵列类型 [矩形(R)/环形(P)] <矩形>:P
输入阵列中的项目数目: 3
指定要填充的角度 (+=逆时针, -=顺时针) <360>:
旋转阵列对象？ [是(Y)/否(N)] <Y>: Y
指定阵列的中心点:
指定旋转轴上的第二点:

4. 绘制凳面

[1] 单击"绘图"面板→![按钮]按钮，沿三角形中心点作一条垂直于底面的辅助线，长度为 505。命令行如下。

命令: _line
指定第一点:
指定下一点或 [放弃(U)]: 505

图 18-57　三角形的中心点

图 18-58　三维阵列

　　[2]　单击"实体"面板→⬜按钮，以步骤[1]中所作直线的端点为圆心，过辅助圆圆心作与步骤[1]中所作直线平行的辅助线，长度为 505，使圆柱截面圆内切于三角形，高度为 20，如图 18-59 所示。命令行如下。

命令: _cylinder
指定底面的中心点或 [三点(3P)/两点(2P)/相切、相切、半径(T)/椭圆(E)]:
指定底面半径或 [直径(D)] <154.9848>:
指定高度或 [两点(2P)/轴端点(A)] <-20.0000>: 20

　　[3]　单击"修改"面板→⬜按钮，选取步骤[2]中所绘制的圆柱体的上沿倒角，半径为 10，如图 18-60 所示。命令行如下。

命令: _fillet
当前设置: 模式 = 修剪，半径 = 50.0000
选择第一个对象或 [放弃(U)/多段线(P)/半径(R)/修剪(T)/多个(M)]:
输入圆角半径 <50.0000>: 10
选择边或 [链(C)/半径(R)]:
已拾取到边。
选择边或 [链(C)/半径(R)]:
已选定 1 个边用于圆角。

　　[4]　将多余的线删除，并改变视觉样式，最后圆凳效果如图 18-61 所示。

图 18-59　制作凳子面板

图 18-60　倒角

图 18-61　圆凳的效果图

扫码看视频

18.5　量　角　器

本例制作如图 18-62 所示的量角器。

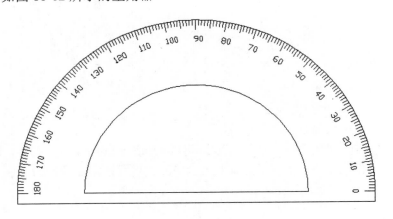

图 18-62　量角器

量角器的绘制过程如图 18-63 所示。

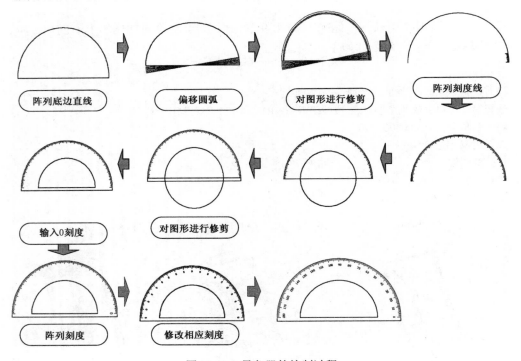

图 18-63　量角器的绘制过程

本例绘制过程中用到的命令如表 18-5 所示。

表 18-5 本例所用到的命令

命 令 行	面 板	菜 单 栏
circle	"绘图"面板上的 ⊙	绘图（D）→圆（C）→圆心、半径（R）
line	"绘图"面板上的 ╱	绘图（D）→直线（L）
trim	"修改"面板上的 ⊣⁄⁻	修改（M）→修剪（T）
offset	"修改"面板上的 ⬓	修改（M）→偏移（S）
array	"修改"面板上的 ⠿	修改（M）→阵列（A）
dtext		绘图（D）→文字（X）→单行文字（S）在命令提示下，输入 dtext

[1] 在绘图区内绘制半径为 60 的半圆，如图 18-64 所示。

[2] 单击"修改"面板→⠿按钮，选择半圆底线作为阵列对象，按照如图 18-65 所示的"阵列"对话框中的参数进行阵列操作，阵列后的实体效果如图 18-66 所示。

[3] 单击"修改"面板→⬓按钮，对半圆进行偏移操作。命令行如下。

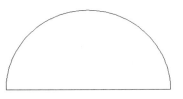

图 18-64 绘半圆

```
命令: _offset
当前设置: 删除源=否 图层=源 OFFSETGAPTYPE=0
指定偏移距离或 [通过(T)/删除(E)/图层(L)] ：5.0000:
选择要偏移的对象，或 [退出(E)/放弃(U)] <退出>:
指定要偏移的那一侧上的点，或 [退出(E)/多个(M)/放弃(U)] <退出>:
```

图 18-65 阵列选项

[4] 重复步骤[3]，将圆分别向内侧偏移 7 和 9，此时绘图区内的图形如图 18-67 所示。

[5] 单击"修改"面板→⊣⁄⁻按钮，对绘图区内的二维图形进行修改，修改后的效果如图 18-68 所示。

图 18-66 阵列效果图	图 18-67 偏移效果图	图 18-68 修改效果图

[6] 单击"修改"面板→⠿按钮，阵列刻度线，按照如图 18-69 所示的"阵列"对话框中的参数进行阵列操作。阵列后的效果如图 18-70 所示。

图 18-69　阵列刻度线

[7] 在绘图区内绘制如图 18-71 所示的二维图形。

[8] 单击"修改"面板→⬜按钮，偏移如图 18-72 所示的直线 1，设置偏移距离为 5，补充相应的直线，绘制如图 18-73 所示的二维图形。

[9] 单击"修改"面板→ ⟋ 按钮，修改二维图形，修改后的效果如图 18-74 所示。

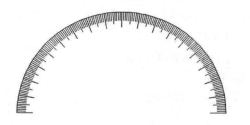

图 18-70　阵列后的效果

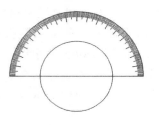

图 18-71　绘制二维图

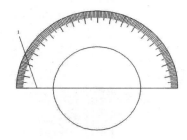

图 18-72　直线 1

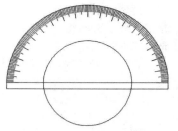

图 18-73　偏移直线

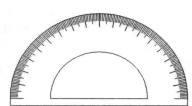

图 18-74　修改后效果图

[10] 执行"绘图"→"文字"→"单行文字"命令，写出"0"刻度，效果如图 18-75 所示。命令行如下。

命令: _dtext
当前文字样式: "Standard"　文字高度: 2
注释性: 否
指定文字的起点或 [对正(J)/样式(S)]: J　　//按 Enter 键，BC 按 Enter 键，打开对象追踪，从图 18-75
　　　　　　　　　　　　　　　　　　　　//中点引出刻度文字的位置
指定文字的旋转角度 <0>: -90　　　　　　//设置旋转角度

此时的实体效果如图 18-76 所示。

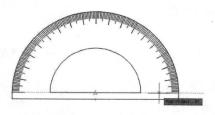

图 18-75　设置刻度文字与中点所在直线对齐

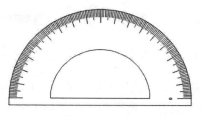

图 18-76　0 刻度

　　提示： 用鼠标在绘图区内单击一次后，可以对文字样式进行设置，若单击两侧，则只能设置旋转角度。

　　[11] 单击"修改"面板→ ![按钮] 按钮，将文字进行阵列处理，阵列的中心点为内圆的圆心，参数设置如图 18-77 所示。

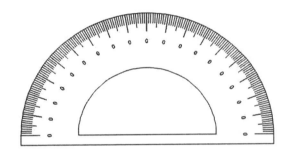

图 18-77　阵列选项

阵列后的效果如图 18-78 所示。

[12] 双击单行文本，将 0 刻度改为相应的刻度，最终的效果如图 18-79 所示。

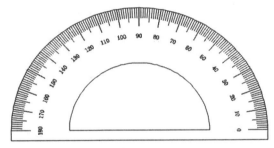

图 18-78　阵列后的效果图　　　　　　　图 18-79　最终的效果图

18.6　手　　表

扫码看视频

本例制作如图 18-80 所示的手表。

图 18-80　手表

手表的绘制过程如图 18-81 所示。

图 18-81   手表的绘制过程

本例绘制过程中用到的命令如表 18-6 所示。

表 18-6   本例所用到的命令

命 令 行	面 板	菜 单 栏
circle	"绘图"面板上的 ⊘	绘图（D）→圆（C）→圆心、半径（R）
line	"绘图"面板上的 ∕	绘图（D）→直线（L）
mirror	"修改"面板上的 ⚖	修改（M）→镜像（I）
trim	"修改"面板上的 ∕∕	修改（M）→修剪（T）
region	"绘图"面板上的 ▣	绘图（D）→面域（N）
offset	"修改"面板上的 ⚏	修改（M）→偏移（S）
sphere	"实体"面板上的 ●	绘图（D）→建模（M）→球体（S）
cylinder	"实体"面板上的 ▢	绘图（D）→建模（M）→圆柱体（C）

续表

命 令 行	面 板	菜 单 栏
box	"实体"面板上的 ⬜	绘图（D）→建模（M）→长方体（B）
mirror3d	"修改"面板上的 ⊞	修改（M）→三维操作（3）→三维镜像（D）
move	"修改"面板上的 ✛	修改（M）→移动（V）
subtract	"实体编辑"面板上的 ◎	修改（M）→实体编辑（N）→差集（S）
intersect	"实体编辑"面板上的 ◎	修改（M）→实体编辑（N）→交集（I）
3drotate	"实体"面板上的 ⊕	修改（M）→三维操作（3）→三维旋转（R）
3darray	"修改"面板上的 ⊞	修改（M）→三维操作（3）→三维阵列（3）
chamfer	"修改"面板上的 ◺	修改（M）→倒角（C）

[1] 利用直线和圆命令在绘图区内绘制如图 18-82 所示的二维图形。

[2] 单击"修改"面板→ ⚠ 按钮，构建手表俯视图轮廓图，处理后的效果如图 18-83 所示。

[3] 单击"绘图"面板→ ◯ 按钮，将图 18-83 中的二维图形转换为面域。

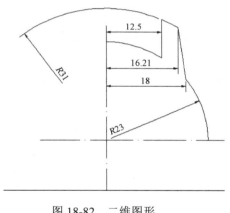

图 18-82　二维图形

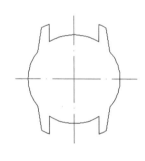

图 18-83　镜像图像

[4] 单击"实体"面板→ ▯ 按钮，对面域进行拉伸操作，设置拉伸高度为 7，此时实体效果如图 18-84 所示。

[5] 为了确定下面圆球的位置，需要作几条辅助线，首先作一条过两基准线交点且与两基准线所在平面垂直的辅助线 1，如图 18-85 所示，接着将基准线 1 偏移 114.8，偏移后的效果如图 18-86 所示。

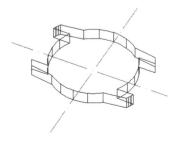

图 18-84　拉伸

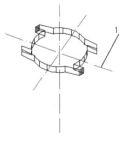

图 18-85　基准线

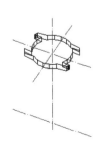

图 18-86　偏移直线

[6] 单击"实体"面板→◯按钮，捕捉到新建的两条辅助线的交点，作一半径为 116.5 的球，并对两者求交，求交后的效果如图 18-87 所示。

[7] 继续创建圆球，采用相同的参考点，设置球的半径为 113，此时实体的效果如图 18-88 所示。

图 18-87　交集效果图　　　　　　　　图 18-88　创建圆球

[8] 单击"实体编辑"面板→◎按钮，从手表中减去刚创建的圆球，处理后的实体效果如图 18-89 所示。

[9] 单击"实体"面板→▢按钮，创建圆柱，如图 18-90 所示。命令行如下。

```
命令: _cylinder
指定底面的中心点或 [三点(3P)/两点(2P)/相切、相切、半径(T)/椭圆(E)]: _cen 于 //捕捉到手表上表
                                                        //面圆的圆心
指定底面半径或 [直径(D)] <18.0000>: 18
指定高度或 [两点(2P)/轴端点(A)] <-2.0000>: -2
```

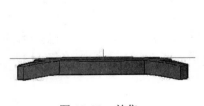

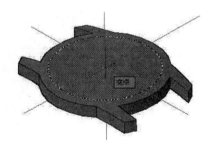

图 18-89　差集　　　　　　　　　　　图 18-90　创建圆柱

[10] 单击"实体编辑"面板→◎按钮，从手表中减去创建的圆柱，此时实体的效果如图 18-91 所示。

[11] 接下来在手表壳的外部分别完成表盘、指针等的绘制，然后将其移动到相应的位置进行定位处理。首先在绘图区内绘制半径为 18，高为 0.5 的圆柱作为手表的表盘，表盘的效果如图 18-92 所示。

图 18-91 差集

图 18-92 表盘

[12] 捕捉到表盘上表面的圆心绘制一长方体，旋转后如图 18-93 所示。命令行如下。

命令: _box
指定第一个角点或 [中心(C)]:
指定其他角点或 [立方体(C)/长度(L)]: l
指定长度: 1.5
指定宽度: 3
指定高度或 [两点(2P)] <-2.0000>: 0.5

[13] 接下来进行定位操作，单击"修改"面板→✛按钮，将刚创建的实体进行定位，如图 18-94 所示。命令行如下：

命令: _move
选择对象: 找到 1 个
选择对象:
指定基点或 [位移(D)] <位移>: -10,10,0
指定第二个点或 <使用第一个点作为位移>:

图 18-93 绘制长方体

图 18-94 定位操作

[14] 接着进行阵列操作，数目为 12，阵列后的实体效果如图 18-95 所示。

[15] 将步骤[14]中创建的实体部分进行定位操作，使得表盘的下表面正好卡在拉伸圆柱的下表面，此时的实体效果如图 18-96 所示。

图 18-95 阵列后效果图

图 18-96 定位操作

[16] 下面进行指针部分的绘制，首先在绘图区内绘制半径为 0.4、高为 1 的圆柱，如图 18-97 所示。

[17] 单击"实体"面板→⬤按钮，通过捕捉到圆柱上表面的圆心绘制一直径为 0.8 的球，并将球与长方体求交，此时的实体效果如图 18-98 所示。

图 18-97　圆柱

图 18-98　球

[18] 单击"实体"面板→⬜按钮，绘制分针。命令行如下。

```
命令: _box
指定第一个角点或 [中心(C)]:   //捕捉到圆柱下表面圆心
指定其他角点或 [立方体(C)/长度(L)]:L
指定长度 <1.5000>: 1.1
指定宽度 <3.0000>: 9
指定高度或 [两点(2P)] <0.5000>: 0.3
```

此时的实体效果图如图 18-99 所示。

[19] 用同样的方法绘制一长、宽、高分别为 0.8、12、0.3 的长方体时针，此时的实体效果如图 18-100 所示。

图 18-99　绘制分针

图 18-100　绘制时针

[20] 首先对分针进行移动处理，单击"修改"面板→✛按钮，命令行如下。

```
命令: _move
选择对象: 找到 1 个
选择对象:
指定基点或 [位移(D)] <位移>:  -0.4,0,0.6
指定第二个点或 <使用第一个点作为位移>:
```

[21] 接着对时针进行移动处理，结果如图 18-101 所示。命令行如下。

```
命令: _move
选择对象: 找到 1 个
选择对象:
```

指定基点或 [位移(D)] <位移>:　　-0.55,0,0
指定第二个点或 <使用第一个点作为位移>:

[22] 单击"修改"面板→"三维旋转"  按钮，将分针旋转 30°，旋转后的效果如图 18-102 所示。

图 18-101　移动时针　　　　　　　　图 18-102　旋转分针

[23] 选择指针部分，对指针整体进行定位操作，定位后的效果如图 18-103 所示。

[24] 接下来进行表屏的绘制，可采用先绘制后定位的方式。首先在绘图区内绘制一圆柱，命令行如下。

命令: _cylinder
指定底面的中心点或 [三点(3P)/两点(2P)/相切、相切、半径(T)/椭圆(E)]:
指定底面半径或 [直径(D)] <0.8000>: 18
指定高度或 [两点(2P)/轴端点(A)] <-0.3000>: 3

[25] 对步骤[24]中创建的圆柱进行打孔操作，单击"实体"面板→ 按钮，创建圆柱。命令行如下。

命令: _cylinder
指定底面的中心点或 [三点(3P)/两点(2P)/相切、相切、半径(T)/椭圆(E)]:
指定底面半径或 [直径(D)] <18.0000>: 17.5
指定高度或 [两点(2P)/轴端点(A)] <3.0000>: 2.7

[26] 单击"实体编辑"面板→ 按钮，从大圆柱中减去小圆柱，此时的实体效果如图 18-104 所示。

图 18-103　对指针定位　　　　　　　图 18-104　差集

[27] 为了美观，对表屏的外侧进行倒角处理，各边边长为 0.3，此时表屏的效果如图

18-105 所示。

　　[28] 本例采用先渲染后定位的方式，如图 18-106 所示为渲染后再定位的效果图。

图 18-105　倒角

图 18-106　渲染效果图

AutoCAD
入门教程全掌握

管殿柱　谈世哲　刘志刚　管玥◎编著

清华大学出版社
北　京

内 容 简 介

全书分为两册，第一册共 11 章，包括 AutoCAD 概述、AutoCAD 绘图基础、绘制二维图形、规划与管理图层、修改二维图形、文字与表格、尺寸标注、图块与外部参照、高效绘图工具、布局与打印出图和图纸集等。第二册共 7 章，包括平面图形绘制、轴测投影图绘制、绘制三维图形、编辑和渲染三维图形、零件设计、零件装配和工业造型。

本书可作为大中专院校、高职院校和社会相关培训机构的教材，也可作为 AutoCAD 初学者及工程技术人员的自学用书。

图书在版编目（CIP）数据

AutoCAD 入门教程全掌握 / 管殿柱等编著. —北京：清华大学出版社，2019
ISBN 978-7-302-52646-9

Ⅰ. ①A… Ⅱ. ①管… Ⅲ. ①AutoCAD 软件-教材 Ⅳ. ①TP391.72

中国版本图书馆 CIP 数据核字（2019）第 045443 号

责任编辑：袁金敏
封面设计：刘新新
责任校对：胡伟民
责任印制：丛怀宇

出版发行：清华大学出版社
　　　　　网　　址：http://www.tup.com.cn, http://www.wqbook.com
　　　　　地　　址：北京清华大学学研大厦 A 座　　**邮　　编：**100084
　　　　　社 总 机：010-62770175　　　　　　　　　**邮　　购：**010-62786544
　　　　　投稿与读者服务：010-62776969，c-service@tup.tsinghua.edu.cn
　　　　　质 量 反 馈：010-62772015，zhiliang@tup.tsinghua.edu.cn
印 装 者：三河市龙大印装有限公司
经　　销：全国新华书店
开　　本：185mm×260mm　　　　**印　张：**36.5　　　　**字　　数：**915 千字
版　　次：2019 年 5 月第 1 版　　　　　　　　　　　**印　　次：**2019 年 5 月第 1 次印刷
定　　价：99.00 元（全二册）

产品编号：065843-01

前　　言

AutoCAD 软件集二维绘图、三维设计和渲染为一体，广泛应用于机械、电气、服装、建筑、园林和室内装潢设计等众多领域，已成为工程设计领域应用最为广泛的计算机辅助绘图与设计软件之一。

AutoCAD 2018 中文版界面友好、功能强大，能够快捷地绘制二维与三维图形、渲染图形、标注图形尺寸和打印输出图纸等，深受广大工程技术人员的欢迎，其优化的界面使用户更易找到常用命令，并且以更少的命令更快地完成常规 AutoCAD 的烦琐任务。

本书详细介绍 AutoCAD 2018 中文版的新功能和各种基本操作方法与技巧。内容全面、层次分明、脉络清晰，方便读者系统地理解与记忆，并在每章中辅以典型实例，巩固读者对知识的实际应用能力，同时这些实例对解决实际问题也具有很好的指导意义。全书分为以下两册。

第一册共 11 章，包括 AutoCAD 概述、AutoCAD 绘图基础、绘制二维图形、规划与管理图层、修改二维图形、符号与表格、尺寸标注、图块与外部参照、高效绘图工具、布局与打印出图和图纸集。

第二册共 7 章，包括平面图形绘制、轴测投影图绘制、绘制三维图形、编辑和渲染三维图形、零件设计、零件装配和工业造型设计。

本书附赠专业篇共 27 章，为电子版，包括 AutoCAD 机械设计、AutoCAD 建筑设计、AutoCAD 电气设计、AutoCAD 室内设计、AutoCAD 园林设计和 AutoCAD 服装设计。

本书英文字母统一用正体。本书具有如下特色。

内容全面。本书涵盖 AutoCAD 2018 初级使用者的基本命令，包括设置绘图环境、图层管理、控制图形显示、绘制二维图形和三维图形、编辑二维图形和三维图形、注释文字和表格、标注图形尺寸、块与外部参照等内容。在专业篇设置了 AutoCAD 在机械设计、建筑设计、室内设计、电气设计、园林设计和服装等方面的应用，包含了 AutoCAD 在六大设计行业中的应用。

分类明确。为了在有限的篇幅内提高知识集中程度，本书对 AutoCAD 2018 的知识进行了详细且合理的划分，尽可能使章节安排符合读者的学习习惯，使读者学习起来轻松方便。

实例丰富。本书对大部分的命令均采用实例讲解，配有各个步骤的图片和操作说明，通过实例进行知识点讲解，既生动具体，又简洁明了。

手把手视频讲解。书中的大部分实例都录制了教学视频。视频录制采用模仿实际授课的形式，在各知识点的关键处给出解释和注意事项提醒。

小栏目设置。结合作者多年实际使用经验，在书中穿插了大量的"提示"，起到画龙点睛的作用。

　　全天候学习。书中大部分实例都提供了二维码，读者可以通过手机微信扫一扫，全天候观看相关的教学视频。

　　本书还随书附赠如下学习资源。

（1）AutoCAD 应用技巧精选。

（2）AutoCAD 疑难问题精选。

（3）AutoCAD 认证考试练习题。

（4）AutoCAD 大型设计图纸视频及源文件。

（5）AutoCAD 快捷键命令速查手册。

（6）AutoCAD 快捷键速查手册。

（7）AutoCAD 常用工具按钮速查手册。

　　本书学习资源获取方式如下。

（1）案例视频讲解可扫描案例旁边二维码直接观看。

（2）源文件请扫描图书封底的二维码进行下载。

编　者

2019 年 1 月

目　　录

第 1 章　AutoCAD 概述

本章重点

- AutoCAD 的主要功能
- AutoCAD 的界面组成
- AutoCAD 的文件操作
- 用户自定义
- 使用帮助

1.1　AutoCAD 的主要功能

AutoCAD 是由美国 Autodesk 公司开发的计算机辅助绘图软件，主要用来绘制工程图样。Autodesk 公司 1982 年推出 AutoCAD 1.0，目前，在全球拥有上千万用户，多年来积累了无法估量的设计数据资源。该软件作为 CAD 领域的主流产品和工业标准，一直凭借其独特的优势为全球设计工程师所采用，目前广泛应用于机械、电子、建筑、航空、航天、轻工和纺织等行业。本书使用的版本为 AutoCAD 2018。

AutoCAD 是一个辅助设计软件，可以满足通用设计和绘图的主要需求，还提供了各种接口，可以和其他软件共享设计成果，并能十分方便地进行资源管理。它主要提供如下功能。

- 强大的图形绘制功能：AutoCAD 提供了绘制直线、圆、圆弧、曲线、文本、表格和尺寸标注等多种图形对象的功能。
- 精确定位定形功能：AutoCAD 提供了坐标输入、对象捕捉、栅格捕捉、追踪、动态输入等功能，利用这些功能可以精确地为图形对象定位和定形。
- 方便的图形编辑功能：AutoCAD 提供了复制、旋转、阵列、修剪、倒角、缩放和偏移等方便实用的编辑工具，大大提高了绘图效率。
- 图形输出功能：图形输出包括屏幕显示和打印出图，AutoCAD 提供了方便的缩放和平移等屏幕显示工具，模型空间、图纸空间、布局、图纸集、发布和打印等功能极大地丰富了出图选择。
- 三维造型功能：AutoCAD 三维建模可让用户使用实体、曲面和网格对象创建图形。
- 辅助设计功能：AutoCAD 允许用户查询绘制好的图形的尺寸、面积、体积和力学特性等信息；提供多种软件的接口，可方便地将设计数据和图形在多个软件中共享，进一步发挥各软件的特点和优势。
- 允许用户进行二次开发：AutoCAD 自带的 AutoLISP 语言让用户可自行定义新命令

和开发新功能。通过 DXF、IGES 等图形数据接口，可以实现 AutoCAD 和其他系统的集成。此外，AutoCAD 支持 ObjectARX、ActiveX、VBA 等技术，提供了与其他高级编程语言的接口，具有很强的开发性。

1.2　AutoCAD 的工作界面

扫码看视频

首先在计算机中安装 AutoCAD 2018 应用程序，按照系统提示装完软件后会在桌面上出现 AutoCAD 快捷图标 **A**，双击该图标可进入 AutoCAD 的工作界面，如图 1-1 所示。

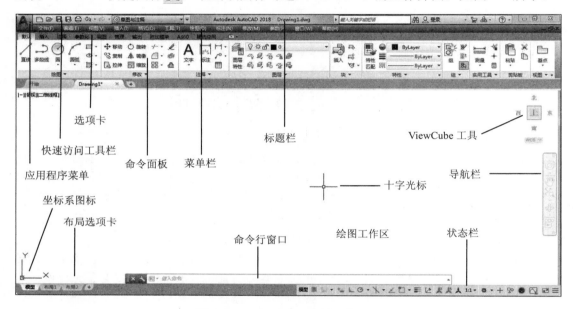

图 1-1　AutoCAD 2018 的工作界面

启动 AutoCAD 2018 应用程序还有一种方法，即通过执行"开始"→"程序"→"Autodesk"→"AutoCAD 2018-简体中文"命令。

1.3　AutoCAD 的界面组成

如果读者以前没有接触过 AutoCAD，对 AutoCAD 2018 的界面还不了解，可先来认识一下 AutoCAD 的界面组成。AutoCAD 的界面主要由标题栏、应用程序菜单、快速访问工具栏、绘图工作区、状态栏、坐标系图标、选项卡和面板、命令行窗口等组成，如图 1-1 所示。

1．标题栏

标题栏中的文件名是当前图形文件的名字，在没有给文件命名之前，AutoCAD 默认设置是以 Drawing（n）（n 为 1，2，3，4，…，n 值主要由新建文件数量而定）作为文件的名字。标题栏最右边的三个小按钮分别是"最小化""恢复"和"关闭"，用来控制 AutoCAD 的窗口的显示状态。

2．应用程序菜单

单击应用程序菜单浏览器按钮![icon]，可以选择常用的文件操作命令，如图 1-2 所示。

3．快速访问工具栏

快速访问工具栏（如图 1-3 所示）用于存储经常使用的命令。单击快速访问工具栏右端的按钮![icon]可以展开下拉菜单，定制快速访问工具栏中要显示的工具，也可以删除已经显示的工具。下拉菜单中被选中的命令为在快速访问工具栏中显示的，单击已选中的命令，可以将其选中取消，此时快速访问工具栏中将不再显示该命令；反之，单击没有选中的命令项，可以将其选中，在快速访问工具栏显示该命令。

快速访问工具栏默认放在功能区的上方，可以单击自定义快速访问工具栏![icon]下拉菜单中的"在功能区下方显示"命令将其放在功能区的下方。

如果想往快速访问工具栏添加工具面板中的工具，只需将鼠标指针指向要添加的工具，右击鼠标，在弹出的快捷菜单中选择"添加到快速访问工具栏"命令即可。如果想移除快速访问工具栏中已经添加的命令，只需右击该工具，在弹出的快捷菜单中选择"从快速访问工具栏中删除"命令即可。

图 1-2　应用程序菜单

图 1-3　快速访问工具栏

快速访问工具栏右侧的第一个工具按钮为工作空间列表工具，可以切换用户工作界面。AutoCAD 有三种工作界面，分别是"草图与注释""三维基础"和"三维建模"，这 3 种工作界面间可以方便地进行切换。用户也可以在图形状态栏通过单击切换工作空间按钮![icon]进行工作界面的选择和切换，如图 1-4 所示。

打开经典菜单的方法：单击快速访问工具栏最右端的按钮![icon]可以展开下拉菜单，选择"显示菜单栏"选项，就会在标题栏的下方出现菜单栏，如图 1-5 所示。

图 1-4　切换工作空间

图 1-5　菜单栏

4．绘图工作区

绘图工作区是用来绘制图样的地方，也是显示和观察图样的窗口。

5．状态栏

状态栏位于工作界面的最底部，如图 1-6 所示。

图 1-6　状态栏

状态栏显示了布局选项卡和光标所在位置的坐标值以及辅助绘图工具的状态。当光标在绘图区域移动时，状态栏区域可以实时显示当前光标的 X、Y、Z 三维坐标值，如果不想动态显示坐标，只需在显示坐标的区域单击鼠标左键即可。用户可以通过单击状态栏最右侧的自定义按钮≡，选择要在状态栏上显示的工具，或者将已显示在状态栏上的工具去掉，如图 1-7 所示。通过右击"捕捉"、"极轴"、"对象捕捉"和"对象捕捉追踪"等工具，在弹出的快捷菜单中，用户可以轻松更改这些辅助绘图工具的设置。

使用状态栏，用户也可以预览打开的图形和图形的布局，并在其间进行切换，还可以显示用于缩放注释的工具。通过工作空间按钮，用户可以切换工作空间。要展开图形显示区域，单击"全屏显示"按钮即可。

6．坐标系图标

坐标系图标用来表示当前绘图所使用的坐标系形式及坐标的方向性等特征。例如当前显示的是"世界坐标系"，可以关闭它，让其不显示，也可以定义一个方便自己绘图的"用户坐标系"。

要关闭坐标系图标，可以选择"视图"→"显示"→"UCS 图标"→"开"选项，取消选中单击"开"选项前的图标。

7．命令行窗口

命令行窗口是用户用键盘输入命令，以及系统显示 AutoCAD 信息与提示的交流区域。在 AutoCAD 中命令行窗口是浮动的，如图 1-8 所示。用户还可以把鼠标指针放在命令行窗口左边的矩形框，按下鼠标向下拖动，使其变回先前版本的默认状态。把鼠标指针放在命令行窗口上边线处，当鼠标指针形状变为↕时，可以根据需要

图 1-7　自定义快捷菜单

拖动鼠标来增加或减少命令行窗口显示的行数。AutoCAD 中所有的命令都可以在命令行窗口执行，比如需要画直线，直接在命令行中输入"L"即可激活画直线命令。

在 AutoCAD 中，可以通过选择"工具"→"命令行"命令或者用快捷键 Ctrl+9 来打开/关闭命令行。

图 1-8　命令行窗口

用户可以使用 Ctrl+F2 键（当命令提示窗口浮动时）或按 F2 键（当命令提示窗口固定时）来打开/关闭"AutoCAD 文本窗口"，该窗口用于记录执行的命令或者系统给出的提示信息，如图 1-9 所示。还可以通过执行"视图"→"显示"→"文本窗口"菜单命令来打开文本窗口。AutoCAD 对命令提示进行了标准化处理，它所显示的操作内容很清楚，给出的提示容易理解，这非常有利于用户学习和使用。

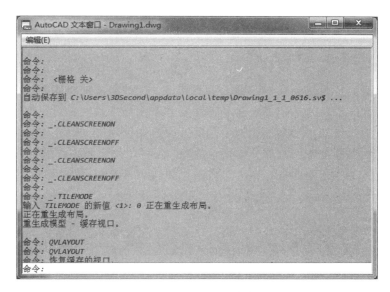

图 1-9　AutoCAD 文本窗口

8．工具栏

默认状态下，AutoCAD 2018 的工具栏全部隐藏。

在 AutoCAD 中，有以下 2 种方法打开工具栏：

（1）选择"工具"菜单→"工具栏"→AutoCAD→选中要显示的工具栏。

（2）单击"视图"选项卡→"用户界面"面板→工具栏→AutoCAD→选中要显示的工具栏。

图 1-10 所示即为打开的"标注"工具栏。

图 1-10　"标注"工具栏

当打开了某个工具栏后还需再打开其他工具栏，则可在已打开的工具栏上右击，然后选中要显示的工具栏。

将鼠标指针置于工具栏上按住鼠标左键拖动，可改变工具栏的位置。当拖动当前浮动的工具栏至窗口任意一侧时，该工具栏会紧贴窗口边界。

工具栏的可移动性给设计工作带来了方便，但也会因操作失误而将工具栏脱离原来的位置，为此 AutoCAD 为用户提供了锁定工具栏的功能。

在 AutoCAD 中，有以下 2 种方法锁定工具栏：

（1）选择"窗口"→"锁定位置"→"浮动工具栏"菜单命令（或"全部"→"锁定"）。

（2）单击状态栏右侧的"锁定"按钮🔒，从弹出的菜单中选择"浮动工具栏/面板"命令，或选择"全部"→"锁定"。

> **提示：** 请区分"浮动工具栏/面板""固定的工具栏/面板""浮动窗口""固定的窗口"和"全部"这 5 个锁定标识的含义。

9．功能区（选项卡和命令面板）

功能区（如图 1-11 所示）由许多命令面板组成，这些面板被组织到按任务进行标记的选项卡中。功能区面板包含的很多工具和控件，其作用与工具栏和对话框中的相同。与当前工作空间相关的操作都单一简洁地置于功能区中。使用功能区时无须显示多个工具栏，它通过单一紧凑的界面使应用程序变得简洁有序，同时使可用的工作区域最大化。单击 ▼ 按钮可以使功能区最小化为面板标题（可选最小化选项卡或面板按钮）。

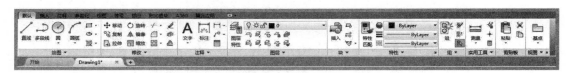

图 1-11   功能区

10．选项板

选项板是一种可以在绘图区域中固定或浮动的界面元素。AutoCAD 的选项板包括"特性""图层""工具选项板""设计中心"和"外部参照"等 14 种选项板。"工具选项板"是选项板的一种，它包含了多个类别的选项卡，每个选项卡面板又包含多种相应的工具按钮、图块、图案等。在 AutoCAD 中，用户可以通过"工具"→"选项板"→"工具选项板"命令或者"视图"→"选项板"→"工具选项板"按钮▦来打开工具选项板。图 1-12 即为打开的初始状态下的"工具选项板"。

用户可通过将对象从图形拖至工具选项板来创建工具，然后使用新工具创建与拖至选项板的对象特性相同的对象。

添加到工具选项板的项目称为"工具"，可通过将"几何对象""标注与块""图案填充""实体填充""渐变填充""光栅图像"和"外部参照"中的任一选项拖至工具选项板来创建工具。

11．滚动条

滚动条包括垂直滚动条和水平滚动条，用户可以利用它们来控制图样在窗口中的位置。如果 AutoCAD 工作界面未显示滚动条，可以利用"工具"→"选项"命令打开"选项"对话框，选择"显示"选项卡，如图 1-13 所示，在"窗口元素"区中选中"在图形窗口中显示滚动条"复选框，这时就会出现垂直滚动条和水平滚动条了。

图 1-12　工具选项板

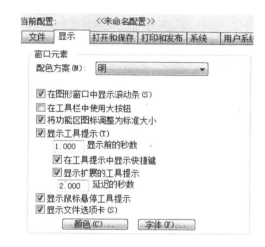

图 1-13　"显示"选项卡

12．ViewCube 工具和导航栏

在绘图区的右上角会出现 ViewCube 工具，用以控制图形的显示和视角，如图 1-14 所示。一般在二维状态下，不用显示该工具。在"选项"对话框中选择"三维建模"选项卡，然后在"在视口中显示工具"选项区取消选中"显示 ViewCube"复选框，单击 确定 按钮，或者在"视图"选项卡的"视口工具"面板上单击 ViewCube 按钮即可取消 ViewCube 工具的显示。

导航栏位于绘图区的右侧，如图 1-15 所示。导航栏用以控制图形的缩放、平移、回放、动态观察等功能，一般二维状态下不用显示导航栏。要关闭导航栏，只需单击控制盘右上角的 按钮即可。在"视图"选项卡的"视口工具"面板上单击导航栏按钮，可以打开或关闭导航栏。

图 1-14 ViewCube 工具   图 1-15 导航栏

1.4 配置系统与绘图环境

通过配置系统和绘图环境可以提高绘图速度。AutoCAD 的系统设置可通过"选项"对话框实现，如图 1-16 所示。

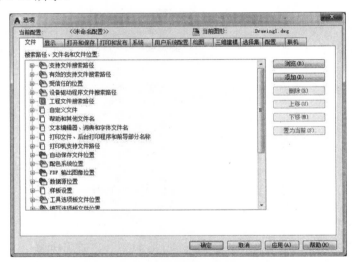

图 1-16 "选项"对话框

在 AutoCAD 中，有以下 4 种方法打开"选项"对话框：

（1）选择"工具"→"选项"菜单命令。

（2）单击菜单浏览器 ➡ 选项 按钮。

（3）在绘图工作区或命令行空白处右击，在弹出的快捷菜单中选择"选项"命令。

（4）在命令行中输入"OPTIONS"或其缩写"OP"并按 Enter 键。

"选项"对话框包括"文件""显示""打开和保存""打印和发布"和"系统"等 11 个选项卡，各选项卡说明如下。

- "文件"选项卡：主要用于设置软件搜索支持文件、驱动程序文件、菜单文件和其他文件的路径；还列出了用户可选设置，包括自定义文本编辑器、词典和字体等，如图 1-16 所示。系统一般将"文件"选项卡设为默认显示。常用的设置"帮助文件的位置""自动保存文件位置""图形样板文件位置"和"图纸集样板文件位置"
都在"文件"选项卡中进行设置。

- "显示"选项卡：提供"窗口元素""布局元素""显示精度""显示性能""十字光
标大小"和"淡入度控制"6 组显示设置项目，如图 1-17 所示，可以设置软件的各
种显示属性。

图 1-17   "显示"选项卡

　　"窗口元素"选项组：主要用于控制绘图环境特有的显示设置。例如可以将配色方案
设置为"明"；选择"在图形窗口中显示滚动条"复选框，可以在绘图窗口显示滚动条；
选择"在工具栏中使用大按钮"复选框，则可以将原来 15×16 像素的图标以 32×30 像素的
尺寸显示。若单击"颜色"按钮，打开"图形窗口颜色"对话框，可以指定主应用程序窗
口中元素的颜色，如可以设置二维模型空间的统一背景颜色为白色，如图 1-18 所示；若单
击"字体"按钮，打开"命令行窗口字体"对话框，可以指定命令行窗口的文字字体，如
图 1-19 所示。

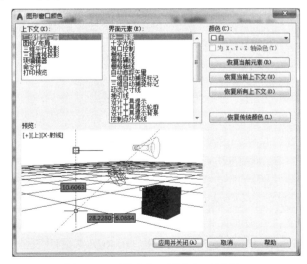

图 1-18   "图形窗口颜色"对话框

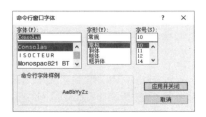

图 1-19   "命令行窗口字体"对话框

"布局元素"选项组：布局是指一个图纸的空间环境，用户可在其中设置图形继而进行打印。"布局元素"选项组主要用于控制现有布局和新布局。

"十字光标大小"滑块：用于控制十字光标的尺寸。其默认尺寸为 5%，有效值的范围是全屏幕大小的 1%～100%。

"显示精度"选项组：用于控制对象的显示质量。精度设置得越高，显示的效果就越受计算机性能的影响。如改变"圆弧和圆的平滑度"前面文本框中的数值，可以改变圆弧和圆的平滑度。

"显示性能"选项组：用于设置与显示性能相关的复选框，如"仅亮显光栅图像边框""应用实体填充"和"仅显示文字边框"等，如图 1-20 所示。

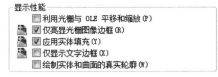

图 1-20 "显示性能"选项组

"淡入度控制"选项组：用于控制外部参照和在位编辑的淡入度的值。

- "打开和保存"选项卡：包括"文件保存""文件安全措施""文件打开""应用程序菜单""外部参照"和"ObjectARX 应用程序"6 个选项组，如图 1-21 所示。

图 1-21 "打开和保存"选项卡

"文件保存"选项组：可以设置在保存文件时的文件格式、增量保存百分比以及保存缩略图预览图像。单击"缩略图预览设置"按钮，弹出"缩略图预览设置"对话框，如图 1-22 所示。在该对话框中可以对"图形"和"图纸和视图"选项组进行修改，确定指定图形的图像是否可以显示在"选择文件"对话框的"预览"区域中。

"文件安全措施"选项组：可以设置是否自动保存文件，是否在每次保存时都创建备份，是否引进 CRC 校验，是否维护日志文件，设置临时文件的扩展名以及是否显示数字签名信息等。单击文件安全措施选项组中的 数字签名... 按钮，可弹出"数字签名"对话框，如图 1-23 所示。

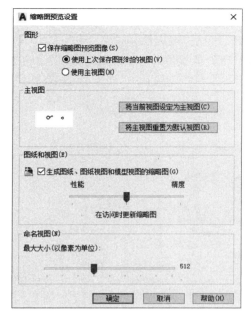

图 1-22　"缩略图预览设置"对话框

图 1-23　"数字签名"对话框

"文件打开"选项组：用来设置文件菜单上显示最近打开过的文件数量和显示方式，默认为显示 9 个文件。

"应用程序菜单"选项组：其文本框用于设置在应用程序菜单中显示的最近打开的文件数，默认为 9 个文件，可设置为 0～50，如图 1-24 所示。

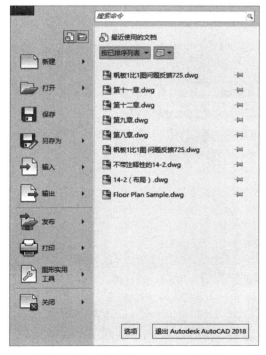

图 1-24　应用程序菜单设置为 9 时显示的最近打开文件数

"外部参照"选项组：用来设置与外部参照对象有关的操作。

"ObjectARX 应用程序"选项组：用来确定对象的全程扩展应用。

● "打印和发布"选项卡：提供了"新图形的默认打印设置""打印到文件""后台处理选项""打印和发布日志文件""自动发布""常规打印选项""指定打印偏移时相对于"7 项与打印和发布有关的设置项目选项组，以及"打印戳记设置"和"打印样式表设置"两个按钮，如图 1-25 所示。

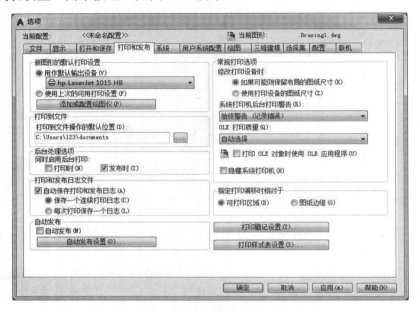

图 1-25　"打印和发布"选项卡

在该选项卡中可以选择"打印的输出设备""打印文件的默认位置"和"OLE 的打印质量"等选项。

单击 打印戳记设置 (T)... 按钮，可以根据需求设置"打印戳记"，如图 1-26 所示；单击 打印样式表设置 (S)... 按钮，可以设置"打印样式表"，如图 1-27 所示。

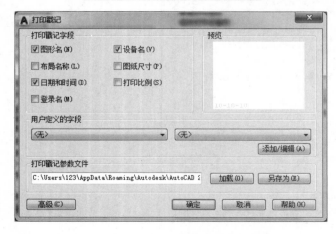

图 1-26　"打印戳记"对话框　　　　　　　图 1-27　"打印样式表设置"对话框

- "系统"选项卡：提供了"硬件加速""当前定点设备""触摸体验""布局重生成选项""常规选项""帮助""信息中心""安全性"和"数据库连接选项"9 个系统设置项目选项组，如图 1-28 所示。

图 1-28 "系统"选项卡

- "用户系统配置"选项卡：提供了"Windows 标准操作""插入比例""超链接""字段""坐标数据输入的优先级""关联标注"和"放弃/重做"7 个设置项目选项组，以及"块编辑器设置""线宽设置"和"默认比例列表"3 个按钮，如图 1-29 所示。

图 1-29 "用户系统配置"选项卡

"Windows 标准操作"选项组：用于控制双击和右击的操作。

单击"Windows 标准操作"选项组中的 `自定义右键单击(I)...` 按钮，可以根据需求设置右击时的"默认模式""编辑模式"和"命令模式"等操作，如图 1-30 所示。

"插入比例"选项组：用于控制在图形中插入块和图形时使用的默认比例。

"超链接"选项组：用于设置与超链接显示特性相关的选项。

"字段"选项组：用于设置与字段相关的系统配置。

"坐标数据输入的优先级"选项组：用于控制程序响应坐标数据输入的方式。

"关联标注"选项组：用于选择创建关联标注对象还是创建传统的非关联标注对象。

"放弃/重做"选项组：用于控制"缩放"和"平移"命令以及"合并图层特性更改"命令的"放弃"和"重做"。

 按钮：单击该按钮，将打开如图 1-31 所示的"块编辑器设置"对话框，用于定义块的参数颜色、约束状态、参数字体和节点尺寸等参数。

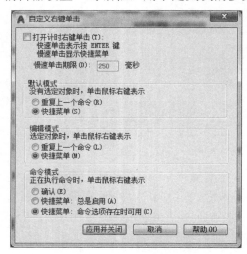

图 1-30 "自定义右键单击"对话框   图 1-31 "块编辑器设置"对话框

`线宽设置(L)...` 按钮：单击该按钮，可以根据需求设置"线宽"及其单位等选项，也可以通过拖动滑块来调整显示比例，如图 1-32 所示。

`默认比例列表(D)...` 按钮：单击该按钮，可以根据需求设置"比例列表"，如图 1-33 所示。

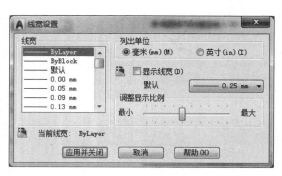

图 1-32 "线宽设置"对话框   图 1-33 "默认比例列表"对话框

单击图 1-33 中的 添加(A)... 按钮，可以添加默认比例列表中没有的比例。图 1-34 所示为添加比例 3∶1。

- "绘图"选项卡：提供"自动捕捉设置""自动捕捉标记大小""对象捕捉选项""AutoTrack 设置""对齐点获取"和"靶框大小"6 组绘图设置项目，以及"设计工具提示设置""光线轮廓设置"和"相机轮廓设置"3 个按钮，如图 1-35 所示。

图 1-34　"添加比例"对话框

图 1-35　"绘图"选项卡

单击"自动捕捉设置"选项组中的 颜色(C)... 按钮，可对"图形窗口颜色"进行设置，如图 1-36 所示。

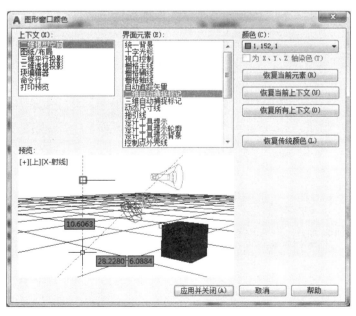

图 1-36　"图形窗口颜色"对话框

在该选项卡右下方提供了 3 个设置按钮，分别介绍如下。

设计工具提示设置(E)... 按钮：单击该按钮，打开如图 1-37 所示的"工具提示外观"对话框，以设置用于控制绘图工具提示的颜色、大小和透明度。

光线轮廓设置(L)... 按钮：单击该按钮，打开如图 1-38 所示的"光线轮廓外观"对话框，用于调整光线轮廓的当前外观。

相机轮廓设置(A)... 按钮：单击该按钮，打开如图 1-39 所示的"相机轮廓外观"对话框，用于调整相机轮廓的当前外观和轮廓的尺寸。

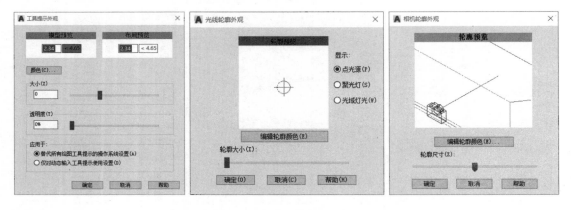

图 1-37 "工具提示外观"对话框　　图 1-38 "光线轮廓外观"对话框　　图 1-39 "相机轮廓外观"对话框

- "三维建模"选项卡：提供"三维十字光标""在视口中显示工具""三维对象""三维导航"和"动态输入"5 组三维建模设置项目，如图 1-40 所示。通过该选项卡用户可以根据需要设置"三维十字光标"等选项。

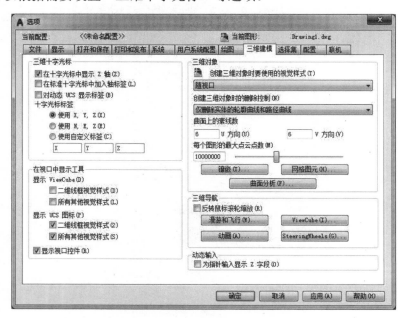

图 1-40 "三维建模"选项卡

- "选择集"选项卡：提供"拾取框大小""选择集模式""预览""夹点尺寸""夹点"和"功能区选项"6 组选择集设置项目，如图 1-41 所示。通过该选项卡用户可以根据需求设置"选择集模式"等选项。

图 1-41　"选择集"选项卡

"拾取框大小"滑块：用于控制拾取框的显示尺寸。拾取框是在编辑命令中出现的对象选择工具。

"选择集模式"选项组：用于控制与对象选择方法相关的设置。

"选择集预览"选项组：当拾取光标滚动经过对象时，亮显对象。单击 视觉效果设置(G)... 按钮，可打开如图 1-42 所示的"视觉效果设置"对话框，它主要用于控制预览时的外观。

"夹点尺寸"滑块：用于控制夹点的显示尺寸。

"夹点"选项组：用于设置与夹点相关的设置。单击 夹点颜色(C)... 按钮，可在打开的如图 1-43 所示的"夹点颜色"对话框中定义夹点显示的颜色。

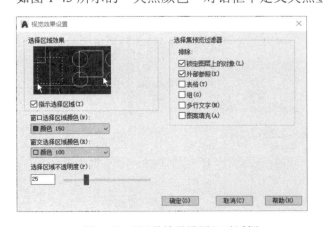

图 1-42　"视觉效果设置"对话框

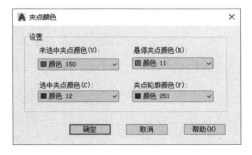

图 1-43　"夹点颜色"对话框

"预览"选项组：与选择集预览相关的设置。

- "配置"选项卡：提供"置为当前""添加到列表""重命名""删除""输入""输出"和"重置"7 个按钮，如图 1-44 所示。

图 1-44 "配置"选项卡

单击图 1-44 中的 输入(I)... 按钮，弹出"输入配置"对话框，可以输入已有的配置文件，格式为*.ARG，如图 1-45 所示。

图 1-45 "输入配置"对话框

单击图 1-44 中的 输出(E)... 按钮，弹出"输出配置"对话框，可以将文件输出为*.ARG 格式的配置文件，如图 1-46 所示。

若想要返回到 AutoCAD 的初始状态，可单击 重置(R) 按钮，在弹出的"AutoCAD"对话框中（如图 1-47 所示）单击 是(Y) 按钮。

图 1-46　"输出配置"对话框

图 1-47　"AutoCAD"对话框

- "联机"选项卡：若需"与 Autodesk 360 账户同步图形或设置"，则可单击 *单击此处以登录* 超链接，如图 1-48 所示。

图 1-48　"联机"选项卡

1.5　自定义用户界面

扫码看视频

　　用户可以方便地对 AutoCAD 各个用户界面进行自定义。该操作是通过"自定义用户界面"编辑器实现的，如图 1-49 所示。

图 1-49 "自定义用户界面"窗口

在 AutoCAD 中，有以下 3 种方法打开"自定义用户界面"编辑器：

（1）选择"工具"→"自定义"→"界面"菜单命令。

（2）单击"管理"选项卡→"自定义设置"面板→"用户界面"按钮。

（3）在命令行中输入 CUI 并按 Enter 键。

"自定义用户界面"编辑器分为左右两个窗格。左上窗格显示加载的 CUI 文件列表、"打开"选项和可以自定义的用户界面元素（如"工作空间""快速访问工具栏""功能区""工具栏""菜单"和部分 CUI 文件等）的树状结构；左下窗格显示程序中加载的命令列表。

选择左侧窗格中的任意一个选项，在右侧窗格中都将显示其预览，通过右侧窗格可以对已打开项目进行编辑操作。

1.5.1 编辑功能区面板

打开"自定义用户界面"编辑器后，用户可以向面板中添加按钮、删除不常用的按钮、重新排列按钮，或更改与工具栏命令相关联的按钮图像。例如：选择"二维常用选项卡-绘图"面板中的"圆"命令后，在右侧窗格将显示其面板预览、按钮的图像及该按钮的特性，各显示窗格的功能如图 1-50 所示。

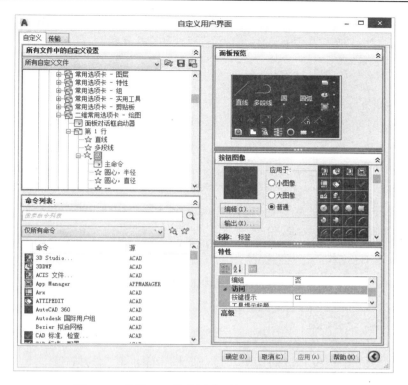

图 1-50　编辑"二维常用选项卡-绘图"面板示例

1.5.2　更改或编辑按钮图像

在"按钮图像"窗格里，单击"按钮图像"窗格右侧按钮列表中的任意一个按钮图像，被选按钮将被替换为相应图像，如图 1-51 所示（如选中的"圆"按钮被替换成图中所示的按钮图形）；单击 编辑(I)... 按钮，弹出"按钮编辑器"对话框，如图 1-52 所示，可对按钮的图像进行微观编辑（也可以输入外部图像作为按钮图像）；单击 输出(X)... 按钮，弹出如图 1-53 所示的"输出图像文件"对话框，将按钮图像输出为 BMP 格式的文件；选中"应用于"选项组中的 ⊙小图像 单选按钮，可将当前按钮应用于小图像；选中"应用于"选项组中的 ⊙大图像 单选按钮，可将当前按钮应用于大图像。

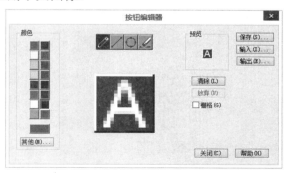

图 1-51　按钮图像列表　　　　　　　　　图 1-52　"按钮编辑器"对话框

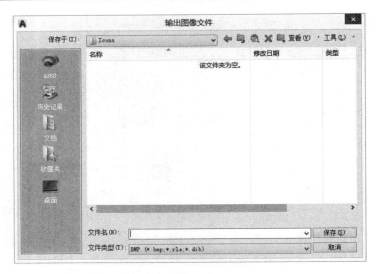

图 1-53　"输出图像文件"对话框

1.5.3　添加命令按钮

从"命令列表"中拖曳相应的命令，可向面板中添加对应的按钮。

例如，将"命令列表"的"绘图"选项中的"多线"命令拖到"二维常用选项卡-绘图"面板。增加了"多线"按钮后的"二维常用选项卡-绘图"面板，如图 1-54 中右上角的"面板预览"所示。

图 1-54　向"二维常用选项卡-绘图"面板中添加了"多线"按钮

1.5.4　删除按钮

在树状结构中，在任意面板或命令处右击，在弹出的快捷菜中选择"删除"命令，可将相应面板或按钮删除，如图 1-55 所示。

1.5.5　重新排列工具栏按钮和编辑按钮特性

在树状结构中，使用鼠标拖曳可对面板上的按钮进行重新排序。

在"特性"窗格里，可以根据需求对所选按钮的特性进行修改，如图 1-56 所示。

图 1-55　删除工具栏或命令按钮　　　　图 1-56　"特性"窗格

1.6　设　置　图　形

扫码看视频

1.6.1　设置图形单位

在使用 AutoCAD 进行绘图之前，首先要确定所需绘制图形的单位，创建的所有对象都是根据图形单位进行测量的。例如：图形单位可采用毫米或英寸等。

在 AutoCAD 中，有以下 3 种方法打开"图形单位"对话框（如图 1-57 所示）：

（1）单击菜单浏览器按钮，选择"图形实用工具"→"单位"命令。

（2）选择"格式"菜单→"单位"命令。

（3）在命令行中输入命令 UNITS，并按 Enter 键。

设置"图形单位"的步骤如下：

[1] 打开"图形单位"对话框。

[2] 根据要求依次设置长度类型及精度、角度类型及精度、插入时的缩放单位和光源强度的单位，最后单击　确定　按钮。

提示： "角度" 选项组中的 "顺时针" 复选框用于设置角度方向。默认情况下，以逆时针方向为正角度方向。

单击对话框底部的 方向(D)... 按钮，打开如图 1-58 所示的 "方向控制" 对话框，可以设置角度测量的起始位置。

图 1-57 "图形单位" 对话框　　　　　图 1-58 "方向控制" 对话框

1.6.2　设置图形界限

图形界限是指绘图的区域，即用户定义的矩形边界，AutoCAD 2018 中通过指定绘图区域的左下角点和右上角点来确定图形界限。

设置图形界限的步骤如下：

[1] 选择菜单 "格式" → "图形界限" 命令（或在命令行中输入命令 LIMITS，并按 Enter 键）。

[2] 执行 "图形界限" 命令后，命令行提示如下：

指定左下角点或[开(ON)/关(OFF)]<0.0000,0.0000>:

此时用键盘输入左下角点的坐标值或用鼠标指定绘图区域的左下角点。默认为坐标原点。

提示： "开" 选项，即打开界限检查功能。当界限检查功能打开时，将无法在图形界限外绘制任何图形；"关" 选项，即关闭界限检查功能，此时可以在图形界限以外绘制或指定对象。

[3] 指定左下角点后，命令行提示如下：

指定右上角点 <420.0000,297.0000>:

此时可用键盘输入右上角点的坐标值或用鼠标指定绘图区域的右上角点。

1.7　文件的基本操作

文件的基本操作主要包括新建文件、保存文件、关闭文件、打开文件等。

1.7.1　新建文件

执行"文件"→"新建"菜单命令或者单击"快速访问工具栏"上的新建按钮，弹出"选择样板"对话框，如图 1-59 所示。

图 1-59　"选择样板"对话框

用户可以在样板列表中选择合适的样板文件，然后单击 打开(0) 按钮，这样就可以以选定样板新建一个图形文件。此处使用 acadiso.dwt 样板即可。除了系统给定的这些可供选择的样板文件（样板文件扩展名为.dwt），用户还可以根据需要创建自己的样板文件，这样以后可以多次使用，避免重复劳动。

提示：用户还可以用"选择样板"对话框以无样板的形式新建图形文件，单击 打开(0) 按钮右边的箭头按钮，可以在两个内部默认图形样板（公制或英制）之间进行选择。

1.7.2　创建图形

认识了 AutoCAD 的界面后，我们来试一试 AutoCAD 的强大绘图功能。下面来绘制如图 1-60 所示的图形，读者根据提示操作即可。

【例 1-1】　绘制一个简单图形。

在"绘图"面板上，单击"直线"按钮，命令行提示如下：

命令: _line

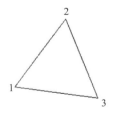

图 1-60　三角形

指定第一个点:	//单击鼠标确定点 1
指定下一点或 [放弃(U)]:	//单击鼠标确定点 2
指定下一点或 [放弃(U)]:	//单击鼠标确定点 3
指定下一点或 [闭合(C)/放弃(U)]: c	//输入 c 按 Enter 键

1.7.3　保存文件

保存文件可以使用"文件"→"保存"或"文件"→"另存为"菜单命令来实现。

1．使用"保存"命令

【例 1-2】　以上面绘制的三角形为例讲述保存文件的步骤。

[1]　单击快速访问工具栏上的"保存"按钮 （或使用"文件"→"保存"菜单命令），弹出"图形另存为"对话框，如图 1-61 所示。

图 1-61　"图形另存为"对话框

[2]　在"文件名"后面的文本框中输入要保存文件的名称，可以输入"三角形"（完全覆盖原来的默认名字），在"保存于"右边的下拉列表中选择要保存文件的路径，这里设置的目录是\\CAD。当完成设置后，单击 保存(S) 按钮，图形文件就会以"三角形"为名存放在\\CAD 这个目录下了。AutoCAD 图样默认的扩展名为.dwg。

[3]　保存文件后在标题栏上会显示当前文件的名字和路径。如果继续绘制，再单击"保存"按钮 时就不会出现上述对话框，系统会自动以原文件名、原目录保存修改后的文件。

如果在上次保存后，用户所作的修改是错误的，也可以在关闭文件时不保存，这样文件将仍保存为原来的结果。

提示： 保存时，一般把文件集中存放到某一个固定的文件夹，以便于管理和查找。

2．使用"另存为"命令

当需要对图形文件做备份时，或者放到另一条路径下时，用上面讲的"保存"方式是完成不了的。这时可以用另一种保存方式——"另存为"。

　　执行"文件"→"另存为"菜单命令，会弹出"图形另存为"对话框，其文件名称和路径的设置与"保存"相同，就不具体介绍了，参照上面讲的操作步骤即可。

1.7.4　关闭文件

　　在 AutoCAD 中，要关闭图形文件，可以单击菜单栏右边的"关闭"按钮 X（未显示菜单栏时，可以单击文件窗口右上角的"关闭"按钮 X，注意不是应用程序窗口），如果当前的图形文件还没保存过，这

图 1-62　"是否保存文件"提示信息

时 AutoCAD 会给出是否保存的提示，如图 1-62 所示。单击 是(Y) 按钮，会弹出"图形另存为"对话框，按照保存文件的步骤操作即可。保存后，文件即被关闭。如果单击 否(N) 按钮，则文件不保存退出，选择 取消 按钮，会取消关闭文件操作。

　　提示：可以通过执行"文件"→"关闭"菜单命令来关闭文件。

1.7.5　打开文件

　　绘制一张图，可能一次无法完成，要多次绘制才行，或者保存后发现文件中有错误与不足，要进行修改，这时就要把文件打开，重新调出图形来编辑。

　　要打开一个文件，可以单击"打开"按钮 📂，弹出"选择文件"对话框，如图 1-63 所示，在对话框中选择要打开的文件。先找到存放文件的路径，单击要打开的文件名称，如"三角形"，右边的预览窗口会显示该文件中的图形（如果没有预览窗口，用户可以在"查看"下拉菜单中选择"预览"选项），单击 打开(O) 按钮，选中的文件就被打开了。单击 打开(O) 按钮右面的倒黑三角按钮 ▼，会打开一个下拉列表，用户可以选择"打开""以只读方式打开""局部打开"或"以只读形式局部打开"方式。

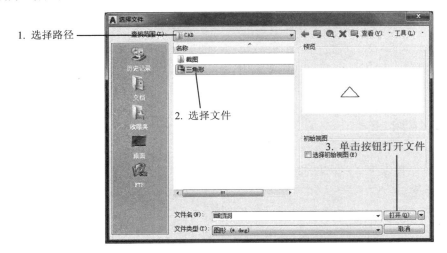

图 1-63　"选择文件"对话框

提示：可以通过选择"文件"→"打开"菜单命令来打开一个文件。

如果要查找文件，可以使用对话框中的"工具"→"查找"命令，这时将出现"查找"对话框，如图 1-64 所示。用户可以使用它快速定位要找的文件。

在"名称和位置"选项卡中设置要查找的名称，在类型列表框选择"图形（*.dwg）"，单击"查找范围"右侧的 浏览(B) 按钮，将"查找范围"设置为文件所在目录，单击 开始查找(I) 按钮，即可根据设置的内容搜索文件。

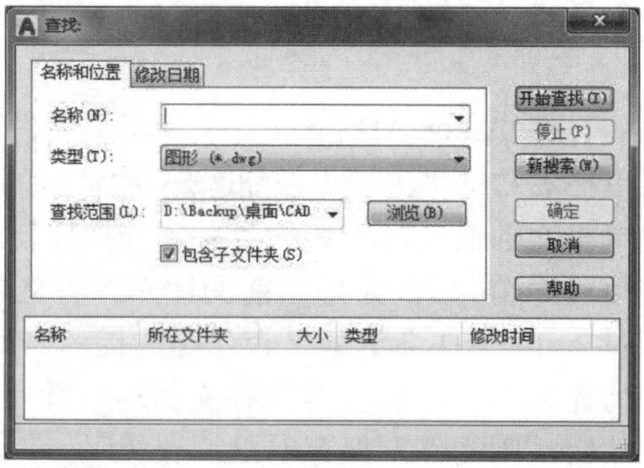

图 1-64　"查找"对话框

1.7.6　退出 AutoCAD

AutoCAD 支持多文档操作，也就是说，可以同时打开多个图形文件，同时在多张图纸上进行操作，这对提高工作效率是非常有帮助的。但是，为了节约系统资源，要学会有选择地关闭一些暂时不用的文件。当完成绘制或者修改工作，暂时用不到 AutoCAD 时，最好先退出 AutoCAD 系统，再进行别的操作。

退出 AutoCAD 的方法，与关闭图形文件的方法类似，即单击标题栏的"关闭"按钮 ✕ 。如果当前的图形文件以前没有保存过，系统也会给出是否保存的提示。如果不想保存，单击 否(N) 按钮；若要保存，参照前面讲过的方法与步骤进行即可。

提示：可以通过选择"文件"→"退出"菜单命令，退出 AutoCAD 系统。

1.8　使用帮助系统

扫码看视频

在学习和使用 AutoCAD 的过程中，不免会遇到一系列的问题，AutoCAD 中文版提供了详细的中文在线帮助，使用这些帮助可以快速地解决设计中遇到的各种问题。对于初学者来说，掌握帮助系统的使用方法，将会受益匪浅。

1.8.1　帮助系统概述

在 AutoCAD 中，有以下 4 种方法打开软件提供的中文帮助系统：

（1）按 F1 功能键。

（2）单击标题栏"信息中心"中的"帮助"按钮 ？ 。

（3）选择菜单栏"帮助"→"帮助"命令。

（4）在命令行中输入命令 HELP，并按 Enter 键。

使用上述任意一种方法，都可以打开如图 1-65 所示的 AutoCAD 帮助窗口。

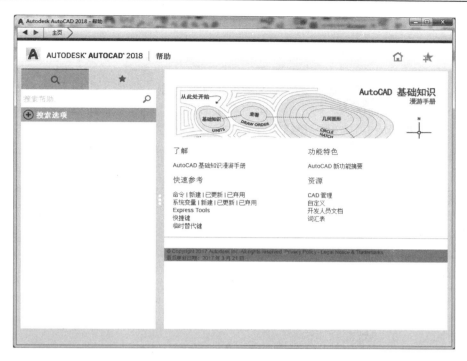

图 1-65　AutoCAD 2018 的帮助窗口

1.8.2　即时帮助系统

AutoCAD 加强了即时帮助系统功能，为工具面板中的每个按钮都设置了图文并茂的说明，当使用功能区工具按钮执行命令时，只需将鼠标指针在功能区按钮上悬停 3s，就会显示该命令的即时帮助信息，如图 1-66。同样，当设置对话框中的选项时，也只需将鼠标指针在所设置选项处悬停 3s，即可显示即时帮助信息，如图 1-67 所示。

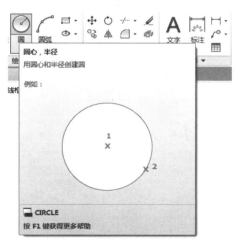

图 1-66　"功能区"中"多段线"按钮的即时帮助

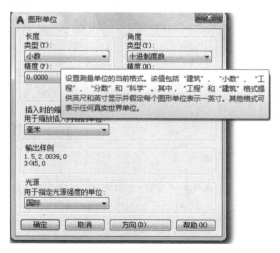

图 1-67　对话框的即时帮助

1.8.3 通过关键字搜索主题

在 AutoCAD 中，通过在"搜索"文本框中输入主题关键字，帮助系统会快速搜索到与之相关的主题并罗列出来。用户只要单击对应的项目，即可查看相关内容。

下面以"矩形阵列"为例，介绍通过关键字搜索主题的方法。

[1] 打开 AutoCAD 帮助窗口，在 ⬚ 文本框中输入"矩形阵列"，单击"搜索"按钮或按 Enter 键。

[2] 在窗口左侧列出的"矩形阵列"相关主题中，单击所需查看的主题，如"使用矩形阵列的步骤"，即可查阅其详细内容，如图 1-68 所示。

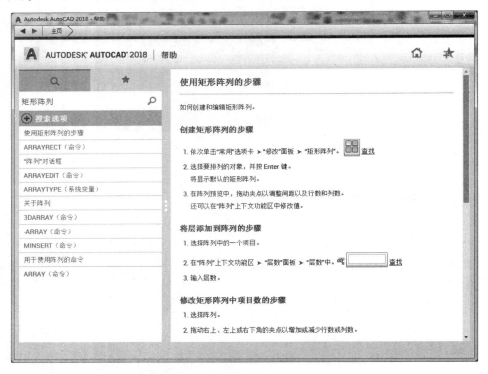

图 1-68　使用搜索得到的内容

1.9　思考与练习

（1）AutoCAD 的主要功能有哪些？

（2）怎样打开、关闭 AutoCAD？

（3）怎样新建、打开、关闭、保存一个 AutoCAD 文件？

第 2 章　AutoCAD 绘图基础

本章重点

- 命令的执行与响应
- 鼠标操作
- 使用坐标
- 选择与删除
- 简单显示控制
- 模型空间适口
- 重画和重生成
- 打开或关闭可见要素

2.1　AutoCAD 命令的执行

　　要使用 AutoCAD 绘制图形，用户必须对系统下达命令。系统执行下达的命令，同时在命令行窗口出现相应的提示，用户再根据提示输入命令，即可完成图形的绘制。所以用户不但要熟练掌握调用命令的方法、执行命令的方法与结束命令的方法，还需掌握命令提示中常用选项的用法及含义。

　　调用命令有多种方法，这些方法之间可能存在难易、繁简的区别。用户可以在不断练习中找到一种适合自己的、最快捷的绘图方法或绘图技巧。用户通常可以用以下 7 种方法来执行某一命令：

　　（1）在命令行"命令："提示后直接输入命令：在命令行输入相关操作的完整命令或快捷命令，然后按 Enter 键或者空格键即可执行该命令。如绘制直线，可以在命令行输入 line 或 l，然后按 Enter 键或者空格键执行绘制直线命令。

　　提示： AutoCAD 的完整命令一般情况下是该命令的英文单词；快捷命令一般是英文命令的首字母。当两个命令首字母相同时，大多数情况下使用该命令的前两个字母即可调用该命令，需要用户在使用过程中记忆。直接输入命令是最快的操作方式。

　　（2）单击工具面板的图标按钮：工具面板是 AutoCAD 2018 最富有特色的工具集合，单击工具面板中的工具图标调用命令的方法形象、直观，是初学者最常用的方法。将鼠标指针在按钮处停留数秒，会显示该按钮工具的名称，以帮助用户识别。如单击绘图工具栏中的按钮⊙，可以启动"圆"命令。有的工具按钮后面有▾图标，可以单击此图标，在出现的工具箱中选取相应的工具。

　　（3）单击菜单中的相应命令：一般常用的命令都可以在菜单中找到，它是一种较实用的命令执行方法。如单击下拉菜单"绘图"→"圆弧"→"三点"命令可以执行通过"起点，中间点和结束点"绘制圆弧的命令。由于下拉菜单较多，它又包含许多子菜单，所以准确地找到菜单命令需要熟练记忆它们的位置。由于使用下拉菜单需单击的次数较多，降低了绘图效率，故而较少使用这种方式来绘图。

提示： AutoCAD 2018 默认状态下不显示菜单，单击"快速访问工具栏"最后的按钮并在出现的菜单中选择"显示菜单栏"命令，即可显示菜单栏。

（4）使用右键菜单：为了更加方便地执行命令或者命令中的选项，AutoCAD 提供了右键菜单，用户只需右击，在弹出的快捷菜单中选取相应命令或选项即可激活相应功能。

（5）使用快捷键和功能键：使用快捷键和功能键是最简单快捷的执行命令的方式。常用的快捷键和功能键如表 2-1 所示。

表 2-1   常用的快捷键和功能键

功能键或快捷键	功　　能	快捷键或快捷键	功　　能
F1	AutoCAD 帮助	Ctrl + N	新建文件
F2	文本窗口开/关	Ctrl + O	打开文件
F3 / Ctrl+F	对象捕捉开/关	Ctrl + S	保存文件
F4	三维对象捕捉开/关	Ctrl + Shift + S	另存文件
F5 / Ctrl+E	等轴测平面转换	Ctrl + P	打印文件
F6 / Ctrl+D	动态 UCS 开/关	Ctrl + A	全部选择图线
F7 / Ctrl+G	栅格显示开/关	Ctrl + Z	撤销上一步的操作
F8 / Ctrl+L	正交开/关	Ctrl + Y	重复撤销的操作
F9 / Ctrl+B	栅格捕捉开/关	Ctrl + X	剪切
F10 / Ctrl+U	极轴开/关	Ctrl + C	复制
F11	对象捕捉追踪开/关	Ctrl + V	粘贴
F12	动态输入开/关	Ctrl + J	重复执行上一命令
Delete	删除选中的对象	Ctrl + K	超级链接
Ctrl + 1	对象特性管理器开/关	Ctrl + T	数字化仪开/关
Ctrl + 2	设计中心开/关	Ctrl + Q	退出 CAD

（6）直接按空格键或者 Enter 键执行刚执行过最后一个命令：AutoCAD 2018 有记忆能力，可以记住曾经执行的命令，完成一个命令后，直接按空格键或者 Enter 键可以调用刚才执行过的最后一个命令。因为绘图时会大量重复使用命令，所以这是 AutoCAD 中使用最广的一种调用命令的方式。

（7）使用键盘↑键和↓键选择曾经使用过的命令：使用这种方式时，必须保证最近曾经执行过欲调用的命令，此时可以使用键盘↑键和↓键上翻或者下翻一个命令，直至所需命令出现，按空格键或者 Enter 键执行命令。

调用命令后，并不能够自动绘制图形，需要根据命令窗的提示进行操作才能绘制图形。提示有以下 3 种形式。

（1）直接提示：这种提示直接出现在命令窗口里面，用户可以根据提示了解该命令的设置模式或者直接执行相应的操作来完成绘图。

（2）方括号内的选项：有时在提示中会出现方括号，方括号内的选项称为可选项。要使用该选项，使用键盘直接输入相应选项小括号内的字母，按空格键或者 Enter 键即可完成选择。

（3）角括号内的选项：有时提示内容中会出现角括号，其中的选项称为默认选项，直接按空格键或者 Enter 键即可执行该选项。

例如执行"偏移"命令绘制平行线时，出现的提示是：

当前设置：删除源=否　　图层=源　　OFFSETGAPTYPE=0

指定偏移距离或 [通过(T)/删除(E)/图层(L)] <通过>:

"当前设置：删除源=否　　图层=源　　OFFSETGAPTYPE=0"提示用户当前的设置模式为不删除原图线，绘制的平行线和原图线在一个图层，偏移方式为 0。

"指定偏移距离"提示用户输入偏移距离，如果直接输入距离按空格键或者按 Enter 键，即可设定平行线的距离。

"[通过(T)/删除(E)/图层(L)]"为可选项，如果想使用图层选项，只需输入 L，按空格键或者 Enter 键，即可根据提示设置新生成的图线的图层属性。

"<通过>"选项：这是默认选项，直接按空格键或者 Enter 键即可响应该选项，根据提示通过点做某图线的平行线。

2.2　命　令　操　作

用户利用 AutoCAD 完成的所有工作都是通过对系统下达命令来实现的，所以用户必须熟练掌握执行命令的方法和结束命令的方法以及命令提示中各选项的含义和用法。

2.2.1　响应命令和结束命令

在激活命令后，一般情况下需要给出坐标或者选择参数，比如要输入坐标值、设置选项、选择对象等，这时需要用户回应以继续执行命令。可以使用键盘、鼠标或者快捷菜单来响应命令。另外，绘制图样需要多个命令，经常是在结束某个命令后接着执行新命令。有些命令在执行完毕后会自动结束，有些命令则需要使用相应操作才能结束。

结束命令和响应命令的方法有 4 种。

（1）按 Enter 键：按 Enter 键可以结束命令或者确认输入的选项和数值。

（2）按空格键：按空格键可以结束命令，也可确认除书写文字外的其余选项。这种方法是最常用的结束命令的方法。

提示：绘图时，一般左手操作键盘，右手控制鼠标，这时可以使用左手拇指方便地操作空格键，所以使用空格键是更方便的一种操作方法。

（3）使用快捷菜单：在执行命令过程中，使用鼠标右击并在弹出的快捷菜单中选择"确认"选项，即可结束命令。

（4）按 Esc 键：通过按 Esc 键结束命令，回到命令提示状态下。有些命令必须使用 Esc 键才能结束。

2.2.2　取消命令

绘图时也有可能会选错命令，这时需要中途取消命令或取消选中的目标。取消命令的方法有 2 种。

（1）按 Esc 键：Esc 键功能非常强大，无论命令是否完成，都可通过按 Esc 键取消命令，回到命令提示状态下。在编辑图形时，也可通过按 Esc 键取消对已激活对象的选择。

（2）使用快捷菜单：在执行命令过程中，使用鼠标右击并在弹出的快捷菜单中选择"取消"选项，即可结束命令。

提示：有时需要多次使用键盘上的 Esc 键才能结束命令。

2.2.3　撤销

撤销即放弃最近执行过的一次操作，回到未执行该命令前的状态，方法有如下 4 种：

（1）选择"编辑"→"放弃"菜单命令。

（2）单击快速访问工具栏 ← 按钮。

（3）在命令行输入 undo 或 u，按空格键或 Enter 键。

（4）使用快捷键 Ctrl+Z。

放弃近期执行过的一定数量操作的方法有如下 2 种：

（1）单击快速访问工具栏按钮 ← 右侧列表箭头 ▾ ，在列表中选择要放弃的操作数量。

（2）在命令行输入 undo 命令后按 Enter 键，根据提示操作。此时命令行提示如下：

命令: undo　　　　　　　　　　　　　　　　　//按 Enter 键或空格键
当前设置: 自动 = 开，控制 = 全部，合并 = 是，图层 = 是
输入要放弃的操作数量或 [自动(A)/控制(C)/开始(BE)/结束(E)/标记(M)/后退(B)] <1>: 6
　　　　　　　　　　　　　　　　//输入要放弃的操作数量，按 Enter 键或空格键
　　GROUP CIRCLE GROUP ARC GROUP ARC GROUP OFFSET GROUP CIRCLE GROUP LINE
　　　　　　　　　　　　　//系统提示所放弃的 6 步操作的名称

2.2.4　重做

重做是指恢复 undo 命令刚刚放弃的操作。它必须紧跟在 u 或 undo 命令后执行，否则命令无效。

重做单个操作的方法有如下 4 种：

（1）选择"编辑"→"重做"菜单命令。

（2）单击"快速访问工具栏" → 按钮。

（3）在命令行输入 redo，按空格键或 Enter 键。

（4）按快捷键 Ctrl+Y。

重做一定数量的操作的方法有 2 种：

（1）单击"快速访问工具栏"按钮🠖右侧列表箭头⏷，在列表中选择要重做的操作数量。

（2）在命令行输入 mredo 后按 Enter 键，根据提示操作。此时命令行窗口提示如下：

命令：mredo　　　　　　　　　　　　　　　　//按 Enter 键或空格键
输入动作数目或 [全部(A)/上一个(L)]: 4　　　　　//输入要重做的操作数量，按 Enter 键或空格键
GROUP LINE GROUP CIRCLE GROUP OFFSET GROUP ARC　　//系统提示所重做的 4 步操作的名称

2.3　鼠　标　操　作

鼠标在 AutoCAD 操作中起着非常重要的作用，是不可缺少的工具。AutoCAD 采用了大量的 Windows 交互技术，使鼠标操作的多样化、智能化程度更高。在 AutoCAD 中绘图、编辑都要用到鼠标操作，灵活使用鼠标，对于加快绘图速度、提高绘图质量有着非常重要的作用，所以这里有必要先介绍一下鼠标指针在不同情况下的形状和鼠标的几种使用方法。

2.3.1　鼠标指针形状

作为 Windows 的用户，大家都知道鼠标指针有很多样式，不同的形状代表系统在干什么或系统要求用户干什么。当然 AutoCAD 也不例外。了解鼠标的指针形状对于用户进行 AutoCAD 操作的意义是显而易见的，因此，在这里用列表的形式介绍各种经常遇到的鼠标指针形状的含义，如表 2-2 所示。

表 2-2　各种鼠标指针形状的含义

指 针 形 状	说　明	指 针 形 状	说　明
┼	正常绘图状态	⤢	调整右上、左下大小
□	指向状态	↔	调整左、右大小
┽	输入状态	⤡	调整左上、右下大小
▫	选择对象状态	◇	调整上、下大小
⌕	实时缩放状态	✋	视图平移符号
⚲	移动实体状态	I	插入文本符号
⇌	调整命令行窗口大小	🖑	帮助超文本跳转

2.3.2　鼠标基本操作

鼠标的基本操作主要有以下 9 种。

1）指向

把鼠标指针移动到某一个面板按钮上，系统会自动显示出该图标按钮的名称和说明信息。

2）单击左键

把鼠标指针移动到某一个对象，单击鼠标左键。通常单击左键主要应用在以下场合：

- 选择目标；
- 确定十字光标在绘图区的位置；
- 移动水平、垂直滚动条；
- 单击命令按钮，执行相应的命令；
- 单击对话框中的命令按钮，执行相应的命令；
- 打开下拉菜单，选择相应的命令；
- 打开下拉列表，选择相应的选项。

3）右击

把鼠标指针指向某一个对象，按一下右键。右击主要应用在以下场合：

- 结束选择目标；
- 弹出快捷菜单；
- 结束命令。

4）双击

把鼠标指针指向某一个对象或图标，快速按两下鼠标左键。

5）拖动

在某对象上按住鼠标左键，移动鼠标指针位置，在适当的位置释放。拖动鼠标操作主要应用在以下场合：

- 拖动滚动条以快速在水平、垂直方向上移动视图；
- 动态平移、缩放当前视图；
- 拖动选项板到合适位置；
- 在选中的图形上，单击并按住鼠标左键拖动，可以移动对象的位置。

6）间隔双击

在某个对象上单击鼠标左键，隔一会儿再单击一下，这个间隔要超过双击的间隔。间隔双击操作主要应用于文件名或层的名字。在文件名或层名上间隔双击后就会进入编辑状态，这时就可以改名了。

7）滚动中键

滚动中键是指滚动鼠标的滚轮。在绘图工作区滚动中键可以实现对视图的实时缩放。

8）拖动中键

拖动中键是指按住鼠标中键移动鼠标。在绘图工作区拖动中键或者结合键盘拖动中键可以完成以下功能：

- 直接拖动鼠标中键可以实现视图的实时平移。
- 按住 Ctrl 键拖动鼠标中键可以沿 45° 的倍数方向平移视图。
- 按住 Shift 键拖动鼠标中键可以实时旋转视图。（通过 View Cube（上）调节还原视图）

9）双击中键

双击中键是指在图形区双击鼠标中键。双击中键可以将所绘制的全部图形完整显示在屏幕上，使其便于操作。

2.4　AutoCAD 的坐标定位

在绘图过程中要精确定位某个对象时，必须以某个坐标系作为参照，以便精确确定点的位置。AutoCAD 的坐标系提供了精确定位的方法，可以按照非常高的精度标准，准确地帮助设计者绘制图形。

2.4.1　世界坐标系

当进入 AutoCAD 界面时，系统默认的坐标系统是"世界坐标系"。坐标系图标中标明了 X 轴和 Y 轴的正方向，如图 2-1 所示，输入的点就是依据这两个正方向来进行定位的。一般用坐标来定位输入点时，常使用绝对直角坐标、绝对极坐标、相对直角坐标和相对极坐标 4 种方式。

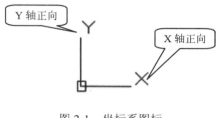

图 2-1　坐标系图标

2.4.2　坐标的表示方法

在 AutoCAD 中，点的坐标可以使用绝对直角坐标、绝对极坐标、相对直角坐标和相对极坐标 4 种方式表示，它们的特点如下：

（1）绝对直角坐标：是从原点（0，0）出发的位移，可以使用分数、小数或科学记数等形式表示点的 X 轴、Y 轴坐标值，坐标间用逗号（英文逗号","）分开，例如点（100,80）。

（2）绝对极坐标：是从原点（0，0）出发的位移，但给定的是极半径和极角，其中极半径和极角用"<"分开，且规定 X 轴正向为 0°，Y 轴正向为 90°，例如点（4.5<60）、（300<30）等。

（3）相对直角坐标和相对极坐标：相对坐标是指相对于某一点的 X 轴和 Y 轴位移，或极半径和极角。它的表示方法是在绝对坐标表达方式前加上"@"号，如（@-45,51）和（@45<120）。其中，相对极坐标中的极角是输入点和上一点连线与 X 轴正向的夹角，极半径是输入点与上一点的连线长度。

以上 4 种坐标输入方式可以单独使用，也可以混合使用，根据具体情况灵活掌握。

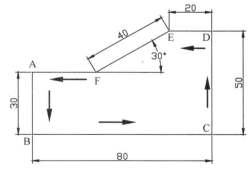

图 2-2　绘制图形

扫码看视频

【例 2-1】混合使用坐标表示法创建如图 2-2 所示的图形。

单击"绘图"工具面板图标按钮，命令行的提示如下：

命令: -line
指定第一点: //单击鼠标拾取一点作为 A
指定下一点或 [放弃(U)]: @0,-30   //输入 B 点相对直角坐标值
指定下一点或 [放弃(U)]: @80,0   //输入 C 点相对直角坐标值
指定下一点或 [闭合(C)/放弃(U)]: @0,50   //输入 D 点相对直角坐标值
指定下一点或 [闭合(C)/放弃(U)]: @-20,0   //输入 E 点相对直角坐标值
指定下一点或 [闭合(C)/放弃(U)]: @40<210   //输入 F 点相对极坐标值
指定下一点或 [闭合(C)/放弃(U)]: c   //输入 C，闭合图形

2.4.3　对象的选择与删除

需要对对象进行编辑或修改时，系统一般要提示选择对象，下面介绍几种简单的对象选择方法。

1．单选法

在对象上单击鼠标，对象会虚显，表明其被选中。单击别的对象，会将其自动添加到选择集。如果要从选择集中去除某个对象，可以按住 Shift 键单击该对象。

提示：按 Esc 键可以取消选择多个对象。

2．默认窗口方式

如果将拾取框移到图中的空白区域单击鼠标，AutoCAD 会提示"指定对角点"。移动鼠标到另一个位置再单击，AutoCAD 自动以两个拾取点为对角点确定一矩形拾取窗口。如果矩形窗口是从左向右定义的，那么只有完全在矩形框内部的对象才会被选中。如果拾取窗口是从右向左定义的，那么位于矩形框内部或者与矩形框相交的对象都会被选中。

左框选法：先确定选择框的左上角点 A，然后向右拉出窗口，并确定选择框的右下角点 B。用这种方法可以选中选择框内的图形对象，这些图形对象全部包含在选择框内，如图 2-3 所示。

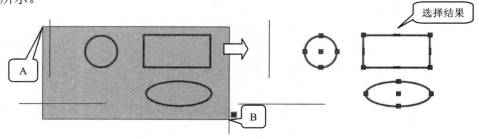

图 2-3　左框选

右框选法：先确定选择框的右上角点 A，然后向左拉出窗口，并确定选择框的左下角点 B，用这种方法无论包含还是经过选择框的对象都会被选中，如图 2-4 所示。

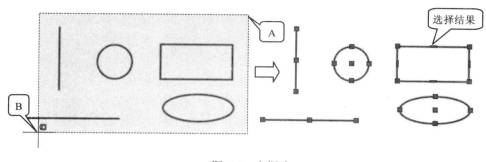

图 2-4　右框选

提示：在没有任何命令激活的状态下，同样可以按上面的方法选择对象，然后按 Delete 键删除所选择的对象。

2.5　显示控制方法

扫码看视频

2.5.1　缩放

计算机显示屏幕的大小是有限的，也就是说可视绘图区域会受计算机硬件的限制（在理论上绘图区域是无限的）。

使用视图缩放命令可以放大或缩小图样在屏幕上的显示范围和大小。AutoCAD 为用户提供了多种视图缩放的方法，以获得需要的缩放效果。

执行视图缩放命令的方法有 5 种：

（1）执行"视图"→"缩放"菜单命令，如图 2-5 所示。

（2）选择"功能区"→"视图"选项卡→"导航"面板的缩放工具，如图 2-6 所示。

图 2-5　"缩放"菜单

图 2-6　"导航"面板的缩放工具

（3）使用"导航栏"中的"缩放"工具：单击缩放工具的下箭头，打开菜单选择相应缩放命令即可，如图 2-7 所示。

（4）滚动鼠标滚轮，即可完成视图的缩放，这是最常用的缩放方式。

（5）命令行输入 zoom 或 z。

在命令行输入 zoom 后按 Enter 键，命令行提示如下：

命令: zoom
指定窗口的角点，输入比例因子 (nX 或 nXP)，或者
[全部(A)/中心(C)/动态(D)/范围(E)/上一个(P)/比例(S)/窗口(W)/对象(O)] <实时>:

AutoCAD 具有强大的缩放功能，用户可以根据自己的需要显示图形信息。常用的缩放工具有：实时缩放、窗口缩放、动态缩放、比例缩放、中心缩放、缩放对象、放大、缩小、全部缩放和范围缩放。

图 2-7　"导航栏"的缩放菜单

1．实时缩放

实时缩放是系统默认选项。在命令行的提示下直接按 Enter 键或使用上述任何一种方式选择"实时缩放"按钮，则执行实时缩放操作。执行实时缩放后，光标变为放大镜形状，按住左键向上方（正上、左上、右上均可）拖动鼠标可实时放大图形显示，按住左键向下方（正下、左下、右下均可）拖动鼠标可实时缩小图形显示。

提示：在实际操作时，一般滚动鼠标中键实现视图的实时缩放。在图形区向上滚动鼠标滚轮为实时放大视图，向下滚动鼠标滚轮为实时缩小视图。这种操作十分方便、快捷，用户必须牢记。

2．窗口缩放

窗口缩放就是对处于用户定义矩形窗口的图形局部进行缩放。在绘制图样过程中，可能某一部分的图线特别密集，继续绘制或者编辑，会很不方便。遇到这种情况，用窗口缩放命令可以将需要修改的图样部分放大到一定程度，这样再进行绘制和编辑就十分方便了。通过确定矩形的两个角点，可以拉出一个矩形窗口，窗口区域的图形将放大到整个窗口范围。

在选择角点时，将图形要放大的部分全部包围在矩形框内。矩形框的范围越小，图形显示得越大。

提示：缩放命令可以通过"视图"→"缩放"菜单命令执行。

3．动态缩放

动态缩放与窗口缩放有相同之处，它们放大的都是矩形选择框内的图形，但动态缩放比窗口缩放灵活，可以随时改变选择框的大小和位置。

单击"动态缩放"按钮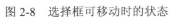，绘图区会出现选择框，如图 2-8 所示，此时拖动鼠标可移动选择框到需要的位置。单击鼠标后选择框如图 2-9 所示，此时拖动鼠标即可按箭头所示方向放大，反向则缩小选择框并可上下移动。在图 2-9 所示状态下单击鼠标可以变换为图 2-8 所示的状态，移动鼠标指针改变选择框的位置。用户可以通过单击鼠标在两种状态之间切换。需要注意的是图 2-8 所示的状态可以通过移动鼠标指针来改变位置，图 2-9 所示的状态可以通过移动鼠标指针来改变选择框的大小。

图 2-8　选择框可移动时的状态

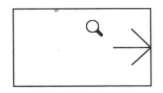

图 2-9　可缩放时的选择框

不论选择框处于何种状态，只要将需要放大的图样选择在框内，按 Enter 键即可将其放大并且为最大显示。选择框越小，放大倍数越大。

4．范围缩放

用窗口缩放命令将图样放大是为了便于局部操作，但全图布局就容易被忽略。要观察全图的布局，可使用"范围缩放"按钮 让图样布满屏幕，无论当前屏幕显示的是图样的哪一部分，或者图样在屏幕上多么小，都可以让所有的图布置到屏幕内，并且使所有的对象最大显示。

5．其他缩放工具

- 单击"缩放对象"按钮 ，可将选定对象（可选择多个对象）显示在屏幕上。此命令可以通过选择"视图"→"缩放"→"对象"菜单命令执行。
- 单击"全部缩放"按钮 ，将所有图形对象（包括栅格，也就是图形界限）显示在屏幕上。此命令可以通过选择"视图"→"缩放"→"全部"菜单命令执行。
- 单击"缩放上一个命令"按钮 ，恢复上次的缩放状态。此命令可以通过选择"视图"→"缩放"→"上一个"菜单命令执行。

2.5.2　平移

单击"平移"按钮 即可进入视图平移状态，此时鼠标指针形状变为 ，按住鼠标左键拖动鼠标，视图的显示区域就会随之平移。按 Esc 键或 Enter 键，可以退出该命令。平移与缩放、窗口缩放、缩放为原窗口、范围缩放等的切换可以通过右击的快捷菜单来完成，如图 2-10 所示。

图 2-10　快捷菜单

2.5.3　命名视图

用户可以通过命名视图命令把绘图过程中的某一显示保存下来，以备随时调用。

【例 2-2】 命名视图。

[1] 单击"视图"面板的 按钮（或执行"视图"→"命名视图"菜单命令），出现如图 2-11 所示的"视图管理器"对话框。

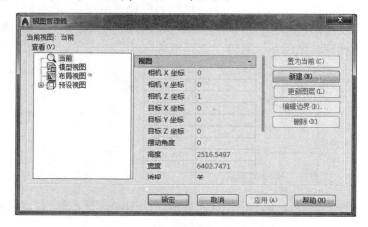

图 2-11 "视图管理器"对话框

[2] 单击 新建(N)... 按钮，出现"新建视图/快照特性"对话框，在"视图名称"文本框中输入视图名称（如"过程显示"）；在"边界"选项组可以选择命名视图定义的范围，可以把当前显示定义为命名视图，也可以通过定义窗口的方法来确定命名视图的显示，如图 2-12 所示。

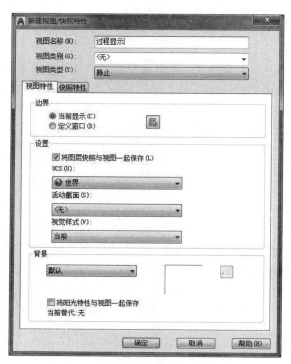

图 2-12 "新建视图/快照特性"对话框

[3] 单击 确定 按钮返回"视图管理器"对话框,新建的视图会显示在视图列表中,如图 2-13 所示,单击 确定 按钮退出。

图 2-13　新建的视图

如果在绘图过程中要恢复该显示(视图),可以执行"视图"→"命名视图"菜单命令,打开"视图管理器"对话框,在"查看"列表中选择要恢复的视图,然后单击 置为当前 C 按钮把该视图置为当前,单击 确定 按钮退出。这时的当前显示即为定义视图的显示。

2.6　模型空间平铺视口

在 AutoCAD 中,若想同时从不同窗口观察图形,需要用到其平铺视口功能。

在模型空间中,可将绘图区域分隔成两个或多个相邻的矩形视图,称为模型空间平铺视口。在模型空间上创建的平铺视口会充满整个绘图区域并且相互之间不重叠,可对每个视口单独进行缩放和平移操作,而不影响其他视口的显示。在一个视口中对图形修改后,其他视口也会立即更新。

在 AutoCAD 中,通过"视口"子菜单(图 2-14)、"模型视口"面板(图 2-15)、"视口"工具栏(图 2-16)都可以创建和管理平铺视口。

图 2-14　"视口"子菜单　　　图 2-15　"模型视口"面板　　图 2-16　"视口"工具栏

2.6.1　创建平铺视口

在 AutoCAD 中创建平铺视口需要在"视口"对话框中进行，如图 2-17 所示。

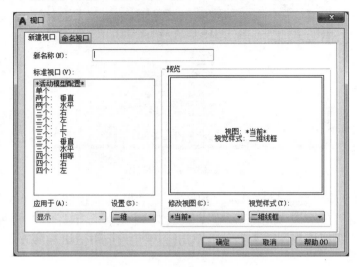

图 2-17　"视口"对话框

在 AutoCAD 中，有以下 4 种方法打开"视口"对话框：

（1）选择"视图"→"视口"→"新建视口"（或"命名视口"）菜单命令。

（2）单击"视图"选项卡→"模型视口"面板→"命名"按钮 。

（3）单击"视口"工具栏的"显示视口对话框"按钮 。

（4）在命令行中输入 VPORTS 并按 Enter 键。

在"视口"对话框中，"新建视口"选项卡用来创建平铺视口，"命名视口"选项卡用来恢复保存的平铺视口。

下面通过实例来说明新建平铺视口的步骤。

扫码看视频

【例 2-3】　新建平铺视口，将原图形（图 2-18）的绘图窗口分为 3 个视口，并将它们分别缩放，缩放后的图形如图 2-19 所示。

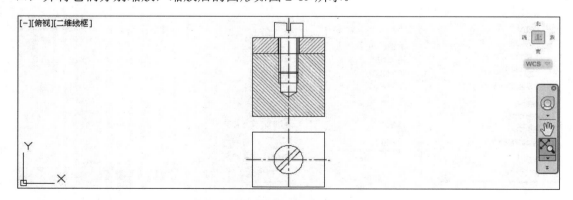

图 2-18　新建视口前

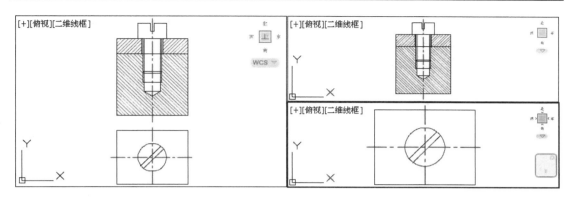

图 2-19　新建视口并缩放后

新建并缩放平铺视口的步骤如下：

[1] 打开如图 2-18 所示的图形，执行"视图"→"视口"→"新建视口"菜单命令。

[2] 在弹出的"视口"对话框的"新名称"文本框内输入新建视口的名称，如"三个左"，在"标准视口"列表框中选择"三个：左"选项，单击 确定 按钮。如图 2-20 所示为"平铺视口"预览，如图 2-21 所示为新建的平铺视口。

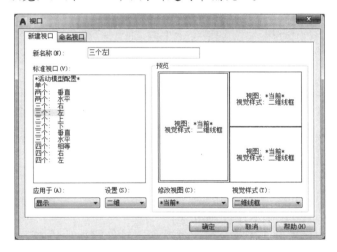

图 2-20　"平铺视口"预览

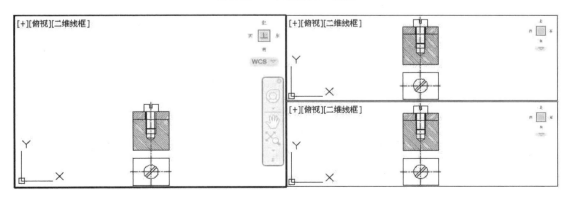

图 2-21　新建平铺视口后的显示效果

[3] 在左边的视口内单击，使其为当前视口，然后执行"视图"→"缩放"→"范围"菜单命令，范围缩放后的左边视口如图 2-22 所示。

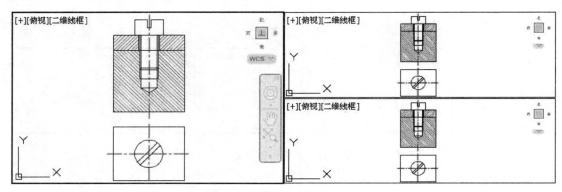

图 2-22　范围缩放后的左边视口

[4] 在右上视口内单击，使其为当前视口，然后执行"视图"→"缩放"→"对象"菜单命令，根据命令行的提示选择对应的缩放对象，对象缩放后的右上视口如图 2-23 所示。

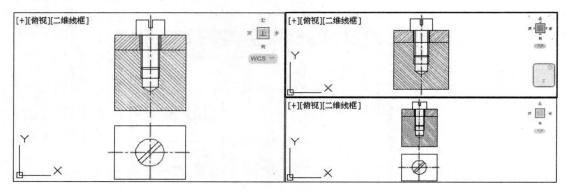

图 2-23　对象缩放后的右上视口

[5] 在右下视口内单击，使其为当前视口，然后执行"视图"→"缩放"→"对象"菜单命令，根据命令行提示选择对应的缩放对象。对象缩放后的右下视口如图 2-24 所示。

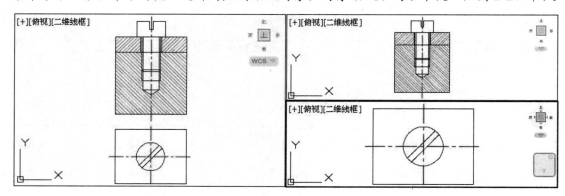

图 2-24　对象缩放后的右下视口

至此完成新建平铺视口操作并分别进行了缩放。

2.6.2　恢复平铺视口

打开"视口"对话框，切换到"命名视口"选项卡，如图 2-25 所示。

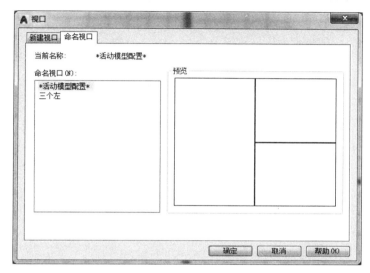

图 2-25　"视口"对话框下的"命名视口"选项卡

在左侧的"命名视口"列表框中选择要恢复的平铺视口，然后单击 确定 按钮。

2.6.3　分割与合并视口

1. 分割视口

在"视图"→"视口"子菜单中，"两个视口""三个视口"和"四个视口"这 3 个菜单项分别用于将当前视口分隔成 2、3、4 个视口。

2. 合并视口

合并视口是指将 2 个相邻的视口合并为 1 个较大的视口，得到的视口将继承主视口的视图。

在 AutoCAD 中，有以下 2 种方法执行"合并视口"操作：

（1）选择"视图"→"视口"→"合并"菜单命令。

（2）单击"视图"选项卡→"模型视口"面板→"合并"按钮。

执行"合并视口"命令后，命令行依次提示如下：

```
命令: _-vports
输入选项 [保存(S)/恢复(R)/删除(D)/合并(J)/单一(SI)/?/2/3/4/切换(T)/模式(MO)] <3>: _j
选择主视口 <当前视口>:
选择要合并的视口:
```

此时按照命令行的提示，先选择主视口，即在视口上单击，表示选择该视口为主视口。然后选择要合并的视口，这样可将两个视口合并为一个视口。

提示：
（1）选择菜单栏中的"视图"→"视口"→"单个"命令或单击"视口"工具栏中的"单个视口"按钮▣，可一次将视图上的所有视口合并为一个视口。
（2）只能合并相邻的两个视口，并且要求合并后的视口能形成矩形。

2.7　打开或关闭可见元素

扫码看视频

在绘图过程中，如果所绘制的图形较复杂，系统显示图形需花费大量时间，而使处理命令的资源相对减少。为了加快处理命令的速度，可以根据需要设置某些可见元素的显示方案。

2.7.1　打开或关闭实体填充显示

在 AutoCAD 中，有以下 2 种方法可打开实体填充显示：
（1）在"选项"对话框中，选中"显示"选项卡→"显示性能"选项组→"应用实体填充"复选框。
（2）在命令行中输入 FILL 并按 Enter 键，然后输入 ON 并按 Enter 键。
用以上方法都可设置"应用实体填充"，设置完成后，选择"视图"→"重生成"菜单命令，即可显示出设置结果。
当关闭"填充"模式时，多段线、实体填充多边形、渐变色填充和图案填充都以轮廓的形式显示，且不打印填充。
图 2-26 为实体填充显示打开和关闭时的不同效果。

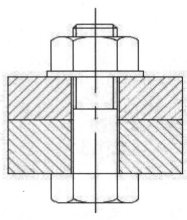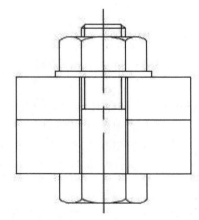

（a）打开实体填充（FILL 设置为 ON）　　　　　（b）关闭实体填充（FILL 设置为 OFF）

图 2-26　打开和关闭实体填充显示

2.7.2　打开或关闭文字显示

在 AutoCAD 中，有以下 2 种方法可设置文字显示：

（1）在"选项"对话框中，选中"显示"选项卡→"显示性能"选项组→"仅显示文字边框"复选框。

（2）在命令行中输入 QTEXT 并按 Enter 键，然后输入 ON 并按 Enter 键。

用以上方法都可设置"文字显示"，设置完成后，选择"视图"→"重生成"菜单命令，即可显示出设置效果。

图 2-27 为文字显示打开和关闭时的标注效果。

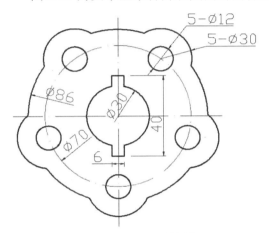 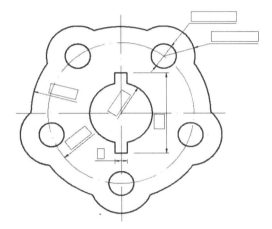

（a）打开文字显示（QTEXT 设置为 OFF）　　　　　（b）关闭文字显示（QTEXT 设置为 ON）

图 2-27　打开和关闭文字显示

2.7.3　打开或关闭线宽显示

与实体填充和文字显示的设置不同，无论打开还是关闭线宽显示，线宽总是以其真实值打印。

在 AutoCAD 中，有以下 2 种方法可设置线宽显示：

（1）选择"格式"→"线宽"菜单命令，在弹出的"线宽设置"对话框中选中"显示线宽"复选框，如图 2-28 所示。

（2）单击状态栏下的"线宽"按钮，设置显示或隐藏线宽。

图 2-29 为打开和关闭线宽时的图形显示效果。

图 2-28　"线宽设置"对话框

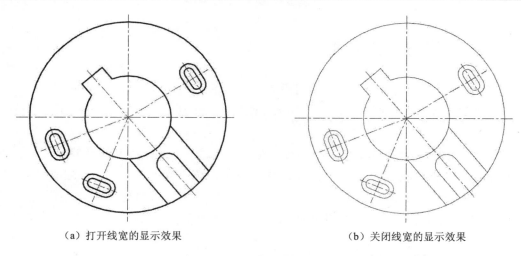

（a）打开线宽的显示效果　　　　　　　　　　　　　（b）关闭线宽的显示效果

图 2-29　打开和关闭线宽的显示效果

2.8　重画与重生成图形

在使用 AutoCAD 绘制或编辑图形时，执行某些操作命令之后，绘图窗口会显示一些残余的标记，要删除这些残余标记，就要用到"重画"和"重生成"命令。

2.8.1　重画图形

在 AutoCAD 中，重画是指快速刷新或清除当前视口中的点标记，而不更新图形数据库，有以下 2 种方法执行"重画"操作：

（1）选择"视图"→"重画"菜单命令。

（2）在命令行中输入 REDRAWALL 并按 Enter 键。

执行"重画"命令后，AutoCAD 会刷新显示所有视口。

还可使用 REDRAW 命令进行重画，执行后只刷新当前视口的显示。

2.8.2　重生成图形

重生成是指通过从数据库中重新计算屏幕坐标来更新图形的屏幕显示，这与重画命令是不同的。重生成不只是刷新显示，还需要重新计算所有对象的屏幕坐标，重新创建图形数据库索引，从而优化显示和对象选择的性能。因此，重生成比重画的执行速度慢，刷新屏幕的时间更长。

AutoCAD 中有些操作只有在重新生成之后才能生效。例如新对象自动使用当前设置显示实体填充和文字。要使用这些设置更新现有对象的显示，除线宽外，必须使用"重生成"命令。

在 AutoCAD 中，有以下 2 种方法执行"重生成"操作：

（1）选择"视图"→"重生成"菜单命令。

（2）在命令行中输入 REGEN 并按 Enter 键。

执行"重生成"命令后，AutoCAD 将重新生成当前视口。

还可使用 REGENALL 命令进行重生成（也可通过选择"视图"菜单→"全部重生成"命令），执行后重生成全部视口。

2.9　思考与练习

1．概念题

（1）在 AutoCAD 中怎样执行命令？

（2）在 AutoCAD 中怎样响应和结束命令？

2．绘图练习

（1）使用直角坐标法绘制如图 2-30 所示的图形。

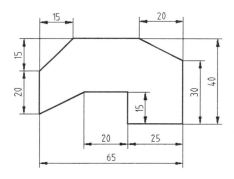

图 2-30　使用直角坐标绘图练习

（2）使用极坐标输入法绘制如图 2-31 所示的图形。

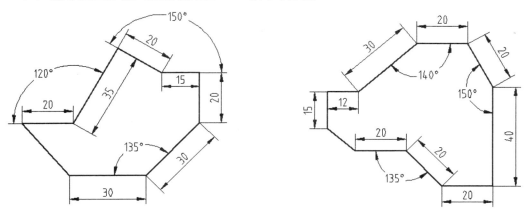

图 2-31　使用极坐标法绘图练习

第 3 章　绘制二维图形

本章重点

- 绘制直线（构造线）
- 绘制圆、圆弧、椭圆和椭圆弧
- 精确绘图工具（栅格和对象捕捉）
- 绘制和编辑多段线
- 绘制平面图形（矩形与正多边形）
- 绘制点
- 绘制和编辑样条曲线
- 绘制和编辑多线
- 云线
- 精确绘图工具二（追踪和动态输入）

3.1　直线的绘制

直线是构成图形实体的基本元素，可以通过"绘图"面板上的按钮 ![直线] 或者下拉菜单"绘图"→"直线"命令绘制完成。在绘制直线时，有一根与最后点相连的"橡皮筋"，直观地指示端点放置的位置。

用户可以用鼠标拾取或输入坐标的方法指定端点，这样可以绘制连续的线段。使用 Enter 键、空格键或鼠标右键菜单中的"确认"选项即可结束命令。

在绘制过程中，如果输入点的坐标出现错误，可以输入字母 U 并按 Enter 键，撤销上一次输入点的坐标，继续输入，而不必重新执行绘制直线命令。如果要绘制封闭图形，不必输入最后一个封闭点，而直接输入字母 C 并按 Enter 键即可。

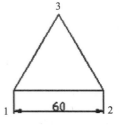

图 3-1　正三角形

【**例 3-1**】利用直线命令来绘制如图 3-1 所示的图形（正三角形）。

单击"绘图"面板上的按钮 ![直线]，命令行提示如下：

扫码看视频

```
命令: _line
指定第一点:                          //单击鼠标确定 1 点
指定下一点或 [放弃(U)]: @60,0        //确定 2 点
指定下一点或 [放弃(U)]: @60<120      //确定 3 点
指定下一点或 [闭合(C)/放弃(U)]: c     //输入 C 闭合图形，命令会自动结束。
```

　　如果要绘制水平或垂直线，可以单击状态栏上的 ⌐ 按钮开启正交状态，在确定了直线的起始点后，用光标控制直线的绘制方向，直接输入直线的长度即可。利用正交方式可以方便地绘制如图 3-2 所示的图样。

　　打开正交工具：在状态栏上单击 ⌐ 按钮或者使用功能键 F8 可以开启正交状态，这时鼠标指针只能在水平或垂直方向移动。向右拖动光标，确定直线的走向沿 X 轴正向，如图 3-3 所示，输入长度值 100 并按 Enter 键可确定一点。用同样的方法确定其余直线的方向，输入长度值，直至绘制全部图形。

> **提示**：在处在开启状态的 ⌐ 按钮上再次单击鼠标或按 F8 键可以取消正交。

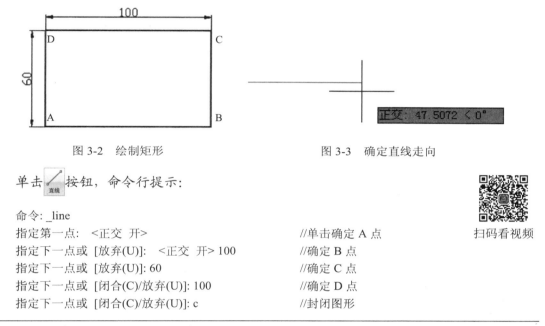

图 3-2　绘制矩形　　　　　　　　　　　图 3-3　确定直线走向

单击 [直线] 按钮，命令行提示：

扫码看视频

```
命令: _line
指定第一点:  <正交 开>                        //单击确定 A 点
指定下一点或 [放弃(U)]:  <正交 开> 100         //确定 B 点
指定下一点或 [放弃(U)]: 60                     //确定 C 点
指定下一点或 [闭合(C)/放弃(U)]: 100            //确定 D 点
指定下一点或 [闭合(C)/放弃(U)]: c              //封闭图形
```

> **提示**：建议长度值不要输入负号，要画的线向哪个方向延伸，就把鼠标向哪个方向拖动，然后输入长度值即可。

3.2　圆及圆弧的绘制

　　圆及圆弧是作图过程中经常遇到的两种基本实体，所以有必要掌握在不同条件下绘制圆和圆弧的方法。根据给定条件的不同，AutoCAD 2018 提供了 6 种绘制圆的方法，11 种绘制圆弧的方法。

3.2.1　圆的绘制

扫码看视频

　　在 AutoCAD 中，可以通过指定圆心和半径（或直径）或指定圆经过的点来创建圆，也可以创建与对象相切的圆。

调用"圆"命令的方法主要有 2 种：

（1）单击"绘图"面板上  按钮的倒黑三角，可以展开与圆绘制有关的所有命令按钮，如图 3-4 所示。

图 3-4　"圆绘制"按钮

（2）选择"绘图"→"圆"菜单命令（见表 3-1）。以下主要以命令按钮的方式创建圆。

表 3-1　"圆"命令说明

菜 单 命 令	说　　明
"绘图"→"圆"→"圆心、半径"	通过指定圆的圆心和半径绘制圆
"绘图"→"圆"→"圆心、直径"	通过指定圆的圆心和直径绘制圆
"绘图"→"圆"→"两点"	通过指定 2 点，并以 2 点之间的连线为直径来绘制圆
"绘图"→"圆"→"三点"	通过输入圆周上的 3 个点来绘制圆
"绘图"→"圆"→"相切、相切、半径"	以指定的值为半径，绘制 1 个与 2 个对象相切的圆。在绘制时，需要先指定与圆相切的 2 个对象，然后指定圆的半径
"绘图"→"圆"→"相切、相切、相切"	绘制 1 个与 3 个对象相切的圆

1．圆心、半径法

该方法可以通过指定圆心和半径绘制一个圆。单击 圆心、半径 按钮，命令行提示如下：

命令: _circle
指定圆的圆心或 [三点(3P)/两点(2P)/切点、切点、半径(T)]:　　　 //指定圆心
指定圆的半径或 [直径(D)]: 20　　　　　　　　　　　　　　 //输入圆的半径，完成圆的绘制

此命令也可以通过下拉菜单"绘图"→"圆"→"圆心、半径"执行。

2．圆心、直径法

单击 圆心、直径 按钮，命令行提示如下：

命令: _circle
指定圆的圆心或 [三点(3P)/两点(2P)/切点、切点、半径(T)]:　　　 //指定圆心
指定圆的半径或 [直径(D)]: _d 指定圆的直径: 20　　　　　　　 //指定圆的直径（20），按 Enter 键

3．三点法

不在同一条直线上的 3 点可以唯一确定一个圆，用三点法绘制圆要求输入圆周上的 3 个点来确定圆。图 3-5 所示的圆就可以用三点法来绘制。

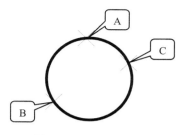

图 3-5　三点法绘制圆

单击 ⬭ 三点 按钮，命令行提示如下：

命令: _circle
指定圆的圆心或 [三点(3P)/两点(2P)/切点、切点、半径(T)]: _3p　指定圆上的第一个点:
　　　　　　　　　　　　　　　　　　　　　　　　　　　//确定圆上 A 点
指定圆上的第二个点:　　　　　　　　　　　　　　　　　//确定圆上 B 点
指定圆上的第三个点:　　　　　　　　　　　　　　　　　//确定圆上 C 点

此方法还可通过下拉菜单"绘图"→"圆"→"三点"来实现。圆周上的 3 个点，除了用坐标定位外，还可以用鼠标单击拾取，这种方法若结合后面讲到的捕捉命令，绘制圆会很方便。

4．两点法

两点法通过确定 2 个点连成一条直线构成圆的直径。这 2 点一旦确定，圆的圆心和直径也就确定，圆是唯一的。绘制方法如图 3-6 所示。

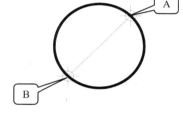

图 3-6　两点法绘制圆

单击 ⬭ 两点 按钮，命令行提示如下：

命令: _circle
指定圆的圆心或 [三点(3P)/两点(2P)/切点、切点、半径(T)]: _2p　指定圆直径的第一个端点:
　　　　　　　　　　　　　　　　　　　　　　　　　　　//输入 A 点
指定圆直径的第二个端点:　　　　　　　　　　　　　　　//输入 B 点

此方法还可通过下拉菜单"绘图"→"圆"→"两点"来实现。

5．相切、相切、半径法

用这种方法时要确定与圆相切的 2 个对象，并且要确定圆的半径。图 3-7 所示是用相切、相切、半径法来绘制与 2 个已知对象相切，并且半径为 150 的圆。

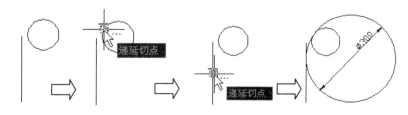

图 3-7　绘制过程

单击 ⬭ 相切、相切、半径 按钮，命令行提示如下：

命令: _circle

指定圆的圆心或 [三点(3P)/两点(2P)//切点、切点、半径(T)]: _ttr
指定对象与圆的第一个切点:　　//移动鼠标指针到已知圆上,出现切点符号 ⊙ 时,单击鼠标左键
指定对象与圆的第二个切点:　　//移动鼠标指针到已知直线上,出现切点符号时,单击鼠标左键
指定圆的半径 <50>: 150　　　//输入半径

如果输入圆的半径过小,系统绘制不出圆,会在命令提示行给出提示:"圆不存在。",并退出绘制命令。此方法还可通过下拉菜单"绘图"→"圆"→"相切、相切、半径"来实现。

使用"相切、相切、半径"命令时,系统总是在距拾取点最近的部位绘制相切的圆。因此,即使绘制圆的半径相同,拾取相切对象的位置不同,得到的结果有可能也不相同,如图 3-8 所示。

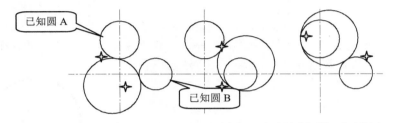

图 3-8　使用"相切、相切、半径"方式绘制圆的不同效果

6. 相切、相切、相切法

用此方法绘制圆时,需要确定与圆相切的 3 个对象,如图 3-9 所示。

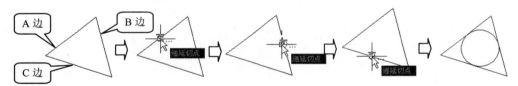

图 3-9　画已知三角形的内切圆

单击 [⊙ 相切、相切、相切] 按钮,命令行提示如下:

命令: _circle
指定圆的圆心或 [三点(3P)/两点(2P)/相切、相切、半径(T)]: _3p
指定圆上的第一个点: _tan 到　　//移动鼠标指针到"A 边"上出现相切标记 ⊙,单击
指定圆上的第二个点: _tan 到　　//移动鼠标指针到"B 边"上出现相切标记 ⊙,单击
指定圆上的第三个点: _tan 到　　//移动鼠标指针到"C 边"上出现相切标记 ⊙,单击

提示: 在选择切点时,移动光标至拟相切实体,系统会出现相切标记 ⊙,此时单击确定即可。

用三点法结合切点捕捉联用,也能达到相切、相切、相切法绘制圆的要求。

3.2.2　圆弧的绘制

AutoCAD 2018 提供了 11 种绘制圆弧的方法,通过控制圆弧的起点、中间点、圆弧方

向、圆弧所对应的圆心角、终点、弦长等参数，来控制圆弧的形状和位置（见表 3-2）。虽然 AutoCAD 提供了多种绘制圆弧的方法，但经常用到的仅是其中的几种，在后面的章节中，将介绍用"倒圆角"和"修剪"命令来间接生成圆弧。

表 3-2 圆弧的画法

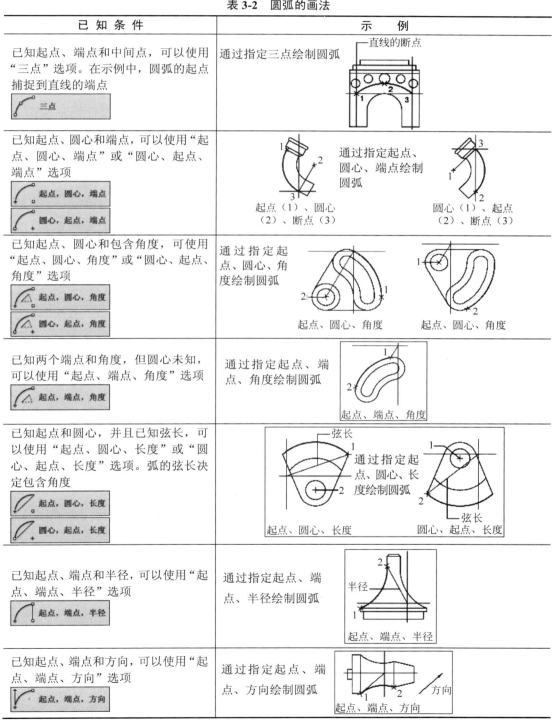

已 知 条 件	示 例
已知起点、端点和中间点，可以使用"三点"选项。在示例中，圆弧的起点捕捉到直线的端点。 三点	通过指定三点绘制圆弧
已知起点、圆心和端点，可以使用"起点、圆心、端点"或"圆心、起点、端点"选项。 起点，圆心，端点 圆心，起点，端点	通过指定起点、圆心、端点绘制圆弧 起点（1）、圆心（2）、断点（3） 圆心（1）、起点（2）、断点（3）
已知起点、圆心和包含角度，可使用"起点、圆心、角度"或"圆心、起点、角度"选项。 起点，圆心，角度 圆心，起点，角度	通过指定起点、圆心、角度绘制圆弧 起点、圆心、角度 起点、圆心、角度
已知两个端点和角度，但圆心未知，可以使用"起点、端点、角度"选项。 起点，端点，角度	通过指定起点、端点、角度绘制圆弧 起点、端点、角度
已知起点和圆心，并且已知弦长，可以使用"起点、圆心、长度"或"圆心、起点、长度"选项。弧的弦长决定包含角度。 起点，圆心，长度 圆心，起点，长度	通过指定起点、圆心、长度绘制圆弧 起点、圆心、长度 圆心、起点、长度
已知起点、端点和半径，可以使用"起点、端点、半径"选项。 起点，端点，半径	通过指定起点、端点、半径绘制圆弧 起点、端点、半径
已知起点、端点和方向，可以使用"起点、端点、方向"选项。 起点，端点，方向	通过指定起点、端点、方向绘制圆弧 起点、端点、方向

提示：AutoCAD 中默认设置的圆弧正方向为逆时针方向，圆弧沿正方向从起点生成到终点。

单击"绘图"面板上 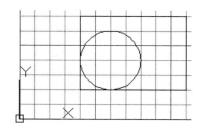 按钮的倒黑三角，出现所有圆弧命令按钮，如图 3-10 所示。与此对应的"绘图"→"圆弧"子菜单如图 3-11 所示。

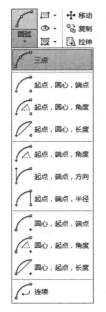

图 3-10　圆弧命令按钮　　　　　　　　图 3-11　"圆弧"子菜单

3.3　使用栅格

在绘制工程草图时，经常要把图绘制在坐标纸上，以方便定位和度量。AutoCAD 也提供了类似坐标纸的功能，即栅格和栅格捕捉，如图 3-12 所示。

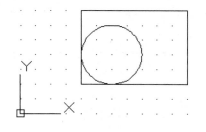

图 3-12　显示栅格

栅格是显示在屏幕上的一些等距离点，下面以点栅格为例进行讲述。在"草图设置"对话框的"捕捉和栅格"选项卡中选择"二维模型空间"复选框，可以对点间的距离进行设置，在确定对象长度、位置和倾斜程度时，通过数点就可以完成度量。

栅格捕捉是设置了栅格间隔距离后，调用该功能，则十字光标只能在屏幕上作等距离跳跃。我们把光标跳动的间距称为捕捉分辨率。

栅格和栅格捕捉的设置：使用菜单命令"工具"→"绘图设置"，或者在状态栏的▓（捕捉模式）或▓（栅格显示）按钮上右击，在弹出的快捷菜单中选择"设置"选项，会出现"草图设置"对话框，选择"捕捉和栅格"选项卡，如图 3-13 所示。

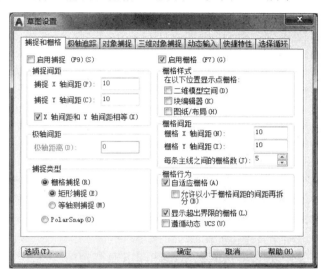

图 3-13　"捕捉和栅格"选项卡

在右边"栅格"选项卡中：

- "栅格 X 轴间距"输入框：指定 X 方向（水平）栅格点的间距，如果该值为 0，则栅格采用"捕捉 X 轴间距"的值，默认值为 10。
- "栅格 Y 轴间距"输入框：指定 Y 方向（垂直）栅格点的间距，如果该值为 0，则栅格采用"捕捉 Y 轴间距"的值，默认值为 10。

选择"启用栅格"复选框，可以启用栅格功能，屏幕上将显示按 X 轴、Y 轴间距设置的栅格点。此外还可以利用 F7 功能键，或者单击▓按钮打开/关闭栅格功能。

在左边"捕捉"选项卡中：

选择"启用捕捉"复选框，可以启用栅格捕捉功能，系统将按 X 轴、Y 轴间距控制光标移动的距离。此外还可以利用 F9 功能键，或者单击▓按钮打开/关闭栅格捕捉功能。

- "捕捉 X 轴间距"输入框：指定 X 方向（水平）的捕捉间距，此值必须为正实数，默认值为 10。
- "捕捉 Y 轴间距"输入框：指定 Y 方向（垂直）的捕捉间距，此值必须为正实数，默认值为 10。

一般情况下，捕捉间距应与栅格间距一致。从上面可以看出，如果把"栅格 X 轴间距"和"栅格 Y 轴间距"两个参数设置为 0，要调整捕捉间距与栅格间距，只需调整"捕捉 X 轴间距"和"捕捉 Y 轴间距"两个参数即可。

提示：默认设置为栅格距离 X=10，Y=10，捕捉分辨率为 10。

3.4　使用对象捕捉功能

在绘图过程中，经常要指定一些已有对象上的点，例如端点、圆心和两个对象的交点等，如果只凭肉眼观察来拾取，则不能非常准确地找到这些点。为此，AutoCAD 提供了对象捕捉功能，可以帮助用户迅速、准确地捕捉到某些特定点，从而精确地绘制图形。

对象捕捉是在已有对象上精确地定位特定点的一种辅助工具，它不是 AutoCAD 的主命令，不能在命令行的"命令："提示符下单独执行，而只能在执行绘图命令或图形编辑命令的过程中，系统提示"指定点"时才能使用。

图 3-14　"对象捕捉"快捷菜单

3.4.1　"对象捕捉"快捷菜单

当 AutoCAD 提示指定一个点时，按住 Shift 键不放，在屏幕绘图区右击，弹出如图 3-14 所示的快捷菜单；在菜单中选择了捕捉方式后，菜单消失，再回到绘图区即可捕捉相应的点。将鼠标指针移到要捕捉的点附近，会出现相应的捕捉点标记，光标下方还有对这个捕捉点类型的文字提示，此时单击鼠标左键，就会精确捕捉到这个点。对象捕捉工具及其功能如表 3-3 所示。

表 3-3　对象捕捉工具及其功能

选　　项	名　　称	功　　能
端点(E)	捕捉到端点	用来捕捉对象的端点，如线段、圆弧等。在捕捉时，将光标移到要捕捉的端点一侧，就会出现一个捕捉端点标记□，单击即可
中点(M)	捕捉到中点	用来捕捉直线或圆弧的中点，捕捉时只要把光标移到直线或圆弧上出现捕捉标记时△，单击即可
交点(I)	捕捉到交点	用来捕捉对象之间的交点，它要求对象之间在空间内确实有一个真实交点，不管相交或延长相交都可以。捕捉交点时，光标必须落在交点附近。捕捉标记为×
延长线(X)	捕捉到延长线	用来捕捉直线或圆弧延长线方向上的点，在延长线上捕捉点时，移动鼠标指针到对象端点处，会出现一个临时点标记"＋"，沿延长线方向移动鼠标指针，将出现一条追踪线，直接输入距离长度就可以捕捉延长线上的点
圆心(C)	捕捉到圆心	捕捉圆、圆弧、圆环、椭圆及椭圆弧的圆心，捕捉标记为○
象限点(Q)	捕捉到象限点	捕捉圆、圆弧、圆环或椭圆在整个圆周上的四分点，捕捉标记为◇
切点(G)	捕捉到切点	当所绘制对象需要与圆、圆弧或椭圆相切时，调用此命令可以捕捉到它们之间的切点。切点即可以作为第一输入点，也可以作为第二输入点。捕捉标记为○

选　　项	名　　称	功　　能
几何中心	捕捉到质心	捕捉到任意闭合多段线和样条曲线的质心。捕捉标记为*
垂直(P)	捕捉到垂足	捕捉到的点与当前已有的点的连线垂直于捕捉点所在的对象，如从线外某点向直线引垂线确定垂足时，垂足捕捉法就非常适用。捕捉标记为 ㇄
平行线(L)	捕捉到平行线	捕捉到与指定直线平行的线上的点，这种捕捉方式只能用在直线上。它作为点坐标的智能输入，不能用作第一输入点，只能作为第二输入点。捕捉标记为 ∥
插入点(S)	捕捉到插入点	捕捉块、图形、文字或属性的插入点，捕捉标记为 ⤵
节点(D)	捕捉到节点	捕捉到节点对象，捕捉标记为 ⊗
最近点(R)	捕捉到最近点	可以捕捉一个对象上距光标中心最近的点。对象包括圆弧、圆、椭圆、椭圆弧、直线、多段线等。捕捉标记为 ⊠，常用于非精确绘图
无(N)	无捕捉	关闭对象捕捉模式
对象捕捉设置(O)...	对象捕捉设置	设置自动捕捉模式

3.4.2　使用自动捕捉功能

在绘图过程中，使用对象捕捉功能的频率非常高。为此，AutoCAD 又提供了一种自动对象捕捉模式。

自动捕捉就是当把光标放在一个对象上时，系统自动捕捉到对象上所有符合条件的几何特征点，并显示相应的标记。如果把光标在捕捉点上多停留一会，系统还会显示捕捉的提示。这样，在选点之前就可以预览和确认捕捉点。

下面介绍设置和调用该命令的方法。移动光标至状态栏的 按钮处右击，弹出快捷菜单，选择"对象捕捉设置"选项，进入"草图设置"对话框。如图 3-15 所示，选中"启用对象捕捉"选项，启用自动捕捉功能，在"对象捕捉模式"中选择想要用的捕捉方式，设置好后单击 确定 按钮退出。

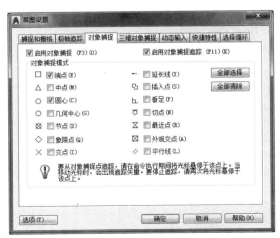

图 3-15　"对象捕捉"选项卡

执行"工具"→"绘图设置"菜单命令，也可以打开"草图设置"对话框进行设置。启动自动捕捉功能后，在执行对象捕捉的过程中，系统就会自动捕捉设置好的目标点。单击状态栏的▣按钮，使其处于按下状态时，自动捕捉打开，反之则关闭。按 F3 功能键同样可以打开/关闭自动捕捉功能。

提示：如果设置了多个执行对象捕捉，则可以按 Tab 键为某个特定对象遍历所有可用的对象捕捉点。例如，如果在光标位于圆上的同时按 Tab 键，自动捕捉将显示用于捕捉象限点、交点和中心的选项。自动捕捉不宜设得过多。

3.5　矩形的绘制

扫码看视频

矩形是最常用的几何图形，用户可以通过指定矩形的两个对角点来创建矩形，也可以指定矩形面积和长度或宽度值来创建矩形。默认情况下绘制的矩形的边与当前 UCS 的 X 轴或 Y 轴平行，也可以绘制与 X 轴成一定角度的矩形（倾斜矩形）。绘制的矩形还可以包含倒角和圆角。

提示：用矩形命令绘制的矩形是一个独立的对象。

接下来绘制如图 3-16 所示的矩形图。
单击"绘图"面板上的▣按钮，命令行提示如下：

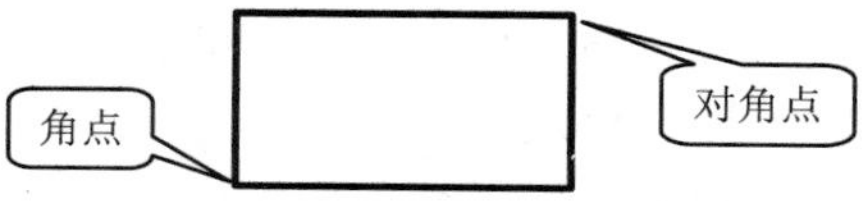

命令：_rectang
指定第一个角点或 [倒角(C)/标高(E)/圆角(F)/厚度(T)/宽度(W)]:　　　　　　　　　//确定一个角点
指定另一个角点或 [面积(A)/尺寸(D)/旋转(R)]:　　　　//确定对角点，完成绘制

角点　　对角点

图 3-16　一般矩形

提示：对角点可以使用相对坐标来确定。该命令可以通过使用"绘图"→"矩形"菜单命令来执行。

3.5.1　带倒角的矩形

在工程制图时，图 3-17 所示的矩形经常遇到。要绘制这种矩形，可以调用 AutoCAD 系统中绘制带倒角的矩形命令。

单击"绘图"面板的▣按钮，命令行提示如下：

5×45°

图 3-17　带倒角的矩形

命令：_rectang
指定第一个角点或 [倒角(C)/标高(E)/圆角(F)/厚度(T)/宽度(W)]: c　　　//在命令行输入 c
指定矩形的第一个倒角距离 <0.0000>: 5　　　　　//在命令行输入 5
指定矩形的第二个倒角距离 <5.0000>:　　　　　　//按 Enter 键
指定第一个角点或 [倒角(C)/标高(E)/圆角(F)/厚度(T)/宽度(W)]:　　//指定第一个角点
指定另一个角点或 [面积(A)/尺寸(D)/旋转(R)]:　　//指定另一个角点

在命令提示行的第一行中输入字母 C，即调用倒角选项，然后输入 5 确定倒角的距离；

系统默认的第二个倒角距离与第一个倒角距离相等。如果不是 45°倒角，可以人工修改第二个倒角距离，否则直接按 Enter 键即可。

> **提示：** 当输入的倒角距离大于矩形的边长时，无法生成倒角。

当倒角距离设置后，再次调用绘制矩形命令，系统会保留上一次的设置，所以我们应该特别注意命令提示行的命令状态。例如，绘制完如图 3-17 所示的矩形后，再执行绘制矩形命令，命令提示行会出现这样的提示："当前矩形模式：倒角=5.0000×5.0000"。这说明，再绘制矩形依然会有 5×5 的倒角出现。要想绘制没有倒角或其他样式的矩形，必须在执行矩形命令过程中重新调入倒角选项，将其值重设为 0 或其他值。

3.5.2　带圆角的矩形

AutoCAD 可以直接绘制如图 3-18 所示的带有圆角的矩形。

单击"绘图"面板上的 ▭ 按钮，命令行提示如下：

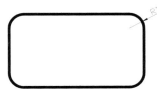

图 3-18　带圆角的矩形

```
命令: _rectang
指定第一个角点或 [倒角(C)/标高(E)/圆角(F)/厚度(T)/宽度(W)]: f      //在命令行输入 f
指定矩形的圆角半径 <0.0000>: 10                              //指定圆角半径
指定第一个角点或 [倒角(C)/标高(E)/圆角(F)/厚度(T)/宽度(W)]:       //指定角点
指定另一个角点或 [面积(A)/尺寸(D)/旋转(R)]:                    //指定对角点
```

当输入的半径值大于矩形边长时，倒圆角不会生成；当半径值恰好等于矩形的一条边长的一半时，就会绘制成一个长圆。系统会保留倒圆角的设置，要改变其设置值，方法同修改倒角距离一样。

3.5.3　根据面积绘制矩形

可以根据矩形的面积绘制矩形。
单击"绘图"面板上的 ▭ 按钮，命令行提示如下：

```
命令: _rectang
指定第一个角点或 [倒角(C)/标高(E)/圆角(F)/厚度(T)/宽度(W)]:            //指定一个角点
指定另一个角点或 [面积(A)/尺寸(D)/旋转(R)]: a                        //切换到面积选项
输入以当前单位计算的矩形面积 <100.0000>:  100                      //输入矩形面积
计算矩形标注时依据 [长度(L)/宽度(W)] <长度>:                        //选择"长度"或"宽度"选项
输入矩形长度 <10.0000>:  10          //根据上面的选择，输入矩形的长度或宽度，完成矩形
```

3.5.4　根据长和宽绘制矩形

可以根据矩形的长和宽绘制矩形。
单击"绘图"面板上的 ▭ 按钮，命令行提示如下：

命令: _rectang
指定第一个角点或 [倒角(C)/标高(E)/圆角(F)/厚度(T)/宽度(W)]:   //指定一个角点
指定另一个角点或 [面积(A)/尺寸(D)/旋转(R)]: d   //切换到尺寸选项
指定矩形的长度 <100.0000>: 40   //输入矩形的长度
指定矩形的宽度 <200.0000>:   60   //输入矩形的宽度
指定另一个角点或 [面积(A)/尺寸(D)/旋转(R)]:   //移动鼠标确定矩形的另外一个角
                                            //点的方位, 有 4 个可选位置

    还可以绘制与 X 轴成一定角度的矩形, 指定矩形的第一个角点后, 在 "指定另一个角点或[面积(A)/尺寸(D)/旋转(R)]:" 提示下输入 r, 系统会按指定角度绘制矩形。再执行绘制矩形命令, 命令提示行会出现这样的提示: "当前矩形模式: 旋转=335"。这说明, 再绘制的矩形依然倾斜的。要想绘制不倾斜的矩形, 必须在执行矩形命令过程中重新调入 "旋转" 选项, 将其值重设为 0。

3.6   椭圆及椭圆弧的绘制

    手工绘图时, 怎样绘制椭圆是必学内容, 常用的方法有同心圆法和四心圆弧法, 无论用哪种方法都是非常麻烦的, 在 AutoCAD 中这种绘图工作将变得非常简单。它主要通过椭圆中心、长轴和短轴 3 个参数来确定形状, 当长轴与短轴相等时, 便是圆 (特例)。常用的绘制椭圆方法有 3 种, 见表 3-4。

表 3-4   常用绘制椭圆的方法

方 法	说 明	示 例
"椭圆" → "轴、端点" ⬭ 轴，端点	根据两个端点(如 1、2 点)定义椭圆的第一条轴。第一条轴的角度确定了整个椭圆的角度。第一条轴既可定义椭圆的长轴也可定义短轴	
"椭圆" → "圆心" ⬭ 圆心	通过指定的中心点来创建椭圆	
旋转法	通过绕第一条轴旋转圆来创建椭圆	

    单击 "绘图" 面板上 ⬭▾ 按钮的倒黑三角, 展开与椭圆有关的所有命令按钮, 如图 3-19 所示。"绘图" → "椭圆" 菜单如图 3-20 所示。

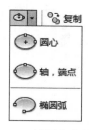

图 3-19   椭圆命令按钮

图 3-20 "椭圆" 菜单

扫码看视频

3.6.1　椭圆的绘制

1．轴、端点法

用这种方法绘制椭圆必须知道椭圆一条轴的两端点和另一条轴的半轴长。

单击"轴，端点"命令按钮 轴，端点 ，命令行提示如下：

命令: _ellipse
指定椭圆的轴端点或 [圆弧(A)/中心点(C)]: 　　//确定轴端点 1
指定轴的另一个端点: 　　　　　　　　　　 //确定轴端点 2
指定另一条半轴长度或 [旋转(R)]: 　　　//通过输入值（半轴长度）或定位点 3 来指定距离

2．圆心法

用这种方法绘制椭圆时，要能确定椭圆的中心位置，以及椭圆长、短轴的长度。

单击"圆心"命令按钮 圆心 ，命令行提示如下：

命令: _ellipse
指定椭圆的轴端点或 [圆弧(A)/中心点(C)]: _c
指定椭圆的中心点: 　　　　　　　　　 //确定中心点 1
指定轴的端点: 　　　　　　　　　　　 //确定轴的一个端点 2
指定另一条半轴长度或 [旋转(R)]: 　　　//通过输入值（半轴长度）或定位点 3 来指定距离

此方法可通过下拉菜单"绘图"→"椭圆"→"圆心"来实现。

3．旋转法

已知椭圆的一个轴，可通过绕该轴旋转圆来创建椭圆。

单击"轴，端点"命令按钮 轴，端点 ，命令行提示如下：

命令: _ellipse
指定椭圆的轴端点或 [圆弧(A)/中心点(C)]: 　　//指定端点 1
指定轴的另一个端点: 　　　　　　　　　 //指定端点 2
指定另一条半轴长度或 [旋转(R)]: r 　　　//切换到旋转选项
指定绕长轴旋转的角度: 60 　　　　　　 //指定旋转角度，完成绘制

提示：输入角度的范围为 0°～89.4°。当输入的旋转角度为 0° 时，生成圆形；当输入的旋转角度为 90° 时，理论上投影是一条直线，但 AutoCAD 把这种情况视为不存在，系统会提示"*无效*"，并退出绘制命令。

3.6.2　椭圆弧的绘制

在 AutoCAD 中可以方便地绘制出椭圆弧。绘制椭圆弧的方法与上面讲的椭圆绘制方法基本类似。执行绘制椭圆弧命令，按照提示首先创建一个椭圆，然后按照提示，在已有

椭圆的基础上截取一段椭圆弧。下面绘制如图 3-21 所示 A 点和 D 点之间的椭圆弧。

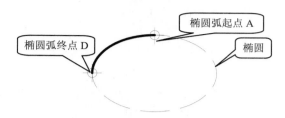

图 3-21　椭圆弧

单击"椭圆弧"命令按钮，命令行提示如下：

扫码看视频

命令：_ellipse
指定椭圆的轴端点或 [圆弧(A)/中心点(C)]: _a
指定椭圆弧的轴端点或 [中心点(C)]:
指定轴的另一个端点：
指定另一条半轴长度或 [旋转(R)]:　　　　　　　//前 3 步绘制椭圆
指定起始角度或 [参数(P)]:　　　　　　　　　　//确定椭圆弧的开始角度
指定终止角度或 [参数(P)/包含角度(I)]:　　　　//确定椭圆弧的结束角度

提示：椭圆弧命令可通过"绘图"→"椭圆"→"圆弧"菜单命令执行。

3.7　正多边形的绘制

扫码看视频

绘制工程图时经常会遇到正多边形，正多边形是各边相等且相邻边夹角也相等的多边形。手工绘图时，要处理好正多边形的这些关系，绘制出标准的图形有一定难度。在 AutoCAD 中，有一个专门绘制正多边形的命令（菜单命令是"绘图"→"正多边形"），通过这个命令，用户可以控制多边形的边数（边数取值为 3～1024）以及内接圆或外切圆的半径大小，从而绘制出合乎要求的多边形。

3.7.1　内接于圆法

绘制如图 3-22 所示的六边形，已知六边形内接于已知圆，绘制步骤如下。

单击"绘图"面板上的"正多边形"按钮，命令行提示如下：

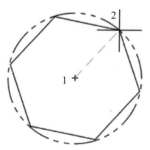

命令：_polygon 输入边的数目 <4>: 6　　　//确定多边形的边数
指定正多边形的中心点或 [边(E)]:　　　　//确定多边形的中心 1
输入选项 [内接于圆(I)/外切于圆(C)] <I>:　　//选择使用内接于圆法
指定圆的半径：

图 3-22　内接于圆

//这时鼠标指针在多边形的角点 2 上，确定鼠标指针所在
//角点的位置 2（使用相对坐标），从而确定多边形的方
//向和大小。如果仅输入半径值，则多边形会以默认位
//置出现

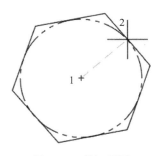

3.7.2　外切于圆法

绘制如图 3-23 所示的六边形。这个图形的已知条件与上一个不同，在本图中六边形外切于已知圆，绘制步骤如下。

单击"绘图"面板上的"正多边形"按钮，命令行提示如下：

图 3-23　外切于圆

命令:_polygon
输入边的数目 <4>: 6　　　　　　　　　//确定多边形的边数
指定正多边形的中心点或 [边(E)]:100,100　//确定多边形的中心
输入选项 [内接于圆(I)/外切于圆(C)] <I>: c　//选择使用外切于圆法
指定圆的半径:　　　　　　　　　　　//这时鼠标指针在多边形边的中点上，确定鼠标指针所
　　　　　　　　　　　　　　　　　//在角点的位置 2（使用相对坐标），从而确定多边形的
　　　　　　　　　　　　　　　　　//方向和大小，这很重要。如果仅输入半径值，多边形
　　　　　　　　　　　　　　　　　//会以默认位置出现

通过两种方法的比较，会发现正多边形的方向控制点规律为：用内接于圆法时，控制点为正多边形的某一角点；用外切于圆法时，控制点为正多边形一条边的中点。请读者自己动手绘制图 3-24 中的正五边形。

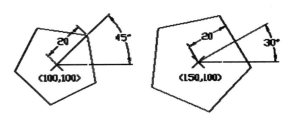

图 3-24　控制多边形的方向

提示： 多边形控制点的确定以相对极坐标来确定比较方便。

3.7.3　边长法

绘制如图 3-25 所示的六边形，已知条件为多边形的边长，这时用边长法来绘制就非常方便。

单击"绘图"面板上的"正多边形"按钮，命令行提示如下：

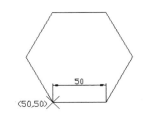

图 3-25　用边长法绘制多边形

命令: _polygon
输入边的数目<4>: 6　　　　　　　　//确定多边形的边数
指定正多边形的中心点或 [边(E)]:e　　//切换到边长法
指定边的第一个端点: 50,50　　　　　//指定边的第一个端点
指定边的第二个端点: @50,0　　　　　//指定边的第二端点，完成绘制

3.8　点 的 绘 制

几何对象点是用于精确绘图的辅助对象。在绘制点时，可以在屏幕上直接拾取，也可以使用坐标定位，还可以用对象捕捉定位一个点。可以使用定数等分和定距等分命令按距离或等分数沿直线、圆弧和多段线绘制多个点。

单击"绘图"面板上的 · 按钮，可以显示与点操作相关的按钮，如图 3-26 所示。图 3-27 为"绘图"→"点"下拉菜单。

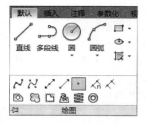

图 3-26　与点操作有关的按钮　　　　图 3-27　"绘图"→"点"下拉菜单

3.8.1　绘制单独的点

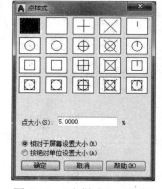

为了方便查看和区分点，在绘制点之前应先给点定义一种样式。选择下拉菜单"格式"→"点样式"命令，进入如图 3-28 所示的"点样式"对话框，选择一种点的样式，如选择 ⊕ 这种样式，单击 确定 按钮保存后退出。

单击"多点"按钮 · ，绘制点（100，100），命令行提示如下：

命令：_point
当前点模式：　PDMODE=3　PDSIZE=0.0000
指定点：100,100

在"指定点："提示下输入点的坐标，或者直接在屏幕上拾取点，系统提示输入下一个点。退出该命令需按 Esc 键。

图 3-28　"点样式"对话框

提示： 绘制单独点的命令可以通过下拉菜单"绘图"→"点"→"单点"执行。绘制完一个点后，自动结束命令。上例中用的命令可以通过下拉菜单"绘图"→"点"→"多点"执行。

3.8.2　绘制等分点

扫码看视频

绘制等分点可通过下拉菜单"绘图"→"点"→"定数等分"来实现。定数等分是在对象上按指定数目等间距地创建点或插入块。这个操作并不是把对象实际等分为单独对象，而只是在对象定数等分的位置上添加节点，这些节点将作为几何参照点，起辅助作图之用。例如四等分一个角，可以以角的顶点为圆心画一个与两条边相接的弧，使用定数等分命令四等分圆弧，然后连接顶点和定数等分的节点，如图 3-29 所示。

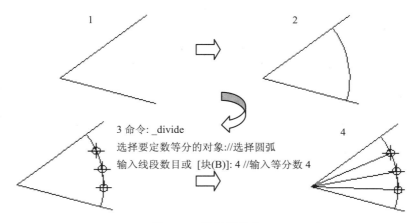

图 3-29　绘制等分点

3.8.3　绘制等距点

扫码看视频

定距等分是指按照指定的长度，从指定的端点测量一条直线、圆弧或多段线，并在其上标记点或块标记。选择对象时，拾取框比较靠近哪一个端点，就以那个点为标记点的起点，如图 3-30 所示。

图 3-30　定距等分

执行"绘图"→"点"→"定距等分"菜单命令，命令行提示如下：

```
命令: _measure
选择要定距等分的对象:          //拾取对象
指定线段长度或 [块(B)]:        //指定距离
```

提示：等距点不均分实体，注意拾取实体时，光标应该靠近开始等距的起点，这很重要。可以把块定义在点的位置上。

3.9　绘制和编辑多段线

3.9.1　绘制多段线

多段线（pline）是在 AutoCAD 绘图中比较常用的一种实体。通过绘制多段线，我们可以得到一个由若干直线和圆弧连接而成的折线或曲线，并且，无论这条多段线中包含多少条直线或弧，整条多段线都是一个实体，可以统一对其进行编辑。另外，多段线中各段线条还可以有不同的线宽，这对于制图非常有利。在二维制图中，它主要用于箭头的绘制。

AutoCAD 中，绘制多段线的命令是 pline。启动 pline 命令有 3 种方法：

（1）选择"绘图"→"多段线"菜单命令。

（2）在命令行"命令:"提示符下输入 pline（或简捷命令 PL）。

（3）在"绘图"面板上单击"多段线"按钮 。

启动 pline 命令之后，AutoCAD 命令行出现提示符："指定起点:"，需用户定义多段线的起点。之后命令行出现一组选项序列如下：

命令: _pline
指定起点:
当前线宽为 0.0000　　　　　　　　　　　　　　　　　　　//当前线宽为 0
指定下一个点或 [圆弧(A)/半宽(H)/长度(L)/放弃(U)/宽度(W)]:

下面分别介绍这些选项：

- 圆弧（A）：输入 A，可以画圆弧方式的多段线。按 Enter 键后重新出现一组命令选项，用于生成圆弧方式的多段线。

  指定圆弧的端点或
  [角度(A)/圆心(CE)/方向(D)/半宽(H)/直线(L)/半径(R)/第二个点(S)/放弃(U)/宽度(W)]:

在该提示下，可以直接确定圆弧终点，拖动十字光标，屏幕上会出现预显线条。选项序列中各项意义如下：

- ➢ 角度（A）：指定圆弧所对的圆心角；
- ➢ 圆心（CE）：为圆弧指定圆心；
- ➢ 方向（D）：取消直线与弧的相切关系设置，改变圆弧的起始方向；
- ➢ 直线（L）：返回绘制直线方式；
- ➢ 半径（R）：指定圆弧半径；
- ➢ 第二个点（S）：指定三点画弧。

其他各选项与 pline 命令下的同名选项意义相同。

- 闭合（C）：用于自动将多段线闭合，即将选定的最后一点与多段线的起点连起来，并结束命令。

提示： 当多段线的线宽大于 0 时，若想绘制闭合的多段线，一定要用"闭合"选项，才能使其完全封闭。否则，即使起点与终点重合，也会出现缺口，如图 3-31 所示。

图 3-31　缺口与封口的区别

- 半宽（H）：用于指定多段线的半宽值，AutoCAD 将提示用户输入多段线的起点半宽值与终点半宽值。绘制多段线的过程中，宽线线段的起点和端点位于宽线的中心。
- 长度（L）：用于定义下一段多段线的长度，AutoCAD 将按照上一线段的方向绘制这一段多段线。若上一段是圆弧，将绘制出与圆弧相切的线段。
- 放弃（U）：用于取消刚绘制的那一段多段线。
- 宽度（W）：用于设定多段线的线宽。选择该选项后，命令行将出现如下提示：

```
指定起点宽度 <0.0000>: 5                //起点宽度
指定端点宽度 <5.0000>: 0                //终点宽度
```

提示：起点宽度值均以上一次输入值为默认值，而终点宽度值则以起点宽度为默认值。

下面通过绘制如图 3-32 所示的图形来熟悉一下多段线命令的使用方法。

扫码看视频

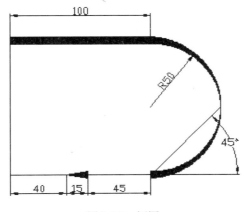

图 3-32　例图

在"绘图"面板上单击"多段线"按钮 ，命令行提示如下：

```
命令: _pline
指定起点:                                        //指定起点
当前线宽为 0.0000
指定下一个点或[圆弧(A)/半宽(H)/长度(L)/放弃(U)/宽度(W)]: w    //输入 w
指定起点宽度 <0.0000>: 5                          //输入起点宽度 5
指定端点宽度 <5.0000>:                            //按 Enter 键，默认宽度设为 5
指定下一个点或 [圆弧(A)/半宽(H)/长度(L)/放弃(U)/宽度(W)]:    //@100,0，输入直线终点坐标
指定下一点或 [圆弧(A)/闭合(C)/半宽(H)/长度(L)/放弃(U)/宽度(W)]: w  输入 w;
指定起点宽度 <5.0000>:                            //按 Enter 键，默认宽度设为 5
指定端点宽度 <5.0000>: 0                          //输入 0，按 Enter 键
指定下一点或 [圆弧(A)/闭合(C)/半宽(H)/长度(L)/放弃(U)/宽度(W)]:a  //输入 a 切换到圆弧方式
指定圆弧的端点或
[角度(A)/圆心(CE)/闭合(CL)/方向(D)/半宽(H)/直线(L)/半径(R)/第二个点(S)/放弃(U)/宽度(W)]: a
指定包含角: −90                                   //指定圆弧包含角度
指定圆弧的端点或 [圆心(CE)/半径(R)]: r             //切换到半径方式
```

指定圆弧的半径: 50	//输入半径
指定圆弧的弦方向 <0>: −45	//输入圆弧的弦方向
指定圆弧的端点或	
[角度(A)/圆心(CE)/闭合(CL)/方向(D)/半宽(H)/直线(L)/半径(R)/第二个点(S)/放弃(U)/宽度(W)]: w	
指定起点宽度 <0.0000>:	//确定开始线宽
指定端点宽度 <0.0000>:5	//确定结束线宽
指定圆弧的端点或	
[角度(A)/圆心(CE)/闭合(CL)/方向(D)/半宽(H)/直线(L)/半径(R)/第二个点(S)/放弃(U)/宽度(W)]: a	
指定包含角: -90	//指定圆弧包含角
指定圆弧的端点或 [圆心(CE)/半径(R)]: r	//切换到半径方式
指定圆弧的半径: 50	//输入半径
指定圆弧的弦方向 <270>: 225	//输入圆弧的弦方向
指定圆弧的端点或	
[角度(A)/圆心(CE)/闭合(CL)/方向(D)/半宽(H)/直线(L)/半径(R)/第二个点(S)/放弃(U)/宽度(W)]: L	
指定下一点或 [圆弧(A)/闭合(C)/半宽(H)/长度(L)/放弃(U)/宽度(W)]: w	//输入 w
指定起点宽度 <5.0000>: 0	//确定开始线宽
指定端点宽度 <0.0000>: 0	//确定结束线宽
指定下一点或 [圆弧(A)/闭合(C)/半宽(H)/长度(L)/放弃(U)/宽度(W)]:@-45,0	//输入直线下一点坐标
指定下一点或 [圆弧(A)/闭合(C)/半宽(H)/长度(L)/放弃(U)/宽度(W)]: w	//输入 w
指定起点宽度 <0.0000>: 5	//确定开始线宽
指定端点宽度 <5.0000>: 0	//确定结束线宽
指定下一点或 [圆弧(A)/闭合(C)/半宽(H)/长度(L)/放弃(U)/宽度(W)]:@-15,0	//输入直线下一点坐标
指定下一点或 [圆弧(A)/闭合(C)/半宽(H)/长度(L)/放弃(U)/宽度(W)]: @-40,0	//输入直线下一点坐标
指定下一点或 [圆弧(A)/闭合(C)/半宽(H)/长度(L)/放弃(U)/宽度(W)]: c	//封闭图形

在用 AutoCAD 绘制图样过程中，一般使用两种线宽：粗和细。它们一般不通过 Width 参数设置，线的宽度主要通过层来管理。多段线主要用来绘制线宽发生渐变的场合，如箭头等。

3.9.2　编辑多段线

AutoCAD 提供专门的多段线编辑工具，其执行方式有如下 3 种：

（1）单击"默认"选项卡→"修改"面板→"编辑多段线"按钮 。

（2）选择"修改"→"对象"→"多段线"菜单命令。

（3）运行命令 PEDIT。

执行编辑多段线命令后，命令行提示如下：

选择多段线或 [多条(M)]:

此时用鼠标选择要编辑的多段线，如果选择的对象不是多段线，则命令行提示如下：

选定的对象不是多段线，是否将其转换为多段线？<Y>:

输入 y 或 n 选择是否转换。"多条(M)"选项用于多个多段线对象的选择。

选择完多段线对象后，命令行提示如下：

输入选项 [闭合(C)/合并(J)/宽度(W)/编辑顶点(E)/拟合(F)/样条曲线(S)/非曲线化(D)/线型生成(L)/反转(R)/放弃(U)]：

与编辑多线时弹出的对话框不同，此时只能输入对应字母选择各个选项来编辑多段线。各个选项的功能如下：

- 打开（O）/闭合（C）：如果选择的是闭合的多段线，则此选项显示为"打开(O)"；如果选择的是打开的多段线，则此选项显示为"闭合(C)"。该选项的设置效果如图3-33 所示。

图 3-33 "打开"与"闭合"效果

- 合并（J）：用于在开放的多段线的尾端点添加直线、圆弧或多段线。如果选择的对象是直线或圆弧，那么要求直线或圆弧与多段线是彼此首尾相连的，合并的结果是将多个对象合并为一个多段线对象，如图 3-34 所示；如果合并的是多个多段线，命令行将提示输入合并多段线的允许距离。

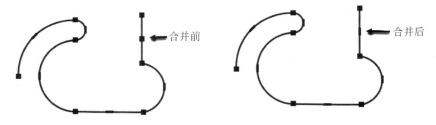

图 3-34 多段线与直线的闭合

- 宽度（W）：选择该选项可将整个多段线指定为统一宽度，如图 3-35 所示。

图 3-35 编辑多段线的宽度

- 编辑顶点（E）：用于对多段线的各个顶点逐个进行编辑。
- 拟合（F）：表示用圆弧拟合多段线，即转化为由圆弧连接每个顶点的平滑曲线。转化后的曲线将通过多段线的每个顶点，如图 3-36（a）所示的多段线，拟合后的效果如图 3-36（b）所示。

- 样条曲线（S）：将多段线对象用样条曲线拟合，执行该选项后对象仍是多段线，其编辑效果如图 3-36（c）所示。

（a）原多段线   （b）拟合后   （c）样条化后

图 3-36   多段线的"拟合"和"样条曲线化"

- 非曲线化（D）：删除"拟合"选项所建立的曲线拟合或"样条"选项所建立的样条曲线，并拉直多段线的所有线段。
- 线型生成（L）：用于生成经过多段线顶点的连续图案线型。
- 放弃（U）：撤销上一步操作，可一直返回到使用 PEDIT 命令之前的状态。

3.10   样条曲线的绘制和编辑

3.10.1   绘制样条曲线

在 AutoCAD 的二维绘图中，样条曲线主要用于波浪线、相贯线、截交线的绘制。它要求必须给定 3 个以上的点，而要想画出的样条曲线具有更多的波浪时，就要给定更多的点。样条曲线是由用户给定若干点，AutoCAD 自动生成的一条光滑曲线，下面通过绘制图 3-37 中的相关线正投影图形来说明样条曲线命令的用法。

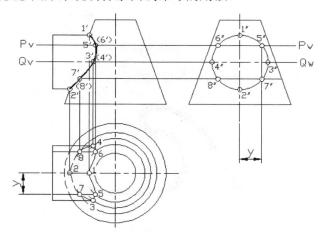

图 3-37   相贯线的画法

单击"绘图"面板上的"样条曲线"按钮，命令行提示如下：

命令：_spline
当前设置：方式=拟合   节点=弦

指定第一个点或 [方式(M)/节点(K)/对象(O)]:	//指定 1'点
输入下一个点或 [起点切向(T)/公差(L)]:	//指定 5'(6')点
输入下一个点或 [端点相切(T)/公差(L)/放弃(U)]:	//指定 3'(4')点
输入下一个点或 [端点相切(T)/公差(L)/放弃(U)/闭合(C)]:	//指定 7'(8')点
输入下一个点或 [端点相切(T)/公差(L)/放弃(U)/闭合(C)]:	//指定 2'点
输入下一个点或 [端点相切(T)/公差(L)/放弃(U)/闭合(C)]:	//按 Enter 键结束

提示： 此命令可通过"绘图"→"样条曲线"菜单命令执行。

样条曲线选项"公差"的功能是：当拟合公差的值为 0 时，样条曲线严格通过用户指定的每一点。当拟合公差的值不为 0 时，AutoCAD 画出的样条曲线并不通过用户指定的每一点，而是自动拟合生成一条圆滑的样条曲线。拟合公差值是生成的样条曲线与用户指定点之间的最大距离，如图 3-38 所示。

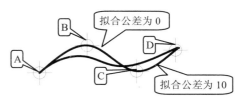

图 3-38　拟合公差对样条曲线的影响

3.10.2　编辑样条曲线

与多线、多段线一样，AutoCAD 提供了专门的编辑样条曲线的工具，其执行方式有 3 种：

（1）单击"默认"选项卡→"修改"面板→"编辑样条曲线"按钮 ⌀。

（2）选择"修改"→"对象"→"样条曲线"菜单命令。

（3）运行命令 SPLINEDIT。

执行编辑样条曲线操作后，命令行提示如下：

选择样条曲线：

选择要编辑的样条曲线，此时可选择样条曲线对象或样条曲线拟合多段线，选择后夹点将出现在控制点上。命令行继续提示如下：

输入选项 [闭合(C)/合并(J)/拟合数据(F)/编辑顶点(E)/转换为多段线(P)/反转(R)/放弃(U)/退出(X)]:

此时可输入对应的字母选择编辑工具，各个选项的功能如下：

- 闭合（C）：用于闭合开放的样条曲线。如果选定的样条曲线为闭合曲线，则"闭合"选项将由"打开"选项替换。
- 合并（J）：用于将样条曲线的首尾相连。
- 拟合数据（F）：用于编辑样条曲线的拟合数据。拟合数据包括所有的拟合点、拟合公差及绘制样条曲线时与之相关联的切线。
- 编辑顶点（E）：用于精密调整样条曲线顶点。选择该选项后，命令行将提示"输入顶点编辑选项"。
- 转换为多段线（P）：用于将样条曲线转换为多段线。
- 反转（R）：反转样条曲线的方向。

- 放弃（U）：还原操作。每选择一次"放弃（U）"选项，取消上一次的编辑操作，可一直返回到编辑任务开始时的状态。

选择该选项后，命令行将提示如下：

输入拟合数据选项
[添加(A)/闭合(C)/删除(D)/扭折(K)/移动(M)/清理(P)/切线(T)/公差(L)/退出(X)]<退出>:

对应的选项表示各个拟合数据编辑工具，它们的功能如下：
- 添加（A）：用于在样条曲线中增加拟合点。
- 闭合（C）：用于闭合开放的样条曲线，如果选定的样条曲线为闭合曲线，则"闭合"选项将由"打开"选项替换。样条曲线闭合的编辑效果如图 3-39 所示。

图 3-39   样条曲线闭合的编辑效果

- 删除（D）：用于从样条曲线中删除拟合点并用其余点重新拟合样条曲线。
- 扭折（K）：在样条曲线上的指定位置添加节点和拟合点，且不会保持在该点的相切或曲率连续性。
- 移动（M）：用于把指定拟合点移动到新位置。
- 清理（P）：从图形数据库中删除样条曲线的拟合数据。清理样条曲线的拟合数据，运行编辑样条曲线命令后，将不显示"拟合数据（F）"选项。
- 切线（T）：编辑样条曲线的起点和端点切向。
- 公差（L）：为样条曲线指定新的公差值并重新拟合。
- 退出（X）：退出拟合数据编辑。

输入顶点编辑选项
[添加(A)/删除(D)/提高阶数(E)/移动(M)/权值(W)/退出(X)]<退出>:

顶点编辑包括多个选择工具，它们的功能如下：
- 添加（A）：增加控制部分样条的控制点数。
- 删除（D）：增加样条曲线的控制点。
- 提高阶数（E）：增加样条曲线上控制点的数目。
- 移动（M）：对样条曲线的顶点进行移动。
- 权值（W）：修改不同样条曲线控制点的权值。较大的权值会将样条曲线拉近其控制点。

【例 3-2】 使用样条曲线绘制花瓣。

[1] 单击"默认"选项卡→"绘图"面板→"样条曲线拟合点"按钮~或者"样条曲线控制点"按钮~。

扫码看视频

[2] 命令行提示与操作如下：

命令: _SPLINE
当前设置: 方式=拟合   节点=弦
指定第一个点或 [方式(M)/节点(K)/对象(O)]: _M
输入样条曲线创建方式 [拟合(F)/控制点(CV)] <拟合>: _FIT
当前设置: 方式=拟合   节点=弦
指定第一个点或 [方式(M)/节点(K)/对象(O)]:
输入下一个点或 [起点切向(T)/公差(L)]:
输入下一个点或 [端点相切(T)/公差(L)/放弃(U)]:
输入下一个点或 [端点相切(T)/公差(L)/放弃(U)/闭合(C)]:
输入下一个点或 [端点相切(T)/公差(L)/放弃(U)/闭合(C)]:
输入下一个点或 [端点相切(T)/公差(L)/放弃(U)/闭合(C)]: c

[3] 绘制结果如图 3-40 所示。

提示：选择绘制好的样条曲线，曲线上会出现控制句柄，移动鼠标指针到句柄处，将出现编辑选项，可以选择不同选项对曲线进行编辑。

图 3-40   花瓣

3.11   修 订 云 线

修订云线命令用于创建由连续圆弧组成的多段线，以构成云线形对象。在检查或用红线圈阅图形时，可以使用修订云线功能亮显标记以提高工作效率。

可以从头开始创建修订云线，也可以将闭合对象（例如圆、椭圆、闭合多段线或闭合样条曲线）转换为修订云线。

1. 从头创建云线

单击"绘图"面板上的"徒手画修订云线"按钮 ⟨图标⟩，命令行提示如下：

命令: _revcloud
最小弧长: 15   最大弧长: 15   样式: 普通
指定起点或 [弧长(A)/对象(O)/样式(S)] <对象>:   //单击指定云线的起点
沿云线路径引导十字光标...   //沿着云线路径移动十字光标，要更改圆弧的大小，
                                                //可以沿着路径单击拾取点。要结束云线可以右击
                                                //或按 Enter 键

完成的云线，如图 3-41 所示。

提示：要闭合修订云线，需移动十字光标返回到它的起点，系统会自动封闭云线。

如果要改变弧长，可以根据提示输入字母 A，然后按 Enter 键切换到"弧长"选项，指定新的最大和最小弧长。默认的弧长最小值

图 3-41   完成的云线

和最大值为 0.5000 个单位。弧长的最大值不能超过最小值的 3 倍。

2．将闭合对象转换为修订云线

单击"绘图"面板上的"修订云线"按钮 ，命令行提示如下：

命令: _revcloud
最小弧长: 15　　最大弧长: 15　　样式: 普通
指定起点或 [弧长(A)/对象(O)/样式(S)] <对象>:　　//按 Enter 键切换到"对象"选项
选择对象:　　　　　　　　　　　　　　　　　//选择图 3-42（a）所示的矩形对象
反转方向 [是(Y)/否(N)] <否>:　　　　　　　//是否反转圆弧的方向
修订云线完成。　　　　　　　　　　　　　　//云线自动转换，如图 3-42（b）所示

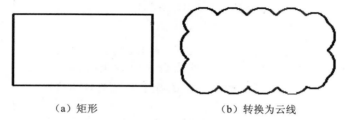

（a）矩形　　　　　　　　　　　（b）转换为云线

图 3-42　将闭合对象转换为修订云线

3.12　创建无限长线

向一个或两个方向无限延伸的直线（分别称为射线和构造线）可用作创建其他对象的参照。例如，可以使用构造线查找三角形的中心、准备同一个项目的多个视图或创建临时交点用于对象捕捉等。

无限长线不会改变图形的总面积。因此，它们的无限长标注对缩放或视点没有影响，并且会被显示图形范围的命令忽略。和其他对象一样，也可以对无限长线进行编辑。在工程绘图过程中，常使用无限长线作为绘图的辅助线。

单击"绘图"面板上的"射线"按钮 或执行射线命令（"绘图"→"射线"）可以创建射线（射线是一种结构线，从用户指定的点开始按某个方向一直无限延伸）。此时提示如下：

命令: _ray
指定起点:　　　　//确定开始点
指定通过点:　　　　//确定经过点，构造射线对象
指定通过点:　　　　//继续确定经过点，构造其他射线对象，或按 Enter 键退出命令

构造线是经过用户定义点绘制的一种结构线，不用输入线的长度，因为构造线从用户定义的点向两个相反的方向无限延伸。构造线可以水平、垂直或倾斜。可以用构造线将某个角度平分，也可以按指定的距离偏置构造线。

单击"绘图"面板上的"构造线"按钮 或执行菜单命令"绘图"→"构造线"，命

令行提示如下：

命令：_xline
指定点或 [水平(H)/垂直(V)/角度(A)/二等分(B)/偏移(O)]：　//直接指定经过点可以自由创建构造线，利用
　　　　　　　　　　　　　　　　　　　　　　　　//方括号[]中的选项还可以创建特殊的构造线

- 水平（H）：可以绘制水平的构造线。
- 垂直（V）：可以绘制垂直的构造线。
- 二等分（B）：可以创建一条构造线，它经过选定的角顶点，并且将选定的两条线之间的夹角平分。
- 偏移（O）：可以创建平行于另一个对象的构造线。

图 3-43 是使用构造线辅助绘图的典型例子：先绘制主视图，然后绘制构造线作为绘制左视图的辅助线。

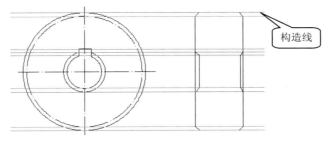

图 3-43　构造线的使用

3.13　多　　线

多线由 1～16 条平行线组成，这些平行线称为元素。构成多线的元素既可以是直线，也可以是圆弧。

3.13.1　绘制多线

扫码看视频

通过多线的样式，用户可以定义元素的类型以及元素间的间距。AutoCAD 默认的是包含两个元素的 STANDARD 样式（使用"格式"→"多线样式"菜单命令，可打开"多线样式"对话框查看），也可以创建用户样式。

多线一般用于建筑图的墙体、公路和电子线路图等平行线对象。AutoCAD 中可通过以下 2 种方式执行绘制多线操作：

（1）执行"绘图"→"多线"菜单命令。

（2）运行命令 MLINE。

执行多线绘制操作后，命令行提示如下：

当前设置：对正 = 上，比例 = 20.00，样式 = STANDARD
指定起点或 [对正（J）/比例（S）/样式（ST）]：

提示信息的第一行显示的是当前的多线设置。第二行提示指定起点，此时可指定多线的起点，绘制方法和直线的操作一样，随后命令行将提示"指定下一点"。中括号里的选项表示设置多线的样式，各个选项的含义如下：

- 对正（J）：用于设置多线的对正方式。

选择该选项后，命令行将提示如下：

输入对正类型 [上（T）/无（Z）/下（B）] <上>:

输入括号里的字母即可选择相应的对正方式。"上（T）"选项表示在光标下方绘制多线；"无（Z）"选项表示绘制多线时光标位于多线的中心；"下（B）"选项表示在光标上方绘制多线。3 种对正方式如图 3-44 所示。

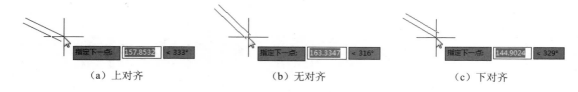

（a）上对齐   （b）无对齐   （c）下对齐

图 3-44   多线的 3 种对正方式

- 比例（S）：用于指定多线的元素间的宽度比例。

选择该选项后，命令行提示"输入多线比例<20.00>:"，输入的比例因子是基于在多线样式定义中建立的宽度。例如，输入的比例因子为 4，那么在绘制多线时，其宽度是样式定义的宽度的 4 倍，其效果如图 3-45 所示。比例因子为 0 时，将使多线变为单一的直线。

（a）比例为 1   （b）比例为 4

图 3-45   多线比例

- 样式（ST）：用于设置多线的样式。

选择该选项后，命令行将提示如下：

输入多线样式名或 [?]:

此时可直接输入已定义的多线样式名称。输入"?"将显示已定义的多线样式。

3.13.2   创建与修改多线样式

AutoCAD 提供了"多线样式"对话框来创建、修改和保存多线样式，如图 3-46 所示。

扫码看视频

图 3-46 "多线样式"对话框

在 AutoCAD 中打开"多线样式"对话框的方法有以下 2 种：

（1）执行"格式"→"多线样式"命令菜单。

（2）运行命令 MLSTYLE。

默认的多线样式为 STANDARD 样式。单击 新建(N)... 按钮，可创建多线样式；单击 修改(M)... 按钮，可对所选样式进行修改；单击 置为当前(U) 按钮，可将所选样式置为当前样式；单击 重命名(R) 按钮，可将所选样式重新命名；单击 删除(D) 按钮，可删除所选样式；加载(L)... 按钮和 保存(A)... 按钮分别用于加载和保存多线样式。

同时，预览窗口显示了所选样式的绘图效果。

> 提示：不能修改、删除或重命名默认的 STANDARD 多线样式，也不能修改或删除当前多线样式和正在使用的多线样式。

单击 新建(N)... 按钮，弹出"创建新的多线样式"对话框，如图 3-47 所示。在"新样式名"文本框中输入新建样式的名称，如"ISO-10"，然后单击 继续 按钮，弹出"新建多线样式"对话框，如图 3-48 所示。

图 3-47 "创建新的多线样式"对话框   图 3-48 "新建多线样式"对话框

在"新建多线样式"对话框中，标题栏将显示出新建的多线样式的名称。对话框中各个选项的功能如下：

- "说明"文本框：用来为多线样式添加说明，最多可输入 255 个字符。
- "封口"选项组：用来设置多线起点和端点的封口形式。起点和端点都包括直线、外弧、内弧和角度 4 种封口形式。选择对应的复选框或在"角度"文本框中输入相应的值，可分别设置起点和端点的不同封口形式。各种形式的效果如图 3-49 所示。

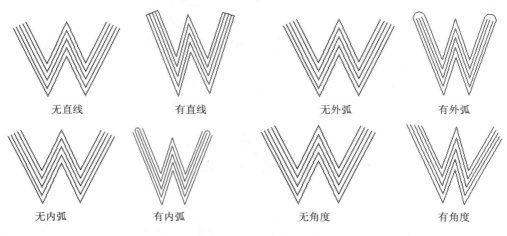

| 无直线 | 有直线 | 无外弧 | 有外弧 |

| 无内弧 | 有内弧 | 无角度 | 有角度 |

图 3-49　多线的各种封口形式

- "填充"选项组：用来设置多线的背景填充。可通过"填充颜色"下拉列表选择多线背景的填充颜色。
- "显示连接"复选框：用于控制是否显示多线顶点处的连接，其效果设置如图 3-50 所示。
- 添加(A) 按钮和 删除(D) 按钮：分别用于添加和删除多线的元素。
- "偏移"文本框：用于设置所选元素的偏移量。偏移量即多线元素相对于 0 标准线的偏移距离，负值表示在 0 标准线的左方或下方，正值表示在 0 标准线的右方或上方，这与坐标的方向一致。新添加的元素的偏移量默认为 0。如图 3-51 所示为偏移的设置效果，从上到下的 5 条多线元素偏移量分别为–2、–1、0、1、2。

偏移量为–2

偏移量为2

| 关闭"显示连接" | 打开"显示连接" |

图 3-50　设置多线的显示连接　　　　　　　图 3-51　设置多线元素的偏移

- "颜色"下拉列表框：用于显示和设置所选元素的颜色。
- "线型"按钮：用于显示和设置所选元素的线型。

3.13.3　编辑多线

AutoCAD 提供专门的多线样式编辑命令来编辑多线对象，其执行方式有如下 2 种：

（1）执行"修改"→"对象"→"多线"菜单命令。

（2）运行命令 MLEDIT。

执行多线编辑命令，将弹出"多线编辑工具"对话框，如图3-52 所示，其中提供了12种多线编辑工具。

图 3-52　"多线编辑工具"对话框

"多线编辑工具"对话框中的编辑工具共分为4列，单击其中的一个工具图标即可使用该工具，命令行将显示相应的提示信息。各个工具的功能如下：

- "十字闭合""十字打开"和"十字合并"：这 3 个工具用于消除十字交叉的两条多线的相交线。选择这 3 种工具后，命令行将依次提示"选择第一条多线:""选择第二条多线:"，按照命令行的提示信息选择要编辑的两条交叉多线。

图 3-53（b）和图 3-53（e）都是用十字闭合工具实现的，只是选择顺序不同，其编辑效果也不同。AutoCAD 总是切断所选的第一条多线，并根据所选的编辑工具切断第二条多线。3 种十字交叉编辑的效果如图 3-53 所示。

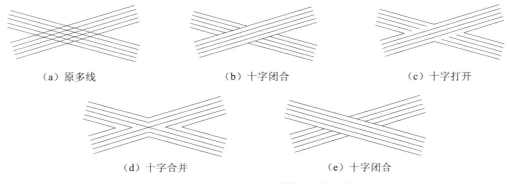

（a）原多线　　　　　　　　（b）十字闭合　　　　　　　　（c）十字打开

（d）十字合并　　　　　　　　　　　（e）十字闭合

图 3-53　3 种十字交叉编辑的效果图

- "T 形闭合""T 形打开"和"T 形合并"：这 3 个工具用于消除 T 形交叉的两条多线的相交线，操作与第一列的 3 个工具相同。编辑效果如图 3-54 所示。

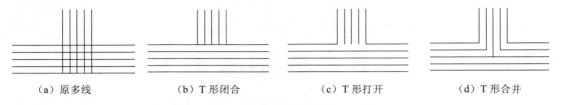

（a）原多线   （b）T 形闭合   （c）T 形打开   （d）T 形合并

图 3-54 3 种 T 形交叉编辑的效果图

- "角点结合"：既可用于十字交叉的两条多线，也可用于 T 形交叉的两条多线，还可用于不交叉的两条多线。编辑效果如图 3-55 所示，左列为编辑前的多线，右列为编辑后的效果。

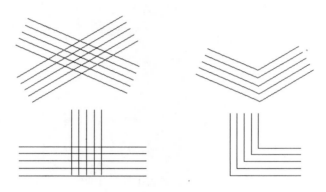

图 3-55 角点结合编辑的效果图

- "添加顶点"与"删除顶点"：这两个工具功能相反，均用于单个的多线对象。选择该工具后，命令行均只提示"选择多线:"，此时只需选择要编辑的单个多线对象即可。

"添加顶点"工具用于在多线对象的指定处添加一个顶点，"删除顶点"用于删除多线对象的顶点。

如图 3-56 所示，添加顶点后，多线在其编辑处显示了夹点，图 3-56（c）是删除一个顶点后的显示效果。

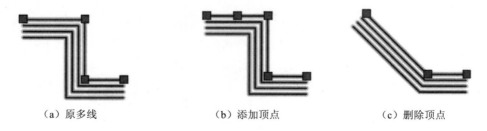

（a）原多线   （b）添加顶点   （c）删除顶点

图 3-56 "添加顶点"与"删除顶点"的效果图

- "单个剪切"和"全部剪切"：这两个工具也用于对单个多线对象的编辑。"单个剪切"用于剪切多线对象中的某一个元素；"全部剪切"用于剪切多线对象的全部元素。编辑效果如图 3-57 所示。
- "全部结合"：该工具用于将已被剪切的多线线段重新结合起来，效果如图 3-57（d）所示。

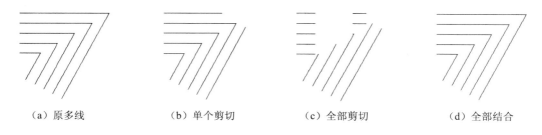

（a）原多线　　　　　　（b）单个剪切　　　　　　（c）全部剪切　　　　　　（d）全部结合

图 3-57　"单个剪切""全部剪切"和"全部结合"的效果图

【例 3-3】　一段园林风景墙的多线绘制操作步骤。

[1] 单击"默认"选项卡→"绘图"面板→"构造线"按钮，绘制一条辅助线，如图 3-58 所示。

[2] 单击菜单栏"格式"→"多线样式"命令，打开"多线样式"对话框，如图 3-59 所示。

扫码看视频

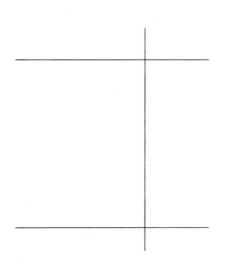

图 3-58　辅助线

图 3-59　"多线样式"对话框

[3] 单击 新建(N)... 按钮，弹出"创建新的多线样式"对话框，如图 3-60 所示。在"新样式名"文本框中输入新建样式的名称"墙体线"，然后单击 继续 按钮，弹出"新建多线样式"对话框修改属性，如图 3-61 所示。然后单击"确认"按钮，回到"多线样式"对话框，选择"墙体线"样式并单击 置为当前(U) 按钮。

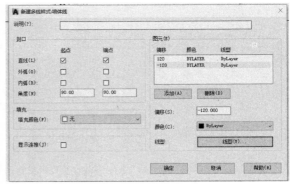

图 3-60　"创建新的多线样式"对话框　　　　　图 3-61　"新建多线样式"对话框

[4] 选择菜单栏中"绘图"→"多线"命令，或在命令行输入 Mline/ML 命令。

[5] 绘制多线墙体，命令行提示与操作如下：

命令: _mline
当前设置: 对正 = 上，比例 = 20.00，样式 = 墙体线
指定起点或 [对正(J)/比例(S)/样式(ST)]: s
输入多线比例 <20.00>: 1
当前设置: 对正 = 上，比例 = 1.00，样式 = 墙体线
指定起点或 [对正(J)/比例(S)/样式(ST)]: j
输入对正类型 [上(T)/无(Z)/下(B)] <上>: z
当前设置: 对正 = 无，比例 = 1.00，样式 = 墙体线
指定起点或 [对正(J)/比例(S)/样式(ST)]:
指定下一点:
指定下一点或 [放弃(U)]:
指定下一点或 [闭合(C)/放弃(U)]:

[6] 打开"捕捉"工具，沿辅助线形态绘制景墙，如图 3-62 所示。　图 3-62　绘制景墙

3.14　圆环与二维填充图形

圆环、宽线和二维填充图形属于 AutoCAD 中的二维填充型图形对象。

3.14.1　绘制圆环

圆环是填充环或实体填充圆，实际上是带有宽度的闭合多段线。

在 AutoCAD 中，可通过指定内、外直径和圆心来绘制圆环。如果要绘制实体填充圆，可将内径值指定为 0。

在 AutoCAD 中，有以下 3 种方法绘制圆环：

（1）选择"绘图"→"圆环"菜单命令。

（2）单击"默认"选项卡→"绘图"面板→"圆环"按钮◎。

（3）在命令行中输入 DONUT（或 DO）并按 Enter 键。

下面以实例来说明如何绘制圆环。

【例 3-4】 绘制如图 3-63 所示的圆环，其中圆环内径为 10mm，外径为 15mm，下面的圆环圆心为（0,0）点。

单击"默认"选项卡→"绘图"面板→"圆环"按钮◎，命令行提示及操作如下：

扫码看视频

图 3-63　绘制圆环实例

命令: _donut
指定圆环的内径 <10.0000>:
指定圆环的外径 <15.0000>:
指定圆环的中心点或 <退出>: 0,0
指定圆环的中心点或 <退出>: @15<120
指定圆环的中心点或 <退出>: @15<0

3.14.2　绘制二维填充图形

用 SOLID 命令可创建实体填充的三角形和四边形。下面以实例来说明如何绘制二维填充图形。

【例 3-5】绘制如图 3-64 所示的二维填充图形。

扫码看视频

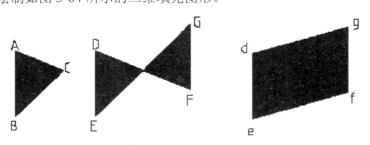

图 3-64　绘制二维填充图形实例 1

绘图步骤如下：

[1] 在命令行中输入 SOLID 并按 Enter 键。

[2] 命令行提示及操作如下：

命令: SOLID
指定第一点:此时单击图 3-64 中的 A 点。命令行继续提示:
指定第二点:此时单击图 3-64 中的 B 点。命令行继续提示:
指定第三点:此时单击图 3-64 中的 C 点。命令行继续提示:
指定第四点或 <退出>:

[3] 按 Enter 键后按 Esc 键退出 SOLID 命令。至此完成图 3-64 中的第一个图形。

[4] 在命令行中输入 SOLID 后按 Enter 键。

[5] 根据命令行的提示依次单击图 3-64 中的 D、E、F、G 点。

[6] 按 Enter 键结束当前命令。至此完成图 3-64 中的第二个图形。

[7] 在命令行中输入 SOLID 后按 Enter 键。

[8] 根据命令行提示依次单击图 3-64 中的 d、e、g、f 点。

[9] 按 Enter 键结束当前命令。至此完成图 3-64 中的第三个图形。

扫码看视频

【例 3-6】 绘制如图 3-65 所示的二维填充图形。

绘图步骤如下：

[1] 在命令行中输入 SOLID 并按 Enter 键。

[2] 命令行提示及操作如下：

指定第一点:此时单击图 3-65 中的 A 点。命令行继续提示:
指定第二点:此时单击图 3-65 中的 B 点。命令行继续提示:
指定第三点:此时单击图 3-65 中的 C 点。

[3] 根据命令行提示依次单击图 3-65 中的 D、E、F、G、H 点。

[4] 按 Enter 键后按 Esc 键退出二维填充图形命令。

图 3-65　绘制二维填充图形实例 2

3.15　使用自动追踪

AutoCAD 的自动追踪功能包括两个部分：极轴追踪和对象捕捉追踪功能。启用 AutoCAD 的极轴追踪功能并在绘图过程中确定了绘图的起点后，系统会自动显示出当前鼠标指针所在位置的相对极坐标，用户可以通过输入极半径长度的办法来确定下一个绘图点。启用对象捕捉追踪功能绘图时，当系统要求输入点时，该功能会基于指定的捕捉点沿指定方向进行追踪。对象捕捉追踪与极轴追踪的最大不同在于：前者需要在图样中有可以捕捉的对象，而后者则没有这个要求。

3.15.1　极轴追踪

极轴追踪是用来追踪在一定角度上的点的坐标智能输入方法，使用极轴追踪功能需要先设置追踪角度，让系统在一定角度上进行追踪。

移动光标到状态栏上的 ⊕ 按钮位置，右击，在弹出的快捷菜单中选择"正在追踪设置"选项，弹出"草图设置"对话框，其"极轴追踪"选项卡如图 3-66 所示。极轴追踪功能的开启有 3 种方法：

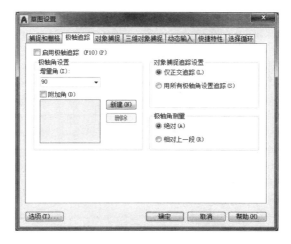

图 3-66　"极轴追踪"选项卡

（1）选中"启用极轴追踪"复选框。

（2）利用 F10 功能键。

（3）在状态栏上单击 ⊕ 按钮（按钮 ⊕ 变蓝为激活状态）。

- "增量角"下拉列表：可以选择或者输入极轴追踪角度。当输入点和基点的连线与 X 轴的夹角等于该角，或者是该角的整数倍时，屏幕上会显示追踪路径和相对极坐标标签。

- "附加角"功能：如果除了成规律变化的角度之外，还有特殊追踪角，用户可以选择"附加角"复选框，再单击 新建(N) 按钮，将出现一个文本输入框，输入角度并按 Enter 键即可启用该功能。如果要删除一个附加角，选中附加角，单击 删除 按钮即可。

- "对象捕捉追踪设置"选项组：用于设置对象捕捉追踪功能。选择"仅正交追踪"，当对象捕捉追踪功能打开时，仅显示通过已获得的捕捉点的水平或垂直追踪路径；选择"用所有极轴角设置追踪"，当对象捕捉追踪功能打开时，可以沿预先设置的极轴角方向进行追踪。

- "极轴角测量"选项组：设置极轴角的测量基准。选择"绝对"时，极轴角的测量基准是 X 轴的正方向；选择"相对于上一段"时，极轴角的测量基准是刚绘制的上一段直线的方向，如图 3-67 所示。

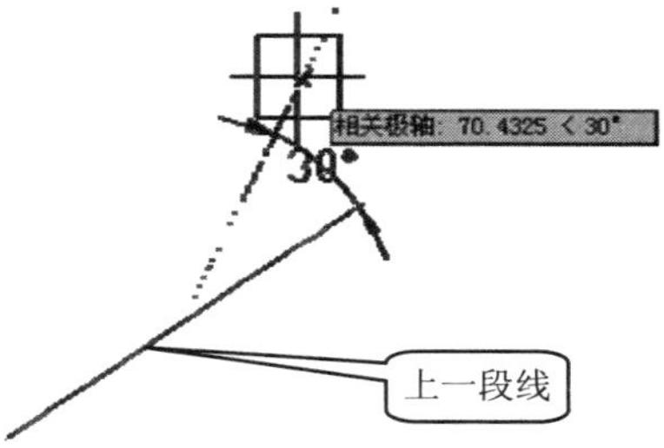

3.15.2　对象捕捉追踪

图 3-67　相对基准

移动光标到状态栏上的 ∠ 位置，右击将出现一个快捷菜单，选择"设置"选项，弹出"草图设置"对话框，系统自动切换到"对象捕捉"选项卡。设置对象捕捉追踪首先应该知道要从实体的哪一类捕捉点进行追踪，如从对象的中点进行追踪，用户需要选择的选项是"中点"。此外还可以选择其他需要追踪的特殊点以及"启用对象捕捉"和"启用对象捕捉追踪"功能。单击 确定 按钮结束设置。

【例 3-7】　以矩形的中心为圆心绘制一个圆，绘制过程如图 3-68 所示。

扫码看视频

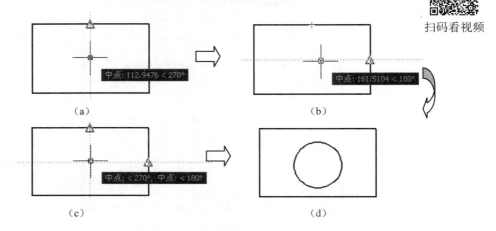

图 3-68　追踪过程

[1] 首先绘制矩形，然后执行绘圆命令，这时系统提示输入圆心坐标，移动鼠标指针到矩形长边的中点位置，待出现中点捕捉符号和一个"+"后，上下移动鼠标会出现一条追踪线。

[2] 按同样的方法移动鼠标到短边的中点处，出现另一条追踪线。

[3] 移动鼠标指针到矩形的中心位置，会发现两条相交的追踪线。

[4] 单击鼠标左键确定圆心，然后输入半径就可以绘制出圆。

3.16　使用"临时追踪点"和"自"工具

在"对象捕捉"快捷菜单中，还有两个非常有用的对象捕捉工具，即"临时追踪点"和"自"工具。

- ⊶ 临时追踪点(K)　　　工具：指定对象的临时追踪点后会出现水平或垂直的追踪线，用户确定追踪方向后，输入一个距离值从而确定一个点。
- ⌐ 自(F)　　　工具：在使用相对坐标指定下一个应用点时，"自"工具可以提示输入基点，并将该点作为临时参照点（基点）。它不是对象捕捉模式，但经常与对象捕捉功能一起使用。调用捕捉自命令确定点时，只能输入要确定点对基点的相对坐标值（如@30,−40）。

3.17　使用动态输入

动态输入主要由指针输入、标注输入、动态提示 3 部分组成。当启动动态输入模式时，应用程序状态栏"动态输入"按钮 （此处应为小图标）处于按下（变蓝）状态，再次单击则关闭该状态。

可以用以下 2 种方法打开"动态输入"模式：

（1）单击应用程序状态栏"动态输入"按钮。

（2）按 F12 功能键。

在应用程序状态栏"动态输入"按钮上右击，弹出快捷菜单，选择"动态输入设置"选项，打开"草图设置"对话框的"动态输入"选项卡，如图 3-69 所示，即可对动态输入进行设置。

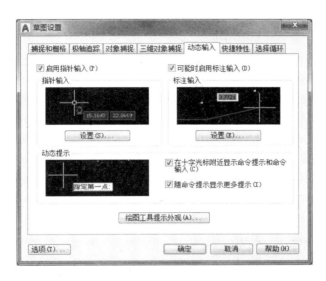

图 3-69　"动态输入"选项卡

在"动态输入"选项卡中有"指针输入""标注输入"和"动态提示"3 个选项组，分别控制动态输入的 3 项功能。

- 指针输入：启用指针输入功能且有命令在执行时，十字光标的位置将在光标附近的工具栏提示中显示为坐标，这时可以在工具栏提示中输入坐标值，而不是在命令行中输入。

提示： 使用动态输入进行坐标输入时，输入的都是相对坐标，直角坐标用","隔开，极坐标用"<"隔开。用 Tab 键可切换距离和角度输入方式。

- 标注输入：启用标注输入时，当命令提示输入第二点时，工具栏提示将显示距离和角度值。按 Tab 键可在工具栏选项间切换输入。
- 动态提示：选择"在十字光标附近显示命令提示和命令输入（C）"复选框后，提示会显示在光标附近。按键盘↓键会出现选项菜单，可以单击选取合适的选项。图 3-70 所示为绘制直线要求输入下一点时，按键盘↓键出现的提示。

动态输入能够取代 AutoCAD 传统的命令行输入。使用快捷键

图 3-70　动态提示

Ctrl+9 可以关闭或打开命令行的显示。在命令行不显示的状态下可以仅使用动态输入方式输入或响应命令，它为用户提供了一种全新的操作体验。

提示：一般情况下，不建议初学者使用动态输入模式。

3.18　思考与练习

1．概念题

（1）在 AutoCAD 中，系统默认的角度的正向和弧的形成方向是逆时针还是顺时针？

（2）简述绘制矩形的几种方法。

（3）用正多边形命令绘制正多边形时有两个选择：内接于圆和外切于圆。用这两种方法怎样控制正多边形的方向？

（4）利用"旋转"选项绘制椭圆时，输入的角度有限制吗？限制的范围是多少？

（5）怎样设置对象捕捉追踪功能？

2．绘图练习

请绘制图 3-71～图 3-77 所示图形。

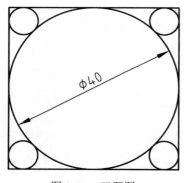

图 3-71　习题图 1

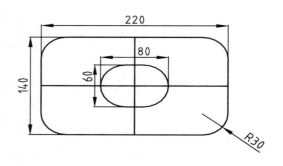

图 3-72　习题图 2

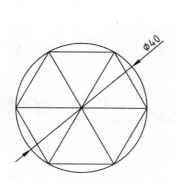

图 3-73　习题图 3

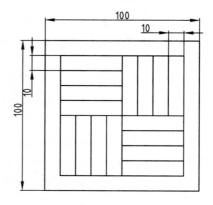

图 3-74　习题图 4

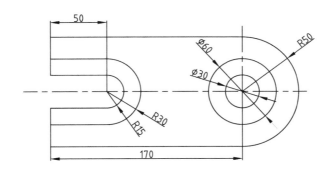

图 3-75　习题图 5

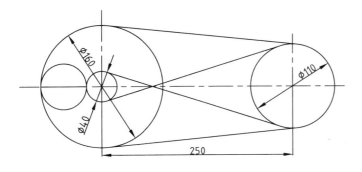

图 3-76　习题图 6

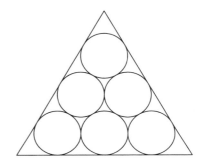

图 3-77　习题图 7

第 4 章　规划与管理图层

本章重点

- 图层的建立和管理
- AutoCAD 图层特点
- 对象特性

4.1　图　层　概　述

确定一个图形对象，除了要确定它的几何数据以外，还要确定诸如颜色、线型等非几何数据。例如绘制一个圆，除了确定图形的定形和定位尺寸之外，还要指定图形的线型、颜色等数据。AutoCAD 存放这些数据要占一定的存储空间，如果一张图上有大量具有相同颜色、线型等设置的对象，AutoCAD 会重复存放这些数据，这显然会浪费大量的存储空间。为此，AutoCAD 使用了图层来管理图形，用户可以把图层想象成没有厚度的透明片，各层之间完全对齐，一层上的某一基准点准确地对准其他各层上的同一基准点。

借助图层，用户可以为每一图层指定绘图所用的线型、颜色和状态，并将具有相同线型、颜色或功能相同的对象（例如轮廓线）放在规定层上。

图层是 AutoCAD 的主要组织工具，可以使用它们按功能组织信息以及应用的线型、颜色和其他标准，如图 4-1 所示。

通过创建图层，用户可以将类型相似的对象指定给同一个图层，使其相关联，例如，可以将构造线、轮廓线、虚线、点画线、文字、标注和标题栏等置于不同的图层上。创建图层后可以控制：

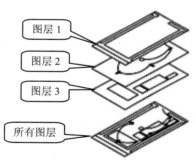

图 4-1　组织图层

- 图层上的对象是否在任何视口中都可见；
- 是否打印对象以及如何打印对象；
- 为图层上的所有对象指定需要的颜色；
- 为图层上的所有对象指定需要的线型和线宽；
- 图层上的对象是否可以修改。

4.2　图　层　设　置

扫码看视频

要使用图层首先要建立图层，AutoCAD 图层有如下特征参数：图层名称、线型、线宽、颜色、打开/关闭、冻结/解冻、锁定/解锁、打印特性等，每一层都围绕这几个参数进行设置。

开始绘制新图形时，AutoCAD 将创建一个名为 0 的特殊图层。默认情况下，图层 0 将被指定使用 7 号颜色（白色或黑色，由背景色决定）、CONTINUOUS 线型、"默认"线宽（默认设置是 0.01 in 或 0.25 mm）等。不能删除或重命名图层 0。

4.2.1　建立新图层

使用"图层特性管理器"选项板可以创建新图层、指定图层的各种特性、设置当前图层、选择图层和管理图层。单击"图层"面板上的图层特性命令按钮█，出现"图层特性管理器"选项板，如图 4-2 所示。

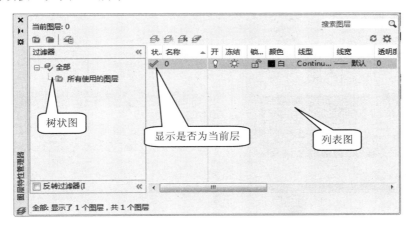

图 4-2　"图层特性管理器"选项板

【例 4-1】　创建新图层的步骤。

[1] 单击"新建图层"按钮█将在图层列表中自动生成一个新层，新的图层以临时名称"图层 1"显示在列表中，并采用默认设置的特性。此时"图层 1"反白显示，可以直接用键盘输入图层新名称，然后按 Enter 键或在空白处单击，新层建立完成。

[2] 单击相应的图层颜色、线型、线宽等特性设置控件，可以修改该图层上对象的基本特性。

[3] 需要建立多个图层时，可以重复步骤 1、2。

[4] 单击对话框左上角的█按钮可以退出此对话框。

如果图形进行了尺寸标注，则图层列表中会出现一个 Defpoints（定义点）层。这个层只有在标注后才会自动出现，它记录了定义尺寸的点，这些点是不显示的。Defpoints 层是不能打印的，不要在此层上进行绘制。0 层是默认层，这个层不能被删除或改名。在没有建立新层之前，所有的操作都在 0 层上进行。

提示：在设置图层参数时，个人或单位应该有个统一的规范，以方便交流和协作。

4.2.2　修改图层的名称、颜色、线型和线宽

每一个图层都应该指定一种颜色、线型和线宽，以便与其他的层区分。若图层的这些

参数需要改变，可以进入到"图层特性管理器"选项板中进行修改。

　　【例 4-2】　修改图层的名称。

　　要修改某层的名称，可以在该层名字上单击，使其所在行高亮显示，然后在名称处单击，使名称反白，进入文本输入状态，修改或重新输入名称即可。

　　【例 4-3】　设置图层颜色。

　　要改变某层的颜色，可直接单击该层"颜色"属性项，弹出"选择颜色"对话框，如图 4-3 所示。为图层选择一种颜色后，单击 确定 按钮退出"选择颜色"对话框，所选颜色即被应用。

　　【例 4-4】　设置图层线型。

　　[1] 要改变某层的线型，直接单击该层"线型"属性项，弹出"选择线型"对话框，如图 4-4 所示。

图 4-3　"选择颜色"对话框

图 4-4　"选择线型"对话框

　　[2] 若线型列表中没有合适的选项，则单击 加载(L)... 按钮进入"加载或重载线型"对话框，如图 4-5 所示。AutoCAD 提供了丰富的线型，它们存放在线型库 acadiso.lin 文件中，用户可以根据需要从中选择。另外用户还可以建立自己的线型，以适应特殊需要。选择一种线型（例如选择 CENTER），单击 确定 按钮进行装载。

　　[3] 返回到"选择线型"对话框时，新线型在列表中出现。选择 CENTER，如图 4-6 所示，单击 确定 按钮，该图层便应用了这种线型。

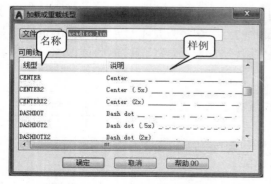

图 4-5　"加载或重载线型"对话框

图 4-6　加载线型

【例 4-5】　修改图层线宽。

要改变某层的线宽，直接单击该层"线宽"属性项，弹出"线宽"对话框，如图 4-7 所示。选择合适的线宽，单击 确定 按钮，线宽属性就赋给了该图层。

图 4-7　"线宽"对话框

4.2.3　显示线宽

为了观察线宽是否与图形要求相配，在绘图过程中可以显示线宽。AutoCAD 系统默认设置为不显示线宽，要显示线宽可以单击状态栏上的■按钮使其亮显，也可以在■按钮上右击，在弹出的快捷菜单上选择"设置"选项，打开"线宽设置"对话框进行设置，如图 4-8 所示。

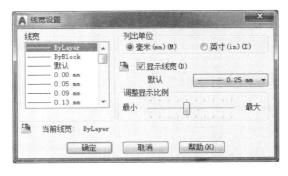

图 4-8　"线宽设置"对话框

- "显示线宽"复选框与状态栏的■按钮作用相同。
- "调整显示比例"控件只有在绘图时显示线宽才起作用，用鼠标拖动滑块可调整线宽的显示比例。

"线宽"列表中的"默认"项，其默认值为 0.25mm，要改变该值，单击"默认"列表右边的■按钮，在下拉列表中选择一个数值，此值即为线宽的默认值（一般把细线宽作为默认值，比如机械图中有粗、细两种线宽，粗线宽是细线的两倍。如果粗线宽是 0.5mm，细线是 0.25mm，这样就可以设置默认值是 0.25mm），也就是在"图层特性管理器"选项板中"线宽"项显示的"默认"值。

4.2.4 设置线型比例

在 AutoCAD 中，除 continuous（连续线）外，其他线型都是由短画、空格、点或符号等组成的非连续线型。在使用非连续线型绘图时，有时会出现如下情况：为图形对象选择的线型为点画线，显示在绘图区却像实线。这是因为线型的比例因子设置得不合理，可以利用"线型管理器"来修改。"线型管理器"是 AutoCAD 提供的对线型进行管理的工具，利用"格式"→"线型"菜单命令可以打开"线型管理器"对话框，如图 4-9 所示。

单击 加载(L)... 按钮，可打开"加载或重载线型"对话框进行线型加载。加载线型后返回"线型管理器"对话框，所加载的线型即显示在线型列表中，表明该线型已经加载。选择所需线型，单击"线型管理器"对话框的 当前(C) 按钮，即将该线型置为当前线型。此设置也可通过单击"特性"面板上线型下拉列表中的线型来实现，如图 4-10 所示，这样就可用选定的线型来绘图了。

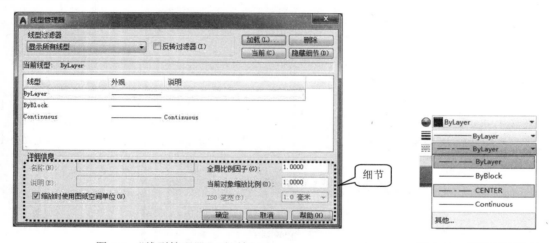

图 4-9　"线型管理器"对话框

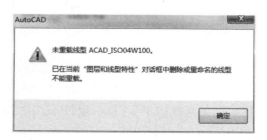

图 4-10　线型下拉列表

"线型管理器"对话框中的 删除 按钮用来清除已经加载却不需要的线型，当删除的线型已经使用过，系统会给出提示，如图 4-11 所示。

提示中所提到的线型均不能被删除。另外，已删除的线型再次加载会给出如图 4-12 所示的提示。

图 4-11　不能删除线型提示

图 4-12　重新加载已删除线型的提示

提示：删除线型时一定要小心，避免因删除了需要的线型而带来麻烦。

"线型管理器"对话框中的 显示细节(D) 按钮用来控制详细信息的显示和隐藏，图 4-9 所示的"线型管理器"对话框中显示了详细信息，单击 隐藏细节(D) 按钮，可以隐藏详细信息。

"详细信息"选项组的"全局比例因子"选项影响图中所有线的线型比例，如其值是 2，则把标准线型的长画或短画放大 2 倍；它对连续线没有作用。"当前对象缩放比例"选项只影响设置后绘制的对象，对设置以前绘制的对象没有作用，但最终比例是全局比例因子与当前对象缩放比例的乘积。

提示：使用"特性"选项板可以只修改选定对象的线型比例。

"缩放时使用图纸空间单位"复选框：按相同的比例在图纸空间和模型空间缩放线型（该选择是默认选择）。当在图纸空间使用多个视口时（关于视口参见第 10 章布局相关部分），该选项很有用，各个视口的缩放比例即使不一样，也可以保证其中的非连续线间隔相同，如图 4-13 所示。如果绘图对象没有正常显示，可使用"视图"→"全部重生成"菜单命令重绘试图。

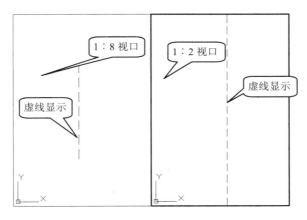

图 4-13　两个视口

4.2.5　设置当前层与删除层

建立了若干图层后，要想在某一层上绘制图形，就需把该层设置为当前层。若在"图层特性管理器"选项板中，可以先选中需要的层使其亮显，然后单击"置为当前"按钮，被选中的图层就会被设为当前层，状态栏显示当前层图标。

如果已经退回到绘图界面，可以利用"图层"面板来设置，如图 4-14 所示。

单击 ♀ ☼ 🔓 ■ 0 右侧的倒黑三角，在图层下拉列表中单击要设为当前层的图层即可。

1. 快速设置当前层的方法

单击"图层"面板上的"将对象的图层置为当前"按钮 🖼️，鼠标指针形状变为拾取状态，根据命令行提示，选取将使其所在图层变为当前图层的对象，该对象所在的层立即设置为当前层，并在面板上显示。单击"图层"面板的"上一个图层"按钮 🖼️，可以由现在的当前层设置返回到上一次的当前层设置。

2. 快速改变对象所在层的方法

如果要把其他层的对象放到指定层，可以选择这些对象，然后单击 🔲 右侧的倒黑三角，在图层下拉列表中单击指定图层即可。

为了节约系统资源，有些多余的图层可以删除。删除的方法是在"图层特性管理器"选项板中选择多余的层，单击"删除图层"按钮 🗑️ 即可删除。

需要注意的是 0 层、当前层和含有图形对象的层不能被删除。当删除这几种图层时，系统会给出警告信息，如图 4-15 所示。

图 4-14 "图层"下拉列表　　　　　图 4-15 警告信息

4.2.6 图层的其他特性

AutoCAD 提供了控制图层里的对象的功能，用于控制图层的工具有"开/关""冻结/解冻""锁定/解锁""打印/不打印"等。要使用这几个工具，可以在"图层特性管理器"选项板的图层列表中单击相应图层的控制图标，也可以单击 🔲 右侧的倒黑三角，在图层下拉列表中单击相应图层的控制图标，对于"打印/不打印"则只能在"图层特性管理器"选项板中进行修改。

1. 打开/关闭图层

在制图中，经常要将一些与本设计无关的图层关闭（即该图层的对象不显示），以使得相关的图形更加清晰。关闭的图层可以随时根据需要打开。如果不想打印某些层上的对象，也可以关闭这些层。

单击 🔲 右侧的倒黑三角，在图层下拉列表中单击要关闭图层的小灯泡 💡，使之由黄变蓝 💡，然后在空白处单击，该图层即被关闭；反之，图层打开。打开/关闭图层操作也可以在"图层特性管理器"选项板中进行，方法相同。

2．冻结/解冻图层

图层被冻结时，该图层上的图形不显示，既不能把该层设为当前，也不能编辑或打印输出。在布局中经常需要冻结某些层，相关知识参见第 10 章。

单击 $\boxed{\text{♀ ☼ ☐ ■ 0}}$ 右侧的倒黑三角，在图层下拉列表中单击要冻结图层的"冻结"按钮 ☼，使它变成淡蓝色 ❀，则图层被冻结；再次单击，图层解冻。冻结/解冻图层操作也可以在"图层特性管理器"选项板中进行，方法相同。当前层不能被冻结，被冻结的层不能设置为当前层。

3．锁定/解锁图层

如果不想在以后的设计中修改某些图层，或想仅以某些层为参照绘制其他层的对象，可以锁定这些图层。图层锁定后并不影响图样的显示，可以在该层上绘图（绘制完的对象会被即时锁定，所以不提倡在锁定层上绘制图形），可以捕捉到图层上的点，可以把它打印输出，也可以改变层的颜色和线型、线宽，但图样（包括锁定后绘制的）不能被修改。

锁定/解锁的方法与冻结/解冻的方法相同，锁定的符号是 🔒，解锁的符号是 🔓。

4．打印特性

打印特性的改变只决定图层是否打印，并不影响别的性质。打印符号是 🖶，不打印的符号是 🖷。

打印特性设置的方法与图层的锁定/解锁方法相同，只不过需要在"图层特性管理器"选项板中完成。

根据上述方法建立一些常用的层，如图 4-16 所示，保存文件，名字为图层.dwg，以备使用。

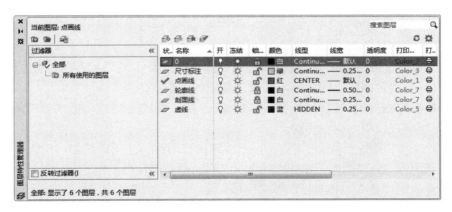

图 4-16　常用图层设置

4.2.7　图层面板其他工具

图层的使用和管理都可以通过"图层"面板完成，如图 4-17 所示。如果想使展开的"图层"面板一直显示,只需单击展开的"图层"标签按钮的"图钉"按钮,使其变为即可,再次单击,扩展的"图层"面板自动收缩。

图 4-17 展开"图层"面板

"图层"面板常用的工具功能如下:

- "匹配"按钮:单击此按钮,可以将选定对象所在的图层与目标图层相匹配。
- "隔离"按钮:单击此按钮,根据提示选定对象,可将选定对象所在图层以外的所有图层都锁定。指定的对象可以是多个图层上的对象。
- "取消隔离"按钮:单击此按钮,恢复使用"隔离"工具锁定的图层。
- "冻结"按钮:单击此按钮,根据提示选定对象,将选定对象所在的图层冻结。
- "关闭"按钮:单击此按钮,根据提示选定对象,将选定对象所在的图层关闭。
- "图层状态"列表:可以选择已经保存的图层状态来加载,或者新建、管理图层状态。
- "打开所有图层"按钮:单击此按钮,将所有图层设置为打开状态。
- "解冻所有图层"按钮:单击此按钮,将所有图层设置为解冻状态。
- "锁定"按钮:单击此按钮,根据提示选定对象,将选定对象所在的图层锁定。
- "解锁"按钮:单击此按钮,根据提示选定对象,将选定对象所在的图层解锁。
- "更改为当前图层"按钮:单击此按钮,根据提示选定对象,将选定对象所在的图层更改为当前图层。
- "图层漫游"按钮:单击此按钮,出现"图层漫游"对话框,在列表中选择图层,将只显示选定图层上的图形,其余图层上的图形被隐藏。
- "视口冻结当前视口以外的所有视口"按钮:单击此按钮,冻结除当前视口外的所有布局视口中的选定图层。
- "删除"按钮:单击此按钮,根据提示选择图线,删除所选图线所在图层上的所有对象并清理该图层。选定对象的图层不能是 0 层和当前层。
- "锁定的图层淡入"滑块:拖动滑块可调整锁定图层上对象的透明度。利用按钮启用或禁用应用于锁定图层的淡入效果。

4.2.8 AutoCAD 图层特点

AutoCAD 的图层主要具有以下特点:

- 用户可以在一幅图中指定任意数量的图层。系统对图层数没有限制,对每一图层上的对象数也没有限制。

- 每个图层用不同的名字加以区别，当开始绘制一幅新图时，AutoCAD 自动创建名为 0 的图层（习惯称为浮动层），这是 AutoCAD 的默认图层。当标注尺寸时，会自动产生一个 Defpoints 层。其余图层需要用户自己去定义。
- 一般情况下，一个层上的所有对象应该具有统一线型、颜色和线宽。只有这样具有统一性，才便于管理（虽然可以使用"特性"面板单独为图层上的某一个对象设置不同的特性，但为了方便管理，不提倡这样做）。
- AutoCAD 允许用户建立很多图层，但只允许在当前层上绘图，所以在绘图过程中需要根据绘制的对象不同，而经常地变换当前层。
- 虽然对象分布在不同的层上，但并不影响用户对位于不同图层上的对象同时操作。
- 用户可以对各图层进行打开、关闭、冻结、解冻、锁定与解锁等操作，以决定各图层的可见性与可操作性。

图层是 AutoCAD 管理图形的一种非常有效的方法，用户可以利用图层将图形进行分组管理。例如将轮廓线、中心线、尺寸、文字、剖面线等机械制图常用的绘图元素放置在不同的图层中，每一层根据实际需要或组织规定设置线型、颜色、线宽等特性。用户还可以根据需要打开或关闭、锁定或解锁相应的层。被关闭的层将不再显示，这样会大大简化显示的内容，避免过多显示的影响，比如在标注尺寸时，可以把剖面线层关闭，避免它对捕捉的影响，误捕到剖面线的端点，造成误标。图层被锁定后仍然显示在屏幕上，但可以避免被删除或移动位置等操作，用户还可以以被锁层内容为参照绘制新图形。图层看上去比较简单，但这方面经常出问题，尤其在出图时，所以希望用户能够熟练掌握。

4.3　对　象　特　性

运用 AutoCAD 提供的绘图命令可以绘出各种各样的图形，我们称这些图形为对象，它们所具有的属性被称为对象特性。而对象所具有的图层、线型、线宽、颜色、坐标值等特性可以通过"特性"面板或"特性"对话框进行修改。

4.3.1　"特性"面板

使用"特性"面板可以修改选中对象的特性，"特性"面板如图 4-18 所示。

图 4-18　"特性"面板

- "对象颜色"列表 ● ■ ByLayer ▼：对于选定的对象，单击该列表可以选择某颜色，如图 4-19 所示，此时对象的颜色变为所选颜色。其中 ByLayer 指由对象所在图层的颜色决定对象的颜色，ByBlock 指由对象所在图块的颜色决定对象的颜色。如果在列表中选择"更多颜色"选项，则可打开"选择颜色"对话框选择更多的颜色。
- "线宽"列表 ≡ ──────ByLayer ▼：对于选定的对象，单击该列表可以选择对象的线宽，如图 4-20 所示。其中 ByLayer 指由对象所在图层的线宽决定对象的线宽，ByBlock 指由对象所在图块的线宽决定对象的线宽。如果在列表中选择"线宽设置"选项，则可打开"线宽设置"对话框进行线宽设置，以定义默认的线宽、线宽的单位及线宽的显示。

图 4-19　对象颜色列表

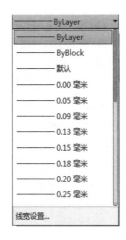

图 4-20　线宽列表

- "线型"列表 ≣ ──────ByLayer ▼：对于选定的对象，单击该列表可以选择对象的线型，如图 4-21 所示。其中 ByLayer 指由对象所在图层的线型决定对象的线型，ByBlock 指由对象所在图块的线型决定对象的线型。如果在列表中选择"其他"选项，则可打开"线型管理器"对话框加载列表中未显示的线型并设置线型的详细参数。
- "打印样式"列表 ● BYCOLOR ▼：对于选定的对象，单击该列表可以选择对象的打印样式，只有设置了命名打印样式时该列表才可用。

提示：可以先设置特性，再绘制对象。注意，除了选项设置为 ByLayer 的对象，其他对象不受"图层特性管理器"的管理。

- "透明度"列表 ⬛ ▼：对于选定的对象，单击该列表选择对象的透明度显示样式，如图 4-22 所示。其中"ByLayer 透明度"指由对象所在图层的透明度决定对象的透明度，"ByBlock 透明度"指由对象所在图块的透明度决定对象的透明度。当设置为"透明度值"方式时，可以使用其后的滑块调整选定对象的透明度。

图 4-21　线型列表　　　　　　　　　图 4-22　透明度列表

- "透明度"滑块 透明度 ⬜ 0 ：拖动滑块来设置所选对象的透明度值。
- "列表"按钮 列表 ：选定对象后，单击此按钮，可在"文本窗口"显示该对象的详细信息。
- "特性"按钮 ⬛：单击此按钮打开或关闭"特性"对话框，用于设置对象的详细特性。

如果应用程序状态栏的"快捷特性"按钮 ⬛ 处于按下状态，则表明启用了显示快捷特性模式。在命令行"命令："提示状态下，选中需要修改特性的对象，绘图区会出现快捷特性选项板，如图 4-23 所示。也可使用它在对应列表中修改对象的颜色、图层和线型等特性。

图 4-23　"快捷特性"选项板

4.3.2　"特性"选项板

单击"特性"面板上的按钮 ⬛，可打开如图 4-24 所示的"特性"选项板设置对象的详细特性。

- "切换 PICKADD 值"按钮 ⬛：默认状态下，将选择的对象添加到当前选择集中。单击此按钮，图标变为 ⬛，此时选定对象将替换当前选择集。再次单击按钮回到默认状态。
- "选择对象"按钮 ✛：单击此按钮，可以以任何选择对象的方法选择对象，"特性"选项板将显示所有选中对象的共同特性。
- "快速选择"按钮 ⬛：单击此按钮，会弹出"快速选择"对话框，如图 4-25 所示。选择时，可以根据具体的条件选择符合条件的对象，如果选择"附加到当前的选择集"复选框，选择的对象将添加到原来的选择集中；否则，选择的对象将替换原来的选择集。

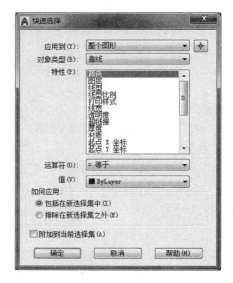

图 4-24　"特性"选项板　　　　　　图 4-25　"快速选择"对话框

　　选项板中显示的信息与图形文档所处的状态有关。若在打开复选框时，没有选择文档中的任何图形对象，显示的信息为当前所应用的特性，如图 4-24 所示。若选择某个图形对象，则显示该对象的特性信息。若选择了几个对象，则显示它们的共有特性信息，选项板中的文本框显示图形对象的名称。

　　若要修改该对象的特性，可在选项板中选择要修改的特性项，此时特性项会显示相应的修改方法，提示如下：

- 下拉列表 提示，通过下拉列表来修改；
- 拾取点 提示，可在绘图区用鼠标拾取所需点，也可直接输入坐标值；
- 对话框 提示，通过对话框来修改。

选择修改对象有如下 2 种方法：

（1）打开"特性"对话框前选取。

　　先选取要修改的对象（可以为多个对象），再打开"特性"对话框，从最上面的下拉列表选择要修改的对象，通过上述方法修改其特性（按 Esc 键可以取消选择）。

（2）打开"特性"对话框后选取。

　　直接选择对象或单击"选择对象"按钮 后，根据提示选择对象。按 Enter 键结束选择，通过下拉列表选择某个修改对象，如图 4-26 所示，然后修改其特性。

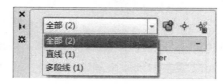

图 4-26　选择下拉列表

扫码看视频

4.3.3　特性驱动

使用"特性"选项板，不仅可以查询对象的特性，还可以通过特性驱动来绘制图形，下面以绘制一个面积为 $100mm^2$ 的圆来说明。我们知道所有的绘制圆的命令都不能直接确定圆的面积，所以用绘制圆的命令不能直接绘制满足要求的圆，因此要用特性驱动的方法来绘制。

[1]　先用任何一种方法绘制一个圆，再打开"特性"选项板，选择圆，如图 4-27 所示。

图 4-27　"特性"选项板

[2]　在"面积"右边的文本框单击使其变为可编辑状态，修改值为 100，然后按 Enter 键即可。这时所选圆的面积就会自动变为 $100\ mm^2$。

4.3.4　特性匹配

AutoCAD 提供特性匹配工具来复制特性，特性匹配可将选定对象应用到其他对象。默认情况下，所有可应用的特性都会自动地从选定的第一个对象复制到其他对象。如果不希望复制特定的特性，可以在执行该命令的过程中随时选择"设置"选项禁止复制该特性。

有以下 4 种方法可进行特性匹配：

（1）选择"修改"菜单→"特性匹配"命令。

（2）单击"默认"选项卡→"特性"选项板→"特性匹配"按钮　。

（3）单击"标准"工具栏的"特性匹配"按钮　。

（4）在命令行中输入 MATCHPROP 并按 Enter 键。

执行"特性匹配"命令后，命令行提示如下：

命令: '_matchprop
选择源对象:

此时选择要复制其特性的对象，且只能选择一个对象。选择完成后，命令行提示如下：

当前活动设置：　颜色　图层　线型　线型比例　线宽　透明度　厚度　打印样式　标注　文字　图案填充　多段线　视口　表格材质　多重引线中心对象
选择目标对象或 [设置(S)]: s

其中第一行显示了当前要复制的特性，默认是所有特性均复制。此时可选择要应用源对象特性的对象，可选择多个对象，直到按 Enter 键或 Esc 键退出命令。若输入 S，可打开"特性设置"对话框，如图 4-28 所示，从中可以控制要将哪些对象特性复制到目标对象。默认情况下，将选择"特性设置"对话框中的所有对象特性进行复制。

图 4-28　"特性设置"对话框

4.4　思考与练习

1．概念题

（1）AutoCAD 图层的特点有哪些？
（2）怎样设置需要的图层？
（3）怎样修改对象特性？
（4）怎样使用特性驱动几何图形？

2．绘图练习

首先进行图层设置，然后根据尺寸绘图进行图线练习，如图 4-29 所示。

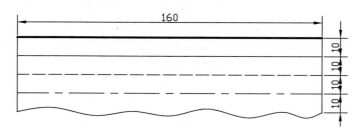

图 4-29　习题图

第 5 章 修改二维图形

本章重点

- 构造选择集
- 删除、移动、旋转和对齐对象
- 复制、阵列、偏移和镜像对象
- 修改对象的形状和大小
- 倒角、圆角和打断
- 夹点编辑
- 图案填充

在绘图过程中，经常会遇到一些复杂的对称图形，有时也会遇到一些相同或类似的图样在不同的位置出现，是否需要像手工绘图那样一个个地绘制呢？当所绘制的直线或弧过长或过短时，是否有必要清除掉重新绘制呢？当需要把已存在的图形旋转一定角度时，是否要重复一遍绘制过程呢？事实上当所绘制的图形对象不符合要求时，可利用 AutoCAD 的修改工具解决手工绘图难以解决的问题。使用修改工具可以任意地移动图样、改变图样的大小以及复制图样。修改工具具有很高的智能性。通过本章的学习，读者可以进一步认识到利用 AutoCAD 来绘制图样的高效率。

"修改"面板如图 5-1 所示，"修改"下拉菜单如图 5-2 所示。

图 5-1 "修改"面板　　　　　图 5-2 "修改"下拉菜单

5.1　构造选择集

复杂图形的绘制仅靠绘图命令是不够的，借助于修改命令，可以轻松、高效地实现复杂图形的绘制。执行修改命令一般会遇到选择修改对象的问题，即构造选择集。

选择集是被修改对象的集合，它可以包含一个或多个对象。用户可以先执行修改命令后选择对象，也可以先选择后执行修改命令。

执行修改命令后，一般会出现"选择对象"提示，十字光标变为小方框（称之为拾取框），系统要求用户选择要进行操作的对象。选择对象后，AutoCAD 会亮显选中的对象（即用蓝线高亮显示），表示对象已加入选择集；也可以从选择集中将某个对象移出（按 Shift 键的同时选择对象）。

用鼠标拾取对象，或在对象周围使用选择窗口，或使用下面的选择对象方式，都可以选择对象。不管由哪个命令给出"选择对象"提示，都可以使用这些方法。要查看所有选项，请在命令行中输入"?"。

在"选择对象"提示后输入"?"，然后按 Enter 键，命令行显示如下：

需要点或窗口(W)/上一个(L)/窗交(C)/框(BOX)/全部(ALL)/栏选(F)/圈围(WP)/圈交(CP)/编组(G)/添加(A)/删除(R)/多个(M)/前一个(P)/放弃(U)/自动(AU)/单个(SI)/子对象(SU)/对象(O)

这些是 AutoCAD 提供的选择方法，用户可以根据需要选择适合的方法。在"选择对象"提示下可以直接选择或输入一个选项再进行对象选择。下面具体介绍常用选项的使用方法。

1．直接方式

这是一种默认的选择对象方法。选择过程：通过鼠标移动拾取框，使其压住要选择的对象，单击鼠标，该对象就会变蓝亮显，表明已被选中。用此方法可以连续选择多个对象。

2．默认窗口方式

当出现"选择对象"提示时，如果将拾取框移到图中的空白区域单击，AutoCAD 会提示："指定对角点"。移动鼠标指针到另一个位置再单击，AutoCAD 自动以两个拾取点为对角点确定一矩形拾取窗口。如果矩形窗口是从左向右定义的，那么只有完全在矩形框内部的对象会被选中。如果拾取窗口是从右向左定义的，那么位于矩形框内部或者与矩形框相交的对象都会被选中。

3．窗口（W）

选择矩形窗口（由两个角点定义）中的所有对象。在"选择对象"提示下输入 w 并按 Enter 键，AutoCAD 会依次提示用户确定矩形窗口的两个对角点。此方式与默认窗口方式的区别是可以压住对象拾取角点。

4．窗交（C）

与窗口（W）选择的区别在于：除选择全部位于矩形窗口内的所有对象外，还包括与窗口 4 条边相交的对象。在"选择对象"提示下输入 c 并按 Enter 键，AutoCAD 会依次提示用户确定矩形窗口的两个对角点。

5．全部（ALL）

选择非冻结图层上的所有对象。

6．栏选（F）

栏选（F）方式是绘制一条多段的折线，所有与多段折线相交的对象将被全部选中。图 5-3 所示为选择了对角线上的 4 个小圆。在"选择对象"提示下输入 f 并按 Enter 键，系统提示如下：

```
第一栏选点:                        //指定一点
指定直线的端点或 [放弃(U)]:         //指定下一点或输入 u，放弃上一个指定点
```

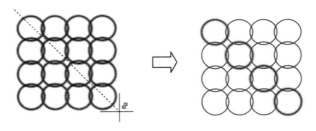

图 5-3　栏选举例

7．删除（R）

在"选择对象"提示下输入 r 并按 Enter 键，切换到"删除"模式，此时可以使用任何一种对象选择方式将对象从当前选择集中去除。此外，按下 Shift 键选择对象，同样可以将选中的对象从当前选择集中去除。

上面讲述的各种选择方法各有所长，用户可以根据实际情况选择合适的方法快速确定选择集。

5.2　其他快速选择方法

5.2.1　选择类似对象

更改用于选择类似对象的设置步骤如下：

[1]　没有选定对象时，输入 SELECTSIMILAR。

[2]　输入 se（设置）。

[3]　在如图 5-4 所示的"选择类似设置"对话框中，为要选定的对象选择匹配的特性，单击"确定"按钮。

图 5-4　"选择类似设置"对话框

如果未选择特性，同一类型的对象（例如所有线）都将被选定。

选择类似对象的操作步骤如下：

[1]　选择表示要选择的对象类别的对象（源对象）。

[2]　右击，在弹出的快捷菜单中选择"选择类似对象"选项，如图 5-5 所示，这样就会把与源对象类似的对象全部选中。

图 5-5　右键快捷菜单

仅相同类型的对象（直线、圆、多段线等）将被视为类似对象。如果对象的特性（例如颜色、线型、线宽、打印样式、材质和透明度）被设置为 ByLayer，则对象被视为类似。例如，尽管蓝色多段线和红色多段线不是同一种颜色，但如果其颜色特性设置为 ByLayer，也将同时被选中。

5.2.2　过滤选择

AutoCAD 提供了"过滤选择"，用于创建一个要求列表，对象必须符合这些要求才能包含在选择集中。"过滤选择"可通过"对象选择过滤器"定义，如图 5-6 所示。

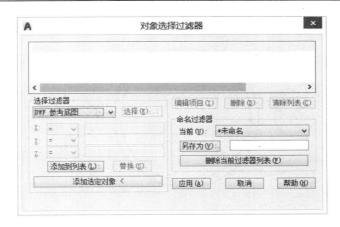

图 5-6　"对象选择过滤器"对话框

运行命令 FILTER，将打开"对象选择过滤器"对话框，其上部的列表框列出了当前定义的过滤条件。

- "选择过滤器"选项组：用于定义过滤器。"选择过滤器"下拉列表框用于选择过滤器所定义的对象类型及相关运算语句，选择其中的对象类型后，可在其下方的 X、Y、Z 三个下拉列表框中定义对象类型的过滤参数以及针对对象类型的逻辑运算。

有的对象类型参数可在文本框中直接输入，有的需单击 选择(E)... 按钮来选择，然后单击 添加到列表(L): 按钮，即可将定义的过滤器添加至上方的列表框中显示。 添加选定对象 < 按钮用于将指定对象的特性添加到过滤器列表中。

- 编辑项目(I) 、 删除(D) 和 清除列表(C) ：这 3 个按钮用于对上部列表框中的过滤条件进行编辑、删除和清除。
- "命名过滤器"选项组：用于保存和删除过滤器。要保存过滤器，请在"另存为"下输入过滤器的名称，然后单击"另存为"按钮。在输入名称后必须单击"另存为"按钮，才能保存该过滤器以供将来使用。

单击"应用"按钮，该过滤器仍处于活动状态，可以使用任何对象选择方法。例如，可以使用窗交窗口，但将仅选定与过滤器条件匹配的对象。

在使用"选择过滤器"定义过滤器时，过滤的对象类型、对象参数及关系运算语句均在"选择过滤器"下拉列表框中。一般是先添加对象类型，然后再添加对象参数和逻辑运算语句。

逻辑运算语句要成对使用，将运算对象置于"开始运算符"与"结束运算符"的中间。例如，以下过滤器选择了除半径小于或等于 10.0 之外的所有圆。

```
对象=圆
**开始 NOT
圆半径<= 10.00
**结束 NOT
```

【例 5-1】　用过滤选择图 5-7 中半径小于或等于 10.0 之外的所有圆。

操作步骤如下：

扫码看视频

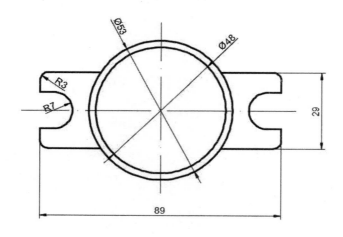

图 5-7　过滤选择实例

[1]　在命令行中（或在命令选择对象提示下）输入 FI 并按 Enter 键，弹出"对象选择过滤器"对话框。

[2]　在"选择过滤器"的第一个下拉列表框中选择"圆"选项，然后单击 添加到列表(L): 按钮。

[3]　在"选择过滤器"的第一个下拉列表框中选择"** 开始　　NOT"选项，然后单击 添加到列表(L): 按钮。

[4]　在"选择过滤器"的第一个下拉列表框中选择"圆半径"选项，此时 X 下拉列表框和相应文本框显示为可用，选择其后下拉列表框的"<="选项，在 X 文本框中输入"10"，然后单击 添加到列表(L): 按钮。

[5]　在"选择过滤器"的第一个下拉列表框中选择"** 结束　　NOT"选项，然后单击 添加到列表(L): 按钮。设置好的"对象选择过滤器"对话框如图 5-8 所示。

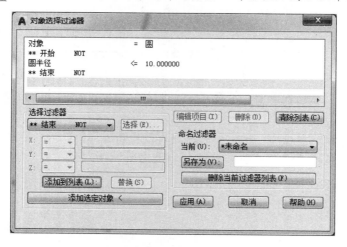

图 5-8　设置好的"对象选择过滤器"对话框

[6]　单击 应用(A) 按钮。该过滤器现在处于活动状态，可以使用任何对象选择方法选择

对象。例如窗交窗口，但将仅选定与过滤器条件匹配的对象。选择结果如图 5-9 所示。

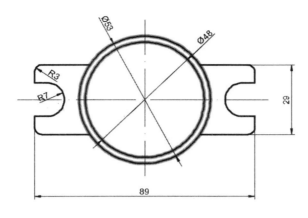

图 5-9　选择集

5.2.3　快速选择

除了通过单击、构造矩形窗口选择对象和过滤选择之外，AutoCAD 也可以根据对象的类型和特性来选择对象。例如，只选择图形中所有红色的圆而不选择其他对象，或者选择除红色圆以外的所有其他对象。

使用"快速选择"功能可以根据指定的过滤条件快速定义选择集。图 5-10 为"快速选择"对话框，AutoCAD 中打开"快速选择"对话框的方法有如下 3 种：

（1）单击"默认"选项卡→"实用工具"面板→"快速选择"按钮 。

（2）选择"工具"→"快速选择"菜单命令。

（3）运行命令 QSELECT。

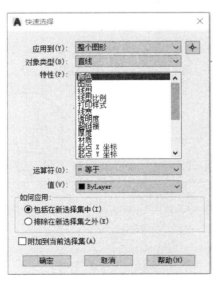

图 5-10　"快速选择"对话框

"快速选择"对话框的实际功能为定义一个过滤器来重新创建选择集。对话框中各选项的功能如下：

- "应用到"下拉列表框：用于选择过滤条件的应用范围。如果没有选择任何对象，则应用范围默认为"整个图形"，即在整个图形中应用过滤条件；如果选择了一定量的对象，则应用范围默认为"当前选择"，即在当前选择集中应用过滤条件，过滤后的对象必然为当前选择集中的对象。也可单击"选择对象"按钮 ⊹ 来选择要对其应用过滤条件的对象。

- "对象类型"下拉列表框：用于指定要包含在过滤条件中的对象类型。如果过滤条件应用于整个图形，则"对象类型"下拉列表框包含全部的对象类型，包括自定义。否则，该列表只包含选定对象的对象类型。

- "特性"列表框：用于列出被选中对象类型的特性，单击其中的某个特性可指定过滤器的对象特性。

- "运算符"下拉列表框：用于控制过滤器中针对对象特性的运算，选项包括"等于""不等于""大于"和"小于"等。

- "值"下拉列表框：用于指定过滤器的特性值。"特性""运算符"和"值"这 3 个下拉列表框是联合使用的。

- "如何应用"选项组：用于指定符合给定过滤条件的对象，包括在新选择集内还是排除在新选择集之外。选择"包括在新选择集中"单选按钮，将创建其中只包含符合过滤条件的对象的新选择集。选择"排除在新选择集之外"单选按钮，将创建只包含不符合过滤条件的对象的新选择集，通过该单选按钮可排除选择集中的指定对象。

- "附加到当前选择集"复选框：用于指定将创建的新选择集替换还是附加到当前选择集。

【例 5-2】 快速选择图 5-11 中的图层为轮廓线的图层。

操作步骤如下：

扫码看视频

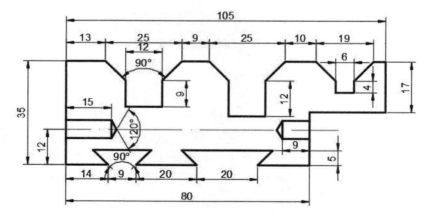

图 5-11   快速选择实例

[1] 在命令行中输入 QSE 并按 Enter 键，弹出如图 5-12 所示的"快速选择"对话框。

[2] 在"应用到"下拉列表框中选择"整个图形"选项。

[3] 在"对象类型"下拉列表框中选择"所有图元"选项。

[4] 在"特性"列表框中选择"图层"选项。

[5] 在"运算符"下拉列表框中选择"=等于"选项。

[6] 在"值"下拉列表框中选择"轮廓线"选项。

[7] 在"如何应用"选项组选择"包括在新选择集中"选项。设置好的"快速选择"对话框如图 5-13 所示。

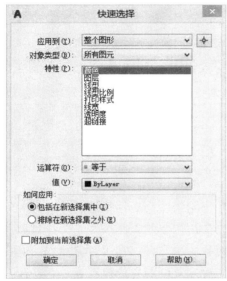
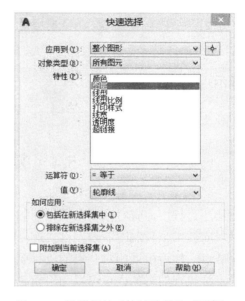

图 5-12 "快速选择"对话框   图 5-13 设置好的"快速选择"对话框

[8] 单击 确定 按钮，所选择的对象如图 5-14 所示。

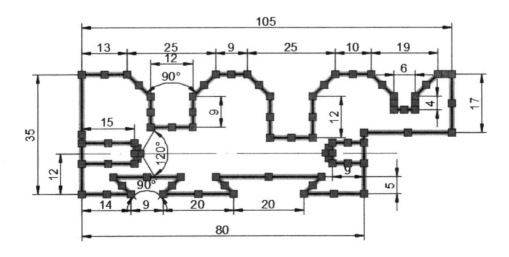

图 5-14 选择集

5.3 删 除 对 象

在绘图过程中常常遇到一些不想其在最终图样中出现的对象，像一些辅助线或者一些错误图形，这时就可以用删除命令将其清除掉。

单击"修改"工具栏上的"删除"按钮 ✎，命令行提示：

命令: _erase
选择对象: //构造删除选择集
选择对象: //按 Enter 键，选择的对象被删除

提示： 选中对象，然后按 Delete 键可以删除选择的对象。另外，删除操作也可以通过"修改"→"删除"菜单命令完成。注意，被锁定层上的对象不能删除。

5.4 复 制 对 象

在绘图过程中，有时候要绘制相同的图形，如果用绘图命令逐个绘制，将大大降低绘图效率，而使用"复制"命令则可快速复制对象。使用"复制"命令要先选择对象，再指定一个基点，然后根据相对基点的位置放置复制对象。用户可以利用对象捕捉功能直接使用鼠标定位放置的对象，也可以利用相对坐标方式确定复制对象的位置。

【例 5-3】 把复制对象复制到板状零件的右边，如图 5-15 所示。

扫码看视频

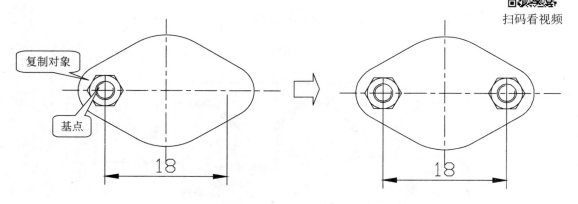

图 5-15 复制

单击"修改"面板上的"复制对象"按钮 ⅏，命令行提示如下：

命令: _copy
选择对象: 指定对角点: //选择复制对象
选择对象: //按 Enter 键，确定选择对象；
当前设置: 复制模式 = 多个

指定基点或 [位移(D)/模式(O)] <位移>:	//选择基点，捕捉圆心
指定第二个点或 <使用第一个点作为位移>:	
指定第二个点或 [退出(E)/放弃(U)] <退出>:	//捕捉目标点，或者输入相对坐标@18,0,
	//注意相对点总是基点位置;
指定第二个点或 [退出(E)/放弃(U)] <退出>:	//可以继续复制，按 Enter 键结束命令

提示：复制对象上的基点应该与目标点重合。复制对象的操作也可以通过菜单命令"修改"→"复制"执行。

5.5　镜　　像

在制图中，经常会遇到一些对称的图形，如某些底座、轴和支架等，此时可以画出对称图形的一半，然后用镜像命令将另一半对称图形复制出来。下面通过实例来介绍其具体用法。

【例 5-4】　已知对称图形的一半（一个盘类零件），使用镜像命令完成视图，如图 5-16 所示。

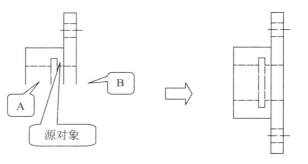

扫码看视频

图 5-16　镜像图形

单击"修改"面板上的"镜像"按钮，命令行提示如下：

命令: _mirror	
选择对象: 指定对角点:	//选择镜像源对象
选择对象:	//按 Enter 键，确定选择对象
指定镜像线的第一点:	//捕捉 A 点
指定镜像线的第二点:	//捕捉 B 点，定义对称轴
要删除源对象吗? [是(Y)/否(N)] <否>:	//按 Enter 键结束命令

提示：如果要在镜像的同时删除源实体，在"要删除源对象吗? [是(Y)/否(N)] <否>:"命令行输入 Y，按 Enter 键即可。

镜像操作也可通过"修改"→"镜像"菜单命令来执行。比较一下此命令生成对象与复制命令生成对象的区别，不难发现复制命令生成的对象与源对象的对应位置不变，而镜像生成的对象与源对象对应位置沿镜像线对称。

5.6　偏　　移

　　偏移命令用于创建造型与选定对象造型平行的新对象。偏移圆或圆弧可以创建更大或更小的圆或圆弧，这取决于向哪一侧偏移。可以偏移的对象包括直线、圆弧、圆、二维多段线、椭圆、构造线、射线和样条曲线等。利用偏移命令可以将定位线或辅助曲线进行准确定位，以精确高效地绘图。

　　【例 5-5】　如图 5-17 所示，已知点 A，精确定位 B 点。辅助作图过程如图 5-18 所示。

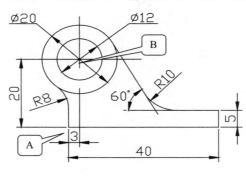

扫码看视频

图 5-17　例图

步骤如下。

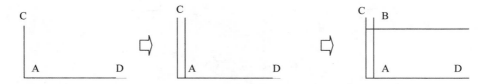

图 5-18　辅助作图过程

[1]　绘制线段 AC 和 AD。

[2]　偏移 AC。

[3]　偏移 AD，交点为 B。

[4]　单击"修改"面板上的"偏移"按钮 ，命令行提示如下：

命令: _offset
当前设置: 删除源=否　图层=源　OFFSETGAPTYPE=0
指定偏移距离或 [通过(T)/删除(E)/图层(L)] <20.0000>:3　　　　　　　　//设置偏移距离
选择要偏移的对象，或 [退出(E)/放弃(U)] <退出>:　　　　　　　　　　//选择偏移的对象 AC
指定要偏移的那一侧上的点，或 [退出(E)/多个(M)/放弃(U)] <退出>:　//在 AC 右侧单击
　　　　　　　　　　　　　　　　　　　　　　　　　　　　　　　　//确定要偏移的方向完成偏移
选择要偏移的对象，或 [退出(E)/放弃(U)] <退出>:　　　　　　　　　　//按 Enter 键退出
命令:
OFFSET　　　　　　　　　　　　　　　　　　　　　　　　　　　　　//重新执行偏移命令

当前设置: 删除源=否　　图层=源　　OFFSETGAPTYPE=0
指定偏移距离或 [通过(T)/删除(E)/图层(L)] <3.0000>:20　　　　　　　//设置偏移距离
选择要偏移的对象，或 [退出(E)/放弃(U)] <退出>:　　　　　　　　//选择偏移的对象 AD
指定要偏移的那一侧上的点，或 [退出(E)/多个(M)/放弃(U)] <退出>:　//在 AD 上方单击
　　　　　　　　　　　　　　　　　　　　　　　　　　　　//确定要偏移的方向，完成偏移
选择要偏移的对象，或 [退出(E)/放弃(U)] <退出>:　　　　　　　　//按 Enter 键退出

用户可以在"选择要偏移的对象，或 [退出(E)/放弃(U)] <退出>:"提示下继续选择对象以上面指定的距离进行偏移。如果不继续偏移，直接按 Enter 键。

偏移操作可以通过下拉菜单中的"修改"→"偏移"命令来执行。在选择实体时，只能选择一个单独的实体。

如不知道要偏移的距离，而只知道偏移的实体要经过某点，请选择"通过"选项，系统会询问经过点位置，此时可以通过捕捉的办法来获得经过点。

用偏移法还可以得到由圆、矩形、弧、正多边形命令生成实体的同心结构，如图 5-19 所示。

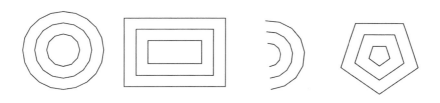

图 5-19　偏移图形

5.7　阵 列 对 象

当要绘制按规律（矩形阵列或圆周均布）排列的相同图形时，可以使用阵列命令。阵列分为三类：矩形阵列、路径阵列和环形阵列。

5.7.1　矩形阵列

矩形阵列是按照行列方阵的方式进行对象复制的。执行矩形阵列时必须确定阵列的行数、列数及行间距、列间距。在 AutoCAD 中，可以通过单击"默认"选项卡"修改"面板上的阵列命令按钮 ，或者选择"修改"→"阵列"菜单命令，或者在命令行中输入 ARRAYRECT 并按 Enter 键来操作。

下面以实例来说明如何使用矩形阵列阵列对象。

【例 5-6】 将图 5-20 所示的对象阵列为图 5-21 所示的对象。

扫码看视频

图 5-20　例图 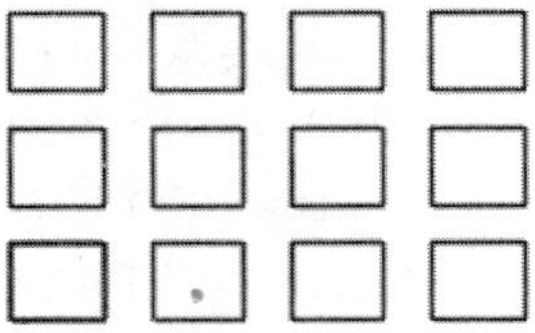　　　　　　　　　　　　　　图 5-21　例图

单击"修改"面板"矩形阵列"按钮，命令行提示如下：

选择对象：　　　　　　　　　　　　　　　　//此时选择图 5-20 中的图形，然后按 Enter 键
类型 = 矩形　关联 = 是
选择夹点以编辑阵列或 [关联(AS)/基点(B)/计数(COU)/间距(S)/列数(COL)/行数(R)/层数(L)/退
出(X)] <退出>:cou　　　　　　　　　　　　//此时在命令行中输入 cou 并按 Enter 键
输入列数数或 [表达式(E)] <4>: 4　　　　　　//此时在命令行中输入 4 并按 Enter 键
输入行数数或 [表达式(E)] <3>: 3　　　　　　//此时在命令行中输入 3 并按 Enter 键
选择夹点以编辑阵列或 [关联(AS)/基点(B)/计数(COU)/间距(S)/列数(COL)/行数(R)/层数(L)/退
出(X)] <退出>: s　　　　　　　　　　　　 //此时在命令行中输入 S 并按 Enter 键
指定列之间的距离或 [单位单元(U)] <0.4686>: 40　//此时在命令行中输入 40 并按 Enter 键
指定行之间的距离 <0.4686>: 50　　　　　　//此时在命令行中输入 50 并按 Enter 键
选择夹点以编辑阵列或 [关联(AS)/基点(B)/计数(COU)/间距(S)/列数(COL)/行数(R)/层数(L)/退出(X)]
<退出>:　　　　　　　　　　　　　　　　//按 Enter 键确定

也可以在选择"陈列"命令之后按如下步骤在"陈列"选项卡操作，参见图 5-22。

图 5-22　"阵列"选项卡

[1]　选择阵列对象。
[2]　选择矩形阵列。
[3]　输入行数和列数。
[4]　输入行距、列距。
命令行提示中定义矩形阵列参数的各选项含义如下：

- 关联（AS）：指定是否在阵列中创建项目作为关联阵列对象或独立对象。选择该项
中的"是（Y）"，表示创建关联阵列，用户可以通过编辑阵列的特性和源对象，快
速传递修改；选择"否（N）"，表示创建阵列项目作为独立对象，更改一个项目不
影响其他项目。
- 基点（B）：指定阵列的基点。
- 计数（COU）：指定阵列中的列数和行数。
- 间距（S）：指定列间距和行间距。
- 列数（COL）：指定阵列中的列数和列间距，以及它们之间的增量标高。

- 行数（R）：指定阵列中的行数和行间距，以及它们之间的增量标高。
- 层数（L）：指定层数和层间距。

5.7.2 路径阵列

路径阵列是沿着一条路径实现的阵列。在 AutoCAD 中，可以通过选择"修改"→"阵列"→"路径阵列"命令，单击"默认"选项卡→"修改"→"阵列"→"路径阵列"按钮 🔁，或者在命令行中输入 ARRAYPATH，并按 Enter 键，实现路径阵列对象。

下面以实例来说明如何使用路径阵列阵列对象。

【例 5-7】 将图 5-23 所示的对象阵列为图 5-24 所示的对象。

扫码看视频

图 5-23 例图　　　　　　　　　　　　　图 5-24 例图

单击"默认"选项卡→"修改"面板→"阵列"下拉列表→"路径阵列"按钮🔁，命令行提示如下：

选择对象:　　　　　　　　　　　　　　　//此时选择图 5-23 中的图形，按 Enter 键
类型 = 路径　关联 = 是
选择路径曲线:　　　　　　　　　　　　　//此时选择阵列路径曲线。
选择夹点以编辑阵列或 [关联(AS)/方法(M)/基点(B)/切向(T)/项目(I)/行(R)/层(L)/对齐项目(A)/Z 方向(Z)/退出(X)] <退出>: i　　　　　//此时在命令行中输入 i 并按 Enter 键
指定沿路径的项目之间的距离或 [表达式(E)] <139.0563>: 120
　　　　　　　　　　　　　　　　　　　//命令行中输入 120 并按 Enter 键
最大项目数 =6
指定项目数或 [填写完整路径(F)/表达式(E)] <6>: 6　　//此时在命令行中输入 6 并按 Enter 键

用户也可以在新打开的功能区"阵列创建"上下文选项卡中进行下述设置，参见图 5-25。
步骤如下。
[1] 选择阵列对象。
[2] 选择路径阵列。
[3] 输入行数和项目数。

图 5-25 "阵列创建"选项卡

输入各参数，按 Enter 键确定。

5.7.3 环形阵列

环形阵列是将所选实体按圆周等距复制。这个命令需要确定阵列的圆心和阵列的个数，以及阵列图形所对应的圆心角等参数。可以通过单击"修改"面板上的"环形阵列"按钮 ▓，执行"修改"→"阵列"→"环形阵列"菜单命令，或者在命令行中输入 ARRAYPOLAR 并按 Enter 键来完成环形阵列。

下面以实例来说明如何使用环形阵列阵列对象。

【例 5-8】 根据图 5-26 所示对象完成图 5-27 所示路径陈列。

扫码看视频

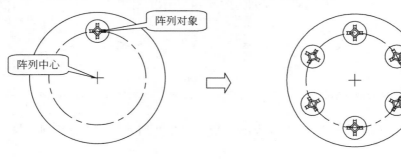

图 5-26 例图   图 5-27 例图

单击"修改"面板上的"环形阵列"按钮 ▓，命令行提示如下：

选择对象：   //此时选择图 5-26 所示的阵列对象，按 Enter 键
类型 = 极轴   关联 = 是
指定阵列的中心点或 [基点(B)/旋转轴(A)]：   //指定大圆圆心为阵列中心

在功能区"陈列创建"选项卡中输入阵列数目即可，如图 5-28 所示。

默认	插入	注释	参数化	视图	管理	输出	附加模块	A360	精选应用	阵列创建	

极轴	项目数：6	行数：1	级别：1	关联 基点 旋转项目 方向	关闭阵列
	介于：60	介于：673.832	介于：1		
	填充：360	总计：673.832	总计：1		
类型	项目	行 ▾	层级	特性	关闭

图 5-28 "阵列创建"选项卡

在选项卡中有"旋转项目"选项，上个例子中，本选项是选中的。如果不选择此项，则环形阵列时对象不旋转。

如果复制时不想旋转对象，又要复制对象分布在圆周上，如图 5-29 所示，则单击图 5-28 中的"阵列创建"选项卡"特性"面板里的"旋转项目"按钮，使其不亮显，即对象不旋转。陈列中小圆形的中点到大圆心的距离相等。

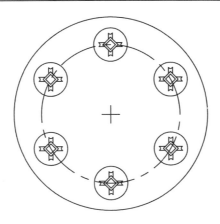

图 5-29 圆周阵列矩形

5.8 移动和旋转

在绘图时，经常需要调整某些实体或视图的位置。以前手工绘图时，只有将先前的实体擦掉，再在新的位置重新绘制，而用 AutoCAD 绘图，只要调用移动命令进行调整即可。有时候还需要把图形旋转一个角度，手工绘图无法直接实现，但在使用 AutoCAD 绘图时，则可以用旋转命令将图形旋转一定角度，以达到要求。

5.8.1 移动

移动命令与前面所讲的复制命令所用参数有些类似，不同之处在于移动操作后，原位置的实体不再存在。

【例 5-9】 把两个零件装配在一起，如图 5-30 所示。

扫码看视频

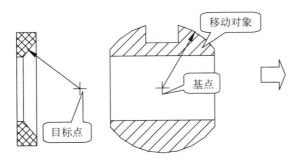

图 5-30 例图

单击"修改"面板上的"移动"按钮 ✥，命令行提示如下：

命令：_move

```
选择对象:
选择对象:                              //选择对象，按 Enter 键结束选择
指定基点或位移:                        //指定基点
指定位移的第二点或 <用第一点作位移>:   //指定移动的目标点
```

移动操作也可以通过选择"修改"→"移动"命令执行。当确定移动的基点后，位移的第二点可以通过输入点的坐标（包括绝对坐标和相对坐标）来确定。

提示：如果在"指定第二个点"提示下按 Enter 键，则第一个点将被认为是相对 X、Y 位移。例如，如果将基点指定为（2，3），然后在下一个提示下按 Enter 键，则对象将从当前位置沿 X 方向移动 2 个单位，沿 Y 方向移动 3 个单位。

5.8.2　旋转

旋转图形时，可以直接输入一个角度，让实体绕选择的基点进行旋转。也可以用规定的 3 个点的夹角来作为旋转角进行参照旋转。

1. 直接输入角度

下面举例说明直接输入角度的旋转方法。

【例 5-10】　由图 5-31（a）得到图 5-31（b）。

扫码看视频

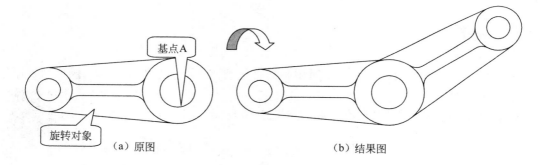

（a）原图　　　　　　　　　　　　（b）结果图

图 5-31　例图

单击"修改"面板上的"旋转"按钮 ⟳，命令行提示如下：

```
命令: _rotate
UCS 当前的正角方向: ANGDIR=逆时针   ANGBASE=0
选择对象: 指定对角点: //选择旋转对象
选择对象:              //按 Enter 键结束选择
指定基点:              //捕捉 A 点作为旋转的基点，这时移动鼠标指针，选中对象会绕 A 点旋转
指定旋转角度，或 [复制(C)/参照(R)] <0>:c        //切换到复制选项，这样可以既旋转又复制
旋转一组选定对象
指定旋转角度，或 [复制(C)/参照(R)] <221>://指定旋转角度
```

提示: 旋转命令可以通过"修改"→"旋转"菜单命令执行,旋转角有正负之分: 逆时针为正值,顺时针为负值。复制功能可以在旋转过程中保留源对象。

2. 参照旋转

当需要旋转的实体的旋转角不能直接确定时,可以用这种参照旋转法来进行旋转。

【**例 5-11**】 将倾斜部位转成水平,然后投影成俯视图,如图 5-32 所示。

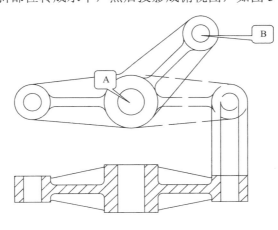

扫码看视频

图 5-32 例图

单击"修改"面板上的"旋转"按钮 ，命令行提示如下:

命令:_rotate
UCS 当前的正角方向: ANGDIR=逆时针 ANGBASE=0
选择对象: //选择倾斜部分
选择对象: //按 Enter 键结束选择
指定基点: //指定 A 点为基点
指定旋转角度,或 [复制(C)/参照(R)] <0>:c   //切换到复制选项
旋转一组选定对象
指定旋转角度,或 [复制(C)/参照(R)] <0>:r   //切换到参照选项
指定参照角 <47>: 指定第二点: //捕捉 A 点再捕捉 B 点,把 AB 线的角度作为参照角
指定新角度或 [点(P)] <0>:   //输入 0,指定要转到的角度

提示: 最后一步也可以指定点。假设为 C 点,旋转角就是线 AB 和 X 轴正向夹角与线 AC 和 X 轴正向夹角之差,即 AB 与 AC 的夹角。

5.9 比 例 缩 放

利用比例缩放功能可以将选中对象以指定点为基点进行比例缩放,比例缩放可分为两类：比例因子缩放和参照缩放。

1. 比例因子缩放

比例因子缩放就是缩放的倍数比。因子为 1 时，图形大小不变，小于 1 时图形将缩小，大于 1 时图形会放大，同时实体尺寸也随之缩放。

单击"修改"面板上的"缩放"按钮 🔲，命令行提示如下：

命令: _scale
选择对象: 指定对角点: //选择缩放对象
选择对象: //按 Enter 键结束选择
指定基点: //选择点作为缩放基点
指定比例因子或 [复制(C)/参照(R)] <1.0000>:   //输入比例，按 Enter 键完成操作

2. 参照缩放

用比例因子缩放，必须知道比例因子，如果不知道比例因子，但知道缩放后实体的尺寸，可以用参照缩放的方法来缩放。其实缩放后的尺寸与原尺寸的比值就是一个比例因子。

单击"修改"面板上的"缩放"按钮 🔲，命令行提示如下：

命令: _scale
选择对象: 指定对角点: //选择缩放对象
选择对象: //按 Enter 键结束选择
指定基点: //捕捉点作为缩放的基点
指定比例因子或 [复制(C)/参照(R)] :r   //输入"r"，执行参照缩放
指定参照长度 <28>:   //指定两点，把两点之间的长度作为参照长度
指定新的长度或 [点(P)] <30.0000>:   //输入新长度，完成操作

提示：缩放命令可通过"修改"→"缩放"菜单命令执行。复制对象时，可以在比例缩放过程中保留源对象。

5.10 拉伸、拉长、延伸

1. 拉伸

拉伸命令用于移动图形对象的指定部分，同时保持与图形对象未移动部分相连接。在拉伸过程中需要指定一个基点，然后利用交叉窗口或交叉多边形选择要拉伸的对象。

【例 5-12】 把螺纹拉伸 100mm，如图 5-33 所示。

单击"修改"面板上的"拉伸"按钮 🔲，命令行提示如下：

命令: _stretch
以交叉窗口或交叉多边形选择要拉伸的对象...
选择对象: //用交叉窗口法选择矩形，如图 5-33 所示

//注意选择框不要包含所有对象，如果包含了，就会变成移动操作

选择对象: //按 Enter 键结束选择

指定基点或位移: //捕捉 A 点作为拉伸的基点

指定位移的第二个点或 <用第一个点作位移>:@100,0 //指定位移的第二点，决定拉伸多少

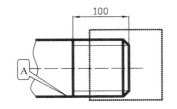 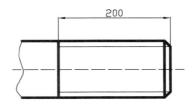

图 5-33   图形拉伸

提示：拉伸命令可以通过"修改"→"拉伸"菜单命令来执行。选择实体时必须以交叉窗口或交叉多边形选择要拉伸的对象。只有选择框内的端点位置会被改变，框外端点位置保持不变。当实体的端点全被框选在内时，该命令等同于移动命令。

2．拉长

使用拉长命令，可以修改直线或圆弧的长度。单击"修改"面板上的"拉长"按钮，或执行"修改"→"拉长"命令，命令行提示如下：

选择要测量的对象或 [增量(DE)/百分比(P)/总计(T)/动态(DY)] <总计(T)>:

默认情况下，选择对象后，系统会显示出当前选中对象的长度和包含角等信息。各选项的功能说明如下：

- 增量（DE）：以增量方式修改圆弧（或直线）的长度。可以直接输入长度增量来拉长直线或者圆弧，长度增量为正值时拉长，为负值时缩短。也可以输入 A 切换到"角度"选项，通过指定圆弧的包含角增量来修改圆弧的长度。
- 百分数（P）：以相对于原长度的百分比来修改直线或者圆弧的长度。
- 全部（T）：以给定直线新的总长度或圆弧的新包含角来改变长度。
- 动态（D）：允许动态地改变圆弧或者直线的长度。

3．延伸

延伸命令可以延长指定的对象使之与另一个对象（延伸边界）相交。执行延伸命令时，需要确定延伸边界，然后指定对象延长至与边界相交。

【例 5-13】 延长两个弧和一条直线至与 AB 相交，如图 5-34 所示。

扫码看视频

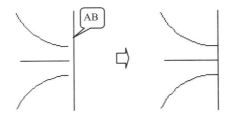

图 5-34   例图

单击"修改"面板上的"延伸"按钮 ，命令行提示如下：

命令: _extend
当前设置:投影=UCS，边=无
选择边界的边...　　　　　　　　　　　　　　　//提示选择要延伸到的边界
选择对象或 <全部选择>:　　　　　　　　　　　//选择延伸边界 AB
选择对象:　　　　　　　　　　　　　　　　　//按 Enter 键结束选择
选择要延伸的对象，或按住 Shift 键选择要修剪的对象，或
[栏选(F)/窗交(C)/投影(P)/边(E)/放弃(U)]:　　//选择要延伸的对象
选择要延伸的对象，或按住 Shift 键选择要修剪的对象，或
[栏选(F)/窗交(C)/投影(P)/边(E)/放弃(U)]:　　//按 Enter 键结束命令

提示： 延伸命令可以通过"修改"→"延伸"菜单命令执行。另外要注意延伸命令的状态，如果"边=无"表明边界是不延伸的，如果"边界=延伸"表明边界是延伸的，用户可以根据自己的需要设置。

【例 5-14】 要把 AB 线拉伸到 AB 与 CD 交点位置，需要重新设置边界延伸模式，如图 5-35 所示。

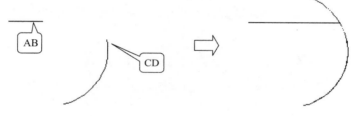

扫码看视频

图 5-35　边界延伸

单击"修改"面板上的"延伸"按钮 ，命令行提示如下：

命令: _extend
当前设置:投影=UCS，边=无　　　　　　　　　//注意当前设置，边界是不延伸的
选择边界的边...　　　　　　　　　　　　　　　//提示选择要延伸到的边界
EXTEND 选择对象或 <全部选择>:　　　　　　　//选择弧 CD 作为延伸边界
选择对象:　　　　　　　　　　　　　　　　　//按 Enter 键结束选择
选择要延伸的对象，或按住 Shift 键选择要修剪的对象，或
[栏选(F)/窗交(C)/投影(P)/边(E)/放弃(U)]: e　　//切换到边界延伸模式切换状态
输入隐含边延伸模式 [延伸(E)/不延伸(N)] <不延伸>: e　//切换到延伸选项
选择要延伸的对象，或按住 Shift 键选择要修剪的对象，或
[栏选(F)/窗交(C)/投影(P)/边(E)/放弃(U)]:　　//选择延伸对象 AB
选择要延伸的对象，或按住 Shift 键选择要修剪的对象，或
[栏选(F)/窗交(C)/投影(P)/边(E)/放弃(U)]:　　//按 Enter 键结束

提示： 在命令提示行"选择要延伸的对象，或按住 Shift 键选择要修剪的对象，或[栏选(F)/窗交(C)/投影(P)/边(E)/放弃(U)]:"中提示"按住 Shift 键选择要修剪的对象"，说明延伸命令和下面要讲的修剪命令在选择完边界后，按住 Shift 键可以切换。

5.11　修剪、打断、分解和合并对象

1. 修剪

在执行修剪命令时，AutoCAD 首先要求确定修剪边界，然后再以边界为剪刀，剪掉实体的一部分。被剪部分不一定与修剪边界直接相交（延长须相交）。

【例 5-15】　修剪图形，如图 5-36 所示。

单击"修改"面板上的"修剪"按钮 ，命令行提示如下：

命令: _trim
当前设置:投影=UCS，边=延伸
选择剪切边...
选择对象 或 <全部选择>:　　　　　　　　//选择剪切边界 AB 和 CD
选择对象:　　　　　　　　　　　　　　//按 Enter 键结束选择
选择要修剪的对象，或按住 Shift 键选择要延伸的对象，或
[栏选(F)/窗交(C)/投影(P)/边(E)/删除(R)/放弃(U)]:　　//在要剪去的部位单击

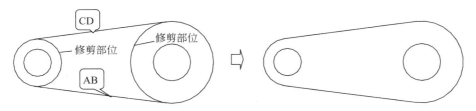

图 5-36　例图

提示：修剪命令可以通过"修改"→"修剪"菜单命令执行。在"选择要修剪的对象，或按住 Shift 键选择要延伸的对象，或[栏选(F)/窗交(C)/投影(P)/边(E)/删除(R)/放弃(U)]:"提示下，按 Shift 键可以切换到延伸功能。

在"选择要修剪的对象，或按住 Shift 键选择要延伸的对象，或[栏选(F)/窗交(C)/投影(P)/边(E)/删除(R)/放弃(U)]:"提示中有一个"边(E)"选项，输入 E 后，有两个选择[延伸(E)/不延伸(N)]。一个是延伸剪切边界，另一个是不延伸剪切边界。当剪切线和被剪切线相交时，两者没有区别，但当剪切线和被剪切线不相交时，两者才有区别，选择"不延伸(N)"将不能剪切。

在使用修剪命令时，可以选中所有参与修剪的实体，作为"选择剪切边"的回应，让它们互为剪刀。绘图过程中，修剪命令与偏移、阵列命令配合使用，可提高绘图效率。

【例 5-16】　用修剪命令将图 5-37（a）修改为图 5-37（b）。

单击"修改"面板上的"修剪"按钮 ，命令行提示如下：

命令: _trim

扫码看视频

当前设置:投影=UCS，边=延伸

选择剪切边...

选择对象或 <全部选择>：　指定对角点：　　　　　　　　　//框选所有实体作为剪切边

选择对象：　　　　　　　　　　　　　　　　　　　　　//按 Enter 键结束剪切边选择

选择要修剪的对象，或按住 Shift 键选择要延伸的对象，或

[栏选(F)/窗交(C)/投影(P)/边(E)/删除(R)/放弃(U)]：　　//在要删除的部位单击

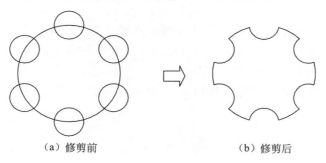

（a）修剪前　　　　　　　　　　　　（b）修剪后

图 5-37　例图

2. 打断

打断命令（按钮![ ]）用于删除对象中的一部分或把一个对象分为两部分。可以打断的对象包括直线、圆弧、圆、二维多段线、椭圆弧、构造线、射线和样条曲线等。

打断对象时，可以先在第一个断点处选择对象，然后指定第二个打断点；也可以先选择对象，然后在命令行提示"指定第二个打断点或 [第一点(F)]："时输入 F 按 Enter 键，然后重新选择第一打断点。

AutoCAD 按逆时针方向删除圆上第一个打断点到第二个打断点之间的部分，从而将圆转换成圆弧（如图 5-38 所示绘制螺纹线的过程）。要将对象一分为二并且不删除某个部分，输入的第一个点和第二个点应相同，通过输入"@"指定第二个点即可实现此过程。也可以单击"打断于点"按钮![ ]来完成。

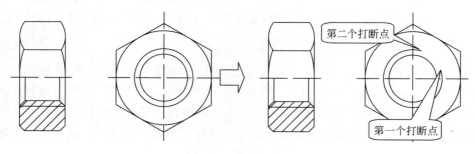

图 5-38　绘制螺纹线

提示：打断命令可以通过"修改"→"打断"菜单命令执行。要删除直线、圆弧或多段线的一端，可在要删除的一端以外指定第二个打断点。

3. 分解

在 AutoCAD 中，有许多组合对象，如矩形（矩形命令绘制的）、正多边形（正多边形

命令绘制的）、块、多段线、标注、图案填充等，不能对其某一部分进行编辑，如需编辑，就要使用分解命令把组合对象进行分解。再分解后的图形有时外观上看不出明显的变化，例如，将矩形（用矩形命令绘制的）分解成的 4 条线段，用鼠标直接拾取对象时可以发现它们的区别。

单击"修改"面板上的"分解"按钮 ，命令行提示如下：

命令: _explode
选择对象: //选择要分解的对象
选择对象: //按 Enter 键结束操作

提示： 分解命令可通过"修改"→"分解"菜单命令执行。

4．合并

使用合并命令可以将相似的对象合并为一个对象。用户可以合并圆弧、椭圆弧、直线、多段线、样条曲线等。要合并的对象必须位于相同的平面上。有关各种对象的其他限制这里不再详述。

单击"修改"面板上的"合并"按钮 ，根据不同选择合并直线、圆弧和多段线，如图 5-39 所示。

（1）合并圆弧。

命令: _join
JOIN 选择源对象或要一次合并的多个对象: //选择圆弧对象，按 Enter 键
JOIN 选择圆弧，以合并到源或进行 [闭合(L)]:   //选择要合并的圆弧或输入 L 圆弧闭合

（2）合并直线。

命令: _join :
JOIN 选择源对象或要一次合并的多个对象: //选择直线对象，按 Enter 键
JOIN 选择要合并到源的直线   //选择要合并的直线，按 Enter 键完成合并

（3）与多段线合并。

命令: _join
JOIN 选择源对象或要一次合并的多个对象::   //选择多段线
JOIN 选择要合并到源的对象: //选择与之相连的直线、圆弧或多段线

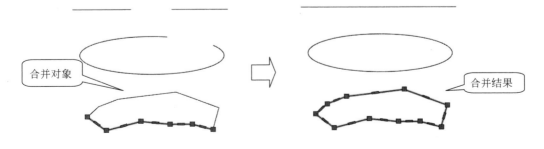

图 5-39   合并示例

5.12　倒角和圆角

在绘图过程中，倒角和圆角是经常遇到的，使用倒角和圆角命令可完成绘制。

1．倒角

在机件上倒角主要是为了去除掉锐边和安装方便。倒角多出现在轴端或机件外边缘。用 AutoCAD 绘制倒角时，如两个倒角距离不相等时，要特别注意倒角第一边与倒角第二边的区分。选错了边，倒角就不正确了。

单击"修改"面板上的"倒角"按钮，命令行提示如下：

```
命令: _chamfer
("修剪"模式) 当前倒角距离 1 = 0.0000，距离 2 = 0.0000
选择第一条直线或 [放弃(U)/多段线(P)/距离(D)/角度(A)/修剪(T)/方式(E)/多个(M)]:   d
指定第一个倒角距离 <0.0000>: 5                              //指定第一个倒角距离
指定第二个倒角距离 <5.0000>:                               //指定第二个倒角距离
选择第一条直线或 [放弃(U)/多段线(P)/距离(D)/角度(A)/修剪(T)/方式(E)/多个(M)]:        //选择线 A
选择第二条直线，或按住 Shift 键选择要应用角点的直线:                        //选择线 B
```

提示：倒角命令可以通过"修改"→"倒角"菜单命令来执行。当两个倒角距离不同时，要注意两条线的选中顺序。第一个倒角距离适用于第一条被选中的线，第二个倒角距离适用于第二条被选中的线。

执行倒角命令时，首先显示的是当前的倒角设置，如本例中显示的是"（"修剪"模式)当前倒角距离 1=5.0000，距离 2=5.0000"，用户在操作过程中要注意这个信息。当前使用的是修剪模式，倒角后多余线会被自动修剪。

在"选择第一条直线或[放弃（U）/多段线(P)/距离(D)/角度(A)/修剪(T)/方式(E)/多个(M)]:"提示下输入 T 就可以切换到修剪设置选项。如果选择不修剪，执行倒角命令后就不会自动修剪多余的线。

倒角也可由角度设置，这一功能读者可根据设置距离的方式自己试一下。倒角命令的应用如表 5-1 所示。

表 5-1　倒角命令应用说明

说　明	示　例
基本应用	
使用"不修剪"选项	

续表

说　明	示　例
用于连接线段，设置倒角距离为 0+"修剪"	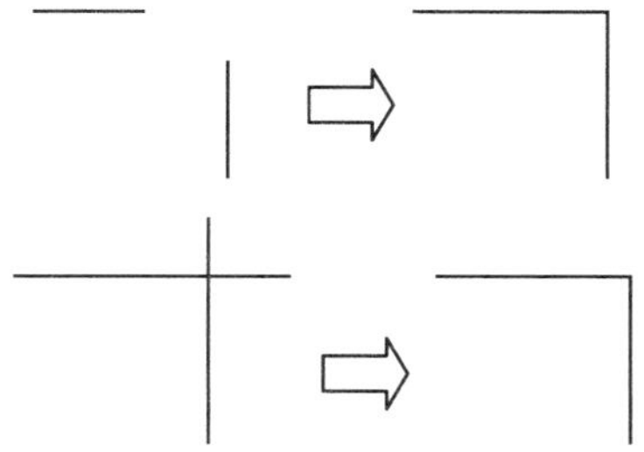

提示： 使用 "多个" 选项可以向其他直线添加倒角和圆角而不必重新启动倒角（或圆角）命令。

2．圆角

圆角主要出现在铸造件上，以及机加工的退刀处。执行倒圆角命令时，操作与倒角基本相同，主要参数是圆角半径。

单击 "修改" 面板上的 "圆角" 按钮 ，命令行提示如下：

命令:_fillet
当前设置: 模式 = 修剪，半径 = 0.0000
选择第一个对象或 [放弃(U)/多段线(P)/半径(R)/修剪(T)/多个(M)]: r
指定圆角半径 <0.0000>:　　　　　　　　　　　//设置半径，其余与倒角一样

执行圆角命令时要注意命令的当前设置，"模式=修剪" 表示在倒圆角的同时以圆角弧为边界修剪线条，但如果被修剪线条需要保留，则可以在执行圆角命令时，将当前状态设为不修剪。表 5-2 所示为圆角命令的应用说明。

提示： 圆角命令可通过 "修改" → "圆角" 菜单命令来执行。若倒圆角半径大于某一边时，圆角不生成，系统会提示半径太大。

表 5-2　圆角命令的应用说明

说　明	示　例
基本应用	
使用 "不修剪" 选项	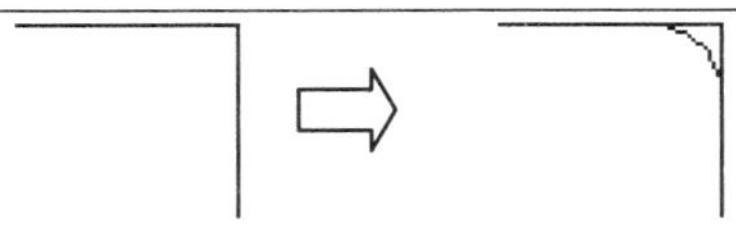
用于连接线段，设置圆角半径为 0+"修剪"	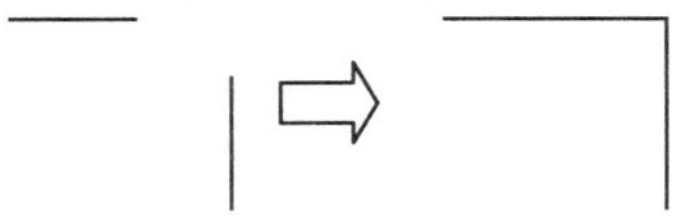

续表

说　明	示　例
用于连接线段，设置圆角半径为 0+ "修剪"	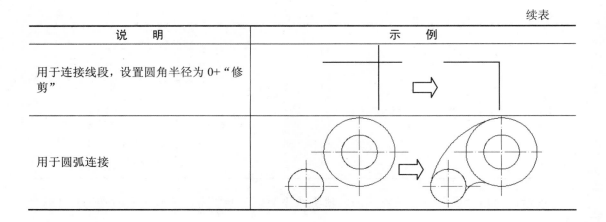
用于圆弧连接	

5.13　面　　域

面域是具有边界的平面区域。AutoCAD 能把圆、椭圆、封闭的二维多段线、封闭的样条曲线以及由圆弧、直线、二维多段线、椭圆弧、样条曲线等对象构成的封闭环创建成面域。构成这个环的元素一定要首尾相连，一个端点只能由两个元素共享，并且元素之间不能相交。AutoCAD 会自动从图样中抽取这样的环定义为面域。定义成面域后，可以运用布尔运算对面域进行编辑。

5.13.1　创建面域

在 AutoCAD 中不能直接生成面域，只能利用创建面域命令将已有的封闭区域对象定义成面域。图 5-40 所示为把一个由直线构成的三角形和一个椭圆定义成面域。

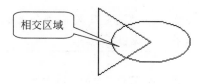

图 5-40　定义面域

单击"绘图"面板上的"面域"按钮，命令行提示如下：

```
命令: _region
选择对象: 指定对角点:              //选择对象
选择对象:                          //结束选择
已提取 2 个环。
已创建 2 个面域。                   //面域创建完成
```

提示：面域命令可以通过"绘图"→"面域"菜单命令执行。如果系统变量 DELOBJ 的值为 1，AutoCAD 创建面域后删除源对象；系统变量 DELOBJ 的值为 0，则不删除源对象。

　　要把图 5-40 中三角形和椭圆的相交区域定义成面域，利用上述方法是不行的，为此 AutoCAD 提供了一种创建面域的方法——边界法。单击"绘图"面板上的"边界"按钮 （或执行下拉菜单"绘图"→"边界"命令），弹出"边界创建"对话框，如图 5-41 所示。

图 5-41　"边界创建"对话框

　　在"对象类型"下拉列表中选择"面域"，单击"拾取点"按钮 ，对话框隐藏，在三角形和椭圆相交区域内部拾取点并按 Enter 键，面域就会创建完成。

　　边界命令可将由直线、圆弧、多段线等多个对象组合形成的封闭图形构建成一个独立的面域或多段线（在图 5-41"边界创建"对话框的"对象类型"下拉列表中选择"多段线"）对象，基于源对象创建多段线或面域，源对象将保留，如图 5-42 所示。如果边界对象中包含有椭圆或样条曲线，则无法创建出多段线，只能创建与边界形状一致的面域。

图 5-42　新建面域移出后的结果

5.13.2　布尔运算

　　AutoCAD 中提供了 3 种面域的编辑方法：并集运算、差集运算和交集运算，这几种方法统称为布尔运算。对面域布尔运算后的结果还是面域。这 3 个命令在"修改"→"实体编辑"子菜单上，如图 5-43 所示。

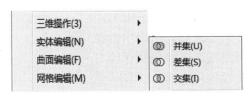

图 5-43　"实体编辑"菜单

对图 5-40 中的两个面域分别进行这 3 种运算，结果如表 5-3 所示。

表 5-3 布尔运算

布尔运算命令	结　　果
并集运算	
交集运算	
差集运算	

做并集、交集运算时，直接选择要合并或相交的面域后按 Enter 键即可，而在做差集运算时，须先选择对象作为"被减数"，按 Enter 键后再选择"减数"，选择有先后顺序，所以做差集运算时会有两种结果出现。

【例 5-17】 面域布尔运算的运用，如图 5-44 所示。

[1] 绘制图形，定义面域。

[2] 使用差集运算。

[3] 使用并集运算。

扫码看视频

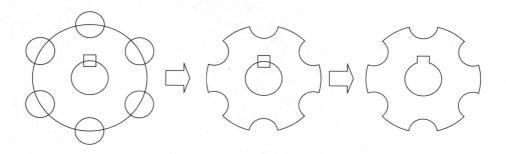

图 5-44 布尔运算举例

5.13.3 DELOBJ 和提取面域

面域的创建必须基于闭合环或者闭合的区域，DELOBJ 系统变量用于设置在对象转换为面域之后是否将源对象删除。

如果将 DELOBJ 设置为 1，那么 AutoCAD 在创建面域之后将删除源对象；如果将 DELOBJ 设置为 0，那么在创建面域之后将保留源对象（所创建的面域覆盖源对象之后，将面域移动到其他位置，可见其源对象仍然保留着）。

从表面上看，面域和一般的闭合对象没什么区别，而实际上面域不但包含边界，还包含边界内的区域，属于二维对象。提取设计信息是面域的一大应用。

AutoCAD 提供了 MASSPROP 命令来提取面域的质量特性，该命令可通过以下 3 种方法来执行：

（1）选择菜单的"工具"→"查询"→"面域/质量特性"命令。

（2）单击"查询"工具栏的"面域/质量特性"按钮 🖺。

（3）运行命令 MASSPROP。

执行 MASSPROP 命令后，命令行提示如下：

选择对象：

此时选择要提取数据的面域对象，然后按 Enter 键或右击确认，系统自动弹出"AutoCAD 文本窗口"，显示面域对象的质量特性，包括面积、周长、边界框、质心、惯性矩、惯性积和旋转半径等信息，如图 5-45 所示。同时，命令行提示如下：

是否将分析结果写入文件？［是（Y）/否（N）］＜否＞：

输入 Y 后可以将数据保存为文件。

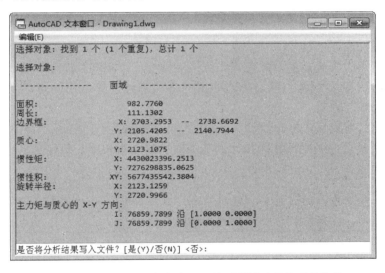

图 5-45　"AutoCAD 文本窗口"显示面域对象的质量特性

5.14　对　　齐

在绘图过程中常常会遇到对齐对象的问题，如果没有学习对齐命令的话，可以使用移动、旋转和比例缩放等方法来完成，非常麻烦，而有了对齐命令就可以一次完成。下面介绍对齐的使用方法。

【例 5-18】　把螺母和垫圈装到螺栓上，如图 5-46 所示。

单击"修改"面板的"对齐"按钮 🔲，命令行提示如下：

扫码看视频

命令：_align

选择对象:	//选择螺母与垫圈
选择对象:	//按 Enter 键结束选择
指定第一个源点:	//捕捉 C 点
指定第一个目标点:	//捕捉 A 点
指定第二个源点:	//捕捉 D 点
指定第二个目标点:	//捕捉 B 点，系统自动在源点和目标点之间连线
指定第三个源点或 <继续>:	//按 Enter 键
是否基于对齐点缩放对象？[是(Y)/否(N)] <否>:	//按 Enter 键结束对齐

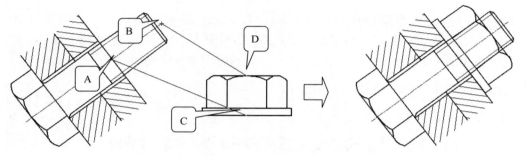

图 5-46　对齐过程

当选择两对点时，选定的对象可在二维或三维空间中移动、转动和按比例缩放，以便与其他对象对齐。第一组源点和目标点定义对齐的基点，第二组源点和目标点定义旋转角度。

在输入了第二对点后，AutoCAD 会给出缩放对象的提示。AutoCAD 将以第一目标点 A 和第二目标点 B 之间的距离作为按比例缩放对象的参考长度，只有使两对点对齐对象时才能使用缩放功能。

提示： 对齐命令可以通过菜单"修改" → "三维操作" → "对齐"命令来实现。对齐命令是移动、旋转、比例缩放 3 个命令的有机组合。

5.15　夹　点　编　辑

如果在未启动命令的情况下，单击选中某图形对象，那么被选中的图形对象就会变蓝亮显，而且被选中图形的特征点（如端点、圆心和象限点等）将显示为蓝色的小方块，如图 5-47 所示。这样的小方块被称为夹点。

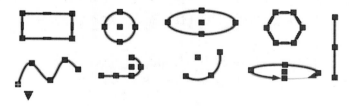

图 5-47　夹点的显示状态

夹点有两种状态：未激活状态和被激活状态。选择某图形对象后出现的蓝色小方块，就是未激活状态的夹点。如果单击某个未激活夹点，该夹点就被激活，以红色小方块显示，这种处于被激活状态的夹点又称为热夹点。以被激活的夹点为基点，可以对图形对象进行拉伸、平移、复制、缩放和镜像等基本修改操作。

使用夹点编辑功能，可以对图形对象进行不同类型的修改操作。其基本的操作步骤是"先选择，后操作"，分为 3 步：

（1）在不输入命令的情况下，单击选择对象，使其出现夹点。

（2）单击某个夹点，使其被激活，成为热夹点。

（3）根据需要在命令行输入拉伸（ST）、移动（MO）、旋转（RO）、缩放（SC）、镜像（MI）等基本操作命令的缩写，执行相应的操作。

5.16　图　案　填　充

在绘制零部件的剖视图或断面图时，经常需要在剖切断面区域添加剖面符号。"图案填充"功能可以帮助用户将选择的图案或者渐变色填充到指定的区域内。

调用"图案填充"命令有以下 3 种方法：

（1）选择"绘图"→"图案填充"命令。

（2）单击"绘图"面板的"图案填充"按钮▨。

（3）在命令行提示状态下输入 HATCH 或者 H，按空格键或 Enter 键确认。

调用"图案填充"命令后，会弹出如图 5-48 所示的"图案填充创建"选项卡，包括"边界"面板、"图案"面板、"特性"面板、"原点"面板、"选项"面板和"关闭"面板。用户可以在"图案填充创建"选项卡中设置图案填充，也可以根据命令行提示操作。

图 5-48　"图案填充创建"选项卡

1．"边界"面板

使用"边界"面板中的工具可以选择图案填充的边界，有两种选择边界的方式："拾取点"方式和"选择边界对象"方式。

单击"边界"面板中的"拾取点"按钮➕，命令行提示如下：

拾取内部点或 [选择对象(S)/放弃(U)/设置(T)]:　　　　//拾取内部点

选择需要填充图案的闭合区域内的点，系统自动搜索边界并选中该区域，边界变蓝亮显，且在所选区域出现填充图案预览。图 5-49 所示为拾取了"⊠"标志处两点后所选择的填充区域。如果在命令行输入 T，将打开"图案填充和渐变色"对话框。

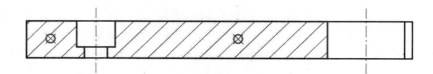

图 5-49　拾取点方式

提示：使用"拾取点"方式选择边界时，点不能点在边界上，且拾取的边界应闭合，否则将提示错误。

单击"边界"面板中的"选择" <u>选择</u> 按钮，根据提示选择填充区域的边界，选中的边界变蓝，且在所选区域出现填充图案预览。图 5-50 所示为拾取了圆和小矩形作为边界对象后，系统所选择的填充区域。

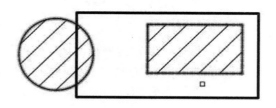

图 5-50　选择边界对象方式

提示：一般情况下，建议用户使用拾取点方式选择填充边界，这样便于操作。

选择填充边界后，"边界"面板中"删除" <u>删除</u> 按钮可用，单击此按钮，可以根据提示在已选择的边界中选取边界，将其从选择集中移除。

2."图案"面板

展开的"图案"面板如图 5-51 所示，单击其中的图案样例即可为对象设置填充图案。用户可以拖动面板右侧的滚动条选取更多的图案，或者单击滚动条下方的 <u>▼</u> 按钮打开如图 5-52 所示的"图案"工具箱，从中选择合适的填充图案。

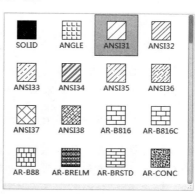

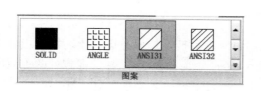

图 5-51　"图案"面板　　　　　　　图 5-52　"图案"工具箱

提示：在机械图样中，根据国标规定，金属材料的断面图案使用 ANSI31，非金属材料的断面图案使用 ANSI37。

3."特性"面板

使用"特性"面板可以设置填充图案的类型、颜色、背景色、透明度、角度和比例。"特性"面板如图 5-53 所示。

图 5-53　"特性"面板

面板中各工具的说明如下：

- "图案填充类型"列表 图案 ▼：在该下拉列表中可选择图案填充类型，有图案、实体、渐变色和用户定义 4 种类型。实体填充是指将填充区域以色块填充，渐变色填充是指将填充区域以渐变色填充。
- "图案填充颜色"列表 使用当前项 ▼：单击该列表将出现"颜色"工具箱，在其中可以选取填充图案的颜色。一般使用 ByLayer。
- "背景色"列表 无 ▼单击该列表将出现"颜色"工具箱，在其中可以选取填充图案的背景色。机械图样中，背景色一般选用"无"。
- "透明度类型"列表 单击该列表，可在出现的工具箱中设置透明度类型，有使用当前项、ByLayer，ByBlock 和透明度值选项可供选择。
- "图案填充透明度"滑块 图案填充透明度 0：拖动该滑块，可以调整图案填充的透明度值。
- "图案填充角度"滑块 角度 0：拖动该滑块，可以调整填充图案的角度值。
- "图案填充比例"编辑框 1：在编辑框中输入数值或者单击其后的上、下箭头，可以调整填充图案的间距。值大于 1 时，间距增大；值小于 1 时，间距变小。

4."原点"面板

"原点"面板用于控制填充图案生成的起始位置。某些图案填充（例如砖块图案）需要与图案填充边界上的一点对齐。默认情况下，所有图案填充原点都对应于当前的 UCS 原点。使用"原点"面板中的工具，可以调整填充图案原点的位置。默认的"原点"面板只显示"指定新原点"工具，如果想显示更多的指定原点工具，可以单击"原点"面板的"原点"按钮 原点 ▼，显示隐藏的原点工具，如图 5-54 所示。展开的"原点"面板在选择命令后会自动折叠，单击展开的"原点"面板"原点"按钮左侧的"图钉"图标，使其变为 状态，可将面板展开部分固定，方便选取原点工具；再次单击可将扩展"原点"面板设置为自动折叠示式。

"原点"面板中各工具的说明如下：

- "指定新原点"按钮：单击此按钮，系统提示"指定原点："，指定原点后，填充图案的原点变为指定的点。

图 5-54   "原点"面板

- "左下"按钮：单击此按钮，系统将填充图案的原点设置在填充区域的左下角，如图 5-55 所示。
- "右下"按钮：单击此按钮，系统将填充图案的原点设置在填充区域的右下角，如图 5-56 所示。
- "左上"按钮：单击此按钮，系统将填充图案的原点设置在填充区域的左上角，如图 5-57 所示。

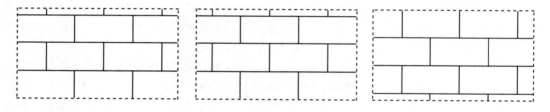

图 5-55   原点在左下   图 5-56   原点在右下   图 5-57   原点在左上

- "右上"按钮：单击此按钮，系统将填充图案的原点设置在填充区域的右上角，如图 5-58 所示。
- ："中心"按钮：单击此按钮，系统将填充图案的原点设置在填充区域的正中，如图 5-59 所示。
- "使用当前原点"按钮：单击此按钮，系统将填充图案的原点设置在系统默认的位置。

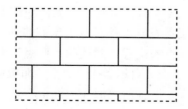 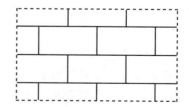

图 5-58   原点在右上   图 5-59   原点在中心

- "存储为默认原点"按钮 ：单击此按钮，将指定原点指定为后续图案填充的新默认原点。

5．"选项"面板

使用"选项"面板中的工具，可以设置填充图案和边界的关联特性，以及进行填充图案的高级设置。默认的"选项"面板如图 5-60 所示。单击"选项"面板的"选项"按钮 ![选项] 将显示隐藏的选项工具，如图 5-61 所示。

图 5-60　"选项"面板　　　　　图 5-61　展开的"选项"面板

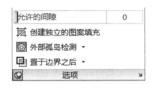

"选项"面板中各工具的说明如下：

- "关联"工具 ![]：设置填充图案和边界的关联特性。选中此工具，设置填充图案和边界有关联，修改边界时，填充图案的边界随之变化，否则填充图案的边界不随之变化，如图 5-62 所示。

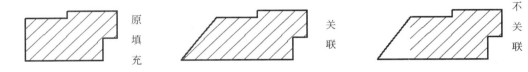

图 5-62　边界和填充图案的关系

- "注释性比例"工具 ![]：选中该工具，指定对象的注释特性，填充图案的比例根据视口的比例自动调整。
- "特性匹配"列表 ![特性匹配]：选中该列表，可在出现的工具箱选取"使用当前原点"工具 ![] 或"使用源原点"工具 ![]。
- "使用当前原点"工具 ![]：选中该工具，根据系统提示在图形区选择源图案填充，然后选择填充边界，新的填充图案和源填充图案相同且使用当前填充边界的原点。
- "使用源原点"工具 ![]：选中该工具，根据系统提示在图形区选择源图案填充，然后选择填充边界，新的填充图案和源填充图案相同且使用和源填充图案相同的原点。
- "允许的间隙"滑块 ![允许的间隙　0]：拖动滑块调整允许的间隙，或者在其后的编辑框修改允许的间隙值。该滑块设定将对象用作图案填充边界时可以忽略的最大间隙。其默认值为 0，此值指定对象必须封闭区域且没有间隙。任何小于等于允许的间隙中指定的值的间隙都将被忽略，并将边界视为封闭。图 5-63 所示为设置允许的间隙为 3，而边界间隙分别为 0、2、4 时使用"拾取点"方式选取填充边界的情况，其中"⊠"标志为拾取点的位置。当边界间隙大于设置的允许间隙时，出现错误提示。

- "创建独立的图案填充"按钮 ：选中此按钮，使其处于按下状态时，使用一次图案填充工具填充的多个独立区域内的填充图案相互独立。反之，此按钮处于浮起状态时，使用一次图案填充工具填充的多个独立区域内的填充图案是关联的对象。

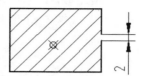
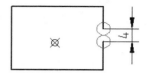

图 5-63　边界间隙不同时的填充效果

- "外部孤岛检测"列表 ：单击▪按钮将出现下拉列表，如图 5-64 所示，从中可选择相应方式设置最外层边界内部图案填充或填充边界的定义方法。下面以如图 5-65 所示图形为例说明各选项应用效果，" ⊗ "标志处为拾取点。

图 5-64　孤岛检测列表

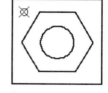

图 5-65　原图形

- "普通孤岛检测"样式 ：选择此样式，从外部边界向内填充。如果遇到内部孤岛，填充将关闭，直到遇到孤岛中的另一个孤岛，如图 5-66 所示。
- "外部孤岛检测"样式 ：选择此样式，从外部边界向内填充。此选项仅填充指定的区域，不会影响内部孤岛，如图 5-67 所示。推荐用户使用这种设置。
- "忽略孤岛检测"样式 ：选择此样式，忽略所有内部的对象，填充图案时将通过这些对象，如图 5-68 所示。
- "无孤岛检测"样式 ：选择此样式，不进行孤岛检测，如图 5-69 所示。

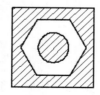

图 5-66　普通孤岛检测　　图 5-67　外部孤岛检测　　图 5-68　忽略孤岛检测　　图 5-69　无孤岛检测

- "绘图次序"列表 ：单击▪按钮出现下拉列表，如图 5-70 所示，从中可选择相应方式设置填充图案和其他图形对象的绘图次序。如果将图案填充"置于边界之后",可以更容易地选择图案填充边界。

图 5-70　"绘图次序"列表

- "图案填充设置"按钮 ：选中此按钮,打开如图 5-71 所示的"图案填充和渐变色"对话框,可以对图案填充和渐变色的选项进行详细设置。因为大部分的选项都可在命令面板中设置,故很少使用"图案填充和渐变色"对话框。

图 5-71　"图案填充和渐变色"对话框

提示： 在默认情况下,"图案填充和渐变色"对话框只显示左半部分,单击"帮助"按钮后的 按钮可显示对话框全部内容;显示全部内容后,单击"帮助"按钮后的 按钮可只显示对话框左半部分。

6. "关闭"面板

单击"关闭"面板的"关闭"按钮 ,可以关闭"图案填充创建"选项卡,并退出"图案填充"命令。

提示：按空格键或 Enter 键也可关闭"图案填充创建"选项卡，并退出"图案填充"命令。

5.17　渐变色填充

渐变色填充也是一种填充的模式，调用"渐变色"工具的方法有以下 3 种：

（1）选择"绘图"→"渐变色"菜单命令。

（2）单击展开的"绘图"面板的"渐变色"  按钮。

（3）在命令行"提示状态下输入 GRADIENT，按空格键或按 Enter 键确认。

调用"渐变色"命令后，会弹出如图 5-72 所示的"图案填充创建"选项卡，包括"边界"面板、"图案"面板、"特性"面板、"原点"面板、"选项"面板和"关闭"面板。和"图案填充"类似，用户可以在选项卡设置图案填充，也可以根据命令行提示操作。

图 5-72　"图案填充创建"选项卡

在"图案"面板可以选择合适的渐变色图案。

在"特性"面板的"渐变色 1"列表可以选择渐变色 1 的颜色，在"特性"面板的"渐变色 2"列表可以选择渐变色 2 的颜色。如果两个渐变色颜色相同，则使用单色填充。

5.18　编辑图案填充和渐变色填充

AutoCAD 中的图案填充是一种特殊的块，即它们是一个整体对象。像处理其他对象一样，图案填充边界可以被复制、移动、拉伸和修剪等，也可以使用夹点编辑模式拉伸、移动、旋转、缩放和镜像填充边界及和它们关联的填充图案。如果所做的编辑保持边界闭合，关联填充会自动更新。如果编辑中生成了开放边界，图案填充将失去与任何边界的关联性，并保持不变。

用"修改"→"分解"菜单命令图案填充对象分解为单个直线、圆弧等对象后，就不能用图案填充的编辑工具进行编辑了。

对图案填充的编辑包括重新定义填充的图案或颜色、编辑填充边界，以及设置其他图案的填充属性等。如果要对多个填充区域的填充对象进行独立编辑，可以选中"创建独立的图案填充"复选框，这样可以对单个填充区域进行编辑。

在 AutoCAD 中，编辑图案填充的方法有以下 5 种：

（1）单击"默认"选项卡→"修改"面板→"编辑图案填充"按钮。

（2）选择"修改"→"对象"→"图案填充"菜单命令。

（3）单击"修改 II"工具栏的"编辑图案填充"按钮。

（4）运行命令 HATCHEDIT。

（5）在图案填充对象上单击。

执行图案填充编辑命令，命令行提示"选择图案填充对象"后（注意必须选择图案填充对象，否则命令无法执行），将弹出"图案填充编辑"对话框，如图 5-73 所示。

图 5-73　"图案填充编辑"对话框

"图案填充编辑"对话框与"图案填充和渐变色"对话框内容基本相同，但个别选项不可用，比如"孤岛检测"复选框、"边界保留"复选框、"边界集"下拉列表框等。

因此，只能设置"图案填充编辑"对话框可用的选项，如图案类型、角度、比例、关联性等，还可以通过"添加：拾取点"按钮和"删除边界"按钮等编辑填充边界，其设置方法与创建图案填充相同，不再重复。

注意： 取消图案填充与边界的关联性后，将不可重建。要恢复关联性，必须重新创建图案填充或者创建新的图案填充边界，并将边界与此图案填充关联。

5.19　思考与练习

1．概念题

（1）什么情况下可以使用矩形阵列，什么情况下可以使用环形阵列？

（2）怎样将一个倾斜的实体旋转为水平或垂直？

（3）怎样得到一个偏移实体，并且使之通过一个指定点？

（4）移动命令为什么需要指定基点，在实际应用中有什么用途？

（5）怎样在圆弧连接中使用倒圆角命令，举例说明。

（6）怎样创建面域？面域可以进行哪些布尔运算？

（7）怎样在修剪和延伸功能之间进行切换？

2．操作题

绘制如图 5-74～图 5-77 所示的图形。

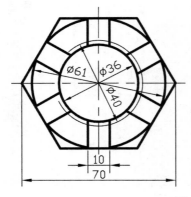
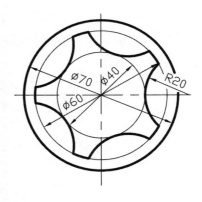

图 5-74　习题图 1

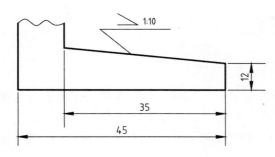
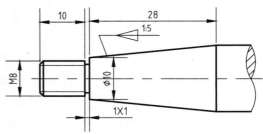

图 5-75　习题图 2

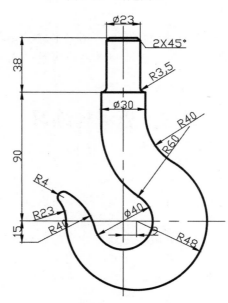

图 5-76　习题图 3

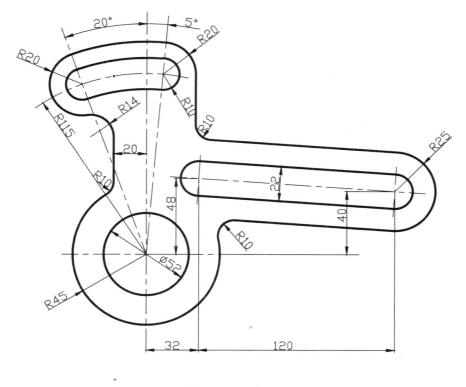

图 5-77　习题图 4

第 6 章　文字与表格

本章重点
- 文字样式的建立
- 文字输入与编辑
- 在图形中使用字段
- 创建表格

6.1　文字样式的设定

工程图样中很多地方需要文字，如标题栏、技术要求和尺寸标注等。国家标准（GB/T 14691—1993）中规定的文字样式：汉字为长仿宋体，字体宽度约等于字体高度的 $\frac{1}{\sqrt{2}}$，字体高度有 20mm、14mm、10mm、7mm、5mm、3.5mm、2.5mm、1.8mm 八种，汉字高度不小于 3.5mm。字母和数字可写为直体和斜体，若文字采用斜体字体，文字须向右倾斜，与水平基线约成 75°。

AutoCAD 可以提供两种类型的文字，分别是 AutoCAD 专用的型字体（扩展名为.shx）和 Windows 自带的 TrueType 字体（扩展名为.ttf）。型字体的特点是字形比较简单，占用的计算机资源较少。在 AutoCAD 2000 简体中文版之后的版本里，均提供了中国用户专用的符合国家标准的中西文工程形字体，其中有两种西文字体和一种中文长仿宋体工程字，两种西文字体的字体名是 gbeitc.shx（控制英文斜体）和 gbenor.shx（控制英文直体），中文长仿宋体的字体名为 gbcbig.shx。TrueType 字体是 Windows 自带字体。由于 TrueType 字体不完全符合国标对工程图用字的要求，所以一般不推荐使用。

AutoCAD 图形中的所有文字都具有与之相关的文字样式，因此在用 AutoCAD 进行文字输入之前，应该先定义一个文字样式（系统有一个默认样式——Standard），然后使用该样式输入文本。用户可以定义多个文字样式，不同的文字样式用于输入不同的字体。要修改文本格式时，不需要逐个修改文本，而只要对该文本的样式进行修改，就可以改变使用该样式书写的所有文本的格式。

AutoCAD 2018 中文字样式的默认设置是 Standard（标准样式）。用户在使用过程中可以通过"文字样式"对话框自定义文字样式，建立自己的样式用起来会比较方便。下面以工程图中使用的工程字样式为例，介绍文字样式的设置方法。

【例 6-1】 工程字文字样式的建立。

[1] 单击"注释"面板上的"文字样式"按钮 （或执行"格式"→"文

扫码看视频

字样式"菜单命令），弹出"文字样式"对话框，如图 6-1 所示。在"样式"列表中显示的是当前所应用的文字样式。

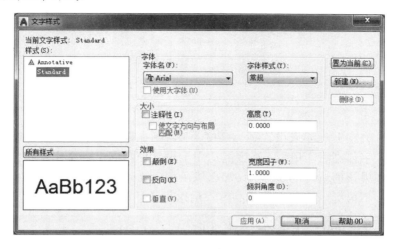

图 6-1　"文字样式"对话框

[2] 单击 新建(N)... 按钮，弹出"新建文字样式"对话框，如图 6-2 所示。在"样式名"文本框中输入样式名"工程字"，单击 确定 按钮，返回到"文字样式"对话框。

图 6-2　"新建文字样式"对话框

[3] 从"SHX 字体"下拉列表中选择字体 gbeitc.shx，如图 6-3 所示。在"高度"文本框可以输入字体高度，这里使用字体高度为 0，字体项设置完成。

[4] 这时可以在"预览"区显示字体设置的效果，如图 6-4 所示。

图 6-3　修改设置　　　　　　　　图 6-4　预览设置效果

[5] 自定义样式设置完成。单击 应用(A) 按钮，可将对话框中所作的样式修改应用于图形中当前样式的文字，单击 关闭(C) 按钮关闭对话框。

这时定义的文本样式就会显示在"注释"面板的文字样式下拉列表中，供用户选择字样式，如图 6-5 所示。单击"注释"面板上的"文字样式"按钮 可以快速打开"文字样式"对话框，进行文字样式定义。

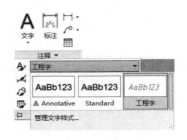

图 6-5　"注释"面板

- "高度"文本框：如果设置字体高度为 0，则在以后启动文本标注命令时，系统会提示输入字体高度，所以，0 字高适用于设置使用同一种文字样式标注不同字高的文本。如果该值输入的不是 0，那么以后启动文本标注命令，系统自动以此字高书写文字，不再提示输入字体的高度，用这种方法标注的文本高度是固定的。

提示：关于"注释性"选项的说明见 10.7 节。

- "效果"选项组有 5 个选项。

"颠倒"复选框：用于设置倒置显示字符。

"宽度因子"输入框：用于设置文本宽度。默认值是 1，如果输入值大于 1，则文本宽度加大。

"反向"复选框：用于设置反向显示字符。

"倾斜角度"输入框：用于设置字符向左右倾斜的角度，以 Y 轴正向为角度的 0 值，顺时针为正。可以输入-85~85 之间的一个值，使文本倾斜。

"垂直"输入框：用于设置垂直对齐显示字符。这个功能对 TrueType 字体不可用。

设置文字样式的效果如图 6-6 所示。

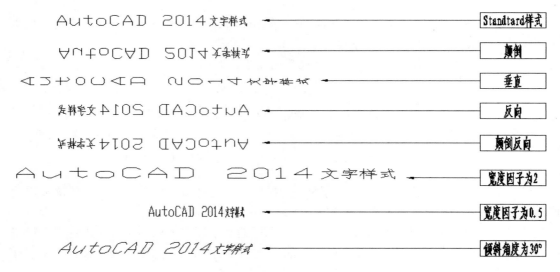

图 6-6　设置文字样式的效果

提示：选择"使用大字体"复选框指定亚洲语言的大字体文件。只有在"字体名"中指定 shx 文件，才能使用"大字体"。

6.2　文　字　输　入

AutoCAD 提供了两种文字输入方式：单行文字与多行文字。所谓单行文字输入，并不是用该命令每次只能输入一行文字，而是输入的文字，每一行单独作为一个实体对象来处理。相反，多行文字输入就是不管输入几行文字，AutoCAD 都把它作为一个实体对象来处理。

6.2.1　单行文字

对于简短的输入内容可以使用单行文字输入方式。

单击"注释"面板上的"单行文字"按钮 A 单行文字，或执行"绘图"→"文字"→"单行文字"菜单命令，命令行提示如下：

命令：_dtext
当前文字样式：　"工程字"　文字高度：　2.5000　注释性：　否
指定文字的起点或 [对正(J)/样式(S)]：
指定高度 <2.5000>: 5　　　　　　　　　　//指定文字字高
指定文字的旋转角度 <0>:　　　　　　　　 //指定文字行与水平方向的夹角

然后在如图 6-7 所示的输入框中输入文字，也可以在其他处单击进行文字的输入，按 2 次 Enter 键结束命令。

图 6-7　输入过程

提示：若建立文字样式时，"高度"设置为 0.000，则在执行文字输入命令时还会出现一个修改字高的提示；如果是非 0 值，就没有此提示。

执行单行文字命令时，会出现提示：

指定文字的起点或 [对正(J)/样式(S)]:　　//输入 J 切换到"对正"选项，用于确定字符的哪一部分
　　　　　　　　　　　　　　　　　　 //与指定的基点对齐，如图 6-8 所示
输入选项[对齐(A)/调整(F)/中心(C)/中间(M)/右(R)/左上(TL)/中上(TC)/右上(TR)/左中(ML)/正中(MC)/
右中(MR)/左下(BL)/中下(BC)/右下(BR)]:　//AutoCAD 提供的对齐选项，用户可根据自己的需要输
　　　　　　　　　　　　　　　　　　 //入括号内的字母应用相应的对齐方式

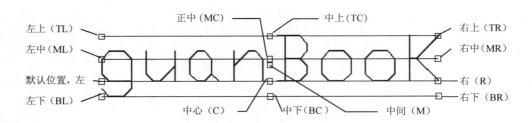

图 6-8 对齐方式

提示：用户可以在 "指定文字的起点或 [对正(J)/样式(S)]:" 提示下输入 S，切换到样式选项，利用这个选项可以输入已定义的文字样式名称，设置该样式为当前样式。输入 "?" 可以查询当前文档中定义的所有文字样式。用户也可以在启动文字命令前，在 "注释" 面板上的文字样式下拉列表中选择需要的文字样式。

6.2.2 命令行中特殊字符的输入

用户可以利用单行文字命令输入特殊字符，如直径符号 "φ"，角度符号 "°" 等。

1. 利用软键盘

调出如图 6-9 所示的输入法状态条。

在按钮  上右击，弹出键盘设置菜单，如图 6-10 所示。

P C 键盘	标点符号
希腊字母	数字序号
俄文字母	数学符号
注音符号	✔ 单位符号
拼 音	制表符
日文平假名	特殊符号
日文片假名	

图 6-9 输入法状态条   图 6-10 键盘设置菜单

例如选择 "希腊字母"，就会出现如图 6-11 所示的软键盘，该键盘的用法与硬键盘一样，在需要的字母键上单击，就可以输入对应的字母。

图 6-11 软键盘

2．用控制码输入特殊字符

控制码由两个百分号（%%）后紧跟一个字母构成。表 6-1 是 AutoCAD 中常用的控制码。

表 6-1　　AutoCAD 控制码

控　制　码	功　　能
%%o	加上画线
%%u	加下画线
%%d	度符号
%%p	正/负符号
%%c	直径符号
%%%	百分号

例如要输入如图 6-12 所示的文字，命令行输入如下：

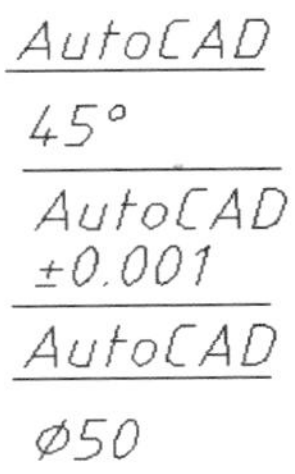

图 6-12　特殊字符样例

命令：_dtext
命令：_dtext
当前文字样式：　"工程字"　　文字高度：　5.0000　注释性：　否
指定文字的起点或 [对正(J)/样式(S)]：
指定高度 <5.0000>：
指定文字的旋转角度 <0>：
键盘输入文字: %%uAutoCAD%%u　　　　　　　　//加下画线
键盘输入文字: 45%%d　　　　　　　　　　　//输入度符号
键盘输入文字: %%oAutoCAD%%o　　　　　　　//加上画线
键盘输入文字: %%p0.001　　　　　　　　　　//正/负符号
键盘输入文字: %%u%%oAutoCAD%%o%%u　　　//同时加上、下画线
键盘输入文字: %%c50　　　　　　　　　　　//输入直径符号

6.2.3　多行文字

多行文字输入命令用于输入内部格式比较复杂的多行文字，与单行文字输入命令不同的是，输入的多行文字是一个整体，每一单行不再是一个单独的文字对象。

单击"注释"面板上的"多行文字"按钮 A 多行文字（或执行"绘图"→"文字"→"多行文字"菜单命令，可以启动多行文字命令，命令行提示如下：

命令: _mtext 当前文字样式: "工程字"　文字高度: 5　注释性: 否
指定第一角点:　　　　　　　　　　　　　　　　　　　//指定第一角点
指定对角点或 [高度(H)/对正(J)/行距(L)/旋转(R)/样式(S)/宽度(W)/栏(C)]:
　　　　　　　　　　　　　　　　　　　//指定第二角点, 如图 6-13 所示

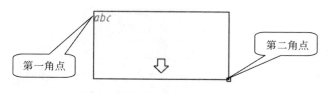

图 6-13　确定矩形框

确定两个角点后, 系统自动切换到多行文字编辑界面, 如图 6-14 所示。这个窗口类似于写字板、Word 等文字编辑工具, 比较适合文字的输入和编辑。

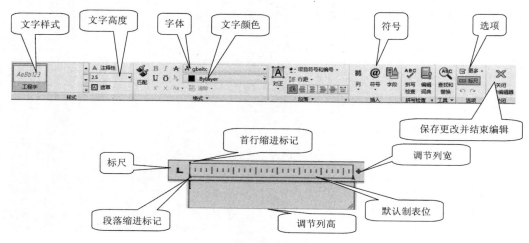

图 6-14　多行文字编辑界面

1. "样式" 面板

- 文字样式下拉列表: 向多行文字对象应用文字样式。当前样式保存在 TEXTSTYLE 系统变量中。

如果将新样式应用到现有的多行文字对象中, 用于字体、高度和粗体或斜体属性的字符格式将被替代。堆叠、上 (下) 画线和颜色属性将保留在应用了新样式的字符中。

具有反向或倒置效果的样式不会被应用。如果在 SHX 字体中应用定义为垂直效果的样式, 这些文字将在多行文字编辑器中水平显示。

- 文字高度下拉列表: 按图形单位设置新文字的字符高度或更改选定文字的高度。如果当前文字样式没有固定高度, 则文字高度是 TEXTSIZE 系统变量中存储的值。多行文字对象可以包含不同高度的字符。

2. "格式" 面板

- 字体下拉列表: 为新输入的文字指定字体或改变选定文字的字体。

- 粗体 **B**：为新输入文字或选定文字打开或关闭粗体格式。此选项仅适用于使用 TrueType 字体的字符。
- 斜体 *I*：为新输入文字或选定文字打开或关闭斜体格式。此选项仅适用于使用 TrueType 字体的字符。
- 下画线 **U** 和上画线 **O**：为新输入文字或选定文字打开或关闭下、上画线格式。
- 文字颜色：为新输入文字指定颜色或修改选定文字的颜色。

可以为文字指定与所在图层关联的颜色（ByLayer）或与所在块关联的颜色(ByBlock)。也可以从颜色列表中选择一种颜色，或单击"选择颜色"选项打开"选择颜色"对话框来选择颜色。

- 堆叠：当文字中包含"/""^""#"符号时，如 9/8，（见图 6-15），先选中这 3 个字符，然后单击"格式"面板上的"堆叠"按钮，就会变成分数形式；选中堆叠成分数形式的文字，然后再次单击"格式"面板上的"堆叠"按钮，可以取消堆叠。用户可以编辑堆叠文字、堆叠类型、对齐方式和大小。要打开"堆叠特性"对话框，首先选中堆叠文字，然后右击，在弹出的快捷菜单中选择"堆叠特性"选项即可，如图 6-16 所示。或者选择堆叠文字，单击按钮，在弹出的快捷菜单中选择"堆叠特性"选项。

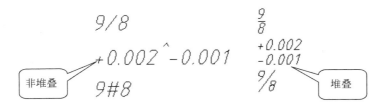

图 6-15 堆叠方式

图 6-16 "堆叠特性"对话框

3．"段落"面板

使用"段落"面板可以进行段落、制表位、项目符号和编号的设置，与 Word 一样，在此不再讲述。

4．快捷菜单

在文本输入框中右击可以打开快捷菜单，选择合适选项进行操作。

5．"工具"面板

单击"工具"面板上的 输入文字 按钮，出现"选择文件"对话框，使用该对话框可以把外部.txt 文本文件（或.rtf 文件）直接导入绘图中。

6．"插入"面板

单击"插入"面板上的"符号"按钮@，出现如图 6-17 所示的菜单，可以插入制图过程中需要的特殊符号。

单击"插入"面板上的"字段"按钮，可以插入字段。

使用菜单的"其他"命令，可以打开"字符映射表"对话框，如图 6-18 所示，这里提供了更多特殊符号供输入。

图 6-17　"符号"菜单

图 6-18　"字符映射表"对话框

7．"关闭"面板上的关闭按钮

"关闭"面板用于关闭多行文字编辑器并保存所做的修改。也可以在编辑器外单击以保存修改并退出编辑器。要关闭多行文字编辑器而不保存修改，可按 Esc 键。

6.3　文　字　编　辑

1．编辑单行文字

对单行文字的编辑包含两方面的内容：修改文字内容和修改文字特性。如果仅仅修改文字的内容，可以直接在文字上双击，文字即处于可编辑状态，如图 6-19 所示。

要修改单行文字的特性，可以选择文字后单击"特性"面板上的▣按钮，打开"特性"选项板修改文字的内容、样式、高度、旋转角度等特性，如图 6-20 所示。

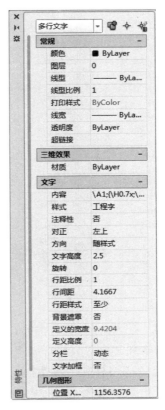

图 6-19 可编辑状态下的文字   图 6-20 特性"选项板

2．编辑多行文字

直接双击多行文字，系统会弹出多行文字编辑器，可直接在编辑器中修改文字的内容和格式。

提示：文字编辑命令也可以通过"修改"→"对象"→"文字"→"编辑"菜单命令来执行。

6.4 创 建 表 格

在工程图中经常用到表格，以前需要用绘图工具画出来，现在使用 AutoCAD 可以自动生成表格，非常方便。

6.4.1 表格样式

AutoCAD 提供的表格样式如图 6-21 所示。

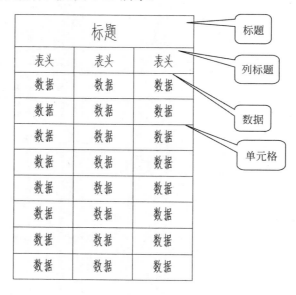

图 6-21 表格

执行"格式"→"表格样式"菜单命令，或者单击"注释"面板上的"表格样式"按钮，打开"表格样式"对话框，如图 6-22 所示。

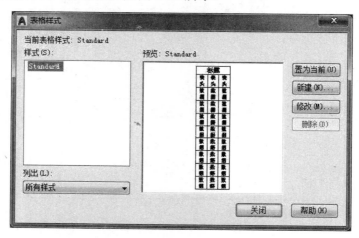

图 6-22 "表格样式"对话框

在"样式"列表中显示的是系统自带的表格样式，可以在"预览"框中看到该样式示例。

【例 6-2】 建立明细栏样式。

[1] 单击"表格样式"对话框中的 新建(N)... 按钮，出现"创建新的表格

扫码看视频

样式"对话框，修改"新样式名"为"明细栏"，如图 6-23 所示，单击 继续 按钮。

图 6-23　"创建新的表格样式"对话框

[2] 出现"新建表格样式"对话框，如图 6-24 所示。"单元样式"下拉列表中有标题、表头和数据 3 个选项。选择一个选项，在下面的"常规""文字"和"边框"选项卡中设置其参数。

图 6-24　"新建表格样式"对话框

- 在"单元样式"下拉列表中选择"数据"；在"文字"选项卡中设置"文字样式"为工程字，字高为 5；在"边框"选项卡中设置内框线宽为 0.25，外框为 0.5。例如先选择"线宽"为 0.25，然后单击"内边框"按钮 ，就可以设置内框线宽。
- 在"单元样式"下拉列表中选择"表头"；设置"文字样式"为工程字，字高为 5；设置内框线宽为 0.25，外框为 0.5。

[3] 使用"表格方向"选项改变表的方向。

- 向下：创建自上而下读取的表。标题行和列标题行位于表的顶部。
- 向上：创建自下而上读取的表。标题行和列标题行位于表的底部。（由于明细栏是从下向上绘制的，所以选择此项）

[4] 使用"页边距"选项控制单元边界和单元内容之间的间距（修改数据和表头的设置）。

- 水平：设置单元中的文字或块与左右单元边界之间的距离（使用默认值）。
- 垂直：设置单元中的文字或块与上下单元边界之间的距离（修改为 0.5）。

提示： 标题不进行设置，在插入表格时准备删掉该行，因为明细栏不需要标题。

[5] 设置完毕后单击 确定 按钮回到"表格样式"对话框，这时在"样式"列表中会出现刚定义的表格样式，如图 6-25 所示。用户可以在列表中选择样式，单击 置为当前(C) 按钮把该样式置为当前。如果要修改某样式，可以单击 修改(M)... 按钮。

[6] 定义好表格样式后，单击 关闭 按钮关闭对话框。

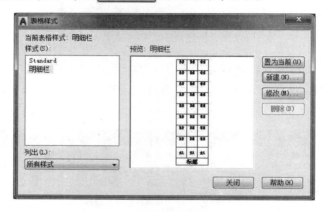

图 6-25　明细表样式

提示： 表格样式可以使用后面讲述的设计中心进行文件之间的共享。

6.4.2　创建表格

扫码看视频

【例 6-3】　创建一个表格。

[1] 单击"注释"面板上的"表格"按钮 表格，出现"插入表格"对话框，如图 6-26 所示。

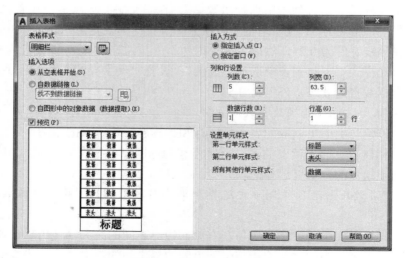

图 6-26　"插入表格"对话框

[2] 从 "表格样式" 下拉列表中选择一个表格样式，或单击 "表格样式对话框" 按钮 🖭 创建一个新的表格样式（这里选择 "明细栏" 表格样式）。

[3] 选择 "指定插入点" 作为插入方式。

提示： 如果表格样式将表格的方向设置为自下而上读取，则插入点位于表格的左下角。

[4] 设置列数和列宽（列数为 7，列宽为 30）。

[5] 设置行数和行高（数据行数为 5，行高为 1 行）。

提示： 按照文字行高指定表的行高。文字行高基于文字高度和单元边距，这两项均在表样式中设置。选定 "指定窗口" 选项并指定行数时，行高为 "自动" 选项，这时行高由表的高度控制。

[6] 设置单元格式，"第一行单元样式" 为表头，"第二行单元样式" 为数据。

[7] 单击 确定 按钮，系统提示输入表格的插入点，指定插入点后。第一个单元格为可编辑线框显示，显示 "文字格式" 工具栏时即可输入文字，如图 6-27 所示。单元的行高会加大以适应输入文字的行数。要移动到下一个单元，按 Tab 键，或使用箭头键向左、右、上和下移动。

提示： 如果表格中的中文不能正常显示，可使用 "格式" → "文字样式" 命令修改当前文字样式使用的字体。

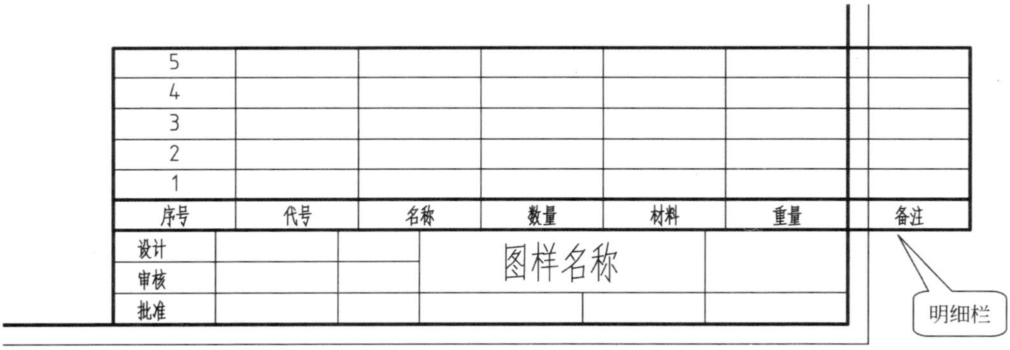

图 6-27　输入内容

提示： 用户在任意一个单元格中双击，即出现文字编辑器。在单元格内，可以用箭头键移动光标。使用文字编辑器可以在单元中格式化文字、输入文字或对文字进行其他修改操作。

6.4.3　修改表格

1. 整个表格修改

首先认识一下表格上的控制句柄。在任意表格线上单击会选中整个表格，同时表格上的句柄会显示出来，它们的作用如图 6-28 所示。

图 6-28　表格上的控制句柄

2．修改表格单元

在单元内单击选中，单元边框的中央将显示夹点。拖动单元上的夹点可以使单元及其列或行更宽或更小。

要选择多个单元，单击并在多个单元上拖动。按住 Shift 键并在另一个单元内单击，可以同时选中这两个单元以及它们之间的所有单元。

对于一个或多个选中的单元，可以右击，然后使用如图 6-29 所示快捷菜单上的选项来插入/删除列和行、合并相邻单元或进行其他修改。

提示： 对于表格，可以使用 "特性" 选项板进行编辑，如图 6-30 所示。

图 6-29　快捷菜单

图 6-30　编辑表格时的 "特性" 选项板

【例 6-4】　编辑明细栏。

[1] 编辑如图 6-28 所示的不完善明细表，将序号一列选中，右击，在弹出的快捷菜单上选择"特性"选项，出现如图 6-30 所示的"特性"选项板。

扫码看视频

[2] 修改"单元宽度"为 10，"单元高度"为 8。

[3] 继续选择其他列，修改"代号"列"单元宽度"为 40，"名称"列"单元宽度"为 50，"数量"列"单元宽度"为 10，"材料"列"单元宽度"为 40，"重量"和"备注"列"单元宽度"为 15。

[4] 编辑完毕的标题栏如图 6-31 所示。

5						
4						
3						
2						
1						
序号	代号	名称	数量	材料	重量	备注
设计			图样名称			
审核						
批准						

图 6-31　明细表

提示：可以将完成的表格复制到"工具"选项板上，在使用时拖出即可，这样可以保证表格单元的尺寸不变，但里面的文字都不见了。另外可以将表格制成块，插入块后，将块分解就可以添加新内容了。

6.5　字　　段

字段是在图形生命周期中可更新的数据。字段更新时，将显示最新的字段值。

6.5.1　插入字段

字段可以在图形、多行文字、表格等对象中使用。下面以图 6-32 为例介绍字段的使用方法。图中有 3 个图形（矩形命令绘制的矩形、圆，以及用"绘图"→"边界"命令定义的多边形）和一个表格，用表格记录 3 个图形的面积。这时如果使用字段，则当图形面积变化时，表格中的数字会同步发生变化。

【例 6-5】　在表格中使用字段。

[1] 在"矩形"下面的单元格双击，单元格变为可输入状态，右击，在弹出的快捷菜单中选择"插入点"→"字段"选项，或单击"插入"面板上的"字段"按钮，出现如图 6-33 所示的"字段"对话框。

扫码看视频

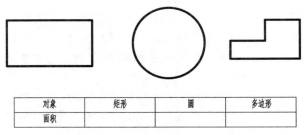

对象	矩形	圆	多边形
面积			

图 6-32　字段例图

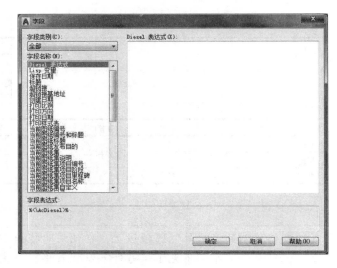

图 6-33　"字段"对话框

[2] 这里要插入"面积"字段。在"字段类别"下拉列表中选择"对象",这时对话框随之发生变化。单击"对象类型"按钮，选择第一个图形矩形,这时对话框如图 6-34 所示。

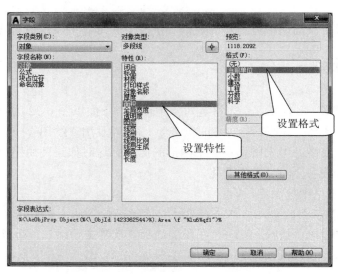

图 6-34　选择对象

[3] 在"特性"列表中选择"面积",在"格式"列表中选择"当前单位",单击 确定 按钮,应用设置后的表格如图 6-35 所示。

对象	矩形	圆	多边形
面积	10172		

图 6-35 插入一个面积字段

[4] 用同样的方法插入其他两个图形的面积字段,如图 6-36 所示。

对象	矩形	圆	多边形
面积	10172	10372	5127

图 6-36 完整的表格

[5] 这时如果改变图形的大小,如用夹点法改变圆的面积,然后执行"工具"→"更新字段"菜单命令,选择表格后按 Enter 键,表格中的字段自动更新,如图 6-37 所示。

对象	矩形	圆	多边形
面积	10172	2822	5127

图 6-37 更新字段

6.5.2 修改字段外观

字段文字所使用的文字样式与其插入到的文字对象所使用的样式相同。默认情况下,字段显示为不被打印的浅灰色背景(FIELDDISPLAY 系统变量控制是否有浅灰色背景显示)。"字段"对话框中的"格式"选项用来控制所显示文字的外观。可用的选项取决于字段的类型。例如,日期字段的格式中包含一些用来显示星期几和时间的选项。

6.5.3 编辑字段

因为字段是文字对象的一部分,所以不能直接进行选择。必须选择该文字对象并激活编辑命令(多行文字编辑器)。选择某个字段后,使用右键快捷菜单的"编辑字段"命令,或者双击该字段,将显示"字段"对话框。所做的任何修改都将应用到字段中的所有文字。

如果不再希望更新字段,可以通过将字段转换为文字来保留当前显示的值(选择一个字段,在快捷菜单上选择"将字段转化为文字"命令)。

6.6　思考与练习

1．概念题

（1）怎样设置文本样式？

（2）简述单行输入与多行输入的区别。

（3）怎样编辑文本？编辑单行命令输入的文本与编辑多行命令输入的文本有何不同？

（4）怎样在图样中使用字段？

（5）怎样设置表格样式和编辑表格？

2．操作题

建立明细表，书写技术要求，如图 6-38 所示。

技术要求

1.　铸件应经时效处理，消除内应力。

2.　未注圆角R2。

5						
4						
3						
2						
1						
序号	代号		名称	数量	材料	重量	备注
设计			图样名称			
审核						
批准						

图 6-38　习题图

第 7 章 尺 寸 标 注

本章重点
- 尺寸样式的设置
- 各种具体尺寸的标注方法
- 尺寸标注的编辑和修改
- 尺寸关联

7.1 尺寸标注规定

图形只能表达零件的形状，零件的大小则通过标注尺寸来确定。国家标准规定了标注尺寸的一系列规则和方法，绘图时必须遵守。

1．基本规定

- 图样中的尺寸以 mm 为单位时，不需注明计量单位代号或名称。若采用其他单位则必须标注相应计量单位或名称。
- 图样中所注的尺寸数值是零件的真实大小，与图形大小及绘图的准确度无关。
- 零件的每一尺寸，在图样中一般只标注一次。
- 图样中所注尺寸是该零件最后完工时的尺寸，否则应另加说明。

2．尺寸要素

一个完整的尺寸，包含下列 4 个尺寸要素：
- 尺寸界线：用细实线绘制。尺寸界线一般是图形轮廓线、轴线或对称中心线的延长线，超出尺寸线终端约 2～3mm。也可直接用轮廓线、轴线或对称中心线作为尺寸界线。
- 尺寸线：用细实线绘制。尺寸线必须单独画出，不能与图线重合或在其延长线上，并应尽量避免尺寸线之间及尺寸线与尺寸界线之间相交。标注线性尺寸时，尺寸线必须与所标注的线段平行，相同方向的各尺寸线的间距要均匀，间隔应大于 5mm，以便注写尺寸数字和有关符号。
- 尺寸线终端：有两种形式，箭头和细斜线。在机械制图中使用箭头，箭头尖端与尺寸界线接触，不得超出也不得离开。
- 尺寸数字：线性尺寸的数字一般注写在尺寸线上方或尺寸线中断处。同一图样内字号大小应一致，位置不够可引出标注。尺寸数字前的符号区分不同类型的尺寸（Φ 表示直径；R 表示半径；S 表示球面；t 表示板状零件厚度；□表示正方形；▷或◁

表示锥度；±表示正负偏差；×为参数分隔符，如 M10×1、槽宽×槽深等；∠或 ⌒ 表示斜度；∨表示埋头孔；EQS 表示均布等）。

    与文字输入需要设置样式一样，在对图形进行尺寸标注前，最好先建立使用的尺寸样式，因为在标注一张图时，必须考虑打印出图时的字体大小、箭头样式等符合国家标准，做到布局合理美观，不要出现标注的字体、箭头等过大或者过小的情况。同时，建立自己的尺寸标注样式也是为了确保标注在图形实体上的每种尺寸形式相同，风格统一。

    在建立尺寸标注样式之前，先来认识一下尺寸标注的各组成部分。一个完整的尺寸标注一般是由尺寸线（标注角度时的标注弧线）、尺寸界线、尺寸终端（机械制图为箭头）、尺寸数字这几部分组成。标注以后这 4 部分作为一个实体来处理，图 7-1 所示是这几部分的位置关系。

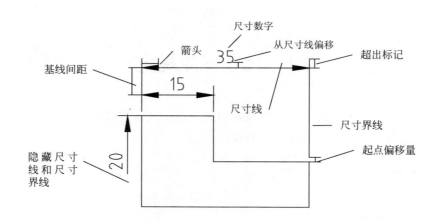

图 7-1　标注样式中部分选项的含义

7.2　创建尺寸样式

    AutoCAD 系统中有 Annotative、ISO-25 和 Standard 3 种标注样式，但这 3 种标注样式标注的尺寸均不符合国家标准，因此需要用户自行设置成符合国标的标注样式。

    设置或编辑标注样式，需要在"标注样式管理器"对话框中进行。打开"标注样式管理器"对话框的方法有以下 3 种：

    （1）选择"格式"→"标注样式"菜单命令。

    （2）选择展开的"注释"面板的"标注样式"工具，或者单击"注释"选项卡→"标注"面板→"标注样式"按钮。

    （3）在命令行提示后输入 DIMSTYLE，按空格或 Enter 键确认。

    "标注样式管理器"对话框如图 7-2 所示。

    选择 ISO-25 样式（注意 Annotative 是注释性标注样式），单击 新建(N)... 按钮，在弹出的"创建新标注样式"对话框中的"新样式名"输入框输入样式名称 GB-35，其余项保留默认设置，如图 7-3 所示。也就是说新建的 GB-35 样式以 ISO-25 为基础，用于所有的尺寸标注。

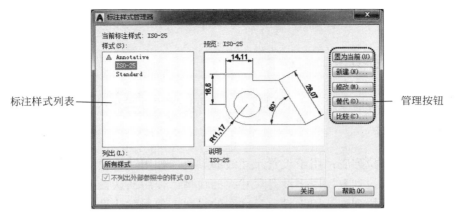

图 7-2　"标注样式管理器"对话框

提示：ISO-25 中的 25 表示文字字高为 2.5mm。

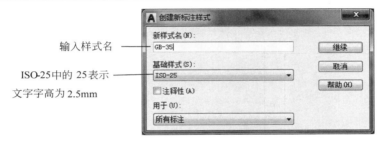

图 7-3　"创建新标注样式"对话框

单击 继续 按钮，进入"新建标注样式: GB-35"对话框，如图 7-4 所示。

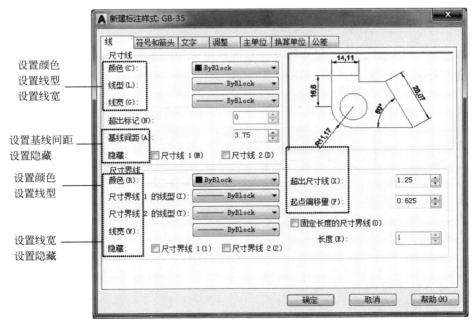

图 7-4　"创建新标注样式:GB-35"对话框

在此对话框中有 7 个选项卡，下面做详细介绍。

7.2.1 "线"选项卡

"线"选项卡如图 7-4 所示，使用该选项卡可以对尺寸线和尺寸界线进行设置。

1. 尺寸线设置

- "颜色"下拉列表：用于设置尺寸线的颜色，使用默认设置即可。
- "线型"下拉列表：用于设置尺寸线的线型，使用默认设置即可。
- "线宽"下拉列表：用于设置尺寸线的线宽，使用默认设置即可。
- "超出标记"输入框：指定当箭头使用倾斜、建筑标记、小标记、完整标记和无标记时尺寸线超过尺寸界线的距离，如图 7-5 所示。
- "基线间距"输入框：用于设置基线标注时，相邻两条尺寸线之间的距离，这里设置为 6，如图 7-6 所示。

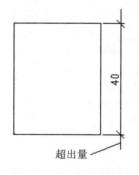

图 7-5　超出量设置

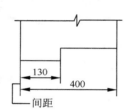

图 7-6　基线间距

- "隐藏"选项：选中"尺寸线 1"复选框隐藏第一条尺寸线，选中"尺寸线 2"复选框隐藏第二条尺寸线，如图 7-7 所示。

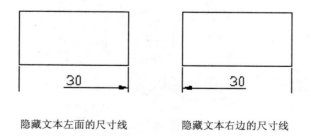

隐藏文本左面的尺寸线　　　　　隐藏文本右边的尺寸线

图 7-7　隐藏尺寸线

2. 尺寸界线设置

- "颜色"下拉列表：用于设置尺寸界线的颜色，使用默认设置即可。

- "线宽"下拉列表：用于设置尺寸界线的线宽，使用默认设置即可。
- "超出尺寸线"输入框：设置尺寸界线超出尺寸线的量，如图 7-8 所示。
- "起点偏移量"输入框：设置自图形中定义标注的点到尺寸界线的偏移距离，如图 7-8 所示。
- "隐藏"选项：选中"尺寸界线 1"复选框隐藏第一条尺寸界线，选中"尺寸界线 2"复选框隐藏第二条尺寸界线，如图 7-9 所示。

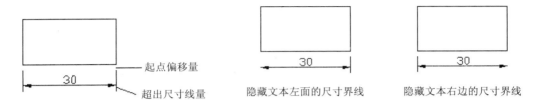

图 7-8　起点偏移量和超出尺寸线量　　　　　　图 7-9　隐藏尺寸界线

- "固定长度的尺寸界线"复选框：用于设置尺寸界线从起点一直到终点的长度，不管标注尺寸线所在位置距离被标注点有多远，只要比这里的固定长度加上起点偏移量更大，那么所有的尺寸界线都是按固定长度绘制的，如图 7-10 所示。

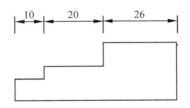

图 7-10　固定长度的界线标注

7.2.2　"符号和箭头"选项卡

"符号和箭头"选项卡主要用于设置箭头、圆心标记、弧长符号、折弯半径标注和线性折弯标注的格式和位置，如图 7-11 所示。

1．箭头

- "第一个""第二个"和"引线"下拉列表：用于设置箭头类型，这里使用默认设置。
- "箭头大小"设置框：设置箭头的大小，这里设置为 3.5。

2．圆心标记

设置使用"圆心标记"工具标记圆或圆弧时的标记形式。

- "无"单选按钮：不标记。
- "标记"单选按钮：以在其后编辑框中设置的数值大小在圆心处绘制十字标记。

- "直线"单选按钮：直接绘制圆的十字中心线。

一般情况下，使用"标记"形式时，标记大小和文字大小一致。这里修改标记大小为 3.5。

3．弧长符号

"弧长符号"选项组用于设置弧长符号的放置位置或有无弧长符号，这里选择"标注文字的上方"。

4．半径折弯标注

"半径折弯标注"选项组用于设置折弯半径标注的显示样式，这种标注一般用于圆心在纸外的大圆或大圆弧标注。"折弯角度"输入框用来确定折弯半径标注中，尺寸线横向线段的角度，如图 7-12 所示。一般该角度设置为 30。

"线性折弯标注"选项组控制线性标注折弯的显示。当标注不能精确表示实际尺寸时，通常将折弯线添加到线性标注中。在"折弯高度因子"输入框可以设置折弯符号的高度和标注文字高度的比例。折弯符号的高度表示如图 7-13 所示。

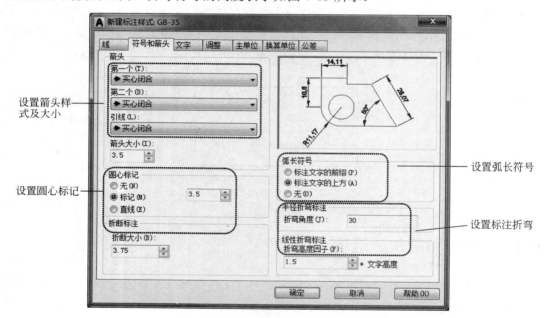

图 7-11　"符号和箭头"选项卡

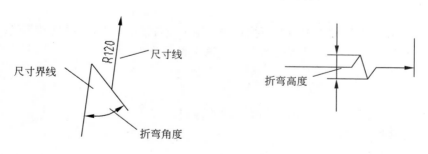

图 7-12　折弯角度　　　　　　　　图 7-13　折弯高度

7.2.3 "文字"选项卡

"文字"选项卡如图 7-14 所示。在"文字"选项卡中可以设置文字外观、文字位置以及文字对齐等特性。

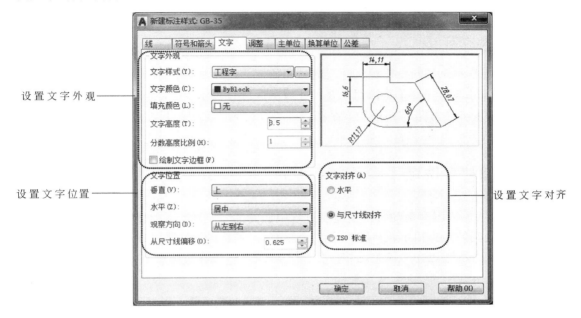

图 7-14 "文字"选项卡

1. 文字外观

- "文字样式"下拉列表：用于选择文字样式，也可通过单击 按钮打开"文字样式"对话框设置新的文字样式。可以使用 7.2 节定义的工程字样式。
- "文字颜色"下拉列表：用于选择颜色，默认设置为随块。
- "文字高度"文本框：用于直接输入文字高度值，可通过单击 按钮增大或减小高度值。这里修改文字高度为 3.5。

> 提示：选择的文字样式中的字高需要为 0（不能为具体值），否则在"文字高度"文本框中输入的值对字高无影响。

- "分数高度比例"输入框：用于设置相对于标注文字的分数比例。仅当在"主单位"选项卡上选择"分数"作为"单位格式"时，此选项才可用。在此处输入的值乘以文字高度，可确定标注分数相对于标注文字的高度。
- "绘制文字边框"输入框：用于在标注文字的周围绘制一个边框。

2. 文字位置

在"文字位置"选项组中，可以对文字的垂直、水平位置进行设置，还可以调节从尺寸线偏移的距离值。

- "垂直"下拉列表：控制标注文字相对于尺寸线的垂直位置，使用默认设置。
- "水平"下拉列表：控制标注文字相对于尺寸线和尺寸界线的水平位置，使用默认设置。
- "从尺寸线偏移"输入框：用于确定尺寸文本和尺寸线之间的偏移量，这里设置为 1。

3．文字对齐

- "水平"单选按钮：无论尺寸线的方向如何，尺寸数字的方向总是水平的。
- "与尺寸线对齐"单选按钮：要尺寸数字保持与尺寸线平行，选择此项。
- "ISO 标准"单选按钮：当文字在尺寸界线内时，文字与尺寸线对齐。当文字在尺寸界线外时，文字水平排列。

7.2.4 "调整"选项卡

"调整"选项卡用来帮助解决在绘图过程中遇到的一些较小尺寸的标注，这些小尺寸的尺寸界线之间的距离很小，不足以放置标注文本、箭头，为此需进行调整。"调整"选项卡如图 7-15 所示，包含"调整选项""文字位置""标注特征比例""优化"4 组可调整内容。

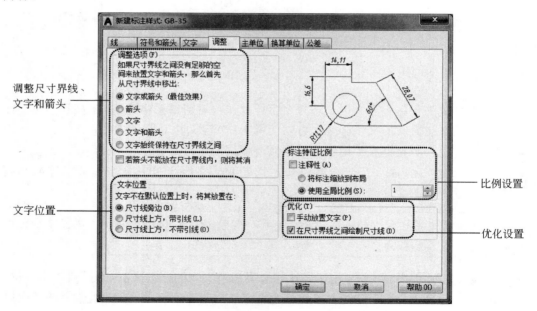

图 7-15 "调整"选项卡

1．调整选项

- "文字或箭头（最佳效果）"单选按钮：AutoCAD 根据尺寸界线间的距离大小，移出文字或箭头，或者文字箭头都移出。

- "箭头"单选按钮：首先移出箭头。
- "文字"单选按钮：首先移出文字。
- "文字和箭头"单选按钮：文字和箭头都移出。
- "文字始终保持在尺寸界线之间"单选按钮：不论尺寸界线间能否放得下文字，文字始终在尺寸界线之间。
- "若箭头不能放在尺寸界线内，则将其消除"复选框：选择此复选框，则当箭头不能放在延伸线内时，消除箭头。

使用"调整选项"选项组根据尺寸界线之间的可用空间调整文字和箭头放置位置。如果有足够大的空间，文字和箭头都将放在尺寸界线内。否则，将按照"调整"选项放置文字和箭头。该选项组一般选择"文字"选项，即当尺寸界线间的距离足够放置文字和箭头时，文字和箭头都放在尺寸界线内；当尺寸界线间的距离仅能容纳文字时，将文字放在尺寸界线内，而箭头放在尺寸界线外；当尺寸界线间距离不足以放下文字时，文字和箭头都放在尺寸界线外。

2．文字位置

设置标注文字从默认位置（由标注样式定义的位置）移动时标注文字的位置。此项在编辑标注文字时起作用，如图 7-16 所示。

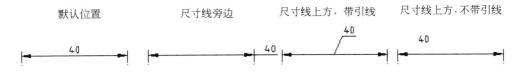

图 7-16　标注文字移动后的位置

3．标注特征比例

- "使用全局比例"单选按钮：以文本框中的数值为比例因子缩放标注的文字和箭头的大小，但不改变标注的尺寸值（模型空间标注选用此项）。
- "将标注缩放到布局"单选按钮：以当前模型空间视口和图纸空间之间的比例为比例因子缩放标注（图纸空间标注选用此项）。

4．优化

- "手动放置文字"复选框：进行尺寸标注时标注文字的位置不确定，需要通过拖动鼠标单击来确定。
- "在尺寸界线之间绘制尺寸线"复选框：不论尺寸界线之间的距离大小，尺寸界线之间必须绘制尺寸线时，选择此项。

7.2.5 "主单位"选项卡

此选项卡用来设置标注的单位格式和精度，以及标注的前缀和后缀。单击 主单位 标签显示"主单位"选项卡，如图 7-17 所示。

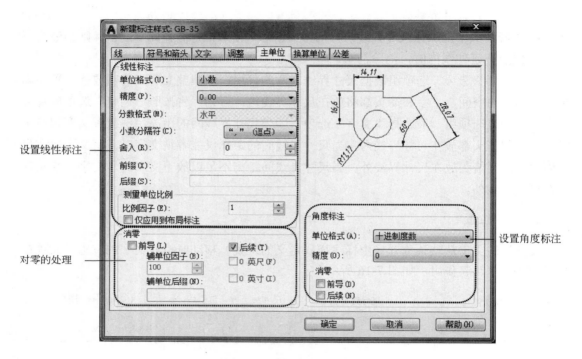

图 7-17 "主单位"选项卡

1. 线性标注

此选项组用来设置线性标注的单位格式、精度、小数分隔符，以及尺寸文字的前缀与后缀。

- "单位格式"下拉列表：用于设置标注文字的单位格式，可供选择的有小数、科学、建筑、工程、分数和 Windows 桌面等格式，工程图中常用格式是小数。
- "精度"下拉列表：用于确定主单位数值保留几位小数，这里选择精度为 0。
- "分数格式"下拉列表：当"单位格式"采用分数格式时，此下拉列表用于确定分数的格式，有 3 个选项（水平、对角和非堆叠）。
- "小数分隔符"下拉列表：当"单位格式"采用小数格式时，此下拉列表用于设置小数点的格式，根据国家标准，这里设置为"."（句点）。
- "前缀"输入框：输入指定内容，在标注尺寸时，会在尺寸数字前面加上指定内容，如输入"%%c"，则在尺寸数字前面加上"φ"这个直径符号，这在标注非圆视图上圆的直径需要使用。
- "后缀"输入框：输入指定内容，在标注尺寸时，会在尺寸数字后面加上指定内容，如输入"H7"，则在尺寸数字后面加上"H7"这个公差代号。注意前缀和后缀可以同时加。

- "测量单位比例"选项组：设置线性标注测量值的比例因子，默认值为 1。AutoCAD 按照此处输入的数值放大标注测量值。例如，如果输入 2，AutoCAD 会将 1mm 标注显示为 2mm。一般采用默认设置，直接标注实际测量值，在采用放大或缩小的比例绘图时，可将其设置为相应比例。选择"仅应用到布局标注"复选框，则仅将测量单位比例因子应用于布局视口中创建的标注。

2．消零

该选项组用于控制前导零和后续零是否显示。

- "前导"复选框：用小数格式标注尺寸时，不显示小数点前的零，如小数 0.500，选择"前导"后显示为.500。
- "后续"复选框：用小数格式标注尺寸时，不显示小数后面的零，如小数 0.500，选择"后续"后显示为 0.5。

3．角度标注

此选项组用来设置角度标注的单位格式、精度以及消零的情况，设置方法与"线性标注"的设置方法相同。一般"单位格式"设置为"十进制度数"，"精度"为"0"。

7.2.6　"换算单位"选项卡

单击 换算单位 标签显示"换算单位"选项卡，如图 7-18 所示。"显示换算单位"复选框用来设置是否显示换算单位，如果需要同时显示主单位和换算单位，需要选中此项，这样其他选项才能使用。

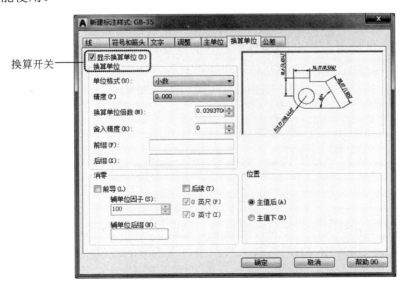

图 7-18　"换算单位"选项卡

这个选项卡在公、英制图纸标注时非常有用，可以同时标注公制和英制的尺寸，以方便不同国家的工程人员进行交流。在这里使用默认的设置，即不选择"显示换算单位"复选框。

7.2.7　"公差"选项卡

单击 公差 标签显示"公差"选项卡，如图 7-19 所示，在这一选项卡中，可以设置是否标注公差。若标注公差，则可以设置以哪一种方式进行标注，以及公差的数值等。

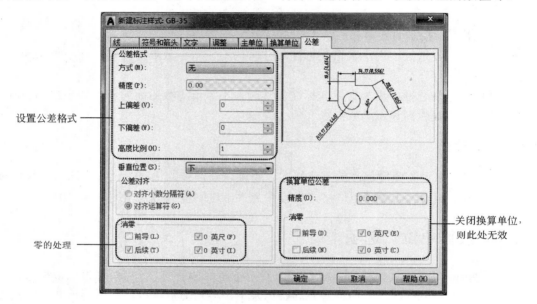

图 7-19　"公差"选项卡

在"公差"选项卡中，规定了公差的标注方式、公差的精度、上下偏差以及消零情况。

- "方式"下拉列表：AutoCAD 中默认的设置是不标注公差，即"无"，但在工程制图中需要标注公差。AutoCAD 提供了"对称""极限偏差""极限尺寸""基本尺寸"等几种公差标注格式，它们之间的区别如图 7-20 所示。

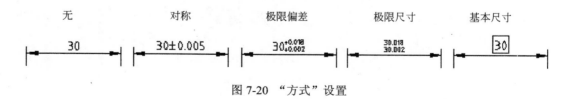

图 7-20　"方式"设置

- "精度"下拉列表：公差精度的设置，根据要求的公差数值来确定。
- "上偏差[①]"和"下偏差[②]"输入框：上、下偏差的数值由用户输入，AutoCAD 系

---

① 根据国家标准，此处应为上极限偏差，为与软件保持一致，本书仍用上偏差。
② 根据国家标准，此处应为下极限偏差，为与软件保持一致，本书仍用下偏差。

统默认设置上偏差为正值，下偏差为负值，输入的数值自动带正负符号。若再输入正负号，则系统会根据"负负得正"的数学原则来显示数值的符号。

- "高度比例"：用于设置公差文字与基本尺寸文字高度的比值。
- "垂直位置"：用于设置公差与基本尺寸在垂直方向上的相对位置。
- "消零"选项组：设置方法与"主单位"相应项相同。

新建的基本样式，"公差"选项卡按默认设置。

当所有的设置完成后，单击 确定 按钮，退回到"标注样式管理器"对话框。若要以"GB-35"为当前标注格式，可以单击"样式"列表中的"GB-35"，使之亮显，再单击 置为当前(U) 按钮，设置它为当前的格式，单击 关闭 按钮关闭设置。

另外，要想把某一种样式设置为当前标注样式，在"默认"选项卡，使用展开的"注释"面板中的"标注样式"下拉列表选择"GB-35"，将其设置为当前标注样式，如图 7-21 所示。或者在"注释"选项卡，打开"标注"面板中的"标注样式"下拉列表选择"GB-35"，将其设置为当前标注样式，如图 7-22 所示。

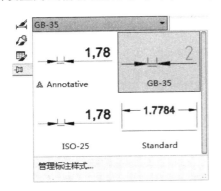

图 7-21　"注释"面板

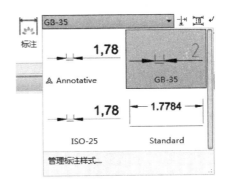

图 7-22　"标注"面板

7.3　标注样式的其他操作

前面讲述了怎样新建一个标注样式和怎样把一个标注样式设置为当前的尺寸标注样式，除此之外，标注样式操作还有修改、删除、替代和比较等。

1．修改标注样式

在"标注样式管理器"对话框中，单击要修改的标注样式名，使其亮显，然后单击 修改(M)... 按钮，就会进入"修改标注样式"对话框，具体修改方法与新建标注样式一样。修改完毕单击 确定 按钮就可以完成样式的修改。

2．删除标注样式

如果要删除一个没有使用的样式，或者对某个样式进行重命名，用户可以在"样式"列表中的样式名上右击，出现如图 7-23 所示的快捷菜单，单击"删除"或"重命名"选项即可。需要注意的是当前样式和已经使用的样式是不能被删除的。

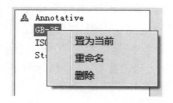

图 7-23　删除尺寸样式

3．替代标注样式

在标注尺寸的过程中会遇到一些特殊格式的标注，例如标注公差，用户不会为每一种公差设置一种标注样式。这时可以利用样式替代功能为这些特殊标注建立一个临时标注样式。临时样式是在当前样式的基础上修改而成的。

建立样式替代时，首先选择样式替代的基础样式，单击 置为当前(U) 按钮把其置为当前，然后单击 替代(O)… 按钮，此时弹出"替代当前样式"对话框，对话框中显示的是当前样式的设置。用户根据需要修改后，单击 确定 按钮，回到"标注样式管理器"对话框，这时在"样式"列表中当前样式下面多了一个名为"样式替代"的临时样式，如图 7-24 所示。这时临时样式已经替代了当前样式，可以利用它来标注尺寸了。

使用临时标注样式后，可以通过改变当前样式的方法删除临时标注样式（也可以在样式上使用右键快捷菜单直接删除）。选中另外一个标注样式，单击 置为当前(U) 按钮，系统会弹出如图 7-25 所示的警告对话框，系统提示当前样式的改变会使样式替代放弃，也就是会删除临时标注样式。单击 确定 按钮。这时"样式"列表中名为"样式替代"的临时样式就会消失。

图 7-24　样式替代

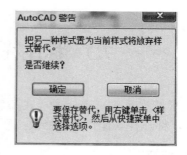

图 7-25　警告对话框

4．比较标注样式

设置标注样式的参数比较多，用户要通过人工方法找到两种标注样式的区别比较困难。AutoCAD 在"标注样式管理器"对话框中设置了样式比较功能，通过这个功能，用户可以对样式的各个参数进行比较，从而了解不同样式的总体特性。

单击 比较(C)… 按钮，进入"比较标注样式"对话框，分别在"比较"和"与"下拉列表中选择参与比较的两个样式，下面的列表框中就会显示出两种尺寸样式对应同一参数的不同数值，如图 7-26 所示。

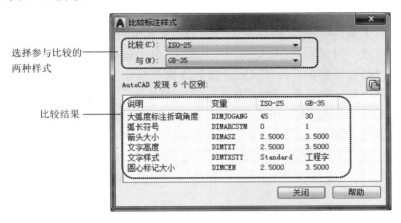

图 7-26　比较标注样式

扫码看视频

7.4　各种具体尺寸的标注方法

　　完成标注样式的设置后，就可以使用各种尺寸标注工具进行尺寸标注了。在标注尺寸前，应先设置好所需使用的标注样式，并将其设置为当前标注样式，方法是在"标注"面板的"标注样式"列表中选择该样式，使其置顶；也可以在展开的"注释"面板中的"标注样式"列表中选择该样式，使其置顶。

　　常用的尺寸标注工具可在"常用"选项卡"注释"面板的"标注工具"列表中选取。"标注工具"列表包括两部分，左侧的尺寸标注工具和右侧的下箭头，单击右侧的下箭头可以在出现的下拉列表中选择合适的尺寸标注工具进行标注。如果左侧的尺寸标注工具就是需要的标注工具，直接单击即可进行当前类型的尺寸标注。也可以使用"注释"选项卡"标注"面板中的"标注工具"及列表选取各种尺寸标注工具进行尺寸标注。还可使用"标注"下拉菜单或者在命令行输入相应命令调用各种标注工具。

　　标注中常用到的方法有：线性尺寸标注、对齐尺寸标注、角度尺寸标注、半径标注、直径标注、引线标注、基线标注、连续标注、坐标尺寸标注等，下面就来具体介绍它们的用法。

　　本书以"标注"面板为例讲述标注工具的使用方法，"标注"面板如图 7-27 所示。

图 7-27　"标注"面板

该面板中常用的工具说明如下：

- 标注工具抽屉□·：单击显示可选择的多种标注方式。
- "标注"工具□：用于在单个命令会话中创建多种类型的标注。
- "标注样式"列表 ISO-25 ▾：单击该列表工具，可在出现的下拉列表中选择已经设置好的标注样式，并将其作为当前标注样式。也可以选中已经完成的标注，在"标注样式"列表中查看其标注样式。
- "快速标注"工具□：使用此工具，可为选定对象快速创建一系列标注。当创建系列基线或连续标注，或者为一系列圆或圆弧创建标注时，此命令特别有用。
- "连续标注"工具□·：使用此工具，可以创建从先前创建的标注的尺寸界线开始标注，此时各标注的尺寸线对齐。单击其后的·，可以选择工具是基线标注还是连续标注。
- "基线标注"工具□·：使用此工具，可以从上一个标注或选定标注的基线处创建线性标注、角度标注或坐标标注，此时所标注的尺寸共用同一基准。单击其后的·，可以选择工具是基线标注还是连续标注。
- "标注样式"按钮□：单击此按钮可弹出"标注样式管理器"对话框，用于创建和管理标注样式。
- "公差"工具□：选择此工具可弹出"形位公差"对话框，用以标注几何公差。

7.4.1　线性尺寸标注

线性尺寸标注，是指标注对象在水平或垂直方向的尺寸。用"GB-35"标注样式标注图 7-28 中的尺寸 8，可用下面的方法。

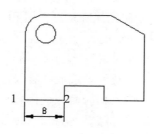

图 7-28　线性尺寸标注

把"GB-35"标注样式置为当前，单击"标注"面板上的"线性标注"按钮□，或使用"标注"→"线性"菜单命令，命令行提示如下：

```
命令: _dimlinear
指定第一个尺寸界线原点或 <选择对象>:    //捕捉 1 点
指定第二条尺寸界线原点:              //捕捉 2 点
指定尺寸线位置或
[多行文字(M)/文字(T)/角度(A)/水平(H)/垂直(V)/旋转(R)]: //移动鼠标指针，单击指定尺寸线的位置
标注文字 = 8                      //系统自动标注尺寸文字
```

　　用户可以直接在"指定第一个尺寸界线原点或 <选择对象>"提示下按 Enter 键选择要标注的对象。

　　在"指定尺寸线位置或[多行文字(M)/文字(T)/角度(A)/水平(H)/垂直(V)/旋转(R)]"提示下直接指定尺寸线位置，系统将测量标注两点之间的水平或竖直距离。其他备选项含义如下：

- 多行文字（M）：在提示后输入 M，可以打开"多行文字编辑器"对话框，在文字框中显示 AutoCAD 自动测量的尺寸数字（反白显示）。用户可以在反白显示的数字前后加上需要的字符，也可以修改反白显示的数字。编辑完毕后关闭文字编辑器即可。
- 文字（T）：以单行文本形式输入尺寸文字内容。其中自动测量尺寸数字可以用"< >"表示，如要在自动测量文字前面加个 A，可以在命令行输入"A< >"。
- 角度（A）：设置尺寸文字的倾斜角度。
- 水平（H）和垂直（V）：用于选择水平或者垂直标注。也可以通过拖动鼠标切换水平和垂直标注。
- 旋转（R）：根据提示输入角度，尺寸线按旋转的角度旋转。

　　在工程图样中进行线性标注时，经常会遇到如图 7-29 所示隐藏尺寸线和尺寸界线的情况，这是标注特殊画法和剖视图的一种常用方法。要标注这样的图形，用前面讲的"GB-35"标注样式是不行的，应该建立一个专门标注这种形式的标注样式——"抑制样式"。

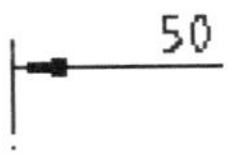

图 7-29　隐藏尺寸线和尺寸界线

　　"抑制样式"是在"GB-35"基础上设置完成的。在"标注样式管理器"对话框中选择"样式"列表中的"GB-35"项，然后单击 新建(N)... 按钮，出现"创建新标注样式"对话框，在"新样式名"文本框中输入样式名"抑制样式"，单击 继续 按钮就可以进入"新建标注样式"对话框，选择"线"选项卡，在"尺寸线"选项组中选择"尺寸线 2"选项，在"尺寸界线"选项组中选择"尺寸界线 2"选项。其他内容不做任何修改，单击 确定 按钮即完成新样式的设置。

7.4.2　对齐尺寸标注

　　对齐尺寸标注可以让尺寸线始终与被标注对象平行，它也可以标注水平或垂直方向的尺寸，完全代替线性尺寸标注，但是，线性尺寸标注不能标注倾斜的尺寸。

　　在"GB-35"样式下标注图 7-30 中的倾斜尺寸。单击"标注"面板上的"对齐标注命令"按钮 （或使用下拉菜单"标注"→"对齐"），命令行提示如下：

命令: _dimaligned
指定第一条尺寸界线原点或 <选择对象>: //直接按 Enter 键，切换到选择标注对象状态

选择标注对象://移动鼠标指针到斜边上，单击选择对象
指定尺寸线位置或
[多行文字(M)/文字(T)/角度(A)]://指定尺寸线的位置，完成斜边的标注
标注文字 =8

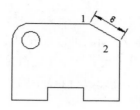

图 7-30   对齐尺寸标注

用户还可以选择 1 点、2 点，在适当空白处单击放置尺寸标注线的位置，这样尺寸线
与 1、2 点连线平行。

7.4.3   半径标注和直径标注

这两种标注方法是用来标注圆或圆弧的半径和直径的。图 7-31 中的半径和直径标注，
可以在"GB-35"样式下进行。

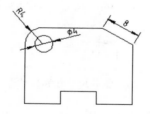

图 7-31   半径、直径尺寸标注

单击"半径标注"按钮，命令行提示如下：

命令: _dimradius
选择圆弧或圆: //拾取倒圆弧
标注文字 =6
指定尺寸线位置或 [多行文字(M)/文字(T)/角度(A)]:   //拖动光标，确定尺寸线位置

单击"直径标注"按钮，命令行提示如下：

命令: _dimdiameter
选择圆弧或圆: //拾取圆
标注文字 =20
指定尺寸线位置或 [多行文字(M)/文字(T)/角度(A)]:   //拖动光标，确定尺寸线位置

在有些情况下，半径或直径的标注不是在圆视图上进行的，而是在非圆视图上进行，
如图 7-32 中的标注形式。

这种情况在零件图的绘制过程中经常遇到，所以应该为这种格式专门建立一个"非圆尺寸样式"。"非圆尺寸样式"中的参数与"GB-35"的参数基本相同，要改动的地方是在"主单位"选项卡"线性标注"选项组的"前缀"文本框中输入直径符号"%%c"。在"非圆尺寸样式"中，用线性标注就可以标注出图 7-32 中的ϕ108。

使用折弯按钮 ⤵ 可以标注折弯半径；使用弧长按钮 ⌒ 可以标注弧长，如图 7-33 所示。

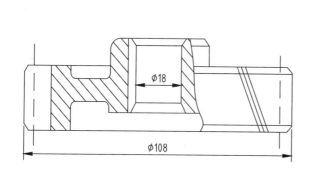

图 7-32 非圆直径尺寸的标注

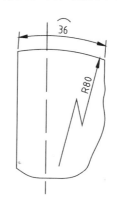

图 7-33 折弯半径标注和弧长标注

扫码看视频

7.4.4 角度尺寸标注

角度尺寸标注，顾名思义是用来标注角度尺寸的。角度尺寸标注的两条直线必须能相交，不能标注平行的直线。国标中规定，在工程图样中标注角度值的文字都是水平放置的，而在"GB-35"样式中的尺寸值都是与尺寸线对齐的，所以，不能直接用"GB-35"进行角度标注，需要建立一个标注角度的样式——"角度样式"。

"角度样式"的建立步骤如下：

[1] 进入"标注样式管理器"对话框，在"样式"列表中选择"GB-35"，然后单击 [新建(N)…] 按钮，出现"创建新标注样式"对话框。

[2] 不需要输入新样式名，在"用于"下拉列表中选取"角度标注"，单击 [继续] 按钮进入"新建样式标注"对话框。

[3] 进入"文字"选项卡，在"文字对齐"选项组中选择"水平"选项。

[4] 单击 [确定] 按钮，回到"标注样式管理器"对话框，这时在"GB-35"下多了"角度"这个子样式，如图 7-34 所示。

注意，这个新建样式与前面讲的新建样式的显示有所不同，这是因为前面的新建样式是用于所有标注的，而刚建的"角度样式"是仅用于角度标注的，所以 AutoCAD 有不同的对待。由于该样式以"GB-35"为基础，因此作为"GB-35"的子样式，当用户进行角度标注时，直接使用"GB-35"即可。因"角度"为子样式，所以在"标注"面板样式列表中不显示。

角度标注命令用于标注圆弧对应的中心角、不平行直线形成的夹角等，如图 7-35 所示。

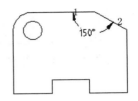

图 7-34 　"GB-35"的子样式　　　　　　　　　图 7-35 　角度标注

设置"GB-35"为当前样式，单击"角度尺寸标注"按钮▲，命令行提示如下：

命令: _dimangular
选择圆弧、圆、直线或 <指定顶点>:　　　　　　　　　　　//选择线 1
选择第二条直线:　　　　　　　　　　　　　　　　　　　//选择线 2
指定标注弧线位置或 [多行文字(M)/文字(T)/角度(A)/象限点(Q)]: //指定尺寸线的位置
标注文字 =150

以上是标注两条直线之间角度的方法，如果要标注圆弧，可以直接在"选择圆弧、圆、直线或 <指定顶点>"提示下选择圆弧。要标注三点间的角度，可以在"选择圆弧、圆、直线或 <指定顶点>"提示下直接按 Enter 键，然后指定角的顶点，再指定其余两点。

7.4.5　连续标注

连续标注为从某一个尺寸界线开始，按顺序标注一系列尺寸，相邻的尺寸共用一条尺寸界线，而且所有的尺寸线都在同一条直线上，如图 7-36 所示。

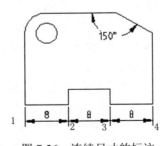

图 7-36 　连续尺寸的标注

连续标注不能单独进行，必须以已经存在的线性、坐标或角度标注作为基准标注，系统默认刚结束的尺寸标注为基准标注并且以该标注的第二条尺寸界线作为连续标注的第一条尺寸界线。若想将另外的标注作为基准标注，在连续标注命令提示"指定第二条尺寸界线原点或 [放弃(U)/选择(S)] <选择>"时直接按 Enter 键，切换到默认选项，命令行提示"选择连续标注"时选择要作为基准标注的尺寸标注即可，并且以该标注靠近拾取点的尺寸界线为连续标注的第一尺寸界线。

在图 7-36 中先用线性标注命令标注 1、2 点之间的尺寸，在"GB-35"样式下执行线性尺寸标注命令，命令行提示如下：

> 命令：_dimlinear
> 指定第一个延伸线原点或 <选择对象>：　　　　　　　　//捕捉 1 点
> 指定第二条延伸线原点：　　　　　　　　　　　　　　//捕捉 2 点
> 指定尺寸线位置或
> [多行文字(M)/文字(T)/角度(A)/水平(H)/垂直(V)/旋转(R)]：　//指定尺寸线位置
> 标注文字 =8

> 单击"连续标注"按钮🔜，命令行提示如下：

> 命令：_dimcontinue
> 指定第二条延伸线原点或 [放弃(U)/选择(S)] <选择>：　　//捕捉 3 点
> 标注文字 =8
> 指定第二条延伸线原点或 [放弃(U)/选择(S)] <选择>：　　//捕捉 4 点
> 标注文字 =8
> 指定第二条延伸线原点或 [放弃(U)/选择(S)] <选择>：　　//按 Enter 键
> 选择连续标注：　　　　　　　　　　　　　　　　　//按 Enter 键结束标注

7.4.6　基线标注

基线标注即以某一尺寸界线为基准位置，按某一方向标注一系列尺寸，所有尺寸共用一条基准尺寸界线。基线标注的方法与步骤与连续标注类似，也应该先标注或选择一个尺寸作为基准标注。图 7-37 所示即为基线标注。

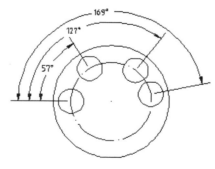

图 7-37　基线标注

7.4.7　快速引线标注

利用快速引线标注命令可以标注一些说明或注释性文字。引线标注（引注）一般由箭头、引线和注释文字构成，如图 7-38 所示。

1. 引注样式设置

启动快速引线标注命令（或命令行输入 QLEADER）后，在"指定第一个引线点或 [设置(S)] <设置>:"提示下直接按 Enter 键，就会打开"引线设置"对话框，如图 7-39 所示。
利用该对话框可以对引注的箭头、注释类型、引线角度等进行设置。

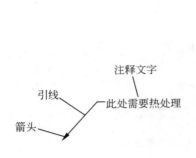

图 7-38　引注　　　　　　　　　　　　　图 7-39　"引线设置"对话框

1)"注释"选项卡

- "注释类型"选项组：常用的是"多行文字"和"公差"选项。"多行文字"选项
  用于加文字注释；"公差"选项可以利用引注命令标注几何公差。
- "多行文字选项"选项组：

提示输入宽度：命令行提示输入文字的宽度。

始终左对齐：设置多行文字左对齐。

文字边框：设置是否为注释文字加边框。

- "重复使用注释"选项组：

无：不重复使用，每次使用引线标注命令时，都手工输入注释文字的内容。

重复使用下一个：重复使用为后续引线创建的下一个注释。

重复使用当前：重复使用当前注释。选择"重复使用下一个"之后重复使用注释时，
AutoCAD 自动选择此选项。

2)"引线和箭头"选项卡

单击 标签，显示"引线和箭头"选项卡，如图 7-40 所示。

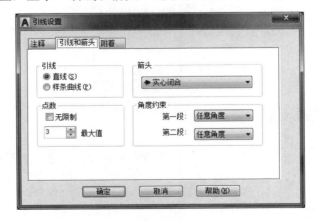

图 7-40　"引线和箭头"选项卡

- "引线"选项组：用于设置引线形式是直线还是样条曲线。
- "点数"选项组：在"最大值"输入框中设置一个引注中引线段数的最大值。如果选中"无限制"复选框，表示对引线段数没有限制。
- "箭头"下拉列表：通过下拉列表选择引注箭头的样式。
- "角度约束"选项组：设置第一段和第二段引线的角度约束，设置角度约束后，引线的倾斜角度只能是角度约束值的整数倍。其中"任意角度"表示没有限制，"水平"表示引线只能水平绘制。

3）"附着"选项卡

单击 附着 标签，显示"附着"选项卡，如图 7-41 所示。

- "多行文字附着"选项组：用户可以使用左边和右边的两组单选按钮，分别设置当注释文字位于引线左边或右边时，文字的对齐位置。
- "最后一行加下画线"复选框：选择时会给最后一行文字加上下画线。

2．标注举例

扫码看视频

根据工程制图习惯，一般把文字标注放在水平引线的上方，如图 7-42 所示。因此，一般设置第二段引线的角度为水平，同时选中"最后一行加下画线"复选框，并且图中没有引线箭头，所以在"箭头"下拉列表中选择"无"。

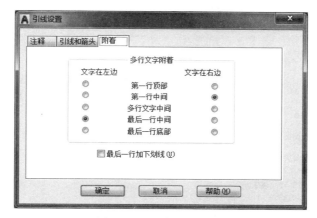

图 7-41　"附着"选项卡

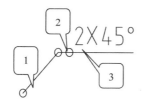 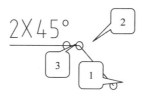

图 7-42　标注

执行快速引线标注命令，命令行提示如下：

命令: _qleader
指定第一个引线点或 [设置(S)] <设置>:　　　　　　　//按 Enter 键根据上述要求设置引线标注样式

指定第一个引线点或 [设置(S)] <设置>:	//指定引线的 1 点
指定下一点:	//指定引线的 2 点
指定下一点:	//指定引线的 3 点
指定文字宽度 <0>:	//按 Enter 键
输入注释文字的第一行 <多行文字(M)>: 2×45%%d	//输入文字注释
输入注释文字的下一行:	//按 Enter 键结束标注

扫码看视频

7.4.8　标注尺寸公差

　　尺寸公差是尺寸误差的允许变动范围，在这个范围内生产出的产品是合格的。尺寸公差取值的恰当与否，直接决定了机件的加工成本和使用性能。工程图样中的零件图或装配图中都必须标注尺寸公差。

　　为了标注带有公差的尺寸，需要先建立"公差样式"。"公差样式"的参数与"GB-35"样式的参数差不多，需要修改的参数在"公差"选项卡中，将"公差格式"选项组"方式"设为"极限偏差"；"精度"设为 0.000，精度值应根据不同机件的具体要求而调定；"上偏差值"设置为 0.029；"下偏差值"设置为 0.018；"高度比例"设为 0.6；"垂直位置"设置为"中"，如图 7-43 所示。

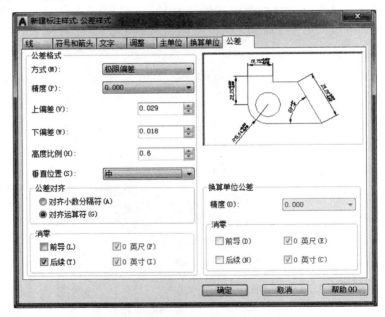

图 7-43　"公差样式"设置

　　标注图 7-44 中带公差的尺寸。首先把"公差样式"设为当前样式，然后执行线性尺寸标注命令，命令行提示如下：

命令: _dimlinear
指定第一个延伸线原点或 <选择对象>:　　　　　　　　//确定第一点
指定第二条延伸线原点:　　　　　　　　　　　　　　//确定第二点

指定尺寸线位置或

[多行文字(M)/文字(T)/角度(A)/水平(H)/垂直(V)/旋转(R)]:　　//确定尺寸线的位置

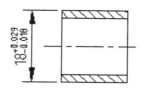

图 7-44　公差标注

　　利用上面建立的"公差样式"标注的尺寸的公差值是一样的。用户一般不会为每一种公差建立公差样式，比较方便的方法，是在"公差样式"的基础上进行样式替代，建立一种临时标注样式，标注不同公差值的尺寸。

　　如果在图 7-44 中还要标注一个尺寸，它的公差值与前面设置的公差值不同，则在标注之前首先通过样式替代，建立临时标注样式。

　　样式替代的步骤如下：

　　[1]　打开"标注样式管理器"对话框，在"样式"列表中选择"公差样式"，再单击 替代(O) 按钮。

　　[2]　进入"替代当前样式：公差样式"对话框，打开"公差"选项卡进行修改。

　　[3]　修改完毕后单击 确定 按钮，回到"标注样式管理器"对话框，在"公差样式"下多了一个"样式替代"子样式，单击 关闭 按钮退出，样式替代设置完成，进行标注即可。在标注不同公差值时，每次都要进入"标注样式管理器"对话框进行样式替代。

　　提示：可以使用"特性"选项板修改尺寸数字的数值。

7.4.9　几何公差

　　零件加工后，不仅存在尺寸的误差，而且会产生几何形状的误差，以及某些要素的相互位置误差。在机器中某些要求较高的零件，不仅需要保证尺寸公差的要求，而且还要保证几何公差的要求，这样才能满足零件的使用要求和装配互换性。

　　国家标准规定用代号来标注几何公差。几何公差代号包括几何公差各项目的符号、公差框格及指引线、公差数值以及基准代号和其他有关符号等，如表 7-1 所示。

表 7-1　几何特征符号

公差类型	几何特征	符号	基准	公差类型	几何特征	符号	基准
形状公差	直线度	—	无	方向公差	垂直度	⊥	有
	平面度	▱	无		倾斜度	∠	有
	圆度	○	无	位置公差	位置度	⊕	有或无
	圆柱度	⌭	无		同心（同轴）度	◎	有
	线轮廓度	⌒	无		对称度	=	有
	面轮廓度	⌓	无	跳动公差	圆跳动	↗	有
方向公差	平行度	//	有		全跳动	↗↗	有

AutoCAD 提供了一个单独的几何公差的命令按钮 ⊞﹣，但在标注几何公差时要有引出线，所以，AutoCAD 在引线标注命令中设有"公差"选项。可以直接通过引线标注命令标注几何公差，标注几何公差要求引线为垂直或水平。

【例 7-1】 用引线标注命令标注如图 7-45 所示的几何公差。

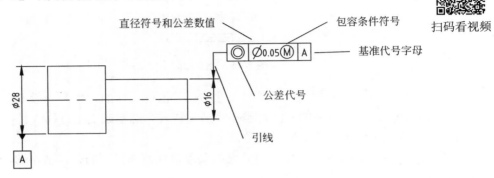

扫码看视频

图 7-45　几何公差的标注

标注步骤如下：

[1] 执行快速引线标注命令，命令行提示如下：

命令: _qleader
指定第一个引线点或 [设置(S)] <设置>:   //按 Enter 键，弹出"引线设置"对话框，在"注释"选
                              //项卡的"注释类型"选项组中选择"公差"单选按钮，如图 7-46 所示

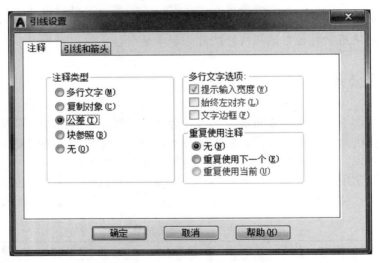

图 7-46　"引线设置"对话框

[2] "引线和箭头"选项卡的设置如图 7-47 所示。

[3] 单击 确定 按钮返回绘图状态，在命令行提示下继续进行标注。

指定第一个引线点或 [设置(S)] <设置>:   //确定引线第一点
指定下一点: //确定引线第二点
指定下一点: //确定引线终点，弹出"形位公差"对话框，设置如图 7-48 所示

图 7-47　"引线和箭头"选项卡

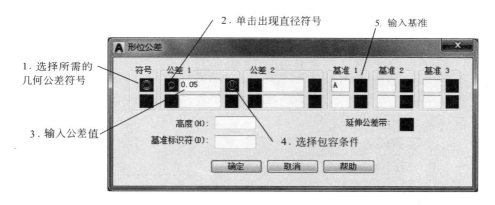

图 7-48　"形位公差"对话框

[4]　单击对话框的 ▭确定▭ 按钮完成标注。

　　AutoCAD 中没有提供基准符号，用户可以自己绘制出来（参见第 9 章）。若单独执行标注几何公差命令，对话框与上面讲到的一样，只是公差设置完成后，单击▭确定▭按钮关闭对话框后要求输入公差位置。

7.4.10　快速标注

　　AutoCAD 将常用标注综合成了一个方便的快速标注命令按钮 ▭，执行该命令时，不再需要确定尺寸界线的起点和终点，只需选择需要标注的对象，如直线、圆、圆弧等，就可以快速标注这些对象的尺寸。

7.4.11　多重引线

　　使用多重引线同样可以实现引线标注的功能，只是需要首先设置多重引线样式。

1. 标注倒角

[1] 在"引线"面板上单击"重引线样式管理器"按钮，或"注释"面板上的 按钮，出现"多重引线样式管理器"对话框，如图 7-49 所示。

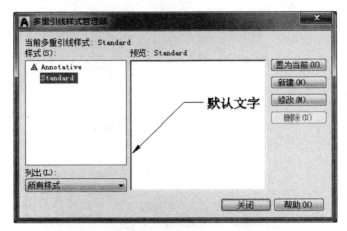

图 7-49 "多重引线样式管理器"对话框

[2] 单击 新建(N)... 按钮，出现"创建新多重引线样式"对话框，输入新样式名"倒角样式"，单击 继续(O) 按钮出现"修改多重引线样式"对话框，如图 7-50 所示。修改箭头符号为"无"。

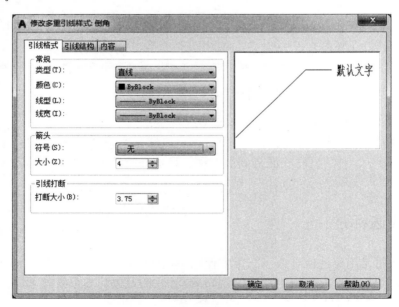

图 7-50 "修改多重引线样式"对话框

[3] 打开"引线结构"选项卡，按图 7-51 所示进行设置。

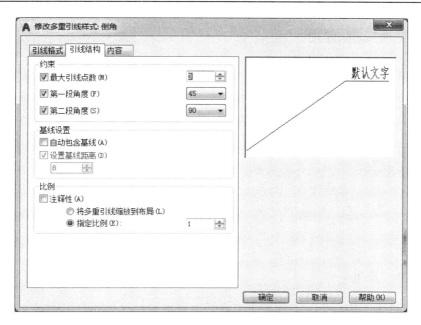

图 7-51 "引线结构"选项卡

[4] 单击"内容"选项卡，按图 7-52 所示进行设置。

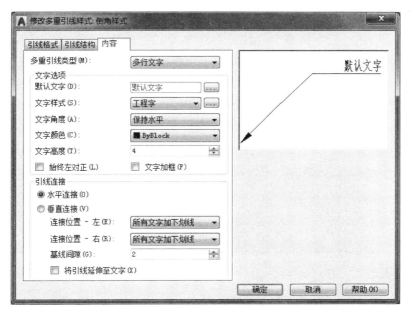

图 7-52 "内容"选项卡

[5] 单击 确定 按钮，完成样式设置。选择"倒角"样式，然后单击 置为当前(U) 按钮，把"倒角"样式设为当前样式。

可以使用"默认"选项卡"注释"面板上的多重引线样式列表，如图 7-53 所示，或"注释"选项卡"引线"面板上的多重引线样式列表，如图 7-54 所示，选择要置为当前的样式。

图 7-53 "注释"面板

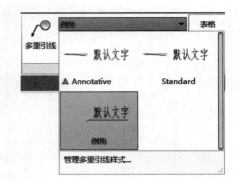

图 7-54 "引线"面板

[6] 单击"注释"面板或"引线"面板上的"多重引线"按钮，即可标注倒角。

2. 标注零件序号

[1] 在"引线"面板上单击"多重引线样式管理器"按钮 ■ 或"注释"面板上的 按钮，出现"多重引线样式管理器"对话框。

扫码看视频

[2] 单击 新建(N)... 按钮，出现"创建新多重引线样式"对话框，输入新样式名"零件序号样式"，单击 继续(O) 按钮出现"修改多重引线样式"对话框，如图 7-55 所示。修改箭头符号为"点"。

[3] 打开"引线结构"选项卡，按图 7-56 所示进行设置。

图 7-55 "修改多重引线样式"对话框   图 7-56 "引线结构"选项卡

[4] 打开"内容"选项卡，按图 7-57 所示进行设置。

[5] 单击 确定 按钮，完成样式设置。选择"零件序号样式"，然后单击 置为当前(U) 按钮，把"零件序号样式"设为当前样式。

[6] 单击"注释"面板或"引线"面板上的"多重引线"按钮，即可标注装配图中的零件序号。

命令:_mleader
指定引线箭头的位置或 [引线基线优先(L)/内容优先(C)/选项(O)] <选项>:

指定引线基线的位置:　　　　　　　　　//指定引线位置

输入属性值

输入标记编号 <TAGNUMBER>: 2　　　　//输入编号，按 Enter 键后编号标注如图 7-58 所示

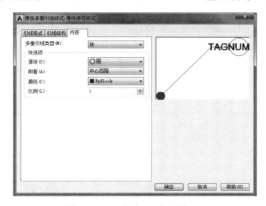

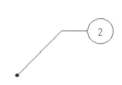

图 7-57　"内容"选项卡　　　　　　　　　图 7-58　编号标注

3.　标注对齐与合并

扫码看视频

使用"对齐"命令按钮 可以对齐标注，如图 7-59 所示；使用"合并"命令按钮 可以合并标注，如图 7-60 所示。

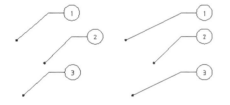

图 7-59　标注对齐

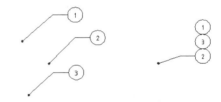

图 7-60　标注合并

7.5　尺寸标注的编辑和修改

尺寸标注之后，如果要改变尺寸线的位置、尺寸数字的大小等，就需要使用尺寸编辑命令。尺寸编辑包括样式的修改和单个尺寸对象的修改。通过修改尺寸样式，可以修改全部应用该样式标注的尺寸。还可以用一种样式更新为另外一种样式标注的尺寸，即标注更新。

提示：　"特性"选项板也是一种编辑标注的重要手段。

7.5.1　标注更新

要修改用某一种样式标注的所有尺寸，在"标注样式管理器"对话框中修改这个标注

样式即可，此时用这个标注样式标注的尺寸可以统一得到修改。

如果要使用当前样式更新所选尺寸，就要用到标注更新命令。图 7-61 所示为将尺寸标注样式改为"GB-35"后的效果。

图 7-61　标注更新

首先选择"GB-35"为当前标注样式，然后在"标注"面板上单击"更新"命令按钮，命令行提示如下：

命令: _-dimstyle
当前标注样式:GB-35 注释性: 否   //当前标注样式是"GB-35"
输入标注样式选项
[注释性(AN)/保存(S)/恢复(R)/状态(ST)/变量(V)/应用(A)/?] <恢复>: _apply
选择对象: //选择尺寸对象（可以选择多个对象同时更新）
选择对象: //按 Enter 键结束命令

7.5.2　其他标注编辑工具

- "检验"工具：选择此工具，弹出"检验标注"对话框，可让用户在选定的标注中添加或删除检验标注。
- "折弯标注"工具：使用此工具，可在线性标注或对齐标注中添加或删除折弯线。
- "打断"工具：使用此工具，可以在标注和尺寸界线与其他对象的相交处打断或恢复标注和尺寸界线。
- "调整间距"工具：使用此工具，可以调整线性标注或角度标注之间的间距。间距仅适用于平行的线性标注或共用一个顶点的角度标注。间距的大小可根据提示设置。
- "重新关联"工具：使用此工具，可将选定的标注关联或重新关联至某个对象或该对象上的点。
- "倾斜"工具：使用此工具，可以编辑标注文字和尺寸界线。
- "文字角度"工具：使用此工具，可以移动和旋转标注文字并重新定位尺寸线。
- "左对正"工具：使用此工具，可以使标注文字与左侧尺寸界线对齐。
- "居中对正"工具：使用此工具，可以使标注文字标注于尺寸线中间位置。
- "右对正"工具：使用此工具，可以使标注文字与右侧尺寸界线对齐。
- "替代工具"：使用此工具，可以控制选定标注中使用的系统变量的替代值。

7.5.3　尺寸关联

执行"工具"→"选项"菜单命令，弹出"选项"对话框，打开"用户系统设置"选项卡，在"关联标注"选项组中选择"使新标注可关联"，标注的尺寸就会与标注的对象尺寸关联。系统默认为尺寸关联。当与其关联的几何对象被修改时，关联标注将自动调整其位置、方向和测量值。布局中的标注可以与模型空间中的对象相关联。

利用这个特点,在修改标注对象后不必重新标注尺寸,非常方便。例如图 7-62 中移动矩形的右上角后点尺寸标注随之变化;在图 7-63 中移动圆的位置,圆心与矩形右上角点的水平尺寸也随之更新。

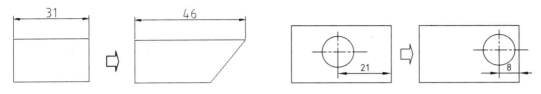

图 7-62　夹点编辑尺寸更新　　　　　　　　图 7-63　移动编辑尺寸更新

7.6　思考与练习

1．概念题

（1）常用的尺寸样式有哪几种?该怎样设置?

（2）怎样标注公差?

（3）怎样标注形位公差?

（4）怎样设置前后缀?

（5）怎样对已有的尺寸标注进行编辑?

（6）怎样理解和使用尺寸关联?

2．操作题

灵活使用前面学习的绘图和编辑方法绘制下列图样,并标注尺寸(见图 7-64～图 7-67)。

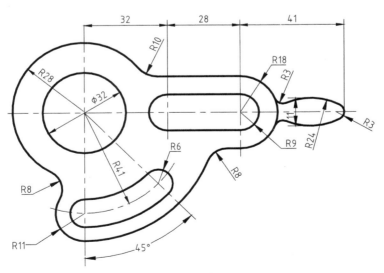

图 7-64　习题图

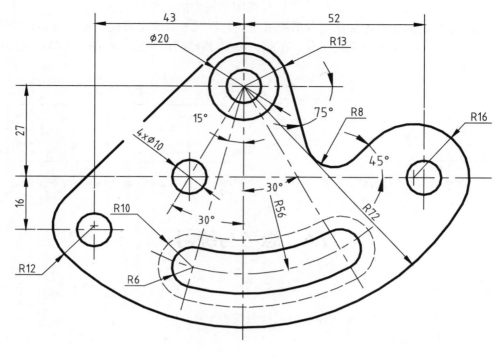

图 7-65　习题图

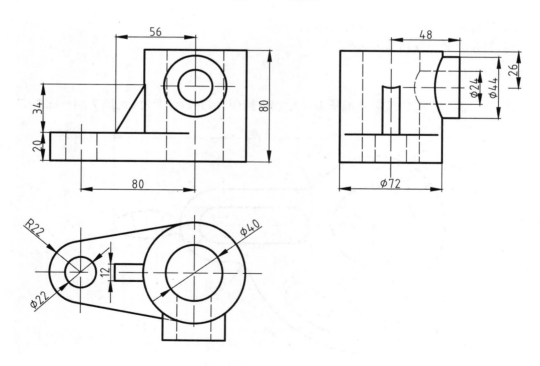

图 7-66　习题图

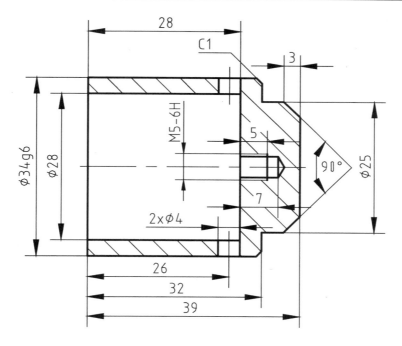

图 7-67　习题图

第 8 章　图块与外部参照

本章重点

- 定义块
- 定义属性块
- 块的编辑
- 动态块
- 使用外部参照
- 外部参照管理
- 光栅图像
- 参考底图
- 点云参照
- OLE 对象

8.1　在图形中使用块

使用"复制"或"阵列"工具可以完成对相同对象的多重复制。但如果需要将复制出的图像沿 X、Y 轴进行不同比例的缩放，或者把复制的对象旋转一定的角度，则除了使用"复制"或"阵列"工具外，还需要使用"比例缩放"和"旋转"命令进行二次处理。这样不仅操作烦琐，而且图形所占空间也会大大增加。

为了解决上述问题，AutoCAD 引入了"块"的概念。块作为一个图形对象是一组图形或文本的总和。在块中，每个图形要素有其独立的图层、线型和颜色特征，但系统把块中所有要素实体作为一个整体进行处理。将创建好的"块"以不同的比例因子和旋转角度插入到图形中，AutoCAD 系统只记录定义"块"时的初始图形数据，对于插入图形中的"块"，系统只记录插入点、比例因子和旋转角度等数据。因此"块"的内容越复杂、插入的次数越多，与普通绘制方法相比越节省储存空间。"块"在工程图样绘制中使用非常普遍，如基准符号、表面结构符号、标题栏、明细表等都可以制作成图块，以方便用户调用。实际上，块类似于图库的作用。

掌握块的存储和使用等操作可以帮助用户更好地理解 AutoCAD 引入"块"这一概念的意义。在使用块之前，用户必须定义需要的块，块的相关数据储存在块定义表中，然后通过执行块的插入命令，将块插入到图形的需要位置。块的每次插入都称为块参照，它不仅仅是从块定义复制到绘图区域，更重要的是，它建立了块参照与块定义间的链接。因此，如果修改了块定义，所有的块参照也将自动更新。同时，AutoCAD 默认将插入的块参照作为一个整体对象进行处理。

块主要有以下功能:

- 提高绘图速度。用 AutoCAD 绘制机械图样时，经常遇到一些重复出现的图样，如表面结构符号、基准符号、标准件等。如果把经常使用的图形组合制作为块，绘制它们时可以用插入块的方式实现。
- 节省存储空间。AutoCAD 需要保存图中每一个对象的相关信息，如对象的类型、位置、图层、线型、颜色等，这些信息要占用存储空间。比如一个表面结构符号，它是由直线和数字等多个对象构成，保存它要占用存储空间。如果一张图上有较多的表面结构符号，就会占据较大的存储空间。如果把表面结构符号定义为块，绘图时把它插到图中各个相应位置，这样既满足绘图要求，又可以节约存储空间。
- 便于修改。如果图中用块绘制的图样有错误，可以按照正确的方法再次定义块，图中插入的所有块均会自动修改。
- 加入属性。像表面结构符号一样，每一个表面结构符号可能有不同参数值，将不同参数值的表面结构符号分别制作为块是很不方便的，也是不必要的。AutoCAD 允许用户为块创建某些文字属性，这个属性是一个变量，用户可以根据需要输入内容，这就大大丰富了块的内涵，使块更加实用。
- 交流方便。用户可以把常用的块保存起来，与别的用户交流使用。

块和属性的操作都可使用工具面板完成，可以在如图 8-1 所示的"默认"选项卡的"块"面板中选择合适工具，也可以单击"插入"选项卡，如图 8-2 所示，在其中的"块"面板和"块定义"面板中选择相应工具。

图 8-1　"块"面板

图 8-2　"插入"选项卡的部分面板

8.2　创　建　块

使用块之前，首先要创建块。AutoCAD 提供的块有 2 种类型。

（1）内部块：使用 BLOCK 命令通过"块定义"对话框创建，这种方式将块储存在当前图形文件中，只能在本图形文件调用或使用设计中心共享。

（2）外部块：使用 WBLOCK 命令通过"写块"对话框创建，这种方式将块保存为一个图形文件，在所有的 AutoCAD 图形文件中均可调用。

8.2.1 创建内部块

创建内部块需要打开"块定义"对话框，在其中完成设置。打开"块定义"对话框进行块定义的方法有以下 3 种：

（1）选择"绘图"→"块"→"创建"菜单命令。

（2）选择"默认"选项卡→"块"面板→"创建"工具，或者选择"插入"选项卡→"块定义"面板→"创建"按钮。

（3）在命令行"命令："提示状态下输入 BLOCK 或 B，按空格键或 Enter 键确认。

进行上述操作后，弹出如图 8-3 所示的"块定义"对话框。通过该对话框可以定义块的名称、基点、所包含的对象等。对话框中各选项的含义如下。

图 8-3 "块定义"对话框

1."名称"输入框

在"名称"输入框中输入欲创建的块名称，或者在列表中选择已创建的块名称对其进行重定义。

2."基点"选项组

该选项组用来指定基点的位置。基点是指插入块时，在图块中光标附着的位置。AutoCAD 提供了以下 3 种指定基点的方法。

（1）单击"拾取点"按钮，对话框临时消失，用光标在绘图区拾取要定义为块基点的点，此方法为最常用的指定块基点的方法。

（2）在"X""Y"和"Z"输入框中分别输入坐标值确定插入基点，其中 Z 坐标通常设为 0。

（3）如果选择"基点"选项组的"在屏幕上指定"复选框，则其下指定基点的两种方式变为不可用，此时可在单击 确定 按钮后根据命令行提示在绘图区指定块基点。

提示：原则上，块基点可以定义在任何位置，但该点是插入图块时的定位点，所以在拾取基点时，应选择一个在插入图块时能把图块的位置准确定位的特殊点。

3."对象"选项组

该选项组用来选择组成块的图形对象并定义其属性。AutoCAD 提供了以下 3 种选择对象的方法：

（1）单击"选择对象"按钮 ，对话框临时消失，在绘图区选择要定义为块的图形对象即可。选择完后，按空格键或 Enter 键返回"块定义"对话框，此方法是最常使用的选择对象的方法。

（2）单击"快速选择"按钮 ，出现"快速选择"对话框，可根据条件选择对象。

（3）如果选中"对象"选项组的"在屏幕上指定"复选框，则其下"选择对象"按钮 变为不可用，可在单击 确定 按钮后根据命令行提示在绘图区选择对象。

选项组下方的 3 个单选按钮的含义为：

- 保留：创建块以后，所选对象依然保留在图形中。
- 转换为块：创建块以后，所选对象转换成块参照，同时保留在图形中。一般选择此项。
- 删除：创建块以后，所选对象从图形中删除。

4."方式"选项组

该选项组用于设置块的属性。选中"注释性"复选框，将块设为注释性对象（参见 10.7 节），可自动根据注释比例调整插入的块参照的大小；选中"按统一比例缩放"复项框，可以设置块对象按统一的比例进行缩放；选中"允许分解"复选框，将块对象设置为允许被分解的模式。一般按照默认选择。

5."设置"选项组

该选项组指定从 AutoCAD 设计中心拖动块时，用于缩放块的单位。例如，这里设置拖放单位为"毫米"，若被拖放到该图形中的图形单位为"米"（在"图形单位"对话框中设置），则图块将缩小 1000 倍被拖放到该图形中。通常选择"毫米"选项。

6."说明"编辑框

可以在该编辑框填写与块相关的说明文字。

扫码看视频

【例 8-1】 创建内部块实例。

按照图 8-4 所示的 3 个图形尺寸创建 3 个表面结构要求符号图块，名称分别为"基本符号""去除材料符号"和"不去除材料符号"。

[1] 按照图 8-4 所示尺寸绘制图 8-5 所示图形。

[2] 选择"修改"面板的"复制"工具 ，将图形复制出两份，如图 8-6 所示。

图 8-4　表面结构符号

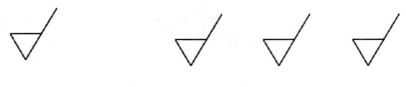

图 8-5　绘制图形　　　　　　　　　　　　　　图 8-6　复制图形

[3]　选择"绘图"面板的"相切，相切，相切"工具 ，在第 3 个图形中绘制内切圆，如图 8-7 所示。

[4]　选择"修改"面板的"删除"工具 ，删除第一个和第三个图形中的多余图线，如图 8-8 所示。

图 8-7　绘制内切圆　　　　　　　　　　　　　图 8-8　删除多余图线

[5]　选择"块"面板的"创建"工具 ，弹出"块定义"对话框，在"名称"组合框输入"基本符号"，如图 8-9 所示。

图 8-9　"块定义"对话框

[6]　单击"拾取点"按钮 ，对话框临时消失，用光标在绘图区拾取 1 点作为块的基

点，如图 8-10 所示，此时回到"块定义"对话框。

[7]　单击"选择对象"按钮 ，对话框临时消失，用光标在绘图区拾取第一个图形作为图块对象，按 Enter 键确定选择。

[8]　单击 确定 按钮，完成第一个图块并关闭"块定义"对话框。

[9]　按照步骤[5]～[8]的方法，创建其他两个图块，基点分别选择 2 点和 3 点，如图 8-11 所示。

图 8-10　指定基点　　　　　　　　　图 8-11　另外图块的基点

8.2.2　创建外部块

使用 WBLOCK 命令可以创建外部块，其实质是建立了一个单独的图形文件，保存在磁盘中，任何 AutoCAD 图形文件都可以调用。

在命令行"命令:"状态下输入 WBLOCK 或者 W，按空格键或 Enter 键可以打开如图 8-12 所示的"写块"对话框，在其中定义块的各个参数。

图 8-12　"写块"对话框

"写块"对话框中常用功能选项的说明如下。

1."源"选项组

该选项组用来指定需要保存到磁盘中的块或块的组成对象。选项组有 3 个单选项，含义分别为：

- 块：如果将已定义过的块保存为图形文件，选中该单选按钮，"块"下拉列表可用，从中可选择已定义的块。
- 整个图形：绘图区域的所有图形都将作为块保存起来。
- 对象：用户可以选择对象来定义成外部块。

2. "目标"选项组

使用"文件名和路径"组合框可以指定外部块的保存路径和名称。可以使用系统自动给出的保存路径和文件名，也可以单击其后的▣按钮，在弹出的"浏览图形文件"对话框中指定文件名和保存路径。

"基点"选项组和"对象"选项组各选项的含义与"块定义"对话框中的完全相同。

8.2.3　插入块

插入块的操作利用"插入"对话框实现，调用"插入"对话框的方法有以下 3 种：

（1）选择"插入"→"块"菜单命令。

（2）选择"默认"选项卡→"块"面板→"插入"工具，或者选择"插入"选项卡→"块"面板→"插入"工具，选择"更多选项"。

（3）在命令行"命令："提示状态下输入 INSERT 或 I，按空格键或 Enter 键确认。

进行上述操作后，弹出如图 8-13 所示的"插入"对话框。对话框中各选项的说明如下。

图 8-13　"插入"对话框

1. "名称"组合框

该组合框用来指定需要插入的块。可在"名称"下拉列表中选择内部的块；也可以单击其后的 浏览(B)... 按钮通过指定路径选择图形文件。如果选择图形文件，在"路径"标签后将显示其路径。

提示：利用"插入"对话框可以插入外部文件，插入的基点是原点（如果没有指定基点），用户可以在外部文件中利用 BASE 命令设置基点，然后保存文件。这样可以改变插入外部文件的基点。

2. "插入点" 选项组

该选项组用于指定块参照在图形中的插入位置。有 2 种方式可供选用。

（1）选中"在屏幕上指定"复选框，单击 确定 按钮后根据提示在绘图区使用鼠标拾取插入点，这是最常用的指定插入点的方法。

（2）不选中"在屏幕上指定"复选框，此时"X""Y""Z"输入框可用，在输入框中直接输入插入点的坐标即可。

3. "比例" 选项组

该选项组用于指定块参照在图形中的缩放比例。有 2 种方式可供选用。

（1）选中"在屏幕上指定"复选框，单击 确定 按钮后根据提示用鼠标在屏幕上指定比例因子，或者在命令行输入比例因子。

（2）不选中"在屏幕上指定"复选框，此时"X""Y""Z"输入框可用。在相应输入框中输入 3 个方向的比例因子用于定义缩放比例。当 3 个方向的缩放比例相同时，选中"统一比例"复选框，此时仅"X"编辑框可用，可在其中定义缩放比例。这是常用的定义方式，一般情况下，缩放比例为 1。

4. "旋转" 选项组

该选项组用于指定插入块时生成的块参照的旋转角度，有 2 种方式可供选用。

（1）选中"在屏幕上指定"复选框，单击 确定 按钮后用鼠标在屏幕上指定旋转角度，或者通过命令行输入旋转角度。这是最常用的方法。

（2）不选中"在屏幕上指定"复选框，在"角度"输入框直接输入旋转角度值。

如果选中"分解"复选框，插入的图块将分解为若干图元，不再是一个整体。

【例 8-2】 插入内部块实例。

标注给定图形的表面结构符号，如图 8-14 所示。

[1] 绘制如图 8-15 所示的图形。

扫码看视频

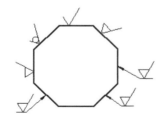

图 8-14 表面结构符号　　　　　图 8-15 原图形

[2] 标注倾斜符号，选择"块"面板的"插入"工具，弹出"插入"对话框，设置其中各选项如图 8-16 所示。

[3] 单击 确定 按钮，按提示操作如下：

指定插入点或 [基点(B)/比例(S)/旋转(R)]: //指定 1 点作为插入点，如图 8-17 所示
指定旋转角度 <0>: //指定 2 点确定旋转角度，如图 8-17 所示，完成图形如
//图 8-18 所示

图 8-16　"插入"对话框

[4]　选择"块"面板的"插入"工具 ，弹出"插入"对话框，在"名称"组合框中选择"不去除材料符号"，其余选项不变。

[5]　单击 确定 按钮，按提示操作如下：

指定插入点或 [基点(B)/比例(S)/旋转(R)]：　//指定 3 点作为插入点，如图 8-18 所示
指定旋转角度 <0>：　　　　　　　　　　//指定 4 点确定旋转角度如图 8-18 所示，完成图形如图
　　　　　　　　　　　　　　　　　　//8-19 所示

[6]　完成其余倾斜符号的标注，如图 8-19 所示。

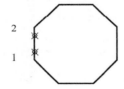
　　　　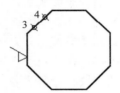
　　　　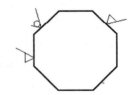

图 8-17　指定点　　　　　图 8-18　完成标注　　　　　图 8-19　完成标注

[7]　标注水平符号，选择"块"面板的"插入"工具 ，弹出"插入"对话框，设置其中各选项如图 8-20 所示。

图 8-20　设置"插入"对话框

[8]　单击 确定 按钮，按提示操作如下：

指定插入点或 [基点(B)/比例(S)/X/Y/Z/旋转(R)]：//在绘图区选择 5 点，如图 8-21 所示，最终完成的
　　　　　　　　　　　　　　　　　　　　　//标注如图 8-22 所示。

提示：对于不需要旋转的块，可直接指定其旋转角度为 0。

[9]　标注带引线的符号，选择"注释"面板的"引线"工具 ，绘制引线，如图 8-23 所示。

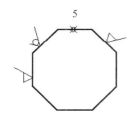
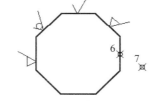
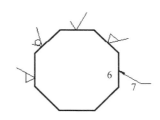

　　图 8-21　指定点　　　　　　图 8-22　指定引线点　　　　　　图 8-23　完成引线

[10] 绘制其他引线，如图 8-24 所示。

[11] 标注其他表面结构符号，如图 8-25 所示。

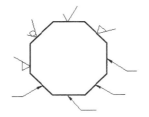
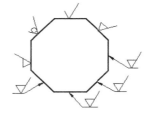

　　　图 8-24　绘制引线　　　　　　　　　图 8-25　绘制符号

8.3　带属性的块

　　工程图中有许多带有不同文字的相同图形，文字相对于图形的位置固定。这些在图块中可以变化的文字称为属性。创建图块前，首先创建属性，然后包含属性创建块。插入有属性的图块时，用户可以根据具体情况，通过属性来为图块设置不同的文本信息。对那些经常用到的带可变文字的图形而言，利用带属性的块尤为重要，如表面结构、基准等。

8.3.1　定义属性

　　属性是与块相关联的文字信息。属性定义包括属性文字的特性及插入块时系统的提示信息。属性的定义通过"属性定义"对话框实现，打开该对话框的方法有以下 3 种：

　　（1）选择"绘图"→"块"→"定义属性"菜单命令。

　　（2）选择"默认"选项卡→"块"面板→"定义属性"工具 ，或者选择"插入"选项卡→"属性"面板→"定义属性"工具 。

（3）在命令行"命令："提示状态下输入 ATTDEF 或 ATT，按空格键或 Enter 键确认。

进行上述操作后，打开如图 8-26 所示的"属性定义"对话框。"属性定义"对话框包含 4 个选项组和 2 个复选框，各项说明如下。

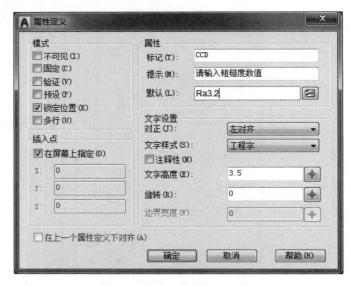

图 8-26 "属性定义"对话框

1."模式"选项组

该选项组用来设置与块相关联的属性值选项，有 6 个复选框，各选项含义如下：

- 不可见：插入块时不显示、不打印属性值。
- 固定：插入块时属性值是一个固定值，将无法修改其值。
- 验证：插入块时提示验证属性值的正确与否。
- 预设：插入块时不提示输入属性值，系统会把"属性"选项组的"默认"编辑框中的值作为默认值。
- 锁定位置：用于固定插入块的坐标位置。
- 多行：使用多段文字作为块的属性值。

通常不选中这些选项。

2."属性"选项组

该选项组用来设置属性的标记、提示及默认值，有 3 个输入框和 1 个按钮。

- 标记：输入汉字、字母或数字，用于标识属性，在未创建块之前显示该标记。此项必填，不能空缺，否则会出现错误提示。
- 提示：输入汉字、字母或数字，用来作为插入块时命令行的提示信息。
- 默认：输入汉字、字母或数字，用来作为插入块时属性的默认值。
- 按钮：单击此按钮，显示"字段"对话框，用于插入一个字段作为属性的全部或部分值。

3. "插入点"选项组

该选项组用来指定插入点的位置。使用下面 2 种方法可以指定插入点：

- 选中"在屏幕上指定"复选框，单击 确定 按钮后根据提示在绘图区指定插入点，确定插入的位置。通常选中该复选框。
- 不选中"在屏幕上指定"复选框，此时"X""Y""Z"输入框可用，在对应输入框中输入插入点的坐标以确定插入点。

4. "文字设置"选项组

该选项组用来设置文字的对正方式、文字样式、高度和旋转角度等属性，各项含义如下：

- "对正"下拉列表：用以选择属性文字相对于插入点的对正方式。
- "文字样式"下拉列表：用以选择已经设置的文字样式。
- "文字高度"输入框：用以输入文字高度。
- "旋转"输入框：用以输入旋转角度。
- "注释性"复选框：通过选中/不选中此选项，控制是否将属性作为注释性对象，以控制其是否根据注释比例自动调整大小。

8.3.2　定义属性块实例

定义属性块时，首先创建图形及属性文字，然后包含图形和文字创建图块。下面通过实例讲解。

扫码看视频

【例 8-3】　创建属性块实例。

创建如图 8-27 所示的块参照尺寸，定义名为"基准""去除材料表面结构"和"不去除材料表面结构"的属性块。

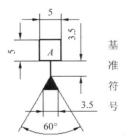
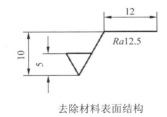
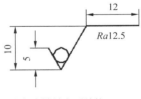

图 8-27　各符号尺寸

1）创建"基准"块

[1]　使用绘图工具，按照图 8-27 所示尺寸，绘制图形，如图 8-28 所示。

[2]　在"默认"选项卡的"块"面板中选择"定义属性"工具，弹出"属性定义"

对话框，修改各选项值，如图 8-29 所示。

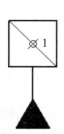

图 8-28　绘制基准图形

图 8-29　定义属性

[3]　单击"属性定义"对话框中的 确定 按钮，命令行提示"指定起点"后，在绘图区选择正方形对角线的中点 1 作为插入点，完成属性定义，删除作为辅助线的正方形对角线，如图 8-30 所示。

[4]　选择"块"面板中的"创建"工具 ，弹出"块定义"对话框，设置对话框各选项如图 8-31 所示。

[5]　单击"拾取点"按钮 ，对话框临时消失，用光标在绘图区拾取黑色三角形底边中点 2 作为块基点，如图 8-32 所示，拾取操作完成后系统返回到"块定义"对话框。

图 8-30　属性定义

图 8-31　设置"块定义"对话框

[6]　单击"选择对象"按钮 ，对话框临时消失，用光标在绘图区拾取包含属性文字的图形作为块包含的对象，结束选择后自动回到"块定义"对话框。

[7]　单击 确定 按钮，完成"基准"图块并关闭"块定义"对话框，出现"编辑属性"对话框，直接单击 确定 按钮，图块如图 8-33 所示。

图 8-32　指定基点　　　　　　　　图 8-33　完成块定义

2）创建"去除材料表面结构"块

[1]　使用绘图工具，按照图 8-27 所示尺寸，绘制图形如图 8-34 所示。

[2]　在"默认"选项卡的"块"面板选择"定义属性"工具 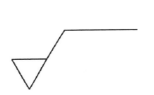，弹出"属性定义"对话框，修改各选项如图 8-35 所示。

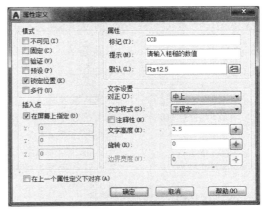

图 8-34　绘制图形　　　　　　　　　　图 8-35　属性定义

[3]　单击"属性定义"对话框中的 ┃确定┃ 按钮，命令行提示"指定起点"时，在绘图区选择水平长线中点 3 作为插入点，完成属性定义，图形如图 8-36 所示。

[4]　创建名为"去除材料表面结构"的属性块，其中基点选择如图 8-36 所示的 4 点，完成后的块如图 8-37 所示。

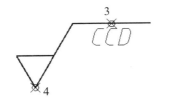

图 8-36　完成属性定义　　　　　　　图 8-37　完成的属性块

[5]　按照上述方法完成名为"不去除材料表面结构"的属性块。

8.3.3　编辑属性

创建属性后，可对其进行移动、复制、旋转、阵列等操作，也可以对使用这些操作创建的新属性的标记、提示及默认值进行修改，还可对不满意的属性进行编辑使其满足设计要求。

在将属性定义成块之前，可以使用"编辑属性定义"对话框对属性进行重新编辑，如图 8-38 所示。使用如下 3 种方法可以打开"编辑属性定义"对话框。

图 8-38 "编辑属性定义"对话框

（1）选择"修改"→"对象"→"文字"→"编辑"菜单命令。

（2）在命令行"命令："提示状态下输入 TXETEDET，按空格键或 Enter 键确认。

（3）在命令行"命令："提示状态下双击属性文字。

进行上述操作后，命令行提示如下：

```
命令: _txetedet            // 执行编辑命令
选择注释对象或 [放弃(U)]:    // 用拾取框选择需要编辑的属性，弹出如图 8-38 所示的"编辑属性
                          // 定义"对话框，在对话框中可以修改属性的标记、提示文字和默
                          // 认值。完成编辑后单击"确定"按钮退出对话框
选择注释对象或 [放弃(U)]:    // 继续选择需要编辑的属性，也可以按空格键或 Enter 键结束命令
```

8.3.4　插入带属性的块

【例 8-4】　完成如图 8-39 所示的基准标注和表面结构标注。

[1]　绘制如图 8-40 所示的 5 边形。

扫码看视频

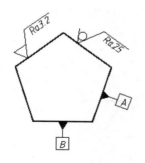

图 8-39　标注后的图形

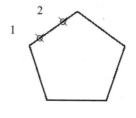

图 8-40　原图

[2]　单击"块"面板的插入按钮 ，弹出"插入"对话框，设置各选项如图 8-41 所示。

[3]　单击 确定 按钮，按提示操作如下：

```
指定插入点或 [基点(B)/比例(S)/旋转(R)]:   // 指定 1 点作为插入点，如图 8-40 所示
指定旋转角度 <0>:                        // 指定 2 点确定旋转角度，如图 8-40 所示
出现"编辑属性"对话框输入属性值            // 输入 Ra3.2，完成图形如图 8-42 所示
```

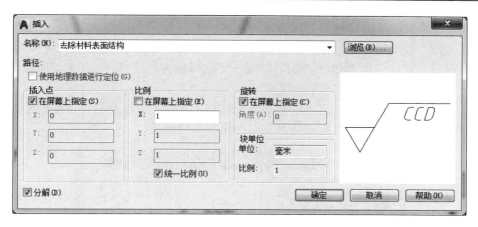

图 8-41　"插入"对话框

[4] 选择"块"面板的"插入"工具，按照步骤 2、3 的操作方法插入其余属性块，结果如图 8-43 所示。

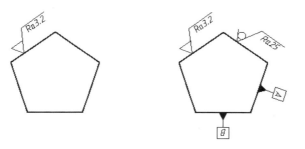

图 8-42　完成块插入　　　　图 8-43　完成所有图块插入

[5]　双击绘图区块参照"基准 A"，出现"增强属性编辑器"对话框，选择"文字选项"选项卡，修改角度为 0。

[6]　单击　确定　按钮完成属性文字角度的修改，文字 A 变为字头朝上垂直放置。

[7]　按照步骤 5、6 的方法修改块参照"基准 B"，使其文字 B 变为字头朝上垂直放置，最后结果如图 8-39 所示。

8.3.5　块的属性编辑

属性定义可以在创建块之前修改，也可以在创建块之后修改。

1．块创建前的属性定义修改

属性定义的修改可以在块定义前进行，包括修改属性的名称、提示信息和默认值，在 8.3.3 节中已经讲述。

2．使用"增强属性编辑器"编辑属性（块创建后）

使用"增强属性编辑器"对话框可以更改属性文字的特性和数值，如图 8-44 所示。打开"增强属性编辑器"对话框的方法有以下 4 种：

（1）选择"修改"→"对象"→"属性"→"单个"菜单命令。

（2）选择"默认"面板组→"块"面板→"编辑属性"工具 ，或者选择"插入"选项卡→"块"面板→"编辑属性"工具 。

（3）在命令行"命令："提示状态下输入 EATTEDIT，按空格键或 Enter 键确认。

（4）在命令行"命令："提示状态下双击带属性的块参照。

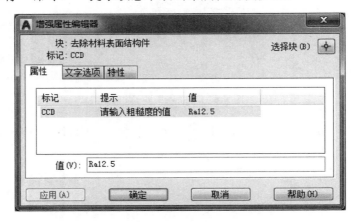

图 8-44   "增强属性编辑器"对话框

通过"增强属性编辑器"对话框可以对属性的值、文字格式、特性等进行编辑，但是不能对其模式、标记、提示进行修改（使用"块属性管理器"可以修改模式、标记和提示），用到的两个按钮说明如下。

- "应用"按钮 应用(A) ：修改属性后该按钮有效，单击按钮用户所做的修改就会反映到被修改的块中。
- "选择块"按钮 ：单击该按钮可以在不退出对话框的状态下选取并编辑其他块属性。

3．块属性管理器（块定义后）

块属性管理器是一个功能非常强的工具，它可以对整个图形中任意一个块中的属性标记、提示、值、模式（除"固定"之外）、文字选项和特性进行编辑，还可以调整插入块时提示属性的顺序。为了说明块属性管理器的用法，再建立一个带有多个属性的块，如图 8-45 所示，该块的名字为"带多个属性的表面结构"。

单击"块"面板上的"块属性管理器"按钮 ，或者执行"修改"→"对象"→"属性"→"块属性管理器"命令，即可打开"块属性管理器"对话框，如图 8-46 所示。

- "块"下拉列表：显示绘图中所有带属性的图块名称，选取某个图块名称，或者单击"选择块"按钮 在屏幕上选取某个图块后，该图块的所有属性的参数显示在对话框中部的列表中。
- 上移(U) 或者 下移(D) 按钮：选中某个属性，单击按钮可以调整属性的位置，从而调整在插入该块时属性提示的顺序。

图 8-45　带多个属性的块　　　　　　　　图 8-46　"块属性管理器"对话框

- **编辑(E)...** 按钮：选中需要编辑的属性，然后单击该按钮出现"编辑属性"对话框，可以在"属性"选项卡中修改属性的模式、名称、提示信息和默认值等参数，在"文字选项"选项卡中修改属性文字的格式，在"特性"选项卡中修改图层特性。
- **删除(R)** 按钮：选中某个属性，然后单击该按钮就可以将其删除。
- **应用(A)** 按钮：在"块属性管理器"对话框中对属性定义进行修改以后，单击该按钮使所做的属性更改应用到要修改的块定义中，同时"块属性管理器"对话框保持打开状态。

8.3.6　修改块参照

修改块参照有 3 种方法：分解块修改、重定义块参照和在位编辑块参照。分解修改适用于修改部分块参照（即有的同样块参照不修改），使用分解命令分解块，然后根据需要修改即可，这里不再讲述。下面讲述其他两种方法。

1．重定义块参照

如图 8-47 所示有 7 个块参照（块名为"圆工作台"，插入点为圆心），如果要改为如图 8-48 所示的工位，可以使用重命名块参照的方法实现。

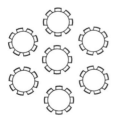

图 8-47　7 个块参照　　　　　　　　　　图 8-48　要重定义的块

定义图 8-48 所示的图形为块，块的名字也为"圆工作台"，与图 8-47 中的块重名，插入点为小圆的圆心，这样图 8-47 就会变为图 8-49。

2．在位编辑块参照

如果仅对块参照做简单的修改，可以使用在位编辑块参照，如要在图 8-47 中的圆工作台上加一个小圆盘，则结果将如图 8-50 所示。

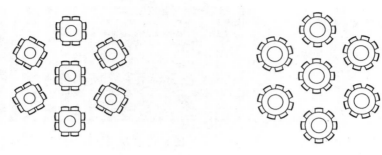

图 8-49　重定义块参照　　　　　　　　　　图 8-50　加小圆盘

【例 8-5】　块的在位编辑。

[1]　在"块"面板上单击"块编辑器"按钮，出现"编辑块定义"对话框，在"参照名"列表中选择要编辑的参照名（本例中为"圆工作台"），然后单击 确定 按钮。

扫码看视频

[2]　这时块编辑器窗口打开，块处于可编辑状态，修改块如图 8-51 所示。

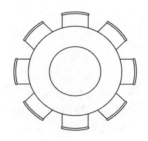

图 8-51　在位编辑

[3]　单击"关闭块编辑器"按钮出现确认对话框，选择"将更改保存到"选项即可完成块更改，图 8-47 中的图形变为图 8-50 所示的结果。

8.3.7　清理块

要减少图形文件的大小，可以删除掉未使用的块定义。通过删除命令可从图形中删除块参照；但是，块定义仍保留在图形的块定义表中。要删除未使用的块定义并减小图形文件大小，可在绘图过程中使用 PURGE 命令来完成。

在命令行中输入 PURGE，会出现"清理"对话框，如图 8-52 所示。利用这个对话框可以清理没有使用的标注样式、打印样式、多线样式、块、图层、文字样式、线型等定义。

- "查看能清理的项目"单选按钮：选中此单选按钮，将在列表中显示可以清理的对象项目。如果项目前面没有符号田，表明此项没有可删除的对象定义。单击符号田，出现该项包含的所有可删除对象定义。选择某个要删除的对象定义，然后单击 清理(P) 按钮，该对象定义就会被删除。单击 全部清理(A) 按钮，将删除所有可以清理的对象定义。

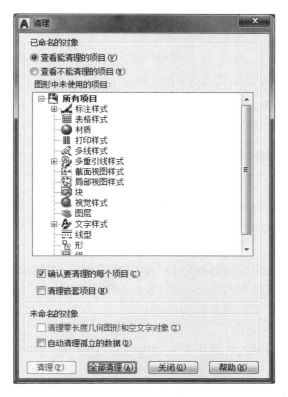

图 8-52 "清理"对话框

- "查看不能清理的项目"单选按钮：选中此单选按钮，将在列表中显示不能清理的对象定义。
- "确认要清理的每个项目"复选框：选中这个复选框，AutoCAD 将在清理每一个对象定义时给出确认信息，如图 8-53 所示，要求用户确认是否删除，以防误删。

图 8-53 确认对话框

- "清理嵌套项目"复选框：选中此复选框，从图形中删除所有未使用的对象定义，即使这些对象定义包含在或被参照于其他未使用的对象定义中。显示"确认清理"对话框，可以取消或确认要清理的项目。

提示：使用 PURGE 命令只能删除未使用的块定义。

8.3.8　动态块

动态块是 AutoCAD 2006 及后续版本具有的功能，它具有灵活性和智能性。用户在操作时可以轻松地更改图形中的动态块参照。可以通过自定义夹点或自定义特性来操作动态块参照中的几何图形，这使得用户可以根据需要在位调整块。

1．创建动态块的过程

为了创建高质量的动态块，以便达到用户的预期效果，建议按照下列步骤进行操作。此过程有助于用户高效编写动态块。

1）在创建动态块之前规划动态块的内容

在创建动态块之前，应当了解其外观以及在图形中的使用方式。确定当操作动态块参照时，块中的哪些对象会更改或移动。另外，还要确定这些对象将如何更改。例如，用户可以创建一个可调整大小的动态块。这些因素决定了添加到块定义中的参数和动作的类型，以及如何使参数、动作和几何图形共同作用。

2）绘制几何图形

可以在块编辑器中绘制动态块中的几何图形，也可以使用图形中的现有几何图形或现有的块定义。

3）了解块元素如何共同作用

在向块定义中添加参数和动作之前，应了解它们相互之间以及它们与块中的几何图形的相关性。在向块定义添加动作时，需要将动作与参数以及几何图形的选择集相关联。 此操作将创建相关性。向动态块参照添加多个参数和动作时，需要设置正确的相关性，以便块参照在图形中正常工作。

例如，用户要创建一个包含若干对象的动态块。其中一些对象关联了拉伸动作。同时用户还希望所有对象围绕同一基点旋转。在这种情况下，应当在添加其他所有参数和动作之后添加旋转动作。如果旋转动作没有与块定义中的其他所有对象（几何图形、参数和动作）相关联，那么块参照的某些部分可能不会旋转，或者操作块参照时可能会造成意外结果。

4）添加参数

按照命令行上的提示向动态块定义中添加适当的参数。使用块编写选项板的"参数集"选项卡可以同时添加参数和关联动作。

5）添加动作

向动态块定义中添加适当的动作。按照命令行上的提示进行操作，确保将动作与正确的参数和几何图形相关联。

6）定义动态块参照的操作方式

用户可以指定在图形中操作动态块参照的方式。可以通过自定义夹点和自定义特性来操作动态块参照。在创建动态块定义时，用户将定义显示哪些夹点以及如何通过这些夹点来编辑动态块参照。另外还指定了是否在"特性"选项板中显示出块的自定义特性，以及是否可以通过该选项板或自定义夹点来更改这些特性。

7）保存块然后在图形中进行测试

保存动态块定义并退出块编辑器。然后将动态块参照插入到一个图形中，并测试该块的功能。

扫码看视频

2．创建可以拉伸的动态块

[1]　在文件中创建一个螺栓块，在"块"面板上单击"块编辑器"按钮，或执行"工具"→"块编辑器"菜单命令，出现如图 8-54 所示的"编辑块定义"对话框，在"要创建或编辑的块"列表中选择"螺栓"。

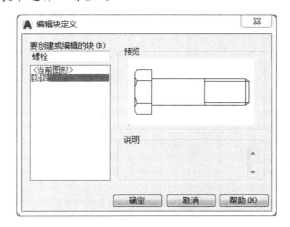

图 8-54　"编辑块定义"对话框

[2]　单击　确定　按钮，进入块编辑器。在"块编写选项板"的"参数"选项卡中单击"线性"工具，根据提示标注螺栓的长度，如图 8-55 所示。

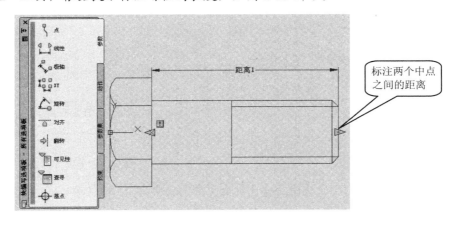

图 8-55　标注参数

[3]　在参数上使用快捷菜单中的"特性"选项打开"特性"选项板，如图 8-56 所示。用户可以修改参数名称、值集和夹点显示的数目，由于我们设计的动态块只有向右拉伸的动作，因此这里选择夹点数目为 1。设置完毕，参数显示如图 8-57 所示。

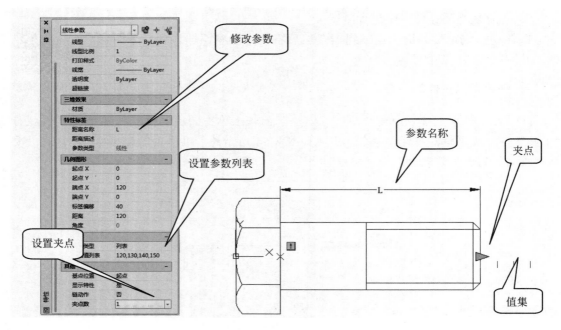

图 8-56　"特性"选项板　　　　　　　　　　图 8-57　参数显示

[4]　在"块编写选项板"的"动作"选项卡中选择"拉伸动作"工具，首先选择参数 L，捕捉螺栓的右边中点作为与动作关联的参数点，然后指定拉伸框架，用鼠标自右向左拖出一个框，如图 8-58 所示。指定要拉伸的对象，如图 8-59 所示。

提示： 如果选择对象完全包含在拉伸框架中，它将执行移动动作。

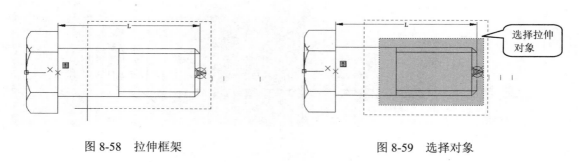

图 8-58　拉伸框架　　　　　　　　　　　　图 8-59　选择对象

[5]　结束对象选择，在合适位置单击放置动作标签，如图 8-60 所示。

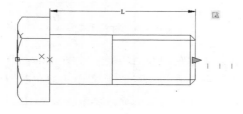

图 8-60　动作标签

[6]　关闭块编辑器，保存块定义。

[7]　在图形文件中插入刚建立的动态块进行测试，单击选择插入的块会出现拉伸夹点，如图 8-61 所示，在图形上单击，然后移动鼠标就会发现螺栓的长度随着设置的刻度改变。

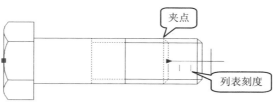

图 8-61　拉伸夹点

8.4　外部参照技术

外部参照就是把已有的图形文件插入到当前图形中，但外部参照不同于块，也不同于插入文件。块与外部参照的主要区别是：一旦插入了某块，此块就成为当前图形的一部分，可在当前图形中进行编辑，而且将原块修改后对当前图形不会产生影响。而以外部参照方式将图形文件插入到某一图形文件（此文件称为主图形文件）后，被插入图形文件的信息并不直接加入到主图形文件中，主图形文件中只是记录参照的关系，对主图形的操作不会改变外部参照图形文件的内容。当打开有外部参照的图形文件时，系统会自动把各外部参照图形文件重新调入内存并在当前图形中显示出来，且该文件保持最新的版本。

外部参照功能不但使用户可以利用一组子图形构造复杂的主图形，而且还允许单独对这些子图形做各种修改。作为外部参照的子图形发生变化时，重新打开主图形文件后，主图形内的子图形也会发生相应的变化。

8.4.1　插入外部参照

关于外部参照的操作面板如图 8-62 所示。

图 8-62　"参照"面板

插入外部参照操作是将外部图形文件以外部参照的形式插入到当前图形中。单击"参照"面板上的"附着"按钮，弹出如图 8-63 所示的"选择参照文件"对话框。

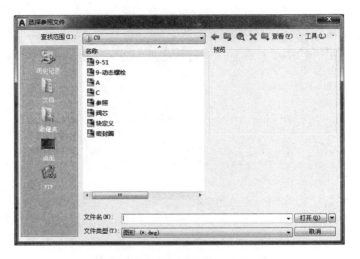

图 8-63 "选择参照文件"对话框

在该对话框中定位并选择需要插入的外部参照文件，然后单击 [打开(O)] 按钮，弹出如图 8-64 所示的"附着外部参照"对话框。

图 8-64 "附着外部参照"对话框

该对话框中各主要项的功能说明如下。

- "名称"下拉列表框：显示需要插入的外部参照文件的名称。如果需要改变参照文件，可以单击右边的 [浏览(B)...] 按钮，重新打开"选择参照文件"对话框并选择需要的外部参照文件。
- "路径类型"下拉列表框：用于指定外部参照的保存路径是完整路径、相对路径，还是无路径。默认路径类型设置为"相对路径"。
- "参照类型"选项组：外部参照支持嵌套即如果 B 文件参照了 C 文件，然后 A 文件参照了 B 文件，如此层层嵌套。外部参照有两种类型："附加型"和"覆盖型"。选哪种类型将影响当前文件被引用时对其嵌套的外部参照是否可见。
- "插入点"选项组：确定参照图形的插入点。用户可以直接在"X""Y""Z"文本框中输入插入点的坐标，也可以选择"在屏幕上指定"复选框，这样可以在屏幕上利用鼠标直接指定插入点。

- "比例"选项组：确定参照图形的插入比例。用户可以直接在"X""Y""Z"文本框中输入参照图形 3 个方向的比例，也可以选择"在屏幕上指定"复选框，这样可以在屏幕上直接指定参照图形 3 个方向的比例。
- "旋转"选项组：确定参照图形插入时的旋转角度。用户可以直接在"角度"文本框中输入参照图形需要旋转的角度，也可以选择"在屏幕上指定"复选框，这样可以在屏幕上直接指定参照图形的旋转角度。

设置完毕后单击 确定 按钮，就可以按照插入块的方式插入外部参照。

提示： 插入外部参照可以通过下拉菜单"插入"→"DWG 参照"命令来实现。

【例 8-6】 插入外部参照。

[1] 打开主图形文件。

[2] 单击"参照"面板上的"附着"按钮 ，弹出"选择参照文件"对话框。选择参照文件，出现"附着外部参照"对话框。

扫码看视频

[3] 单击 确定 按钮，这时参照文件图形会跟随鼠标指针移动（注意默认的鼠标跟随点是原文件的坐标原点，要改变该点，可以在原文件中使用 BASE 命令调整）。

[4] 按照插入块的方法插入外部参照，如图 8-65 所示。

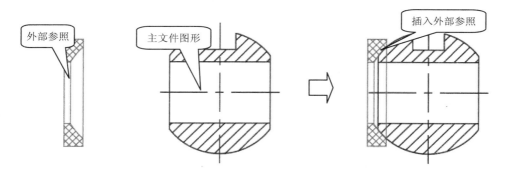

图 8-65　插入外部参照

8.4.2　参照类型

外部参照有 2 种类型："附着型"和"覆盖型"。选哪种类型将影响当前文件被引用时对其嵌套的外部参照是否可见。

1．附着型

采用附加型的外部参照嵌套，可以看到多层嵌套附着。首先 B 文件参照了 C 文件（参照类型选择"附着型"），然后 A 文件再参照 B 文件，这时结果如图 8-66 所示，用户可以看到嵌套内容。需要注意的是在 A 文件中看到 C 文件，与 A 参照 B 的参照类型无关。

2. 覆盖型

采用覆盖型的外部参照嵌套，不能看到多层嵌套附着。首先 B 文件参照了 C 文件（参照类型选择"覆盖型"），然后 A 文件再参照 B 文件，这时结果如图 8-67 所示，用户不能看到 C 文件内容。

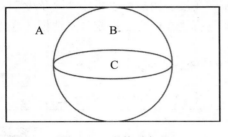

图 8-66　附着型参照

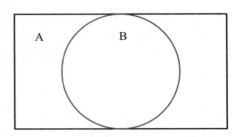

图 8-67　覆盖型参照

提示：用户可以在 B 文件中使用"外部参照"选项板的详细信息区修改参照类型。

8.4.3　外部参照管理

假设一张图中使用了外部参照，用户要知道外部参照的一些信息，如参照名、状态、大小、类型、日期、保存路径等，或者要对外部参照进行一些操作，如附着、拆离、卸载、重载、绑定等，这就需要使用外部参照管理器。它的作用就是在图形文件中管理外部参照，下面来具体看一下外部参照管理器的用法。

假设在当前图形中使用了外部参照，单击"参照"面板上的外部参照按钮 ，打开"外部参照"选项板，如图 8-68 所示。如果看不全各项的内容，可以移动鼠标到项目中间的竖线上，当鼠标指针变为形状 时，按住鼠标左键左右拖动就可以看到所有内容。

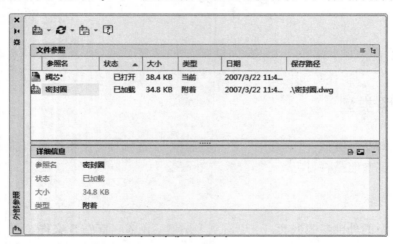

图 8-68　"外部参照"选项板

1．状态栏各选项含义

- 参照名：显示当前图形外部参照图形文件的名字。
- 状态：显示外部参照的状态，可能的状态有已加载、卸载、未参照、未找到、未融入或已孤立或标记为卸载或重载。
- 大小：显示各参照文件的大小。如果外部参照被卸载、未找到或未融入，则不显示其大小。
- 类型：显示各参照文件的参照类型。参照类型有附加型和覆盖型两种。
- 日期：显示关联的图形的最后修改日期。如果外部参照被卸载、没有找到或未融入，则不显示此日期。
- 保存路径：显示参照文件的存储路径。

2．"参照文件"按钮

如果在参照列表中没有选择外部参照，单击此按钮会弹出"选择参照文件"对话框，从中选择要参照的文件后，单击 打开(O) 按钮，AutoCAD 弹出"外部参照"对话框，按照上节讲述的方法可以插入一个新的外部参照。

如果在参照列表中选中某个外部参照，在其上使用右键快捷菜单的"附着"选项将直接显示"附着外部参照"对话框，可供插入此参照。

3．拆离

在外部参照列表中，选择一个外部参照后，在其上使用右键快捷菜单的"拆离"选项。该选项的作用是从当前图形中移去不再需要的外部参照。使用该选项删除外部参照，与用删除命令在屏幕上删除一个参照对象不同。用删除命令在屏幕上删除的仅仅是外部参照的一个引用实例，但图形数据库中的外部参照关系并没有删除。而"拆离"选项不仅删除了屏幕上的所有外部参照实例，还彻底删除了图形数据库中的外部引用关系。

4．卸载

从当前图形中卸载不需要的外部参照（在其上使用右键快捷菜单的"卸载"选项）后，外部参照文件的路径仍保留，但"状态"显示所参照文件的状态是"已卸载"。当希望再次参照该外部文件时，在其上使用右键快捷菜单的"重载"选项，即可重新装载。

5．绑定

在参照上使用右键快捷菜单的"绑定"选项，打开"绑定外部参照"对话框，如图 8-69 所示。

图 8-69　"绑定外部参照"对话框

若选择绑定类型为"绑定",则选定的外部参照及其依赖符号(如块、标注样式、文字样式、图层和线型等)成为当前图形的一部分。

6．打开

在参照上使用右键快捷菜单的"打开"选项,在新建窗口中打开选定的外部参照进行编辑。

7．"详细信息"区

显示选择的参照的详细信息,在此可以修改参照的附着类型。

8．"列表框"按钮 ≣和"树状图"按钮 🏗

单击这两个按钮或者按 F3、F4 键,可实现列表图或树状图形式的切换。图 8-70 所示是树状图形式。

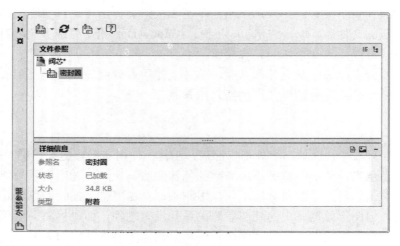

图 8-70　树状图

> 提示：选择"工具"→"选项板"→"外部参照"命令可以打开"外部参照"选项板。

8.4.4　修改外部参照

已经创建好的外部参照对象有两种修改方法,第一种方法是打开外部参照的源文件,修改并保存,目标文件中的外部参照对象就会自动更新。第二种方法是在目标文件中直接修改外部参照。本节主要讲述怎样在目标文件中修改外部参照。

图 8-71 是一个参照嵌套的例子,文件 B(圆)参照 C(椭圆),文件 A(矩形)参照文件 B。

单击"插入"选项卡→"参照"面板→ 📝 编辑参照 按钮,在命令行提示下选择要进行编辑的参照对象(或直接在参照对象上双击),弹出"参照编辑"对话框,如图 8-72 所示。

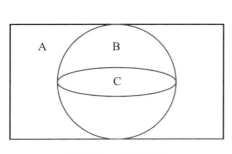

图 8-71　参照嵌套

图 8-72　"参照编辑"对话框

1．"标识参照"选项卡

各选项说明如下：

- "参照名"下拉列表：显示需要编辑的外部参照的名称，在"预览"窗口中显示外部参照文件图形的预览效果。
- 路径：显示选定参照的文件位置。如果选定参照是一个块，则不显示路径。
- "自动选择所有嵌套的对象"单选按钮：控制嵌套对象是否自动包含在参照编辑任务中。如果选中此选项，选定参照中的所有对象将自动包括在参照编辑任务中。
- "提示选择嵌套的对象"单选按钮：控制是否逐个选择包含在参照编辑任务中的嵌套对象。如果选中此选项，关闭"参照编辑"对话框并进入参照编辑状态后，AutoCAD 将提示用户在要编辑的参照中选择特定的对象。

2．"设置"选项卡

"设置"选项卡如图 8-73 所示，有 3 个选项，各选项说明如下：

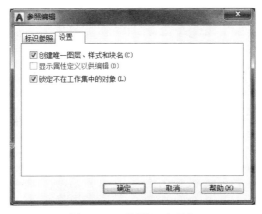

图 8-73　"设置"选项卡

- "创建唯一图层、样式和块名"复选框：控制从参照中提取的对象的图层和符号名称是唯一的还是可修改的。如果选择"启用唯一图层和符号名"选项，则图层和符号名被改变（在名称前添加 $#$ 前缀），与绑定外部参照时修改它们的方法类似。

　　　　如果不选择"启用唯一图层和符号名"选项，则图层和符号名与参照图形中的一致。

- "显示属性定义以供编辑"复选框：控制编辑参照期间是否提取和显示块参照中所有可变的属性定义。此选项对外部参照和没有属性定义的块参照不起作用。
- "锁定不在工作集中的对象"复选框：锁定所有不在工作集中的对象。从而避免用户在参照编辑状态时意外地选择和编辑宿主图形中的对象。锁定对象的行为与锁定图层上的对象类似。如果试图编辑锁定的对象，它们将从选择集中过滤。

提示：一次只能在位编辑一个参照。

　　　　这里在"参照名"列表中选择 B，其他选项不做修改，单击 确定 按钮，对话框消失，出现"编辑参照"面板，如图 8-74 所示。这时可以发现，除了选中的图形对象，其他图形显示为灰色，并且不可编辑。所有选中的图形对象形成一个工作集，用户只能对工作集中的图形进行编辑，如图 8-75 所示。用户可以单击"添加到工作集"按钮，选择灰色的图形对象，将它加入工作集。也可以单击"从工作集删除"按钮，选择当前工作集中的图形对象，从工作集中删除。

图 8-74　"编辑参照"面板

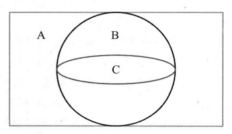

图 8-75　B 参照处于编辑状态

　　　　确定工作集之后用户就可以进行编辑了，可以用修改命令对所选择的图形对象进行修改，也可以使用绘图命令绘制新的对象，它们会自动添加到工作集，还可以选择原有的非参照对象添加到选择集。

　　　　修改完成之后，单击"保存修改"按钮，退出编辑状态，同时将所有的修改保存到外部参照的源文件中。

提示：在保存修改时，从工作集中删除的对象将从参照中删除，并添加到主图形中，而添加到工作集中的对象将从主图形中删除，并添加到参照中。

　　　　如果要放弃修改，可以单击"放弃修改"按钮，出现 AutoCAD 警告提示框，单击 确定 按钮，放弃对参照的修改，同时退出编辑状态。

提示：如果打算对参照进行较大修改，可以打开参照图形直接修改。如果使用在位参照编辑进行较大修改，会使在位参照编辑任务期间当前图形文件的大小明显增加。

8.4.5　融入外部参照中的名称冲突

　　　　典型外部参照定义包括对象（例如直线或圆弧），还包括块、标注样式、图层、线型

和文字样式等依赖外部参照的定义。附着外部参照时，AutoCAD 通过以下方法区分依赖外部参照的命名图形的名称和当前图形中的名称：在名称前添加外部参照图形名和竖线符号（ ｜ ）。例如，如果某个依赖外部参照的命名对象是名为 stair.dwg 的外部参照图形中名为 STEEL 的图层，则它在图层特性管理器中将以名称 STAIR|STEEL 列出。

　　如果参照的图形文件已被修改，则依赖外部参照的命名对象的定义也将更改。例如，如果参照图形已被修改，来自该参照图形的图层名也将更改。如果该图层名从参照图形中被清除，它甚至会消失。这就是 AutoCAD 不允许用户直接使用依赖外部参照的图层或其他命名对象的原因。例如，不能插入依赖外部参照的块，或将依赖外部参照的图层设置为当前图层并在其中创建新对象。

　　要避免这种对依赖外部参照的命名对象的限制，可以将其绑定到当前图形。绑定可以使选定的依赖外部参照的命名对象成为当前图形的永久部分。

　　可以用下列 2 种方式对外部参照对象定义进行绑定。

　　（1）输入 XBIND 或 XB 命令。

　　（2）选择"修改"→"对象"→"外部参照"→"绑定"菜单命令。

扫码看视频

【例 8-7】　绑定外部参照定义。

[1] 启动绑定命令后，出现如图 8-76 所示的"外部参照绑定"对话框。

图 8-76　"外部参照绑定"对话框

[2] 对话框左边显示了当前图形中已创建的所有外部参照的列表。

[3] 单击某外部参照对象前面的"⊞"符号，或者直接双击该参照对象名称，可以展开该外部参照对象文件包含的图块、文本样式、标注样式、图层、线型等的树状图，如图 8-77 所示。

图 8-77　"外部参照绑定"对话框的树状图

[4] 选择需要绑定的属性（如 C|轮廓线），单击 添加(A) -> 按钮，将该属性添加到右边的"绑定定义"列表框中，该属性的信息就被绑定到当前图形内部。如果需要删除某个已经绑定的属性，首先选中该属性，然后单击 <- 删除(R) 按钮，将该属性从"绑定定义"列表框中删除。

[5] 完成上述设置后，单击 **确定** 按钮，完成绑定操作。

通过绑定将依赖外部参照的命名对象合并到图形中后，可以像使用图形自身的命名对象一样对其进行使用。绑定依赖外部参照的命名对象后，AutoCAD 从每个对象名称中删除竖线符号（|）并使用由数字（通常为 0）分隔的两个美元符号（$$）替换它。例如，参照图层"C|轮廓线"将变为"C0轮廓线"。这时可以将"C0轮廓线"改为其他名字。

8.4.6　外部参照绑定

插入外部参照的操作和插入块很相似，插入后都表现为一个整体。其实两者有明显的区别，参照仅仅是插入了一个链接，而没有真正将图形插入到当前图形。参照依赖于源文件的存在而存在，如果找不到源文件，参照就无法显示。所以将包含外部参照的最终图形归档时，有以下 2 种选择。

（1）将外部参照图形与最终图形一起存储：将外部参照源文件与最终图形文件一起交付，参照图形的任何修改将继续反映在最终图形中。

（2）将外部参照图形绑定至最终图形：要防止修改参照图形时更新归档图形，可将外部参照绑定到最终图形。

将一个外部参照对象转变为一个外部块文件的过程称为绑定。绑定以后，外部参照变成了一个外部块对象，图形信息将永久性地写入当前文件内部，形成当前文件的一部分（与源文件不再关联）。

【例 8-8】　将外部参照绑定到当前图形。

[1] 在"外部参照"选项板的参照列表中选择一个外部参照，在其上右击，从快捷菜单中选择"绑定"选项，出现"绑定外部参照"对话框。

[2] 在"绑定外部参照"对话框中，选择下列选项之一：

- 绑定：将外部参照中的对象转换为块参照，绑定方式改变外部参照的定义表名称。外部参照依赖命名对象的命名语法从"块名|定义名"变为"块名n定义名"。在这种情况下，将为绑定到当前图形中的所有外部参照相关定义表创建唯一的命名对象。例如，如果有一个名为 FLOOR1 的外部参照，它包含一个名为 WALL 的图层，那么在绑定了外部参照后，依赖外部参照的图层 FLOOR1|WALL 将变为名为 FLOOR1$0$WALL 的本地定义图层。如果已经存在同名的本地命名对象，n中的数字将自动增加。例如，如果图形中已经存在 FLOOR1$0$WALL，依赖外部参照的图层 FLOOR1|WALL 将重命名为 FLOOR1$1$WALL。
- 插入：将外部参照中的对象转换为块参照，插入方式则不改变定义表名称。外部参照依赖命名对象的命名不是使用"块名n符号名"语法，而是从名称中消除外部参照名称。对于插入的图形，如果内部命名对象与绑定的外部参照依赖命名对象具有相同的名称，符号表中不会增加新的名称，绑定的外部参照依赖命名对象采用本地定义的命名对象的特性。例如，如果有一个名为 FLOOR1 的外部参照，它包含一个名为 WALL 的图层，在用"插入"选项绑定后，依赖外部参照的图层 FLOOR1|WALL 将变为内部定义的图层 WALL。

[3] 单击 **确定** 按钮关闭"绑定外部参照"对话框。

提示：外部参照绑定后，将从"外部参照"选项板的参照列表中消失。

8.4.7　更新外部参照

可以随时使用"外部参照"选项板的 ⊡⁻ 按钮对所有参照进行重载，以确保使用最新版本。另外，打开图形时，AutoCAD 会自动重载每个外部参照，使其反映参照图形的最新版本。

默认情况下，如果参照的文件已经更改，应用程序窗口的右下角（状态栏托盘）的外部参照图标旁将显示一个气泡信息，如图 8-78 所示。气泡信息将列出最多 3 个已更改的参照图形的名称，并且在信息可用时，还将列出使用外部参照的每个用户的姓名。

单击气泡信息中的参照名就可以将其更新。或者单击带叹号的外部参照图标 ，打开"外部参照"选项板。注意改变的参照会处在"需要重载"状态，如图 8-79 所示。

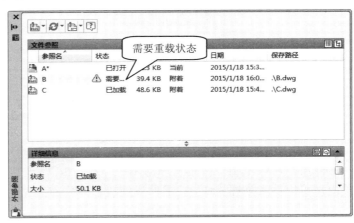

图 8-78　气泡信息　　　　　　　　图 8-79　"外部参照"选项板

选择该参照，在其上的右键快捷菜单中选择"重载"选项，这样参照就会更新，同时状态栏托盘中的外部参照图标上的叹号消失。

8.4.8　外部参照剪裁

外部参照创建好后，外部参照源文件的全部图形将插入到当前文件中。有时可能不希望显示全部外部参照图形，而只希望显示其中的一部分。AutoCAD 提供的外部参照剪裁命令 XCLIP 可以为外部参照对象建立一个封闭的边界，位于边界以内的参照对象将显示出来，而边界之外的参照对象则不会被显示。看上去外部参照对象如同沿着边界被剪裁过一样。

在实际应用中，外部参照的剪裁功能可以用于一张图纸上，同时绘制总体布局图和局部详图。绘制局部详图时，只需将源总体布局图以外部参照的形式插入当前图形，而且选用较大的显示比例，然后为该参照设置剪裁边界即可。

启动剪裁命令的方式有以下 3 种：

（1）输入命令 XCLIP 或 XC。

（2）选择"修改"→"剪裁"→"外部参照"菜单命令。

（3）使用"参照"面板上的"剪裁"按钮 ⎫。

8.4.9 融入丢失的外部参照文件

AutoCAD 存储了用于创建外部参照的图形的路径。打开文件时，AutoCAD 将检查该路径以确定参照图形文件的名称和位置。如果图形文件的名称或位置有所更改，则 AutoCAD 无法重载外部参照。

如把 B 文件改变了位置，则打开 A 文件时，AutoCAD 加载图形但不能加载外部参照，此时将显示一条错误信息，如图 8-80 所示。

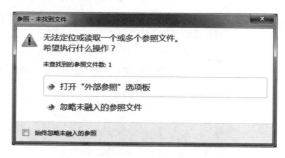

图 8-80 警示框

这时用户可以单击"打开'外部参照'选项板"，出现如图 8-81 所示的"外部参照"选项板，可以看到参照"B"处于未找到状态。

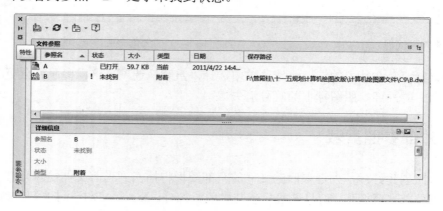

图 8-81 "外部参照"选项板

用户可以在参照名上使用右键快捷菜单中的"选择新路径"选项重新定位文件。

提示：为避免外部参照无法重载，应确保将附着外部参照的文件给其他人时，还要给他们所有的参照文件。

8.4.10　外部参照技术小结

使用外部参照技术可以用一组子图构造复杂的主图。由于外部参照的子图与主图之间保持一种"链接"关系，子图的数据还保留在各自的图形文件中，因此，使用外部参照的主图并不显著增加图形文件的大小，从而节省了存储空间。

当每次打开带有外部参照的图形文件时，附加的参照图形反映出参照文件的最新版本。对参照图形文件的任何修改一旦被保存，当前图形就可以立刻从状态行得到更新的气泡通知，而且重载后马上反映出参照图形的变化。因此，可以实时地了解到项目组其他成员的最新进展。

附加的外部参照图形被视为一个整体，可以对其进行移动、复制、旋转等编辑操作。对于附加到当前图形文件的参照图形，可以直接（不必回到源图形）对其进行编辑，保存修改后，源图形文件也会自动更新，这就是在位编辑外部参照。

一个图形文件可以引用多个外部参照图形，也可以被多个文件作为外部参照引用。

8.5　OLE 对象

8.5.1　OLE 数据的概念

OLE（Object Linking and Embedding，对象链接与嵌入）是一种应用程序的集成技术。它是在客户应用程序间传输和共享信息的一组综合标准，允许创建带有指向应用程序的链接的混合文档以使用户修改时不必在应用程序间切换的协议。OLE 基于组件对象模型（COM）并允许开发可在多个应用程序间互操作的可重用即插即用对象。该协议已广泛应用于商业软件中，如电子表格、字处理程序、财务软件包和其他应用程序可以通过客户/服务器体系共享和链接单独的信息。

8.5.2　AutoCAD 对象连接和嵌入简介

OLE 是 Microsoft Windows 的特性，它可以在多种 Windows 应用程序之间进行数据交换，或组合成一个合成文档。Windows 版本的 AutoCAD 系统同样支持该功能，可以将其他 Windows 应用程序的对象链接或嵌入到 AutoCAD 图形中，或在其他程序中链接或嵌入 AutoCAD 图形。使用 OLE 技术可以在 AutoCAD 中附加多种类型的文件，如文本文件、电子表格、来自光栅或矢量源的图像、动画文件甚至声音文件等。

在 AutoCAD 中对象链接和嵌入提供了一种使用户可以在一个应用程序中使用另一个应用程序中的信息。要使用 OLE，需要有支持 OLE 的源应用程序和目标应用程序。

链接和嵌入都是把信息从一个文档插入另一个文档中。同时，可在目标应用程序中编辑链接和嵌入的 OLE 对象。然而，链接和嵌入存储信息的方式不同。

嵌入和链接之间的关系类似于插入块和创建外部参照之间的关系。

1. 嵌入对象

嵌入的 OLE 对象是一份来自其他文档的信息。当嵌入对象时，与源文档之间没有链接，对源文档所做的更改也不反映在目标文档中。如果要使用创建对象的应用程序进行编辑，但在源文档中编辑信息时又不希望更新 OLE 对象，则可嵌入对象，如图 8-82 所示。

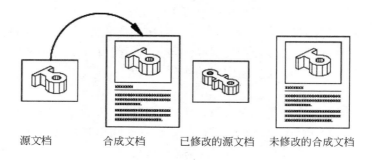

源文档　　　　　合成文档　　　　已修改的源文档　　未修改的合成文档

图 8-82　嵌入对象

2. 链接对象

链接对象是对其他文档中信息的引用。如果需要在多个文档中使用同一信息，可用链接对象的方式。这样，如果更改了原始信息，只需更新链接即可更新包含 OLE 对象的文档。也可以将链接设定为自动更新，如图 8-83 所示。

链接图形时，需要具有对源应用程序和链接文档的访问权限。如果重命名或移动其中任何一者，则必须重新建立链接。

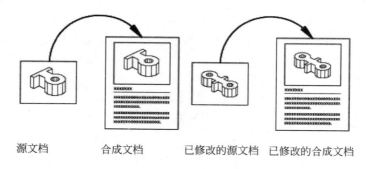

源文档　　　　　合成文档　　　　已修改的源文档　已修改的合成文档

图 8-83　链接对象

3. 控制 OLE 对象的打印质量

使用光栅绘图仪时，OLE 对象视为光栅对象处理。由于光栅较大、分辨率高而且颜色丰富，所以打印成本较高，因此可以设置 OLEQUALITY 系统变量来控制每个 OLE 对象的打印效果。默认设置"自动选择"会根据对象类型指定一个打印质量水平：设置的打印质量越高，打印所用的时间和内存就越多。

也可以在"绘图仪配置编辑器"中调整 OLE 打印质量。选择"图形"选项后会显示"光栅图形"对话框,其中包含一个控制 OLE 打印质量的滑块。

嵌套的 OLE 对象可能会引起问题。例如,可能不能打印嵌入 Word 文档中的 Excel 电子表格。此外,不打印当前视图平面中不包含的 OLE 对象,但可根据设置的 OLEFRAME 系统变量打印其边框。

4．设定 OLE 对象打印质量的步骤

(1)执行"工具"→"选项"菜单命令,或在命令提示下,输入 OPTIONS。
(2)在"选项"对话框的"打印和发布"选项卡中,从"OLE 打印质量"列表中选择以下设置之一:

- 单色,例如电子表格。
- 低质量图形,例如彩色文字和饼图。
- 高质量图形,例如照片。
- 自动选择,指定的打印质量设置取决于文件类型。

(3)单击"应用"按钮继续设置选项,或单击"确定"按钮关闭对话框。

8.5.3 插入 OLE 对象

剪贴板中的数据都是以嵌入的形式粘贴到 AutoCAD 中的。此外,用户还可以将整个文件作为 OLE 对象插入到 AutoCAD 图形中,其命令调用方式为:

- 单击"插入"选项卡→"数据"面板→ 按钮。
- 执行"插入"→"OLE 对象"菜单命令。
- 在命令行输入 INSERTOBJ 或 IO。

调用该命令后,系统将弹出"插入对象"对话框,如图 8-84 所示。

如果在对话框中选择"新建"选项,则 AutoCAD 将创建一个指定类型的 OLE 对象并将它嵌入到当前图形中。"对象类型"列表框中给出了系统所支持的链接和嵌入的应用程序。如果在对话框中选择"由文件创建"选项,则提示用户指定一个已有的 OLE 文件,如图 8-85 所示。

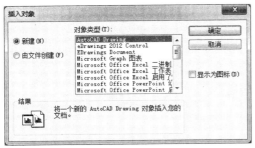

图 8-84 "插入对象"对话框

图 8-85 由文件创建

用户可单击 浏览(B)... 按钮来指定需要插入到当前图形中的 OLE 文件。如果用户选择"链接"复选框,则该文件以链接的形式插入,否则将以嵌入的形式插入到图形中。

8.5.4　处理 OLE 对象

AutoCAD 的命令和捕捉方式通常不能用于 OLE 对象，可以采用如下几种方式：

1）利用鼠标改变 OLE 对象的尺寸和位置

选定 OLE 对象后，其边界将显示为一个带有 8 个小方块的矩形框。将鼠标指针移到任一方块上并拖动，可相应改变 OLE 对象的尺寸。如果将鼠标指针移到 OLE 对象上的其他任意位置并拖动，可将 OLE 对象拖到指定的位置。

2）利用快捷菜单来处理 OLE 对象

使用右键快捷菜单的相应命令。

3）其他方法

（1）OLESCALE 命令用于显示"OLE 文字大小"对话框来修改指定 OLE 对象的大小。注意在使用该命令前应先选取 OLE 对象。

（2）OLEHIDE 系统变量用于控制 OLE 对象的显示，其可能的取值为：

0：在图纸空间和模型空间中显示 OLE 对象。

1：仅在图纸空间中显示 OLE 对象。

2：仅在模型空间中显示 OLE 对象。

3：不显示 OLE 对象。

OLEHIDE 对象的显示和打印系统变量会影响。

4）改变 OLE 对象的链接设置

对于以链接形式插入的 OLE 对象，AutoCAD 可对其链接设置进行修改。该命令的调用方法为：

- 执行"编辑"→"OLE 链接"菜单命令。
- 在命令行输入 OLELINKS。

调用该命令后，系统弹出"链接"对话框，如图 8-86 所示。

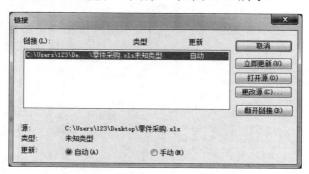

图 8-86　"链接"对话框

在"链接"对话框中显示了当前图形文件中所有链接对象的类型、源对象和更新方式，并可对指定的链接对象进行如下设置：

- "更新"方式：选择"自动"，则源文件发生改变时，OLE 对象也自动更新；选择"手工"，则需要用户强制 OLE 对象进行更新以反映源文件的变化。
- ▣立即更新(U) 按钮：强制指定的 OLE 对象进行更新。

- 打开源(O) 按钮：打开与指定的 OLE 对象相链接的源对象。
- 更改源(C)... 按钮：更改与指定的 OLE 对象相链接的源对象。
- 断开链接(B) 按钮：断开指定的 OLE 对象与其源对象之间的链接。该对象将以嵌入的形式保留在图形中。

8.6　光　栅　图　像

利用"插入"→"光栅图像"命令可以插入外部的图像文件。这里的图像文件是位图文件，与 AutoCAD 文件格式不一样，AutoCAD 绘制的是矢量文件。位图文件由像素构成，这样的图像又称为光栅图像。常用的光栅图像文件格式有：BMP、TIF、JPG、GIF 等。本节介绍光栅图像的插入、修改、裁剪等操作方法。

8.6.1　插入光栅图像

执行"插入"→"光栅图像参照"命令，或者单击"参照"工具栏上的"附着图像命令"按钮，或单击"参照"面板的"附着"按钮，出现"选择参照文件"对话框，如图 8-87 所示。选择要插入的光栅图像文件后，单击 打开(O) ▼ 按钮，打开"附着图像"对话框，如图 8-88 所示。在该对话框中可以设置光栅图像文件的插入点位置、插入比例和旋转角度等，操作方法与外部参照一样，这里就不再重复了。

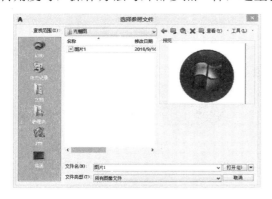

图 8-87　"选择图像文件"对话框　　　　　　图 8-88　"附着图像"对话框

8.6.2　图像管理

单击"参照"工具栏上的"外部参照"按钮，打开"外部参照"选项板，如图 8-89 所示，可以进行图像文件的插入、拆离、重载、卸载等操作。

选中图像参照，在"详细信息"区会显示图像名称、保存路径、活动路径、文件创建时间和日期、文件大小和类型、颜色系统、颜色深度、以像素为单位的图像宽度和高度、分辨率等。

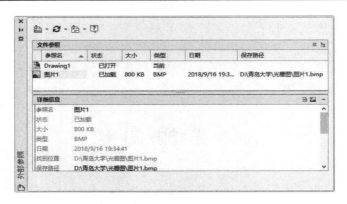

图 8-89　"外部参照"选项板

8.6.3　编辑图像

对于插入的图像，用户可以对它进行亮度、对比度和淡入度的调整，也可以选择图像的显示质量。另外用户还可以给图像进行加边框、裁剪对象和控制图像透明等操作。

1．图像调整

执行"修改"→"对象"→"图像"→"调整"命令，或者单击"参照"工具栏上的"图像调整命令"按钮后，系统提示用户选择图像，选择图像后弹出"图像调整"对话框，如图 8-90 所示。

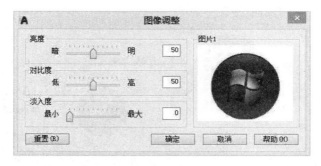

图 8-90　"图像调整"对话框

在该对话框中用户可通过移动滑块来调整图像的亮度、对比度和淡入度。在右边的预览区可以预览调整结果。单击 重置(R) 按钮可以使调整结果恢复到初始状态。

提示：无法调整双色图像。

2．图像质量

执行"修改"→"对象"→"图像"→"质量"命令，或者单击"参照"工具栏上的"图像质量命令"按钮，命令行提示如下：

命令: _imagequality
输入图像质量设置 [高(H)/草稿(D)] <H>:

图像显示质量有"高"和"草稿"两个选项，选择"高"选项时，图像的显示质量比选择"草稿"选项要好，但显示速度要慢。

3．图像透明

有些图像文件格式允许图像具有透明像素。将图像透明模式设置为"开"，可允许 AutoCAD 识别透明像素，以使图形能透过那些像素显示在屏幕上。"透明"选项对于两色和非两色（Alpha RGB 或灰度）图像都可用。默认情况下是在透明设置为关的状态下插入图像。

执行"修改"→"对象"→"图像"→"透明"命令，或者单击"参照"工具栏上的"图像透明命令"按钮，命令行提示如下：

命令: _transparency
选择图像:找到 1 个　　　　　　　　　　　　//选择图像
选择图像:
输入透明模式 [开(ON)/关(OFF)] <OFF>:　　　//选择透明模式

透明模式有两个选择：
开：透明模式打开，使图像下的对象透过透明区域显示。
关：透明模式关闭，透明区域变为不透明。

4．图像边框

执行"修改"→"对象"→"图像"→"边框"命令，或者单击"参照"工具栏上的"图像边框命令"按钮，命令行提示如下：

命令: _imageframe
输入图像边框设置 [0/1/2] <1>:

- 0：设置不显示和打印图像边框。
- 1：设置显示并打印图像边框。该设置为默认设置。
- 2：设置显示图像边框但不打印。

5．图像剪裁

执行"修改"→"剪裁"→"图像"命令，或者单击"参照"工具栏上的"图像剪裁命令"按钮，可以启动图像剪裁操作。具体操作与外部参照剪裁基本一样，这里不再赘述。

另外，选择图像后会出现图像选项卡，如图 8-91 所示，包括"调整""剪裁"和"选项" 3 个面板，用户可以直接使用图像选项卡对图像进行相关操作。

图 8-91　图像选项卡

8.7 参 考 底 图

参考底图与附着的光栅图像相似，它们都提供视觉内容，同时也支持对象捕捉和剪裁。与外部参照不同，不能将参考底图绑定到图形。

可以将以下文件类型作为参考底图：

- DWF：Web 图形格式文件，是从 DWG 文件创建的高度压缩的文件格式。
- DWFx：DWF 的更高版本，是基于 Microsoft 的 XML 图纸规格（XPS）格式。
- PDF：Adobe 系统的文档交换格式。
- DGN：Bentley 系统的 Microstation 格式。DGN 仅支持 V7/V8 DGN 文件和二维对象。二维对象将与其完整的(X,Y,Z)坐标信息一起输入或附着，就像这些信息已经存在于原始文件中一样。如果文件包含三维实体、曲面或其他三维对象，则将显示一条警告，提示本文件中不支持此内容。

8.7.1 查看参考底图信息

在"外部参照"选项板中可查看图形中附着的参考底图的文件特定信息，还可以在此处加载和卸载参考底图，并执行其他操作。可以以列表或树状图的形式查看参考底图信息。要控制信息在"外部参照"选项板中的显示方式，请单击右上角的"列表图"按钮或"树状图"按钮。列表图显示图形中每个参考底图的名称、加载状态、文件大小、上次修改日期和搜索路径。树状图按层次结构列出参考底图，显示参考底图在外部参照和块中的嵌套级别。树状图中不显示状态、大小和其他信息。在这两种视图中都可显示参考底图信息、附着或拆离参考底图、卸载或重载参考底图以及浏览和保存新的搜索路径。

列表图显示当前图形中附着的所有参考底图，但不指定实例的数目，如图 8-92 所示。列表图是默认的视图。单击列标题可以按类别对参考底图进行排序。左右拖动列边框可以更改列宽，列表图显示以下信息：DWF、DWFx、PDF 或 DGN 文件的名称，状态（已加载、已卸载或未找到），文件大小，文件类型等。如果程序没有找到参考底图，则其状态为"未找到"。如果参考底图没有被参照，则不会附着参考底图实例。如果没有加载参考底图，则其状态为"已卸载"。图形中不显示状态为"已卸载"或"未找到"的参考底图。

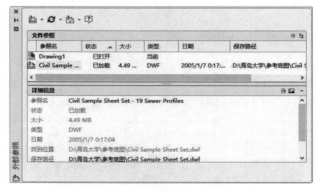

图 8-92 "外部参照"列表图

树状图的顶层按字母顺序列出了 DWF、DWFx、PDF 和 DGN 文件，如图 8-93 所示。在大多数情况下，参考底图文件直接与图形相链接，并且列于顶层。但是，如果外部参照或块包含附着的参考底图，将显示附加层。

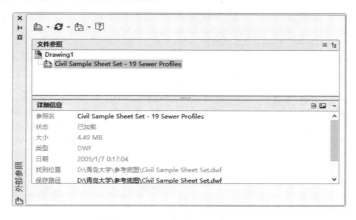

图 8-93　"外部参照"树状图

如果需要查看参考底图文件的详细信息或预览图形，用户可以单击外部参照对话框第二栏右上角的图标进行切换，如图 8-94 和图 8-95 所示。

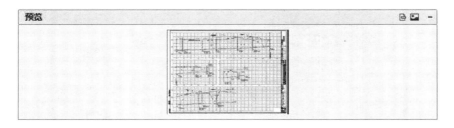

图 8-94　详细信息

图 8-95　预览

8.7.2　附着、拆离和卸载参考底图

1．将文件附着为参考底图

AutoCAD 可以将 DWF、DWFx、DGN 或 PDF 文件作为参考底图附着到图形文件。

在图形文件中，参照和放置参考底图文件的方式与参照和放置光栅图像文件相同；它们实际上不属于图形文件。与光栅文件类似，参考底图通过可随时更改或删除的路径名称链接到图形文件。但是，用户不能将参考底图绑定到图形，也不能编辑或修改参考底图的内容。

选择工具栏中的"插入"命令，在下拉菜单中选择要插入的参考底图的类型，如图 8-96 所示，或者单击功能区"参照"面板上的"附着图像命令"按钮，出现"选择参照文件"对话框，如图 8-97 所示。选择要插入参考底图文件后，单击 打开(O) ▼按钮，打开"附着 DWF 参考底图"对话框（以附着 DWF 参考底图为例），如图 8-98 所示，在该对话框中可以设置参考底图文件的插入点位置、插入比例和旋转角度等参数，操作方法与外部参照一样，这里不再重复。

图 8-96　插入菜单

图 8-97　"选择参照文件"对话框

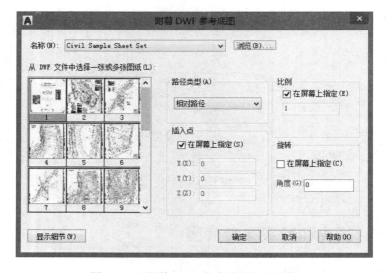

图 8-98　"附着 DWF 参考底图"对话框

AutoCAD 可以使用密码保护作为参考底图附着到图形的文件。DWF、DWFx 和 PDF

文件密码区分大小写。正确输入密码后才能附着该文件。每次打开图形时，系统都会提示用户输入参考底图文件的密码。如果图形附着了若干受密码保护的参考底图，则系统会提示输入多个密码。

有以下几点需注意。

（1）通过附着参考底图的方法，可在不显著增大图形文件大小的情况下在图形中访问文件。

（2）虽然参考底图文件是其源图形的副本，但是它们不如图形文件精确，在精确显示时会有细微的差异。

（3）多页 PDF 文件一次可附着一页；DWF 文件一次可附着一张图纸；DGN 文件可一次附着一个模型。

（4）可以将参考底图直接拖动到当前图形中。

（5）可以多次重复附着一个参考底图，系统将视其为块。每个参考底图都有自己的剪裁边界和对比度、淡入度和单色设置。

（6）如果参考底图文件包含图层，可以控制附着该文件后图层的显示方式。

（7）附着到图形的外部参照可以包含参考底图。

（8）二维线框视觉样式中仅可查看 DWF 和 PDF 参考底图。DGN 参考底图可以按任何视觉样式查看。

（9）附着 PDF 参考底图时文件中的超文本链接将转换为文字。

2．拆离参考底图文件和卸载参考底图文件

拆离参考底图时，参考底图的所有实例都将从图形中删除，而且该文件的链接路径也将删除。要临时隐藏参考底图的显示，用户可将其卸载而不是拆离。此操作可为稍后的重载保留参考底图位置。删除参考底图的单个实例不同于拆离，只有拆离参考底图，才能删除图形到文件的链接。

在当前的图形任务中不再需要某一参考底图时，可通过临时将其卸载来提升性能。系统不会显示或打印已卸载的参考底图。卸载参考底图时，不删除其链接。如果没有足够的内存打开图形中的多个参考底图，系统将自动卸载参考底图。

8.7.3 修改和管理参考底图

1．修改参考底图的位置、比例或旋转角度

附着参考底图文件时需指定参考底图的位置、比例或旋转角度，默认情况下，文件的插入点为(0,0,0)，比例因子为 1，旋转角度为 0；可以使用常规修改命令修改，例如移动、缩放、旋转、镜像、阵列等。选择参考底图后，可以使用“特性”选项板中的选项对其进行改变。双击参考底图可打开该参考底图的“特性”选项板，如图 8-99 所示。

2．控制参考底图中图层的显示

默认情况下，附着文件时，参考底图的所有可见图层均已打开，通常可以关闭不需要的图层以降低显示的复杂程度。使用 DWFLAYERS、PDFLAYERS、DGNLAYERS 或

ULAYERS 命令，或在选定的参考底图上右击，选择弹出的快捷菜单中的"图层"选项，打开"参考底图图层"对话框，关闭不需要的图层即可，如图 8-100 所示。

图 8-99　"特性"选项板　　　　　图 8-100　"参考底图图层"对话框

　　如果"参考底图图层"对话框为空，表明参考底图中无任何图层。可以使用"特性"选项板确定是否关闭了参考底图中的所有图层，如果没有关闭的图层，则"图层显示替代"特性将设定为"无"。如果至少关闭了一个图层，则"图层显示替代"特性将设定为"已应用"。

3．对象捕捉的应用

　　使用对象捕捉功能可精确定位绘制或编辑对象。除可以从常规对象捕捉分别打开和关闭（仅适用于附着的文件中的对象）外，参考底图对象捕捉与常规对象捕捉类似，如图 8-101 所示。

　　使用 DWFOSNAP、PDFOSNAP、DGNOSNAP 和 UOSNAP 系统变量可打开/关闭对象捕捉功能，也可以从快捷菜单中打开/关闭对象捕捉功能。选择参考底图，右击以显示快捷菜单，如图 8-102 所示。

4．调整参考底图的外观

　　选定参考底图后，可以在"特性"选项板中更改对比度、淡入度、单色和颜色，使用 DWFADJUST、PDFADJUST、DGNADJUST 或 ADJUST 命令可打开"特性"选项板，如图 8-103 所示。反转参考底图的颜色可提高图形相对于背景色的可见性。调整这些设置不

会改变原始文件，且不会影响图形中参考底图的其他实例，但是如果更改对比度、淡入度
和单色的值，会影响打印输出的结果。

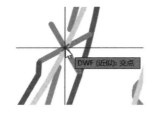

图 8-101　参考底图对象捕捉　　　　图 8-102　参考底图的快捷菜单

图 8-103　"特性"选项板

5．剪裁参考底图

选定参考底图后，可以在"特性"选项板单击 按钮创建剪裁边界，也可以通过使用
DGNCLIP、DWFCLIP、PDFCLIP、IMAGECLIP、VPCLIP 和 XCLIP 命令设置剪裁边界，
可以定义要显示和打印的参考底图的一部分。剪裁边界可以是多段线、矩形，也可以是顶
点限制在参考底图全局范围内的多边形。参考底图的每个实例只能有一个剪裁边界。同一
参考底图的多个实例可以有不同的边界。图 8-104、图 8-105 所示为一个矩形剪裁边界和多
段线剪裁边界的实例。

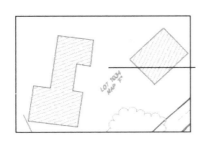

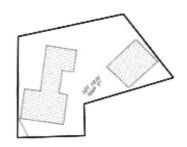

图 8-104　矩形剪裁边界　　　　　　　　图 8-105　多段线剪裁边界

不再需要剪裁边界时，可以在"特性"选项板单击 按钮，从参考底图中删除剪裁边
界，此时参考底图以其初始边界显示。用户还可以沿剪裁边界反转要隐藏的区域。

8.8　点　云　参　照

扫码看视频

在逆向工程中通过三维激光扫描仪或其他技术获取的产品外观表面的点数据集合也
称之为点云。点云可用于创建现有结构的三维表示。

点云来自从物理对象（例如建筑外部和内部、制炼厂、地形和工业制品）扫描得到原始数据后，可使用 Autodesk ReCap 将原始扫描数据转换为扫描文件（RCS 文件），以及参照多个 RCS 文件的项目文件（RCP 文件）。这两种格式都可以附着到 AutoCAD 图形中。

AutoCAD 通过以下 4 种方式实现点云插入操作：

- 运行命令 POINTCLOUDATTACH。
- 选择菜单栏的"插入"→"点云参照" 点云参照(C)... 命令。
- 单击功能区"插入"选项卡→"点云"面板→"附着"按钮。
- 在工具栏依次选择"工具"→工具栏→AutoCAD→点云。

下面以选项板方式为例介绍点云插入的操作步骤。

[1] 单击"插入"选项卡→"点云"面板→"附着"按钮，打开如图 8-106 所示的"选择点云文件"对话框。

图 8-106 "选择点云文件"对话框

[2] 单击 打开(0) 按钮，打开如图 8-107 所示的"附着点云"对话框。在"附着点云"对话框中，指定需要的插入点、比例和旋转角度。

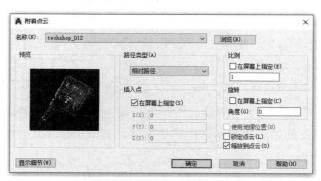

图 8-107 "附着点云"对话框

在"附着点运"对话框中：

- "锁定点云"复选框：用于防止附着的点云进行移动或旋转。

- "缩放到点云"复选框：自动缩放到附着的点云对象的范围。
- "使用地理位置"复选框：根据图形文件和点云文件中的地理数据插入点云。
- 显示细节(H) 按钮：显示有关点云的详细信息，包括尺寸（反映当前图形使用的测量单位）、点数以及是否包括诸如强度数据的信息。

[3] 单击 确定 按钮插入点云，打开如图 8-108 所示的点云图。

图 8-108　点云图

[4] 修改和编辑点云图。打开点云图后，单击会自动打开"点云"选项卡，可以通过如图 8-109 所示的选项卡编辑点云图。

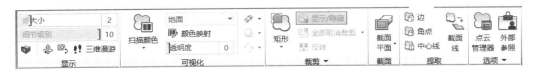

图 8-109　"点云"选项卡

利用此选项卡可以根据用户需求更改点云的显示设置，简化显示的同时提高性能，也可以使用不用颜色样式，以直观地表示点云数据。

- 点大小和细节级别：可以修改点云密度和点的大小，以通过可见点数量的增减以及点的大小的增减，管理程序性能和视觉噪波。
- 可视化：可以调整扫描颜色、映射颜色、透明度等参数，设置不同颜色样式（颜色样式化有助于分析点云中的特征），设置光源，设置所有点云的照射效果。此外，还可设置保留原始扫描颜色，或基于对象颜色、法线（点方向）、强度、标高或 LAS 分类数据对点云进行样式化。
- 裁剪点云：可以裁剪矩形、多边形或圆形区域，保存裁剪区域，显示/隐藏点云的相关部分。

- 从剖切的点云提取二维几何图形：可以在点云图像上提取边、角线和中心线，通过剖切点云，还可以采用另一种方法从中提取几何图形。PCEXTRACTSECTION 命令可标识点云中基本的二维几何图形并创建二维线图形，默认情况下，会在与截面平面重合的平面上创建该几何图形。

- 执行点云的标准编辑操作：右击点云图像，使用右键快捷菜单可以剪切、复制、粘贴、移动、缩放、旋转和删除点云。在"特性"选项板中可更改常规特性，例如颜色和图层。此外，还可以修改插入点、旋转角度和缩放比例；锁定和解锁点云；显示或隐藏裁剪区域；以及选择颜色样式化和颜色方案。

- 使用点云管理器：打开"点云管理器"选项板（见图 8-110），可以在点云项目（RCP 文件）中显示或隐藏单独的面域（RCS 文件）。在"点云管理器"选项板中双击某个扫描项，可以从该扫描的相机位置查看点云。用户还可以使用"点云"选项卡"显示"面板的"三维动态观测"按钮、"三维旋转"按钮和"三维漫游"按钮查看方向。单击三维漫游按钮，可打开"定位器"选项板，如图 8-111 所示，直观地定位观测位置。

图 8-110　"点云管理器"选项板

图 8-111　"定位器"选项板

8.9　思考与练习

1．概念题

（1）利用什么命令可以把块分解为独立的对象？

（2）合理定义块的插入点有什么好处？

（3）怎样建立有属性的块？

（4）怎样编辑块的属性？

（5）怎样建立一个外部块？当插入一个文件时，它的插入点是怎样配置的？利用什么命令来定义一个文件的插入点？

（6）怎样理解图层与块的关系？

（7）外部参照与块有什么区别？

（8）怎样控制外部参照？

2．操作题

绘制图 8-112 所示的零件图。

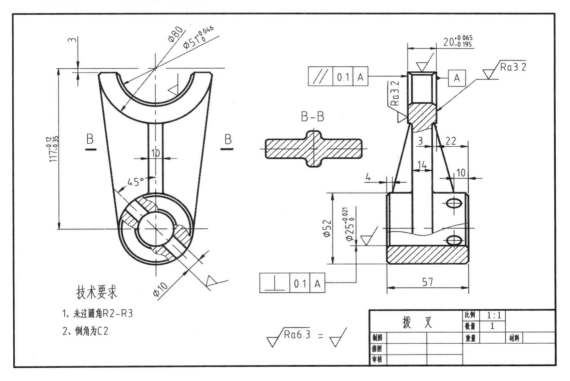

图 8-112　习题图

第 9 章　高效绘图工具

本章重点

- 设计中心
- 工具选项板
- CAD 标准
- 使用样板文件
- 对象查询
- 计算器（CAL）
- 快速计算器
- 命名对象
- 标记集

9.1　设　计　中　心

设计中心是一种直观、高效，与 Windows 资源管理器界面类似的工作控制中心，用于在多文档和多人协同设计环境下管理众多的图形资源。通过设计中心，既可以管理本地机上的图形资源，又可以管理局域网或 Internet 上的图形资源。使用设计中心，可以将AutoCAD 文件中图块、图层、外部参照、标注样式、文字样式、线型和布局等内容直接插入到当前图形中，从而实现资源共享，简化绘图过程。

单击"视图"选项卡→"选项板"面板→"设计中心"按钮，或者执行"工具"→"选项板"→"设计中心"命令，可以打开"DESIGNCENTER（设计中心）"窗口，如图 9-1 所示。

9.1.1　设计中心的功能

一般使用设计中心可做如下工作：

- 浏览用户计算机、网络驱动器和 Web 页上的图形内容（例如图形或符号库）；
- 在定义表中查看图形文件中命名对象（例如块和图层）的定义，然后将定义插入、附着、复制和粘贴到当前图形中；
- 更新（重定义）块定义；
- 创建指向常用图形、文件夹和 Internet 网址的快捷方式；
- 向图形中添加内容（例如外部参照、块和填充）；
- 在新窗口中打开图形文件；
- 将图形、块和填充拖动到工具选项板上以便于访问。

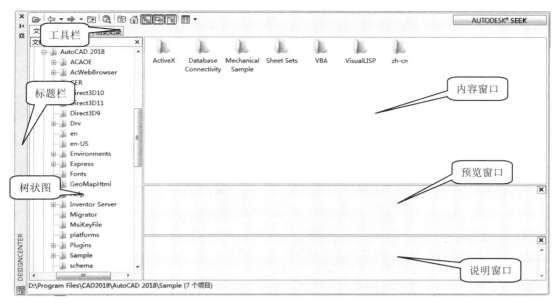

图 9-1　"DESIGNCENTER"窗口

"设计中心"窗口分为两部分，左边为树状图，右边为内容区域。可以在树状图中浏览内容的源，而在内容区域显示内容。可以在内容区域中将项目添加到图形或工具选项板中。

在内容区域的下面，可以显示选定图形、块、填充图案或外部参照的预览或说明。窗口顶部的工具栏提供了若干选项和操作。

用户可以控制设计中心的大小、位置和外观：

- 要调整设计中心的大小，可以拖动内容区域和树状图之间的栏线，或者像拖动其他窗口那样拖动它的一边。
- 要固定设计中心，请将其拖动到 AutoCAD 窗口的右侧或左侧的固定区域上，直到捕捉到固定位置。也可以通过双击"设计中心"窗口标题栏将其固定。
- 要浮动设计中心，请移动鼠标指针到标题栏，拖动鼠标使设计中心远离固定区域。拖动时按住 Ctrl 键可以防止窗口固定。
- 单击设计中心标题栏上的"自动隐藏"按钮 可使设计中心自动隐藏。

图 9-2　快捷菜单

如果打开了设计中心的自动隐藏功能，那么当鼠标指针移出"设计中心"窗口时，设计中心树状图和内容区域将消失，只留下标题栏。将鼠标指针移动到标题栏上时，"设计中心"窗口将恢复。

在"设计中心"标题栏上右击将显示如图 9-2 所示的快捷菜单，通过选择命令进行相应操作。

9.1.2　使用设计中心访问内容

单击设计中心窗口的"文件夹"选项卡，左边的树状视图窗口显示设计中心的树状资源管理器，单击其中的某个文件夹，则该文件夹中的文件将显示在右边的内容窗口中。在内容窗口中单击选择某个文件，则预览窗口中将显示文件的缩略图，如图 9-3 所示。

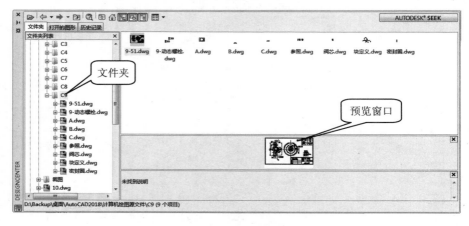

图 9-3　选择文件

在内容区双击某个文件，内容窗口将显示该文件的标注样式、表格样式、布局、块、图层、外部参照、文字样式和线型等组成部分，如图 9-4 所示。要看各部分包含具体对象定义，再次在组成部分符号上双击（如在"块"上双击），在内容窗口中将显示该组成部分包含的具体对象定义，如图 9-5 所示。

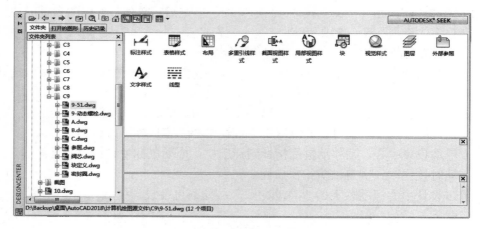

图 9-4　文件的组成部分

另外，"历史记录""打开的图形"选项卡为查找内容提供了另外的方法：

（1）"打开的图形"选项卡：显示当前已打开图形的列表。单击某个图形文件，然后单击列表中的一个定义表可以将图形文件的内容加载到内容区域中。

（2）"历史记录"选项卡：显示设计中心以前打开的文件列表。双击列表的某个图形文件，可以在"文件夹"选项卡的树状视图中定位此图形文件并将其内容加载到内容区域。

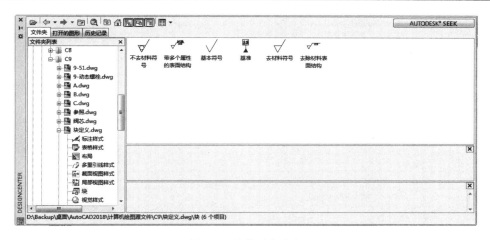

图 9-5　具体对象定义

9.1.3　打开图形文件

要在设计中心中直接打开某个文件，在内容窗口的文件名上右击，在弹出的快捷菜单中选择"在应用程序窗口中打开"选项即可，如图 9-6 所示。

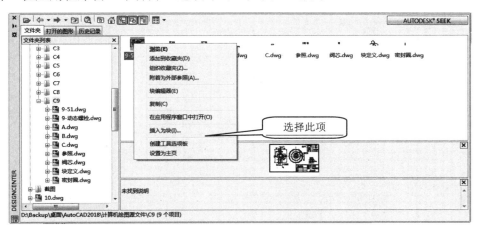

图 9-6　打开图形文件

9.1.4　共享图形资源

1. 向图形添加内容

使用设计中心可以把在别的文件中定义的块或者外部参照等直接插入到当前文件中。如图 9-7 所示，在内容窗口中的具体块名字上右击，弹出快捷菜单，选择"插入块"选项，然后按照插入块的操作方法，就可以把该块插入到当前图形，同时这个块定义也保存在该文件中。

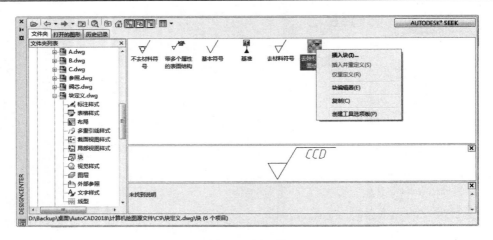

图 9-7　插入块

　　同样，使用设计中心还可以把别的文件中的标注样式、文本样式、图层等定义添加到当前文件中，如图 9-8 所示。在内容窗口中的具体标注样式名字上右击，在弹出的快捷菜单中选择"添加标注样式"选项，就可以把该标注样式添加到当前文件中，不需要用户再去自己定义了。

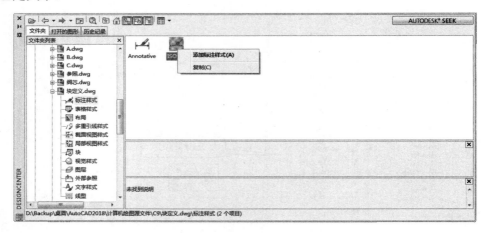

图 9-8　添加标注样式

　　另外还可以使用以下 2 种方法在内容区中向当前图形添加内容：
　　（1）将某个项目拖动到某个图形的图形区，按照默认设置将其插入。
　　（2）双击项目自动添加或出现相应的对话框（或列表）。

2．通过设计中心更新块定义

　　与外部参照不同，当更改块定义的源文件时，包含此块的图形的块定义并不会自动更新。通过设计中心，用户可以决定是否更新当前图形中的块定义。块定义的源文件可以是图形文件或符号库图形文件中的嵌套块。
　　在内容区域中的块或图形文件上右击，在弹出的快捷菜单中选择"仅重定义"或"插入并重定义"选项，可以更新选定的块定义，如图 9-9 所示。

3. 将设计中心的项目添加到工具选项板

可以将设计中心的图形、块和图案填充添加到当前工具选项板中，有
以下 2 种方法：

（1）将设计中心内容区中附加的图形、块或填充图案拖动到工具选项　图 9-9　快捷菜单
板中。

（2）在设计中心树状图的文件夹、图形文件或块上右击，然后在快捷菜单中选择"创
建工具选项板"选项，创建包含预定义内容的工具选项板选项卡。

9.2　工具选项板

扫码看视频

工具选项板是"工具选项板"窗口中选项卡形式的区域，提供组织、共享和放置块及
填充图案等的有效方法。工具选项板还可以包含由第三方开发人员提供的自定义工具。

执行"工具"→"选项板"→"工具选项板"菜单命令，或者单击"视图"选项卡→
"选项板"面板→"工具选项板"按钮▥，就会打开"工具选项板"窗口，如图 9-10 所示。

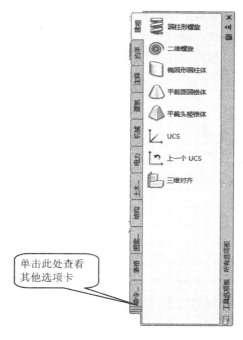

图 9-10　"工具选项板"窗口

9.2.1　使用工具选项板插入块和图案填充

可以将常用的块和图案填充放置在工具选项板上。需要向图形中添加块或图案填充

时，只需将其从工具选项板拖动至图形中即可（或者在其上单击）。

位于工具选项板上的块和图案填充称为工具，可以为每个工具单独设置若干个工具特性，如比例、旋转和图层等（在工具上右击，选择快捷菜单的"特性"选项）。

将块从工具选项板拖动到图形中时，可以根据块中定义的单位比率和当前图形中定义的单位比率自动对块进行缩放。例如，如果当前图形的单位为米，而所定义的块的单位为厘米，单位比率即为 1（m）/100（cm）。将块拖动到图形中时，则会以 1/100 的比例插入（即 100 个块单位变为一个图形单位）。

提示： 如果源块或目标图形中的"拖放比例"设置为"无单位"，则使用"选项"对话框"用户系统配置"选项卡的"源内容单位"和"目标图形单位"来设置。

9.2.2　更改工具选项板设置

工具选项板的选项和设置可以被用户定义。这些设置包括以下 3 种：

1．自动隐藏

当鼠标指针移动到"工具选项板"窗口的标题栏时，"工具选项板"窗口会自动滚动打开或滚动关闭。单击"工具选项板"窗口标题栏上的自动隐藏按钮可以改变窗口的滚动行为。当自动隐藏按钮状态为▐◀时，窗口不滚动。当自动隐藏按钮状态为▐▶时，自动滚动打开，当鼠标指针移出窗口时，窗口自动收缩到标题栏，当鼠标指针移动到标题栏时，窗口又会自动打开。

2．透明度

可以将"工具选项板"窗口设置为透明，从而不会挡住下面的对象。（Microsoft Windows NT 用户无法设置透明度。）右击"工具选项板"窗口标题栏，然后在快捷菜单中选择"透明度"选项，将出现"透明"对话框。在该对话框中，使用滑块可调整"工具选项板"窗口的透明度级别。

3．视图

工具选项板上图标的显示样式和大小也可以更改。右击"工具选项板"窗口的空白区域，选择快捷菜单的"视图选项"，出现"视图选项"对话框，单击要设置的图标显示选项即可。该对话框也可用于更改图标的大小。

9.2.3　控制工具特性

通过控制工具特性可以更改工具选项板上任何工具的插入特性或图案特性。例如，可以更改块的插入比例或填充图案的角度。

要更改这些工具特性，请在某个工具上右击，在弹出的快捷菜单中选择"特性"选项，出现如图 9-11 所示的"工具特性"对话框，然后在对话框中更改工具的特性。"工具特性"对话框包含 2 类特性：插入特性（或图案特性）和常规特性。

图 9-11　"工具特性"对话框

（1）插入特性或图案特性：控制指定对象的特性，例如比例、旋转和角度等。

（2）常规特性：替代当前图形特性设置，例如图层、颜色和线型。

在工具选项板上更改工具特性的步骤如下：

[1] 在工具选项板上，右击某个工具，然后在快捷菜单中选择"特性"选项，出现"工具特性"对话框。

[2] 在"工具特性"对话框中，使用滚动条查看所有工具特性。单击任何特性字段并指定新的值或设置。

- "插入"或"图案"类别下列出的特性可以控制指定对象的特性，例如缩放比例、旋转和角度等。
- "常规"类别下列出的特性可以替代当前图形特性设置，例如图层、颜色和线型。

[3] 设置完毕后单击 确定 按钮。

9.2.4　自定义工具选项板

在"工具选项板"窗口的标题栏上右击，在弹出的快捷菜单中选择"新建选项板"选项即可创建新的工具选项板。使用以下方法可以在工具选项板中添加工具。

- 将以下任意一项拖至工具选项板：几何对象（例如直线、圆和多段线）、标注、图案填充、渐变填充、块、外部参照或光栅图像。
- 将图形、块和图案填充从设计中心拖至工具选项板。将已添加到工具选项板中的图形拖动到另一个图形中时，图形将作为块插入。
- 使用"剪切""复制"和"粘贴"命令（在工具上使用右键快捷菜单）可以将一个工具选项板中的工具移动或复制到另一个工具选项板中。
- 在设计中心树状图中的文件夹、图形文件或块上右击，然后在弹出的快捷菜单中选择"创建工具选项板"，即可创建包含预定义内容的工具选项板选项卡。

创建空的工具选项板的步骤如下：

[1] 在"工具选项板"窗口标题栏上右击，在弹出的快捷菜单选择"新建选项板"选项，出现一个文本输入框，输入新建工具选项板的名称，如"我的选项板"。

[2] 然后按 Enter 键，这样就会在"工具选项板"窗口中添加一个自定义的选项板，用户可以利用上面的方法添加组织自己的工具，如图 9-12 所示。

从文件夹或图形创建工具选项板的步骤如下：

[1] 打开设计中心。

[2] 在设计中心树状图或内容区域中，右击文件夹、图形文件或块，如在"Mechanical Sample"目录上右击，出现快捷菜单，如图 9-13 所示。

图 9-12　自定义的工具选项板　　　　　　　　图 9-13　快捷菜单

[3] 在快捷菜单上，单击"创建块的工具选项板"选项。

[4] 此时将创建一个新的工具选项板，包含所选文件夹或图形中的所有块，如图 9-14 所示，创建了一个名为"Mechanical Sample"的工具选项板。

图 9-14　"Mechanical Sample"工具选项板

9.2.5　保存和共享工具选项板

可以通过将工具选项板输出或输入为工具选项板文件来保存和共享工具选项板。工具选项板文件的扩展名为.xtp，工具选项板组文件的扩展名为.xpg。

打开"工具选项板"窗口，在标题栏上右击，选择弹出的快捷菜单的"自定义选项板"选项，出现"自定义"对话框，如图 9-15 所示。从中可以看出左边显示的是所有选项板，右边显示的是选项板组（把相关的选项板组织在一起构成一组），用户可以通过快捷菜单创建新的选项板组，然后通过鼠标拖动的方法组织选项板组的内容。

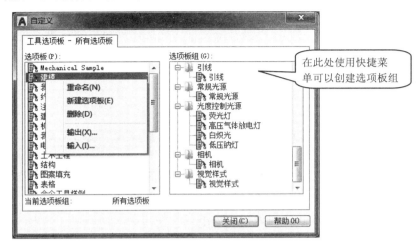

图 9-15　"自定义"对话框

　　选择一个选项板（左边窗口），利用右键快捷菜单中的"输出"选项可以输出保存选项板；使用快捷菜单的"输入"选项可以共享外部选项板。

　　选择一个选项板组（右边窗口），利用右键快捷菜单中的"输出"选项可以输出保存选项板组。使用快捷菜单中的"输入"选项可以共享外部选项板组。

9.3　CAD 标准

扫码看视频

　　在这一节中将讲述怎样定义标准，怎样检查图形是否与标准冲突，以及怎样修复标准冲突。

9.3.1　CAD 标准概述

　　为维护图形文件的一致性，可以创建标准文件以定义常用属性。标准为命名对象（例如图层和文字样式）定义一组常用特性。为了增强一致性，用户或用户的 CAD 管理员可以创建、应用和核查 AutoCAD 图形中的标准。由于标准可以帮助其他人理解图形，所以在多人创建同一个图形的协作环境下尤其有用。

1．标准检查的命名对象

可以为下列命名对象创建标准。

- 图层
- 文字样式
- 线型

- 标注样式

2．标准文件

定义标准后，将它们保存为标准文件，之后，就可以将标准文件同一个或更多图形文件关联起来。将标准文件与图形相关联后，应该定期检查该图形，以确保它遵循标准。

9.3.2 定义标准

要设置标准，可以创建定义图层特性、标注样式、线型和文字样式的文件，然后将其保存为带有.dws 文件扩展名的标准文件。

根据工程的组织方式，可以决定是否创建多个工程特定标准文件并将其与单个图形关联起来。核查图形文件时，标准文件中各设置之间可能会发生冲突。例如，某个标准文件指定图层 WALL 为黄色，而另一个标准文件指定图层为红色。发生冲突时，第一个与图形关联的标准文件具有优先权。如有必要，可以改变标准文件的顺序以改变优先级。

如果希望只使用指定的插入模块核查图形，可以在定义标准文件时指定插入模块。例如，如果最近只对图形进行了文字更改，那么用户可能希望只使用图层和文字样式插入模块核查图形，以节省时间。默认情况下，核查图形是否与标准冲突时将使用所有插入模块。

1．创建标准文件的步骤

[1] 新建一个图形文件。

[2] 在新图形中，创建将要作为标准文件一部分的图层、标注样式、线型和文字样式等。

[3] 执行"文件"→"另存为"命令。

[4] 在"文件名"输入框中，输入标准文件的名称。

[5] 在"文件类型"列表中，选择"AutoCAD 图形标准(*.dws)"。

[6] 单击 保存(S) 按钮。

2．使标准文件与当前图形相关联的步骤

[1] 打开一个要与标准文件关联的图形文件，然后执行"工具"→"CAD 标准"→"配置"命令（或单击"管理"选项卡→"CAD 标准"面板→ 配置 按钮），出现如图 9-16 所示的"配置标准"对话框。

图 9-16 "配置标准"对话框

[2]　在"配置标准"对话框的"标准"选项卡中，单击"添加标准文件"按钮⊞，出现"选择标准文件"对话框。

[3]　在"选择标准文件"对话框中，找到并选择标准文件，单击 打开(O) 按钮后，列出标准文件的说明，如图 9-17 所示。

图 9-17　配置标准

[4]　如果要使其他标准文件与当前图形相关联，请重复执行步骤 2 和步骤 3。

[5]　单击 确定 按钮完成标准关联。

3．从当前图形中删除标准文件的步骤

[1]　执行"工具"→"CAD 标准"→"配置"命令（或单击"管理"选项卡→"CAD 标准"面板→ 配置 按钮），出现"配置标准"对话框。

[2]　在"与当前图形关联的标准文件"中选择一个标准文件。

[3]　单击"删除标准文件"按钮⊠。

[4]　如果要删除其他标准文件，请重复执行步骤 2 和步骤 3。

[5]　单击 确定 按钮完成标准的删除。

4．更改与当前图形相关联的标准文件的次序的步骤

根据工程的组织方式，可以决定是否创建多个工程特定标准文件并将其与单个图形关联起来。核查图形文件时，标准文件中各设置之间可能会发生冲突。发生冲突时，第一个与图形关联的标准文件具有优先权。如有必要，可以改变标准文件的顺序以改变优先级。

[1]　执行"工具"→"CAD 标准"→"配置"命令（或单击"管理"选项卡→"CAD 标准"面板→ 配置 按钮），出现"配置标准"对话框。

[2]　在"配置标准"对话框的"标准"选项卡上，在"与当前图形关联的标准文件"中选择要更改其位置的标准文件。

[3]　执行下列操作之一：

● 单击上箭头按钮⬆，将标准文件向上移动到列表的某个位置。

● 单击下箭头按钮⬇，将标准文件向下移动到列表的某个位置。

[4]　如果要更改列表中其他标准文件的位置，请重复执行步骤 2 和步骤 3。

[5]　单击 确定 按钮完成。

5．指定核查图形时使用的标准插入模块的步骤

如果希望只使用指定的插入模块核查图形，可以在定义标准文件时指定插入模块。例如，如果最近只对图形进行了文字更改，那么用户可能希望只使用图层和文字样式插入模块核查图形，以节省时间。默认情况下，核查图形是否与标准冲突时将使用所有插入模块。

[1] 执行"工具"→"CAD 标准"→"配置"命令（或单击"管理"选项卡→"CAD 标准"面板→ 配置 按钮），出现"配置标准"对话框。

[2] 在"配置标准"对话框的"插件"选项卡（如图 9-18 所示），执行下列操作之一：

图 9-18 "插件"选项卡

- 至少选中一个插入模块的复选框，以核查图形是否与标准冲突。
- 要选择所有插入模块，请在"检查标准时使用的插件"列表中右击，然后选择快捷菜单中的"全部选择"选项。（在"检查标准时使用的插件"列表中右击，然后单击快捷菜单中的"全部清除"选项即可清除所有插入模块。）

[3] 单击 确定 按钮完成。

9.3.3 检查和修复标准冲突

将标准文件与 AutoCAD 图形相关联后，应该定期检查该图形，以确保它遵循其标准。这在许多人同时更新一个图形文件时尤为重要。例如，在一个具有多个/次承包人的项目中，某个/次承包人可能创建了新的但不符合所定义的标准的图层。在这种情况下，需要能够识别出非标准的图层然后对其进行修复。

可以使用通知功能警告用户在操作图形文件时发生标准冲突。此功能允许用户在发生标准冲突后立即进行修改，从而使创建和维护遵从标准的图形更加容易。

在检查图形是否符合标准时，将对照与图形相关联的标准文件，检查每个特定类型的命名对象。例如，对照标准文件中的图层时，图形中的每个图层都受到了检查。

标准核查可以找出 2 种问题：

（1）在检查的图形中出现带有非标准名称的对象。例如，名为 WALL 的图层出现在图形中，但并未出现在任何相关标准文件中。

（2）图形中的命名对象可以与标准文件中的某一名称相匹配，但它们的特性并不相同。

例如，图形中 WALL 图层为黄色，而标准文件将 WALL 图层指定为红色。

用非标准名称固定对象时，非标准对象将从图形中被清理掉。与非标准对象关联的任何图形对象都将传送给指定的替换标准对象。例如，可以固定非标准图层 WALL，并使用标准 ARCH-WALL 图层替换它。可以将所有对象从图层 WALL 传送至图层 ARCH-WALL，然后从图形中清理掉图层 WALL。

[1] 打开具有一个或多个关联标准文件的图形（以"关联标准文件.dwg"为例，它关联了同目录下的"标准文件.dws"），状态栏中显示关联标准文件图标▯。如果缺少关联标准文件，则状态栏将显示缺少标准文件图标▯。

> **注意**：如果单击缺少标准文件图标，然后解决或断开了缺少的标准文件，那么缺少标准文件图标将被关联标准文件图标代替。

[2] 在具有一个或多个关联的标准文件的图形中，执行"工具"→"CAD 标准"→"检查"命令（或单击"管理"选项卡→"CAD 标准"面板→ ✔ 检查 按钮，或在"配置标准"对话框中单击 检查标准(C)... 按钮），将显示"检查标准"对话框，其中在"问题"下报告了第一个标准冲突的情况，如图 9-19 所示。

图 9-19　"检查标准"对话框

[3] 执行下列操作之一：

- 如果要应用"替换为"列表中所选的项目以修复"问题"中报告的冲突，请单击 修复(F) 按钮。如果"替换为"列表中存在一个建议的修复方法，则复选框前会显示一个复选标记。如果不存在建议如何修复当前标准冲突的修复方法，则 修复(F) 按钮将不可用（用户可以在"替换为"列表中选择一个标准）。
- 在 AutoCAD 中手动修复一个标准冲突后系统会自动显示下一个标准冲突；如果不修复，可以单击 下一个(N) 按钮显示下一个标准冲突。
- 选择"将此问题标记为忽略"复选框将标记该标准冲突，下次使用标准检查命令时将不显示该冲突。然后单击 下一个(N) 按钮，显示下一个标准冲突。

[4]　重复执行步骤 3，直至查看了所有的标准冲突，最后出现 "检查完成" 对话框，如图 9-20 所示。

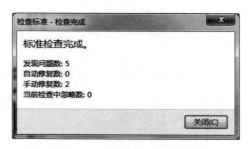

图 9-20　"检查完成" 对话框

[5]　单击 关闭(C) 按钮完成标准的检查和修复。

9.4　建立样板图

扫码看视频

AutoCAD 提供了很多样板图，但往往与实际要求有出入，因此需要用户自定义样板。现在来建立一张 A3 幅面的样板图，基本操作步骤如下：

[1]　设置绘图单位和幅面。
[2]　设置层、文本样式和标注样式。
[3]　绘制边框、标题栏。
[4]　建立样板文件。

9.4.1　设置绘图单位和幅面

启动 AutoCAD 后，单击 "新建" 按钮，出现 "选择样板" 对话框，默认设置的公制基础样板文件是 acadiso.dwt，用户可以在此基础上完善自己的样板文件，单击 打开(O) 按钮开始一个新文件。

1．修改绘图单位

在命令行输入 UNITS 命令，或者执行 "格式" → "单位" 命令，可以打开 "图形单位" 对话框，如图 9-21 所示。

在 "长度" 选项组指定测量的当前单位及当前单位的精度。在 "角度" 选项组指定当前角度的格式和当前角度显示的精度。选择 "顺时针" 复选框以顺时针方向计算正的角度值。"角度" 的默认方向是逆时针方向。

打开 "插入时的缩放单位" 选项组的 "用于缩放插入内容的单位" 下拉列表，在 "用于控制使用工具" 选项板（例如设计中心或 i-drop）拖入当前图形的块的测量单位。如果块或图形创建时使用的单位与该选项指定的单位不同，则在插入这些块或图形时，将对其按比例缩放。插入比例是源块或图形使用的单位与目标图形使用的单位之比。如果插入块时不按指定单位缩放，请选择"无单位"选项。

单击 方向(D)... 按钮，弹出如图 9-22 所示的"方向控制"对话框，设置基准角度的方向。

图 9-21　"图形单位"对话框　　　　　　图 9-22　"方向控制"对话框

2．修改绘图边界

在命令行输入 limits 命令，或者执行"格式"→"图形界限"命令，命令行提示如下：

命令: _limits
重新设置模型空间界限:
指定左下角点或 [开(ON)/关(OFF)] <0.0000,0.0000>:　//直接按 Enter 键确定绘图界限左下角点的位置
指定右上角点 <420.0000,297.0000>:　　　　　　　//确定绘图界限右上角点的位置

利用 LIMITS 命令的开关选项，可以打开或关闭边界检验功能。如果选择"开"选项，AutoCAD 打开边界检验功能，这时用户只能在图形界限范围内绘图，如超出范围，AutoCAD 将拒绝执行。如果选择"关"选项，AutoCAD 关闭边界检验功能，用户绘图不受图形界限的限制。

提示：用户可以打开栅格显示，然后执行"缩放"快捷命令"zoom"→"A（全部）"命令观察设置的绘图界限，这时整个绘图界限会完全显示在绘图窗口中。

9.4.2　设置层、文本样式、标注样式

用户可以把图层、文本样式和标注样式等保存在样板文件中，这样就不用重复设置了。以下将指导用户设置常用的图层、图块文本样式和标注样式。

1．设置图层

利用前面介绍过的层的设置方法，建立图层，在图层中设置如表 9-1 所示的内容。

表 9-1　图层设置

图 层 名 称	图 层 线 型	线　　宽
轮廓线	Continuous	0.5
虚线	Hidden	0.25
点画线	Center	0.25
双点画线	Phantom	0.25
标注	Continuous	0.25
文本	Continuous	0.25
剖面线	Continuous	0.25
细实线	Continuous	0.25

2. 创建常用图块

创建常用图块，并设置如表 9-2 所示的内容。

表 9-2　常用图块

序　　号	符　　号	说　　明
1		基本图形符号，仅用于简化代号标注
2		在基本图形代号上加一短横，表示指定表面用去除材料的方法获得，例如通过机械加工获得的表面
3		在基本图形代号上加一个圆圈，表示指定表面用不去除材料的方法获得
4		带一个参数的表面结构符号
5		带两个参数的表面结构符号
6		基准符号

3. 设置文本样式

按照第 7 章介绍的方法，设置如表 9-3 所示的文本样式。

表 9-3　文本样式

名　　称	作　　用
工程字（gbenor.shx）	用于文字输入或尺寸标注
工程字（gbeitc.shx）	用于文字输入或尺寸标注

4. 设置标注样式

按照第 7 章介绍的方法，设置如表 9-4 所示的标注样式。

表 9-4　标注样式

名　　称	作　　用
基本样式（GB-35）	用于标注一般的尺寸
角度样式（子样式）	用于标注角度式样
非圆尺寸样式	用于标注非圆视图的带直径符号的尺寸
抑制样式	用于标注有抑制的尺寸
公差样式	用于标注带公差的尺寸

9.4.3　绘制边框、标题栏

绘制如图 9-23 所示的 A3 边框。

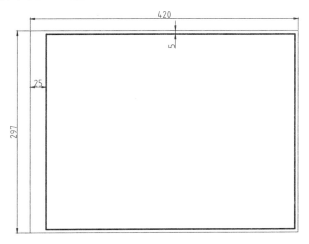

图 9-23　绘制边框

绘制标题栏，如图 9-24 所示。

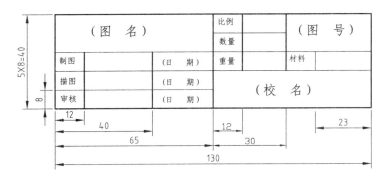

图 9-24　标题栏

为了绘图方便，不管机件尺寸多大，都习惯用 1：1 的比例来进行绘制。要打印出图（在布局中）时，再用比例缩放命令，将图形放大或缩小，以适应图纸幅面大小。但是，标题栏和边框是不缩放的，所以要把标题栏和边框定义成块，直接在图纸中插入。

9.4.4　建立样板文件

建立样板文件，就是将样板图保存到磁盘，变成一个可以调用的文件。保存方法与一般图形文件的保存方法一样，只是文件的扩展名不同。一般的 AutoCAD 图形文件的扩展名是.dwg，样板图的扩展名为.dwt。

执行"文件"→"另存为"命令，弹出"图形另存为"对话框（如图 9-25 所示），在"文件类型"下拉列表选择"AutoCAD 图形样板（*.dwt）"选项，在"文件名"文本框中输入样板文件的名字"A3 模板"，单击 保存(S) 按钮出现"样板选项"对话框，用户可以在"说明"文本框中输入对样板文件的描述，单击 确定 按钮，样板文件就会保存到"安装目录\Template"目录中。

图 9-25　"图形另存为"对话框

9.4.5　调用样板图

如果希望以某样板文件为基础新建 AutoCAD 文档，可单击"新建"按钮 ，打开"选择样板"对话框，用户直接选择某样板即可，如图 9-26 所示。单击需要的样本文件就可以进入绘图状态。在这个新建文档中包含了样板文件定义的环境设置、图层、文本样式和标注样式等，不需要用户再设置，大大提高了工作效率。

图 9-26　"选择样板"对话框

9.5　参数化绘图

绘制形状相似而尺寸不同的图形，可以使用参数化绘图方法来提高绘图效率，而对于各部分尺寸都由某一个参数或几个参数决定的图形，使用参数化绘图方法进行绘制更有必要。

9.5.1　参数化的概念

参数就是对图形的每条图线都使用约束来决定其和相邻图线的位置关系，使用尺寸标注定义其大小。需要修改图形各部分大小时，只需更改相应尺寸，即可驱动图形大小发生变化。

参数化绘图的步骤如下：

[1] 利用绘图工具绘制图形，此时只关心其形状，不必在意尺寸大小。

[2] 使用约束工具定义各图元的位置关系。

[3] 标注动态尺寸。

[4] 修改尺寸驱动图形使图形满足要求。

参数化过程使用"参数化"选项卡完成，它由"几何"面板、"标注"面板和"管理"面板组成，如图 9-27 所示。

图 9-27　"参数化"选项卡

9.5.2　约束

约束是指两个对象之间的位置及度量关系，包括点和点的关系、点和线的关系、线和线的关系，共 12 种。在"几何"面板中选中合适的约束工具，根据提示选择两个对象即可对这两个对象实施该约束。完成约束后，对象上显示该约束的符号，不同约束的符号不同，如图 9-28 所示。"几何"面板如图 9-29 所示。

图 9-28　约束符号　　　　　　　图 9-29　"几何"面板

"几何"面板中各工具的说明如下：

- "自动约束"工具 ：选择此工具，根据系统提示，系统根据绘图时使用的辅助
工具自动为选中的对象添加约束。

- "重合"约束工具 ：选择此工具，根据系统提示选取两个点，此时两点重合；
或者选取一个点和一个对象，此时点约束在对象上或者对象的延长线上，在图形中
显示的符号是蓝色的方点，当鼠标指针指向该小点时，显示为" "。其使用方法
如图 9-30 所示。

图 9-30 "重合"约束工具的使用方法

- "共线"约束工具 ：选择此工具，根据系统提示选择两条直线，两条直线位于
过第一条直线的无限长直线上，其约束符号为" "，使用方法如图 9-31 所示。

图 9-31 "共线"约束工具的使用方法

- "同心"约束工具 ：选择此工具，根据系统提示选择两个对象，可以是圆、圆
弧或者椭圆。两个对象共用选择的第一个对象的圆心，其约束符号为" "，使用
方法如图 9-32 所示。

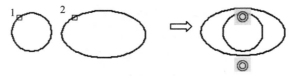

图 9-32 "同心"约束工具的使用方法

- "固定"约束工具 ：选择此工具，根据系统提示选择点或对象，将点或对象固
定在相对世界坐标系的特定位置和方向上。固定点时，其约束符号为" "，固定
对象时，其约束符号为" "，使用方法如图 9-33 所示。

图 9-33 "固定"约束工具的使用方法

- "平行"约束工具 ：选择此工具，根据系统提示选择两条直线，将选择的第二

条直线约束为和选定的第一条直线平行，其约束符号为"　//　"，使用方法如图 9-34
所示。

图 9-34　"平行"约束工具的使用方法

- "垂直"约束工具 ⟨ ：选择此工具，根据系统提示选择两条直线，则选中的第二
  条直线变为与第一条直线垂直，其约束符号为"　⟨　"，使用方法如图 9-35 所示。

图 9-35　"垂直"约束工具的使用方法

- "水平"约束工具 ⟨ ：选择此工具，根据系统提示选择两点或直线。选择点时，
  两点水平对齐，其约束符号为"　⟨　"；选择直线时，直线变为水平直线，其约束符
  号为"　⟨　"。其使用方法如图 9-36 所示。

约束两点　　　　　　　　　　　约束对象

图 9-36　"水平"约束工具的使用方法

- "竖直"约束工具 ⟨ ：选择此工具，根据系统提示选择两点或直线。选择点时，
  两点竖直对齐，其约束符号为"　⟨　"；选择直线时，直线变为竖直直线，其约束符
  号为"　⟨　"。其使用方法如图 9-37 所示。

约束两点　　　　　　　　　　　约束对象

图 9-37　"竖直"约束工具的使用方法

- "相切"约束工具 ⟨ ：选择此工具，根据系统提示选择两个对象，所选的两个对
  象变为相切，第一个对象位置不动，其约束符号为"　⟨　"，使用方法如图 9-38 所示。

图 9-38　"相切"约束工具的使用方法

- "平滑"约束工具 ![]：选择此工具，根据系统提示选择两条样条曲线，两样条曲线光滑连接，其约束符号为"![]"，使用方法如图 9-39 所示。

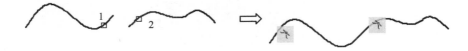

图 9-39　"平滑"约束工具的使用方法

- "对称"约束工具 ![]：选择此工具，根据系统提示选择两个点及对称直线。两点相对于对称直线对称，其约束符号为"![]"；选择两对象，此两对象相对于对称直线对称，其约束符号为"![]"；对称线上显示的符号为"![]"。其使用方法如图 9-40 所示。

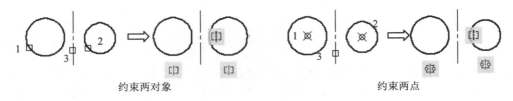

约束两对象　　　　　　　　　　　　　　约束两点

图 9-40　"对称"约束工具的使用方法

- "相等"约束工具 ![]：选择此工具，根据系统提示选择两对象，两对象相等，其约束符号为"![]"，使用方法如图 9-41 所示。

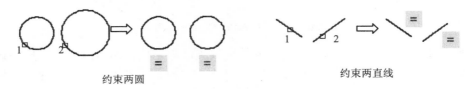

约束两圆　　　　　　　　　　　　　　约束两直线

图 9-41　"相等"约束工具的使用方法

- "显示/隐藏"工具 ![显示/隐藏]：选择此工具，根据系统提示操作可显示或者隐藏所选对象的约束符号。

```
命令: _ConstraintBar                      //调用命令
选择对象: 找到 1 个                        //选择使用了约束的对象
选择对象:                                 //继续选择对象，或按空格键、Enter 键退出选择
输入选项 [显示(S)/隐藏(H)/重置(R)]<显示>:    //设置约束符号的显示状态，输入 S，按空格键或
//Enter 键确认可显示所选对象的约束符号，输入 H，按空格键或 Enter 键确认可隐藏所选对象的约束符号
```

- "全部显示"工具 ![全部显示]：选择此工具，所有对象的约束符号将全部显示，如图 9-42 所示。
- "全部隐藏"工具 ![全部隐藏]：选择此工具，所有对象的约束符号将全部隐藏，如图 9-43 所示。

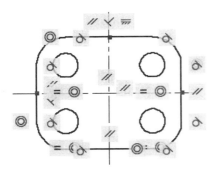

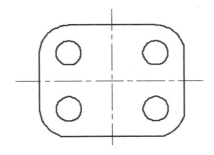

图 9-42　"全部显示"约束

图 9-43　"全部隐藏"约束

提示： 将鼠标指针指向约束符号，此时在符号旁边会出现"×"，单击"×"符号可隐藏该约束符号。

- "约束设置"工具▣：选择此工具，显示"约束设置"对话框，如图 9-44 所示。各选项含义如下：
- "推断几何约束"复选框：选中此框，绘图时可自动推断约束并为其添加几何约束（与按下状态栏的"推断约束"按钮 ┛ 等效）。
- "约束栏显示设置"选项组：此选项组有 13 个复选框和两个按钮，用于设置图形区中是否显示某种约束的符号。选中对应选项，将显示该种约束的符号。
- "约束栏透明度"选项组：用于设置约束符号在图形区显示时的透明度，可以在其下的输入框中输入数值，也可拖动其后的滑块调整数值。

图 9-44　"约束设置"对话框

9.5.3　标注约束

标注约束和标注尺寸的方法相同，可通过"参数化"选项卡中的"标注"面板实现，"标注"面板如图 9-45 所示。"标注"面板中各工具的用法和普通标注工具的用法相同，只不过在指定尺寸线位置时，在尺寸文字位置出现编辑框，如图 9-46 所示。可在其中直接输入尺寸值，按 Enter 键确认或者在编辑框外任意位置单击，尺寸将驱动图形发生变化。

图 9-45　"标注"面板　　　　　　　　　　图 9-46　尺寸编辑框

　　标注约束前，首先选择"标注"面板"约束设置"工具，打开如图 9-47 所示的"约束设置"对话框，此时"标注"选项卡处于激活状态，可以设置约束尺寸的显示方式。在"标注名称格式"列表中有名称和表达式、名称、值 3 种显示方式，各种显示方式如图 9-48 所示。当使用表达式计算各参数关系时，前面会出现"fx"标志。

图 9-47　"标注"选项卡

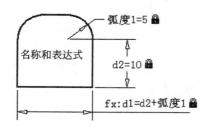

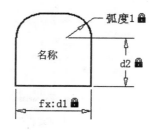

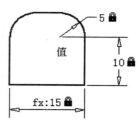

图 9-48　各种显示模式的对比

　　如果想修改已经完成的约束尺寸，双击尺寸即可出现"尺寸"编辑框，在编辑框中输入尺寸值或者表达式，按 Enter 键确认或者在编辑框外任意位置单击即可完成尺寸修改并驱动图形变化。

　　对于已经添加全部约束和完成尺寸标注的图形，可直接将普通尺寸转化为约束尺寸。

【**例 9-1**】　转换尺寸实例。

将图 9-49 所示已经完成约束定义和尺寸标注的图形进行尺寸转换，并定义表达式，使图形总长度等于总宽度的 2 倍，再将宽度尺寸修改为 12，如图 9-50 所示。

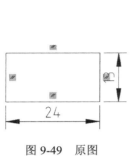

图 9-49　原图

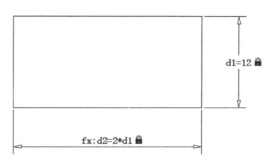

图 9-50　转换后

[1]　单击"标注"面板→"约束设置"工具按钮▣，打开"约束设置"对话框，在"标注名称格式"下拉列表中选择"名称和表达式"选项。

[2]　单击"几何"面板→ 全部隐藏 按钮，隐藏全部的约束符号，如图 9-51 所示。

[3]　单击"标注"面板→"转换"［］按钮，系统提示"选择要转换的关联标注"，在图形区选择两个尺寸，如图 9-51 所示。

[4]　按空格键或 Enter 键，完成尺寸转换，将普通尺寸转换为约束尺寸，如图 9-52 所示。

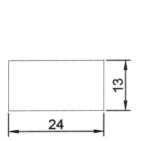
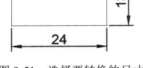

图 9-51　选择要转换的尺寸

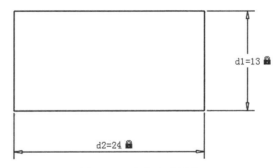

图 9-52　完成尺寸转换

[5]　双击尺寸"d2=24"，在其上出现编辑框，输入"2*d1"，样式如 d2=2*d1 ，按 Enter 键确认。

[6]　双击尺寸"d1=13"，在其上出现编辑框，输入"12"，按 Enter 键确认，完成的图形如图 9-50 所示。

9.5.4　管理约束及标注

使用"管理"面板可以删除约束，还可以管理图形中标注的尺寸参数、定义表达式，"管理"面板如图 9-53 所示。

  选择"管理"面板中的"删除约束"  按钮，系统提示"选择对象"，在图形区选择要删除约束的对象，按空格键或 Enter 键确认后，所选对象的全部约束将被删除。

  选择"管理"面板中的"参数管理器" ⨍ 按钮，出现"参数管理器"选项板，如图 9-54 所示。在"名称"列对应行双击参数名，出现编辑框后可修改参数名称；在"表达式"列对应行双击表达式内容或者数值，出现编辑框后可修改表达式或数值，此时在"值"列的相应行出现参数的具体数值，图形中的尺寸也相应地发生变化。

图 9-53 "管理"面板   图 9-54 "参数管理器"选项板

9.6　动　作　宏

  AutoCAD 的动作宏是指通过录制绘图过程中输入的一系列命令和数值，来自动执行重复的任务。一般地，动作宏的使用过程如图 9-55 所示。录制动作时，将捕捉命令和输入值，并将其显示在"动作树"中。停止录制后，可以将捕捉的命令和输入值保存到动作宏文件中，然后进行回放，回放过程即重复完成录制的动作。保存动作宏后，可以插入用户消息，或将录制的输入值更改为在回放过程中请求输入新值。

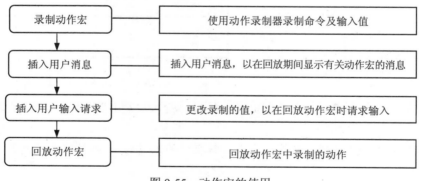

图 9-55 动作宏的使用

9.6.1　录制动作宏

  AutoCAD 使用动作录制器来录制动作宏，如图 9-56 所示。"动作录制器"面板位于功

能区的"管理"选项卡中，单击"首选项"按钮，将弹出"动作录制器首选项"对话框，
如图 9-57 所示。通过"动作录制器首选项"对话框的 3 个复选框，可以设置在录制或回放
动作宏时"动作录制器"面板是否展开，以及在录制停止时是否提示用户为动作宏提供命
令和文件名。

在 AutoCAD 中，有以下 3 种方法录制动作宏：

（1）选择"工具"→"动作录制器"→"记录"菜单命令。

（2）单击"管理"选项卡→"动作录制器"面板→"录制"按钮。

（3）在命令行中输入 ACTRECORD 并按 Enter 键。

开始录制动作宏后，将有一个红色的圆形录制图标显示在十字光标附近，表示动作录
制器处于活动状态，且指示正在录制命令和输入，如图 9-58 所示。

图 9-56　"动作录制器"面板

图 9-57　"动作录制器首选项"对话框　　　　图 9-58　录制图标

动作录制器将录制在命令行中输入的命令和输入值，但用于打开或关闭图形文件的命
令除外。如果在录制动作宏时显示一个对话框，则仅录制显示的对话框而不录制对该对话
框所做的更改，因此在录制动作宏时最好不要使用对话框，而使用其对应的命令行方式。
例如，使用"-HATCH"命令，而不是使用可显示"图案填充和渐变色"对话框的"HATCH"
命令。

动作宏录制完成之后，可单击"动作录制器"面板的"停止"按钮，此时将弹出"动
作宏"对话框以保存动作宏，如图 9-59 所示。如果要保存动作宏，则必须在"动作宏命令
名称"文本框中输入动作宏的名称；在"说明"文本框中输入动作宏的说明，当光标悬停
在"动作树"中的顶层节点上方时，这些说明将显示在工具提示中；在"恢复回放前的视
图"选项组中，可以设置"暂停以请求用户输入时"或"回放结束时"复选框以确定是否
恢复回放动作宏之前的视图。设置完成之后，单击　确定　按钮可保存动作宏，单击　取消

按钮可放弃保存。

9.6.2 修改动作宏

录制并保存的动作宏将显示在"动作录制器"下拉列表框内。当从下拉列表框中选择某个动作宏时,"动作树"中将显示其动作序列,可见一个动作宏由一系列的动作节点构成,可以通过这些节点的图标区分它们的类别。

在"动作树"的动作宏名称上右击,通过快捷菜单可对动作宏进行编辑,包括重命名、复制和删除动作宏,如图 9-60 所示。除了这些基本的编辑操作之外,比较重要的修改动作宏操作还有插入用户消息、请求用户输入等。

图 9-59 "动作宏"对话框   图 9-60 编辑动作宏的快捷菜单

1．插入用户消息

录制动作宏时,可以将用户消息插入到在回放期间显示的动作宏中。用户消息主要起到提示的作用,它概述了动作宏的作用或回放动作宏之前所需的设置。用户消息可插入到动作宏的任何动作之前或之后。

要插入用户消息,只需在"动作树"中要插入消息的节点处右击,从弹出的快捷菜单中选择"插入用户消息"命令,之后将弹出"插入用户消息"对话框,以供用户输入消息内容,如图 9-61 所示。用户消息在回放动作宏时将以对话框的形式提示用户下一步操作,如图 9-62 所示。

2．请求用户输入

录制动作宏时,可能会录下一些输入值,比如圆心坐标、多行文字内容等,然而在回放动作宏时,并不是每一次回放都会使用录制时的输入值。针对这种情况,可将当前动作宏中值节点的行为切换为在回放期间提示输入,即请求用户输入。值节点可能包含获取的点、文字字符串、数字、命令选项或对象选择。

要在动作宏中加入请求用户输入的操作，可在"动作树"的值节点处右击，从弹出的快捷菜单中选择"暂停以请求用户输入"命令，如图9-63所示。如果在录制动作宏时使用了"暂停以请求用户输入"命令，那么在回放动作宏时会提示用户输入新值或使用所录制的值。

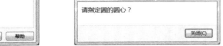

图9-61　插入用户消息　　　图9-62　回放时显示用户消息　　　图9-63　加入请求用户输入的命令

9.6.3　回放动作宏

回放动作宏时将执行动作宏记录的所有操作，以达到自动执行重复任务的目的。

在AutoCAD中，有以下3种方法回放动作宏：

（1）选择"工具"→"动作录制器"→"播放"菜单命令。

（2）单击"管理"选项卡→"动作录制器"面板→"播放"按钮 ▷。

（3）在命令行中输入保存动作宏的名称并按Enter键。

9.6.4　实例——动作宏

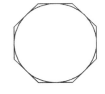

【例9-2】　创建一个动作宏，用来插入一个半径为80的圆和该圆的外切正八边形，如图9-64所示，并提示用户输入圆心。

图9-64　动作宏实例

操作步骤如下：

[1] 选择"工具"→"动作录制器"→"记录"菜单命令。此时十字光标右上角显示红色图标，表示启动动作录制器。

[2] 在命令行输入C并按Enter键。命令行提示及操作如下：

扫码看视频

CIRCLE
指定圆的圆心或 [三点(3P)/两点(2P)/切点、切点、半径(T)]: //此时指定圆的圆心
指定圆的半径或 [直径(D)] <80.0000>: 80　　　　　　　　//此时在命令行输入80并按Enter键

[3] 在命令行中输入POL并按Enter键。命令行提示及操作如下：

命令: POLYGON 输入侧面数 <8>: 8　　　　　//此时在命令行输入8并按Enter键
指定正多边形的中心点或 [边(E)]:此时单击圆的圆心。
输入选项 [内接于圆(I)/外切于圆(C)] <C>: C　　　　//此时在命令行中输入C，然后按Enter键
指定圆的半径: 80　　　//此时打开"正交"按钮，并将光标移至垂直向上的位置，然后在命令行中输
　　　　　　　　　//入80并按Enter键

[4] 选择"工具"→"动作录制器"→"停止"菜单命令，在弹出的"动作宏"对话框中，设置动作宏的名称为"绘制圆和正八边形"，如图 9-65 所示。然后单击 确定 按钮保存动作宏，此时"动作录制器"面板的"动作树"显示如图 9-66 所示。

图 9-65　设置动作宏名称　　　　　　　　图 9-66　录制的动作宏

[5] 在图 9-66 所示的"动作树"CIRCLE 动作节点下的圆心坐标值选项上右击，在弹出的快捷菜单中选择"插入用户消息"命令。在弹出的"插入用户消息"对话框中输入"请指定圆的圆心？"，然后单击 确定 按钮，如图 9-67 所示。

[6] 在"动作树"CIRCLE 动作节点下的输入坐标值选项上右击，在弹出的快捷菜单中选择"暂停以请求用户输入"命令，如图 9-68 所示。

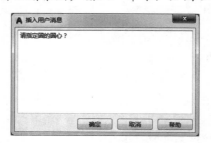

图 9-67　插入用户消息　　　　　　　　　图 9-68　请求用户输入

[7] 在"动作录制器"面板的下拉列表框中选择刚录制的动作宏"绘制圆和正八边形"，然后单击播放按钮▷回放动作宏。在回放过程中，将显示用户信息并提示请求用户输入（如图 9-69），此时单击 关闭(C) 按钮，在绘图区指定一个圆心。动作宏回放完成后，会弹出"动作宏-回放完成"对话框（如图 9-70），此时单击 关闭(C) 按钮即可。

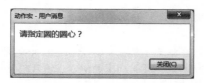

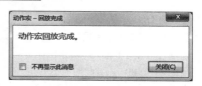

图 9-69　显示用户消息　　　　　　　　　图 9-70　"动作宏-回放完成"对话框

9.7　用 CAL 命令计算值和点

CAL 命令可调用联机几何计算器，用于计算点（矢量）、实数或整数表达式的值。这些表达式可通过对象捕捉函数（如 CEN、END 和 INS）来获取现有的几何图形。

无论是命令执行过程中还是在无命令的状态下，都可以在命令行中使用 CAL 命令计算点或数值。在 CAL 命令前加上单引号"'"表示使用透明命令。

通过使用 CAL 命令，在命令行计算器中输入表达式，可快速解决数学问题或定位图形中的点，它不但包含标准数学功能，还包含一组特殊的函数。

9.7.1　对象捕捉函数

表 9-5 中列出了一些常用的对象捕捉函数。

表 9-5　CAL 命令捕捉模式

缩　　写	捕　捉　模　式	缩　　写	捕　捉　模　式
END	端点捕捉	NEA	最近点捕捉
INS	插入点捕捉	NOD	节点捕捉
INT	交点捕捉	QUA	象限点捕捉
MID	中点捕捉	PER	垂足捕捉
CEN	圆心捕捉	TAN	切点捕捉

9.7.2　用 CAL 命令构造几何图形

【例 9-3】　如图 9-71（a）所示，已知一个圆和圆上的一条弦，要在圆的圆心和弦的中点连线的中点位置绘制一个圆，该圆的半径为大圆半径的 1/4。

（a）原对象

（b）绘制结果

扫码看视频

图 9-71　CAL 命令实例

操作步骤如下：

[1] 在命令行中输入 C 并按 Enter 键。命令行提示及操作如下：

指定圆的圆心或 [三点(3P)/两点(2P)/切点、切点、半径(T)]: 'cal
　　　　　　　　　　　　　　　　//在命令行中输入'cal 并按 Enter 键
>>>> 表达式: (cen+mid)/2　　　　//在命令行中输入（cen+mid）/2 并按 Enter 键
>>>> 选择图元用于 CEN 捕捉:　　//选择图 9-71（a）中的圆
>>>> 选择图元用于 MID 捕捉:　　//选择图 9-71（a）中的弦

[2] 命令行继续提示及操作步骤如下：

指定圆的半径或 [直径(D)]: 'cal   //在命令行中输入'cal 并按 Enter 键
\>>>> 表达式: (1/4)*rad   //在命令行中输入（1/4）*rad 并按 Enter 键
\>>>> 给函数 RAD 选择圆、圆弧或多段线：
                              //选择图 9-71（a）中的圆。绘制结果如图 9-71（b）所示

9.8 "快速计算器" 选项板

AutoCAD 的快速计算器提供了一个外观和功能与手持计算器相似的界面，可以执行数学、科学和几何计算，转换测量单位、操作对象的特性，以及计算表达式等操作。图 9-72 所示为单击 ≫ 按钮扩展后的"快速计算器"选项板。

在 AutoCAD 中，有以下 5 种方法打开"快速计算器"选项板：

- 选择"工具"→"选项板"→"快速计算器"菜单命令。
- 单击"默认"选项卡→"实用工具"面板→"快速计算器"按钮■。
- 单击"标准"工具栏→"快速计算器"按钮■。
- 在命令行中输入 QUICKCALC 并按 Enter 键。
- 在"特性"选项板的相关输入项上单击"快速计算器"按钮■。

快速计算器在"特性"选项板中的应用。

例如，创建了一个圆并显示"特性"选项板。如果选择圆，则其中一个几何特性为"面积"。如果单击该项右侧的图标（如图 9-73 所示），将显示"快速计算器"，可以为面积计算新值，如将其除以 3。单击"快速计算器"底部的"应用"按钮后，圆将调整其大小。如果"应用"按钮灰显，则表示该值不能直接更改。

图 9-72 "快速计算器"选项板

图 9-73 "特性"选项板

9.9　点过滤器

AutoCAD 的点过滤器又称为坐标过滤器，通过它可以从不同的点提取单独的 X、Y 和 Z 坐标值以创建新的组合点。当坐标过滤器与对象捕捉一起使用时，坐标过滤器从现有对象提取坐标值。

要在命令提示下指定过滤器，可以在命令行输入一个英文句号"."及一个或多个 X、Y 和 Z 字母。例如".X"表示提取该点的 X 坐标值；".XY"表示提取该点的 X 和 Y 坐标值。

下面以实例来说明如何使用点过滤器。

【例 9-4】　使用点过滤器定位圆的圆心位于矩形的中心，圆的半径为 10，如图 9-74 所示。

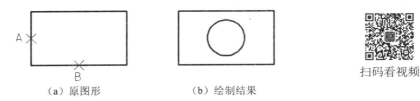

扫码看视频

（a）原图形　　　　　　（b）绘制结果

图 9-74　使用点过滤器实例

操作步骤如下：

[1] 在命令行中输入 C 并按 Enter 键。命令行提示及操作如下：

指定圆的圆心或 [三点(3P)/两点(2P)/切点、切点、半径(T)]: .y //此时在命令行中输入.y 并按 Enter 键。
CIRCLE 于：　　　　　　　　　　//单击矩形 Y 轴方向的中点 A，如图 9-74（a）所示
CIRCLE 于（需要 XZ）：　　　　 //单击矩形 X 轴方向的中点 B，如图 9-74（a）所示

[2] 命令行继续提示及操作如下：

指定圆的半径或 [直径(D)]:10 //在命令行中输入 10 并按 Enter 键即可。绘制结果如图 9-74（b）所示

9.10　查询图形对象信息

在 AutoCAD 中，通过"工具"菜单下的"查询"子菜单（如图 9-75 所示）、"查询"工具栏（如图 9-76 所示）以及"默认"选项卡"实用工具"面板中的"测量"相关按钮（如图 9-77 所示）可从图形对象中提取相关信息，包括两点之间的距离、对象的面积等。

图 9-75　"查询"子菜单　　　　图 9-76　"查询"工具栏　　　　图 9-77　测量按钮

9.10.1 查询距离

在 AutoCAD 中，有以下 5 种方法查询距离：

（1）选择"工具"→"查询"→"距离"菜单命令。

（2）单击"默认"选项卡→"实用工具"面板→"距离"按钮 📏。

（3）单击"查询"工具栏→"距离"按钮 📏。

（4）在命令行中输入 DIST 并按 Enter 键。

（5）在命令行中输入 MEASUREGEOM 并按 Enter 键→选择"距离"选项。

下面以实例来说明如何查询图形对象的距离。

【例 9-5】 查询图 9-78 中直线两端的距离。

图 9-78 查询距离

操作步骤如下：

[1] 选择"工具"→"查询"→"距离"菜单命令，命令行提示及操作如下：

命令: _MEASUREGEOM
输入选项 [距离(D)/半径(R)/角度(A)/面积(AR)/体积(V)] <距离>: _distance
指定第一点: //单击直线的左端点。
指定第二个点或 [多个点(M)]:   //单击直线的右端点。

[2] 命令行给出的距离信息如下：

距离 = 80.0000，XY 平面中的倾角 = 39，   与 XY 平面的夹角 = 0
X 增量 = 62.1778，   Y 增量 = 50.3380，   Z 增量 = 0.0000

在上面的显示信息中，"距离"表示两点之间的绝对距离；"XY 平面中的倾角"是指第一点和第二点之间的矢量在 XY 平面的投影与 X 轴的夹角；"与 XY 平面的夹角"是指两点构成的矢量与 XY 平面的夹角；"X 增量""Y 增量"和"Z 增量"分别是指两点的 X、Y 和 Z 坐标值的增量，即第二点的坐标值减去第一点的坐标值的对应坐标值。

9.10.2 查询面积

在 AutoCAD 中，使用查询面积功能可以计算指定对象的面积和周长，有以下 5 种方法查询面积：

（1）选择"工具"→"查询"→"面积"菜单命令。

（2）单击"默认"选项卡→"实用工具"面板→"面积"按钮 📐。

（3）单击"查询"工具栏的"面积"按钮 📐。

（4）在命令行中输入 AREA 并按 Enter 键。

（5）在命令行中输入 MEASUREGEOM 并按 Enter 键→选择"面积"选项。

下面以实例来说明如何查询图形对象的面积。

【例 9-6】　查询图 9-79 中对象的面积。

操作步骤如下：

[1] 选择"工具"→"查询"→"面积"菜单命令，命令
行提示及操作如下：

命令：_MEASUREGEOM

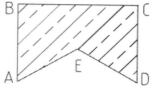

图 9-79　查询面积

输入选项 [距离(D)/半径(R)/角度(A)/面积(AR)/体积(V)] <距离>：_area

指定第一个角点或 [对象(O)/增加面积(A)/减少面积(S)/退出(X)] <对象(O)>：
　　　　　　　　　　　　　　　　　　//单击图 9-79 中的 A 点

指定下一个点或 [圆弧(A)/长度(L)/放弃(U)]：　//单击图 9-79 中的 B 点

[2] 根据命令行的提示依次单击后续的 C、D、E 点。命令行提示及操作如下：

指定下一个点或 [圆弧(A)/长度(L)/放弃(U)/总计(T)] <总计>：　//按 Enter 键

[3] 命令行给出的面积信息如下：

区域 = 1880.3848，周长 = 209.2820

即查询的对象的面积为 1880.3848

9.10.3　查询体积

在 AutoCAD 中，有以下 4 种方法查询体积：

（1）选择"工具"→"查询"→"体积"菜单命令。

（2）单击"默认"选项卡→"实用工具"面板→"体积"按钮 。

（3）单击"查询"工具栏的"体积"按钮 。

（4）在命令行中输入 MEASUREGEOM 并按 Enter 键→选择"体积"选项。

下面以实例来说明如何查询图形对象的体积。

【例 9-7】　查询图 9-80 中对象的体积。

操作步骤如下：

[1] 选择"工具"→"查询"→"体积"菜单命令，命令行提示及
操作如下：

命令：_MEASUREGEOM

输入选项 [距离(D)/半径(R)/角度(A)/面积(AR)/体积(V)] <距离>：_volume

指定第一个角点或 [对象(O)/增加体积(A)/减去体积(S)/退出(X)] <对象(O)>：

图 9-80　查询体积

　　　　　　//在命令行中输入 O 并按 Enter 键

选择对象：　　　　　//选择图 9-80 中的圆柱体

[2] 命令行给出的体积信息如下：

体积 = 178882.3402

即查询对象的体积为 178882.3402。按 Esc 键退出当前命令

9.10.4　列表显示

使用 AutoCAD 的列表显示功能可以显示所选对象的类型，所在图层，相对于当前用户坐标系 UCS 的 X、Y、Z 位置，以及对象是位于模型空间还是布局空间等信息；如果颜色、线型和线宽没有设置为"随层"，则还显示这些项目的相关信息。

在 AutoCAD 中，有以下 3 种方法执行列表显示命令：

（1）选择"工具"→"查询"→"列表"菜单命令。

（2）单击"查询"工具栏的"列表"按钮。

（3）在命令行中输入 LIST 并按 Enter 键。

执行列表显示命令后，命令行提示如下：

选择对象:

此时可选择一个或多个对象后按 Enter 键或右击，系统将自动弹出文本窗口显示所选对象的信息。图 9-81 显示了所选的一条直线和一个圆的相关信息。

图 9-81　用 LIST 命令显示对象信息

9.10.5　查询点坐标

在 AutoCAD 中，使用查询点坐标功能可以查看指定点的 UCS 坐标，有以下 3 种方法查询点坐标：

（1）选择"工具"→"查询"→"点坐标"菜单命令。

（2）单击"查询"工具栏的"定位点"按钮。

（3）在命令行中输入 ID 并按 Enter 键。

执行查询点坐标命令后，命令行提示如下：

命令:'_id 指定点:

此时用鼠标拾取一个点后，将在命令行显示该点在当前 UCS 的 X、Y、Z 坐标值。

9.10.6　查询时间

AutoCAD 中，使用查询时间功能可以查看时间信息，包括当前时间、使用计时器等，有以下 2 种方法查询时间：

（1）选择“工具”→“查询”→“时间”菜单命令。

（2）在命令行中输入 TIME 并按 Enter 键。

执行查询时间命令后，将自动弹出文本窗口显示时间信息，如图 9-82 所示；同时在命令行显示如下提示：

输入选项 [显示(D)/开(ON)/关(OFF)/重置(R)]:

此时可选择中括号内的选项：“显示”选项用于显示更新的时间；“开”和“关”选项分别用于启动和停止计时器；“重置”选项用于将计时器清零。

```
命令: '_time
当前时间:                    2018年9月8日  9:08:30:000
此图形的各项时间统计:
  创建时间:                  2018年9月8日  8:39:23:000
  上次更新时间:              2018年9月8日  8:39:23:000
  累计编辑时间:              0 天 00:29:07:000
  消耗时间计时器 (开):       0 天 00:29:07:000
  下次自动保存时间:          0 天 00:07:18:687
输入选项 [显示(D)/开(ON)/关(OFF)/重置(R)]:
```

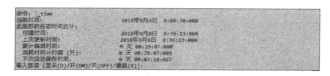

图 9-82　用 TIME 命令查看时间信息

9.10.7　查询状态

在 AutoCAD 中，使用查询状态功能，可以查看图形的统计信息和范围等，有以下 2 种方法查询图纸状态：

（1）选择“工具”→“查询”→“状态”菜单命令。

（2）在命令行中输入 STATUS 并按 Enter 键。

执行查询状态命令后，将自动弹出文本窗口显示状态信息，如对象总数、模型空间或布局空间的图形界限等，如图 9-83 所示。

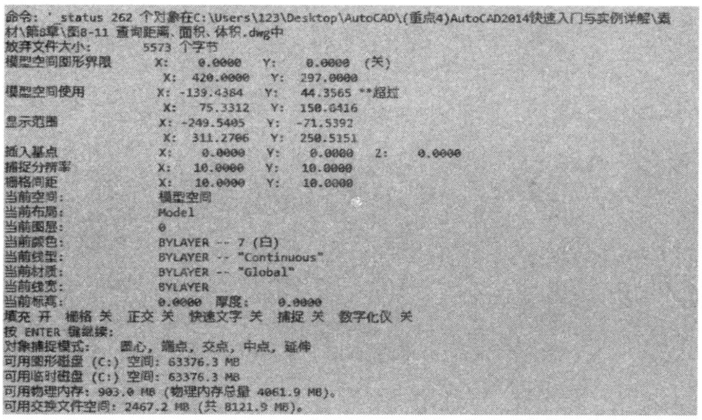

```
命令: '_status 262 个对象在C:\Users\123\Desktop\AutoCAD\(重点4)AutoCAD2014快速入门与实例详解\素
材\第8章\图8-11 查询距离、面积、体积.dwg中
放弃文件大小:         5573 个字节
模型空间图形界限        X:    0.0000   Y:    0.0000  (关)
                        X:  420.0000   Y:  297.0000
模型空间使用            X: -139.4384   Y:   44.3565 **超过
                        X:   75.3312   Y:  150.6416
显示范围                X: -249.5405   Y:  -71.5392
                        X:  311.2706   Y:  250.5151
插入基点                X:    0.0000   Y:    0.0000   Z:    0.0000
捕捉分辨率              X:   10.0000   Y:   10.0000
栅格间距                X:   10.0000   Y:   10.0000
当前空间:               模型空间
当前布局:               Model
当前图层:               0
当前颜色:               BYLAYER -- 7 (白)
当前线型:               BYLAYER -- "Continuous"
当前材质:               BYLAYER -- "Global"
当前线宽:               BYLAYER
当前标高:               0.0000  厚度:    0.0000
填充 开  栅格 关  正交 关  快速文字 关  捕捉 关  数字化仪 关
按 ENTER 键继续:
对象捕捉模式:    圆心, 端点, 交点, 中点, 延伸
可用图形磁盘 (C:) 空间: 63376.3 MB
可用临时磁盘 (C:) 空间: 63376.3 MB
可用物理内存: 903.0 MB (物理内存总量 4061.9 MB)。
可用交换文件空间: 2467.2 MB (共 8121.9 MB)。
```

图 9-83　用 STATUS 命令查看图纸状态

9.10.8　查询系统变量

在 AutoCAD 中，使用查询系统变量功能，可以列出或修改系统变量值，有以下 2 种方法查询系统变量。

（1）选择"工具"→"查询"→"设置变量"菜单命令。

（2）在命令行中输入 SETVAR 并按 Enter 键。

执行查询系统变量命令后，命令行提示如下：

命令:'_setvar 输入变量名或 [?]:

此时输入要查看或修改的系统变量名称，对该系统变量进行操作。如要显示所有的系统变量，可输入"？"，然后命令行将继续提示：

输入要列出的变量 <*>:

此时可使用通配符指定要列出的系统变量。如需要列出所有的系统变量，可直接按 Enter 键或者输入"*"，如图 9-84 所示。

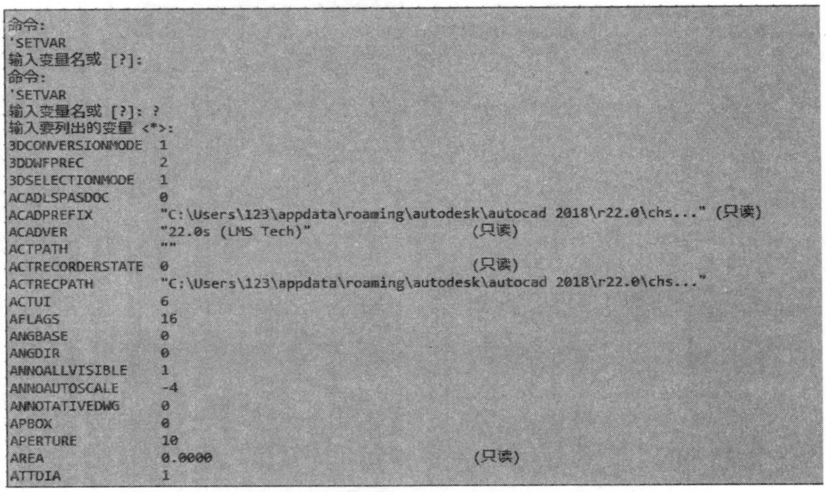

```
命令:
'SETVAR
输入变量名或 [?]:
命令:
'SETVAR
输入变量名或 [?]: ?
输入要列出的变量 <*>:
3DCONVERSIONMODE    1
3DDWFPREC           2
3DSELECTIONMODE     1
ACADLSPASDOC        0
ACADPREFIX          "C:\Users\123\appdata\roaming\autodesk\autocad 2018\r22.0\chs..." (只读)
ACADVER             "22.0s (LMS Tech)"                     (只读)
ACTPATH             ""
ACTRECORDERSTATE    0                                      (只读)
ACTRECPATH          "C:\Users\123\appdata\roaming\autodesk\autocad 2018\r22.0\chs..."
ACTUI               6
AFLAGS              16
ANGBASE             0
ANGDIR              0
ANNOALLVISIBLE      1
ANNOAUTOSCALE       -4
ANNOTATIVEDWG       0
APBOX               0
APERTURE            10
AREA                0.0000                                 (只读)
ATTDIA              1
```

图 9-84　查询变量

9.11　管理命名对象

在 AutoCAD 中，可通过"重命名"对话框来管理对象的命名，如图 9-85 所示。

在 AutoCAD 中，有以下 2 种方法打开"重命名"对话框：

（1）选择"格式"→"重命名"菜单命令。

（2）在命令行中输入 RENAME 并按 Enter 键。

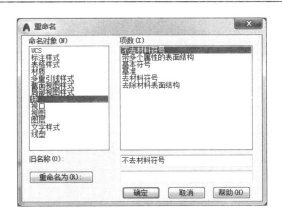

图 9-85　"重命名"对话框

【例 9-8】　将"基准"块名字重命名为"基准符号"，步骤如下：

[1] 打开"重命名"对话框。

[2] 在"命名对象"列表框中选择"块"，在"项数"列表框中选择"基准"，此时"旧名称"文本框内将自动显示"基准"，在 **重命名为(R):** 右侧的文本框中输入新名称"基准符号"，然后单击 **重命名为(R):** 按钮，再单击 **确定** 按钮即可。

9.12　标　记　集

9.12.1　使用 DWF 和 DWFx 审阅设计数据

DWF 和 DWFx 是由 Autodesk 公司开发的一种安全的文件格式，让用户既可以合并和发布丰富的二维和三维设计数据，又可以与其他用户共享。

DWF 和 DWFx 均为高度压缩的文件格式，它可以将丰富的设计数据高效率地分发给需要查看、评审或打印这些数据的任何人，因此它们比 DWG 文件更适合在网络上分发和审阅。可以将单个图形输出到单个 DWF 或 DWFx 文件中，或在其中发布多个图形和图纸集。

将设计数据输出为 DWF 的步骤如下：

单击"输出"选项卡→"输出为 DWF/PDF"面板→"输出"→"DWF"按钮 。在"另存为 DWF"对话框中，选择所需的选项，输入文件名，然后单击"保存"按钮。

审阅者无须安装 AutoCAD 即可审阅 DWF 和 DWFx 文件，通过安装免费程序 Autodesk Design Review 可查看、标记、打印和跟踪更改。AutoCAD 可以读取标记、更改图形、更改标记状态，还可以重新发布到 DWF 或 DWFx 供以后查看。

使用 Autodesk Design Review，用户可以通过以下方式修改 DWF 文件：

- 重排序 DWF 文件中的图纸；
- 将图纸添加到 DWF 文件；
- 从 DWF 文件中删除图纸。

9.12.2　标记集管理器

标记集是一组标记，包含在单个 DWF 文件中。在设计初步完成后，使用 DWF 格式文件发布需要检查的图形时，可以利用标记集管理器标记相关工作。将标记集加载到标记集管理器后，树状图会显示每个带标记的图纸及其关联标记。

标记集管理器可以显示已加载标记集的有关信息和状态，在绘图区域显示或隐藏标记及其原始图形文件，可以更改各个标记的状态，也可以为其添加注释，针对这些注释进行相应处理，响应并重新发布图形。

AutoCAD 中可通过以下 3 种方式实现"标记集管理器"操作：

（1）运行命令 MARKUP。

（2）选择"工具"→"选项板"→"标记集管理器"菜单命令。

（3）单击"视图"选项卡→"选项板"面板→"标记集管理器"按钮。

（4）单击"标准"工具栏的"标记管理器"按钮。

扫码看视频

【例 9-9】　利用标记集管理器打开带标记的图纸，如图 9-86 所示。

[1] 选择"工具"→"选项板"→"标记集管理器"菜单命令，打开"标记集管理器"选项板，如图 9-87 所示。

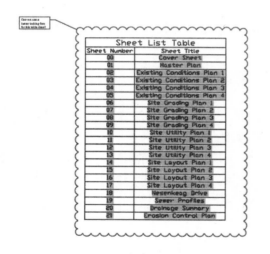

图 9-86　带标记的图纸

图 9-87　"标记集管理器"选项板

[2] 在"打开"下拉列表中选择"打开"选项，或者直接在"文件"菜单中执行"加载标记集"命令，打开"打开标记 DWF"对话框，如图 9-88 所示。

[3] 选择带标记的文件，单击"打开"按钮，返回到"标记集管理器"选项板，在标记列表中显示加载的带标记的文件，标记集管理器将在树状图中显示标记集，如图 9-89 所示。

[4] 在列表中选择要打开的文件，右击，在打开的快捷菜单中选择"打开图纸"命令，在绘图区域中打开该图纸的原始图形文件，并使该布局成为活动布局，如图 9-90 所示。

[5] 打开带标记的图纸，如图 9-86 所示。

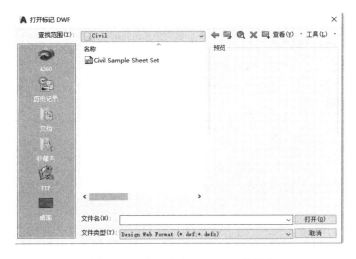

图 9-88　"打开标记 DWF"对话框

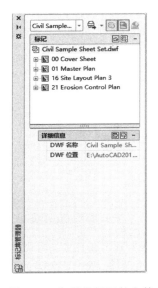

图 9-89　加载带标记的文件

图 9-90　打开图纸

9.12.3　标记集管理器中标记的相关操作

在标记集管理器中，在图纸包含的标记处右击，弹出快捷菜单，如图 9-91 所示。

1．查看标记和修改标记状态

单击标记，在下面的详细信息列表中显示出文件的详细信息，其中包括"标记状态"下拉列表框，显示标记的 4 种状态，它们的作用如下：

- <无>：指示尚未确定状态的单个标记，这是新标记的默认状态。
- 问题：指示已指定"问题"状态的单个标记。打开并查看某个标记后，如果需要了解该标记的更多信息，可以将其状态更改为"问题"。

- 待检查：指示已指定"待检查"状态的单个标记。实现某个标记后，可以将其状态更改为"待检查"，表示标记创建者应当检查对图纸和标记状态所做的修改。
- 完成：指示已指定"完成"状态的单个标记。已经实现并查看某个标记后，可以将某状态修改为"完成"。

2．修改注释

如果更改状态，系统会在标记历史中记录一个新条目。

在"详细信息"列表的"说明"区域，可以为选定的标记添加注释或备注，如图 9-92 所示。

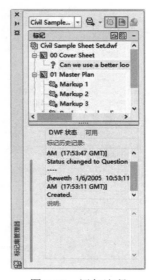

图 9-91　标记的相关操作   图 9-92　添加注释

修改的标记状态及添加的注释说明将会自动保存在 DWF 文件中，并在重新发布 DWF 文件时包含这些内容。在标记集节点上右击，在弹出菜单中选择"保存标记历史修改记录"命令，可将对标记状态和已添加注释的更改保存到带标记的 DWF 或 DWFx 文件中。

3．重新发布带标记的图形集

标记集管理器提供重新发布带标记的 DWF 或 DWFx 文件的选项。如果在 Autodesk Design Review 中将任何图纸添加至 DWF 或 DWFx 文件，这些图纸将不会包括在重新发布的 DWF 或 DWFx 文件中。

修改完图形和关联标记后，单击标记集管理器顶部的"重新发布标记 DWF"按钮，或者在标记集节点右击选择快捷菜单中下列命令之一。

- 重新发布所有图纸：重新发布带标记的 DWF 文件中所有图纸。
- 重新发布标记图纸：仅重新发布带标记的 DWF 文件中具有关联标记的图纸。

之后将打开"选择 DWF 文件"对话框（标准文件选择对话框），从中可以选择先前已发布的 DWF 或 DWFx 文件以覆盖它，或输入新的 DWF 或 DWFx 文件名称；单击"选择"

后，将覆盖先前已发布的 DWF 文件，或创建包含对图形文件几何图形和标记状态所做的所有更改的新 DWF 或 DWFx 文件。重新发布的文件包括修改后的标记，其他用户在接到该文件后可以再次进行检查和审阅，这样图纸集中标记的问题可以得到及时处理，强化了各工作组之间的协调配合，提高了工作效率。

4．重新发布所有图纸

打开"指定 DWG 文件"对话框。使用此对话框可以覆盖先前已发布的 DWF 或 DWFx 文件，也可以创建 DWF 或 DWFx 文件。

9.13　思考与练习

1．概念题

（1）怎样使用 AutoCAD 设计中心调用已有文件中的文本样式、标注样式、层的设置、块等信息？

（2）怎样使用工具选项板？怎样定义自己的工具选项板？

（3）简述建立样板图的意义？怎样建立样板图？怎样调用样板图？

2．操作题

绘制图 9-93 所示的零件图。

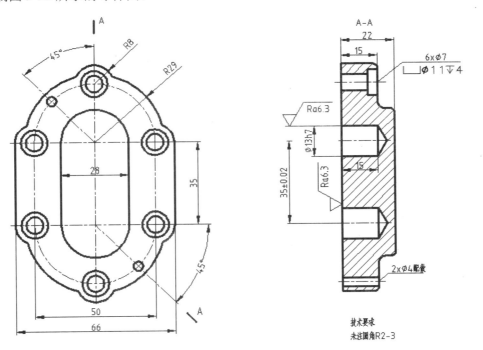

图 9-93　习题图

第 10 章　布局与打印出图

前面介绍的绘制工作都是在模型空间中完成的，用户可以直接在模型空间中打印草图，但是在打印正式图纸时，利用模型空间打印会非常不方便。所以 AutoCAD 提供了图纸空间，用户可以在一张图纸上输出图形的多个视图，添加文字说明、标题栏和图纸边框等内容。图纸空间完全模拟了图纸页面，用于安排图形的输出布局。在本章主要讲述怎样设置布局以及利用布局进行打印等操作。

本章重点

- 模型空间与图纸空间
- 布局
- 注释性
- 打印

10.1　模型空间和图纸空间

模型空间主要用于建模，前面章节讲述的绘图、修改、标注等操作都是在模型空间中完成的。模型空间是一个没有界限的三维空间，用户在这个空间中进行绘图一般贯彻一个原则，那就是按照 1∶1 的比例，以实际尺寸绘制实体。

图纸空间是为了打印出图而设置的。一般在模型空间绘制完图形后，需要输出到图纸上。为了让用户方便地为一种图纸输出方式设置打印设备、纸张、比例、图纸视图布置等参数，AutoCAD 提供了一个用于进行图纸设置的图纸空间。利用图纸空间还可以预览到真实的图纸输出效果。由于图纸空间是纸张的模拟，所以是二维的；同时图纸空间由于受选择幅面的限制，所以是有界限的。在图纸空间还可以设置比例，实现图形从模型空间到图纸空间的转化。

10.2　布　　局

扫码看视频

默认情况下 AutoCAD 显示的窗口是模型窗口，并且还自带两个布局窗口，如图 10-1 所示。

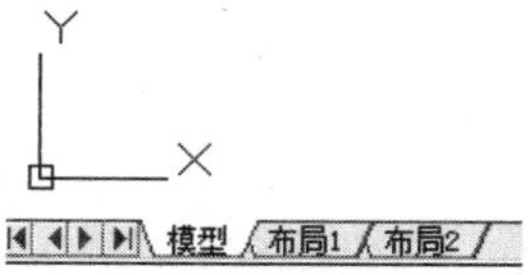

在模型窗口中显示的是用户绘制的图形，如图 10-2 所示，要进入布局窗口，比如进入"布局 1"，则单击"布局 1"选项卡标签，此时窗口如图 10-3 所示。

图 10-1　选项卡标签

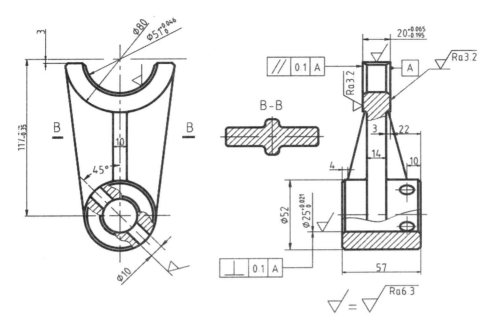

图 10-2　模型空间的图形

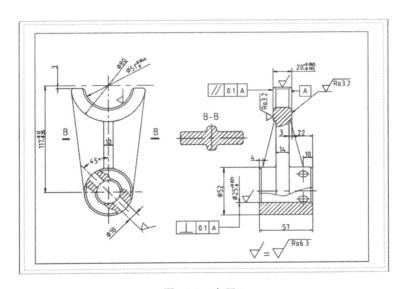

图 10-3　布局 1

10.2.1　页面设置管理

　　如果页面设置不合理，用户可以在"布局 1"标签上右击，在弹出的快捷菜单中选择"页面设置管理器"命令，打开"页面设置管理器"对话框，如图 10-4 所示。利用此对话框可以为当前布局或图纸指定页面设置。也可以创建命名页面设置、修改现有页面设置，或从其他图纸中输入页面设置。

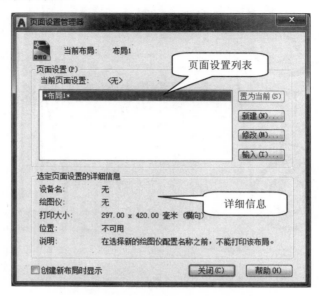

图 10-4　"页面设置管理器"对话框

如果要修改页面设置，在"页面设置"列表中选择页面设置的名称，然后单击 修改(M)...
按钮，打开"页面设置"对话框，如图 10-5 所示。

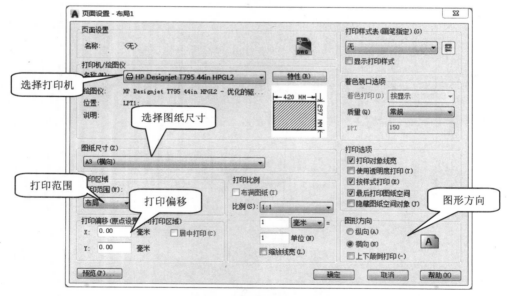

图 10-5　"页面设置"对话框

10.2.2　选择打印设备

在"页面设置"对话框的"打印机/绘图仪"选项组，从"名称"下拉列表中选择要使用的打印机。在 Windows 下安装的系统打印机可直接选用，也可以用绘图仪管理器来安装新的打印机。绘图仪管理器可以使用"应用程序菜单"→"打印"→"管理绘图仪"命令打开。这里先选用系统打印机来演示，如 HP Designjet T795 44in HPGL2。

打印机选好之后，单击 特性 (R) 按钮，打开"绘图仪配置编辑器"对话框，如图 10-6 所示。

图 10-6　"绘图仪配置编辑器"对话框

单击"设备和文档设置"选项卡，选中"自定义特性"选项，在"访问自定义对话框"区出现 自定义特性 (C)… 按钮，单击此按钮，出现"HP Designjet T795 44in HPGL2 属性"对话框，如图 10-7 所示。

图 10-7　"HP Designjet T795 44in HPGL2 属性"对话框

在"HP Designjet T795 44in HPGL2 属性"对话框中，可以设置介质类型、打印的质量和速度、打印彩色图/黑白图、打印纸的幅面等，单击 确定 按钮完成设置。

提示： 如果使用的打印机不支持将彩色转换为纯黑色（无灰度级），在出黑白图时有可能部分图线不清晰，这是因为这些线采用了较亮的颜色，如黄色。所以如果用户的打印机不支持上述属性的话，绘图时采用的颜色应该尽量采用较深的颜色，如黑色、深青色等，以避免此类问题的发生。

打印设备设置完成后，回到"绘图仪配置编辑器"对话框，单击 确定 按钮，出现"修改打印机配置文件"对话框，如图 10-8 所示。该对话框提示产生了一个格式为 PC3 的文件，默认保存位置为 AutoCAD 安装目录下的 plotters 文件中，单击 确定 按钮，保存对系统打印机的设置修改。

10.2.3   页面设置

在"页面设置"选项卡中可进行如下设置：

（1）在"打印样式表"选项组中，从下拉列表选择要使用的打印样式，如果要按实体的特性设置进行打印，可选择"无"。

图 10-8 "修改打印机配置文件"对话框

（2）"图纸尺寸"下拉列表显示了当前采用的纸张大小，可从下拉列表中选择合适的纸张，这里选择的是"A3（横向）"。

（3）在"打印区域"选项组中可以设置打印的范围，这里使用默认设置打印布局。打印布局时，打印指定图纸尺寸页边距内的所有对象，打印原点从布局的(0,0)点算起。

（4）在"图形方向"选项组选择图纸的打印方向，各项说明如下：

- 纵向：定位并打印图形，使图纸的短边作为图形页面的顶部。
- 横向：定位并打印图形，使图纸的长边作为图形页面的顶部。
- 上下颠倒打印：上下颠倒地定位图形方向并打印图形。

（5）在"打印比例"选项组设置打印比例，控制图形单位对于打印单位的相对尺寸。打印布局时默认的比例设置为 1：1。

（6）在"打印偏移"选项组指定打印区域相对于图纸左下角的偏移量。布局中，通常指定打印区域的左下角位于图纸的左下角，可输入正值或负值以偏离打印原点。图纸中的打印值以英寸或毫米为单位。

在默认情况下，AutoCAD 将打印原点定位在图纸的左下角，用户可以通过改变"X"和"Y"文本框中的数值来指定打印原点在 X、Y 轴方向的偏移量。

（7）在"页面设置"对话框中单击 确定 按钮回到"页面设置管理器"对话框，然后单击 关闭(C) 按钮就可以进入布局窗口，如图 10-9 所示。

在布局窗口中有 3 个矩形框，最外面的矩形框代表在页面设置中指定的图纸尺寸，虚线矩形框代表图纸的可打印区域，最里面的矩形框是一个浮动视口。

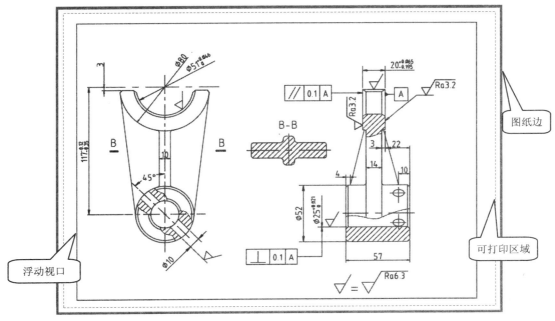

图 10-9　布局窗口

10.3　布　局　管　理

在"布局"选项卡上（布局名称位置）右击，出现如图 10-10 所示的快捷菜单，利用这个菜单可以进行布局新建、删除、移动和复制等操作。用户也可以使用"页面设置管理器"对话框对布局页面进行修改和编辑，还可以激活前一个布局或激活模型选项卡。

图 10-10　快捷菜单

10.3.1　利用创建布局向导创建布局

除上述创建布局的方法外，AutoCAD 还提供了创建布局的向导，利用它同样可以创建

扫码看视频

出需要的布局。执行"工具"→"向导"→"创建布局"命令，出现布局创建向导。

[1] 进入"开始"步骤，在"输入新布局的名称"文本框中输入布局的名称，如图 10-11 所示。

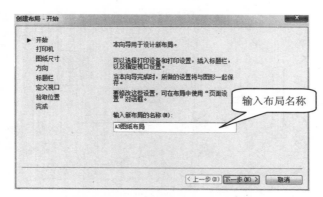

图 10-11 "创建布局-开始"步骤

[2] 单击 下一步(N) 按钮，进入"打印机"步骤，如图 10-12 所示，在列表中为新布局选择打印机。

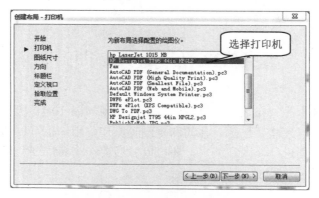

图 10-12 "创建布局-打印机"步骤

[3] 单击 下一步(N) 按钮，进入"图纸尺寸"步骤，如图 10-13 所示，从列表中选择图纸尺寸。

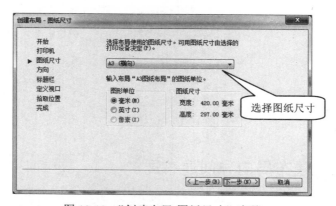

图 10-13 "创建布局-图纸尺寸"步骤

[4]　单击 下一步(N) > 按钮，进入"方向"步骤，如图 10-14 所示，选择图形在图纸上的方向。

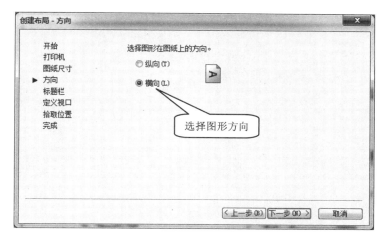

图 10-14　"创建布局-方向"步骤

[5]　单击 下一步(N) > 按钮，进入"标题栏"步骤，如图 10-15 所示，在下拉列表中列出许多标题栏，用户可以根据需要选择(此处选择"无")。这些标题栏实际上是保存在 AutoCAD 安装目录下 Template 文件夹中的图形文件。用户可以将自定义标题栏保存到这个目录下。AutoCAD 可以将标题栏按照块的方式插入，也可以将标题栏作为外部参照附着。

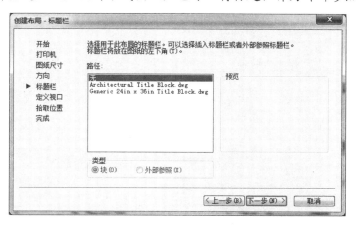

图 10-15　"创建布局-标题栏"步骤

[6]　单击 下一步(N) > 按钮，进入"定义视口"步骤，如图 10-16 所示，用于选择向布局中添加视口的个数，确定视口比例。

[7]　单击 下一步(N) > 按钮，进入"拾取位置"步骤，如图 10-17 所示，用于在图纸中确定视口的位置。用户可以单击 选择位置(L) < 按钮在图纸上指定视口位置，如果直接单击 下一步(N) > 按钮，AutoCAD 会将视口充满整个图纸。

[8]　单击 下一步(N) > 按钮，进入"完成"步骤，如图 10-18 所示，单击 完成 按钮即可完成布局创建。创建好的布局窗口如图 10-19 所示(插入边框和标题栏块)。

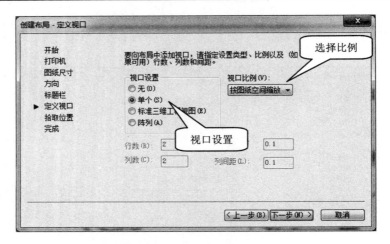

图 10-16 "创建布局-定义视口"步骤

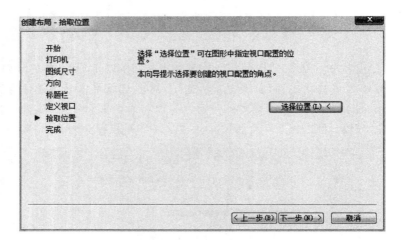

图 10-17 "创建布局-拾取位置"步骤

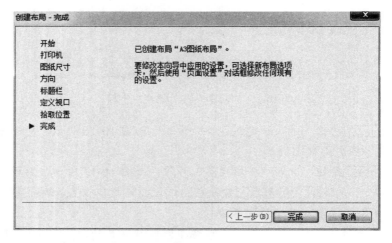

图 10-18 "创建布局-完成"步骤

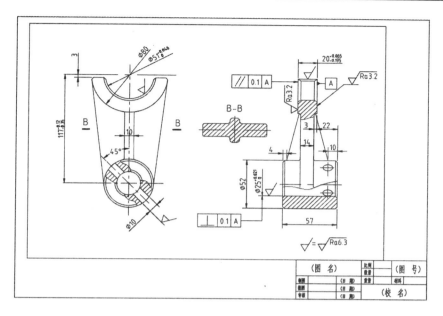

图 10-19　新建的布局

10.3.2　布局样板

AutoCAD 的布局样板保存在扩展名为 DWG 和 DWT 的文件中，可以利用现有样板中的信息创建布局。AutoCAD 提供了众多布局样板，方便用户设计新布局时使用，用户也可以自定义布局样板。根据样板布局创建新布局时，新布局将使用现有样板中的图纸空间、几何图形（如标题栏）及其页面设置。

使用布局样板创建布局的步骤如下：

[1] 执行"插入"→"布局"→"来自样板的布局"命令，或者在布局选项卡上右击，在快捷菜单中选择"从样板（T）"命令，打开"从文件选择样板"对话框，如图 10-20 所示。这里选择"A3 模板.dwt"（该模板中只有一个名称为"GB A3 布局"的布局）。

图 10-20　"从文件选择样板"对话框

[2] 在对话框中定位和选择图形样板文件，单击 打开⑨ 按钮打开"插入布局"对话框，如图 10-21 所示。

图 10-21 "插入布局"对话框

[3] 在"插入布局"对话框中选择需要插入的布局名称，单击 确定 按钮就可以在当前图形文件中插入一个新的布局。可使用"视图"→"视口"菜单命令重建视口，如图 10-22 所示。

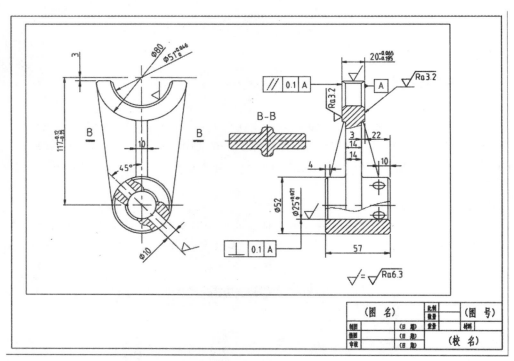

图 10-22 利用布局样板创建的新布局

提示：用户可以利用 AutoCAD 设计中心插入布局，具体使用方法可以参照介绍 AutoCAD 设计中心的相关内容。

任何图形都可以保存为图形样板，所有的几何图形和布局设置都可以保存到 DWT 的文件中。将布局保存为样板文件的步骤如下：

[1] 在命令行输入 layout 命令，提示如下：

输入布局选项 [复制(C)/删除(D)/新建(N)/样板(T)/重命名(R)/另存为(SA)/设置(S)/?] <设置>:

在提示下输入 SA，切换到"另存为"选项。

[2] 系统询问要保存的布局名字时，输入相应的名字。

[3] 按 Enter 键出现"创建图形文件"对话框，如图 10-23 所示。

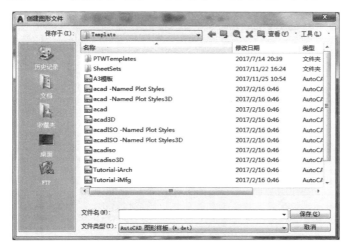

图 10-23　"创建图形文件"对话框

[4] 在"创建图形文件"对话框的"文件名"输入框中输入文件的名字，单击 保存(S) 按钮，布局样板文件保存到指定目录中，以备用户需要时调用。

10.4　浮 动 视 口

扫码看视频

在布局窗口中，可以将浮动视口当做图纸空间的图形对象，用户可以利用夹点功能改变浮动窗口的大小和位置，如图 10-24 所示。浮动视口还可以用删除命令删除。

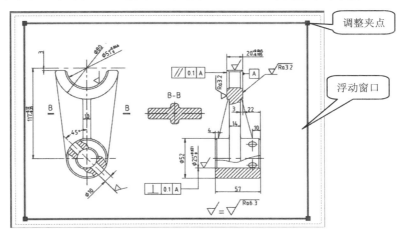

图 10-24　浮动视口的夹点

10.4.1　进入浮动模型空间

刚进入布局窗口时，默认的是图纸空间。用户可以在浮动窗口中双击进入浮动模型空间，如图 10-25 所示。

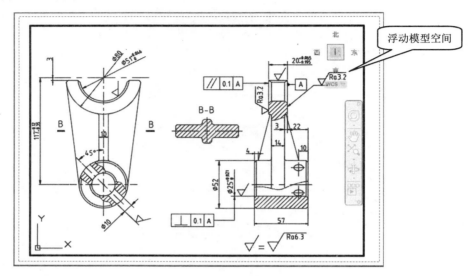

图 10-25　浮动模型空间

要从浮动模型空间重新进入图纸空间，可双击浮动模型窗口外的任一点。

当用户在浮动模型空间进行工作时，浮动模型窗口中所有视图都是被激活的。当用户在当前的浮动模型窗口进行编辑时，所有的浮动视口和模型空间均会反映这种变化。注意当前浮动模型窗口的边框线是较粗的实线，在当前视口中光标的形状是十字准线，在窗口外是一个箭头。通过这个特点，用户可以分辨当前视口。

另外，大多数的显示命令（如 ZOOM、PAN 等）仅影响当前视口（模型空间），故用户可利用这个特点在不同的视口中显示图形的不同部分。

在布局窗口中，如果在图纸空间状态下执行缩放、绘图、修改等命令，则仅在布局上绘图，而没有改动模型本身。这种修改在布局出图时会被打印出来，但是对模型本身没有影响。例如，在图纸空间状态下书写一些文本后，单击工作区左下角 模型 选项卡切换到模型窗口，会发现书写的文本并没有加入到模型中。利用这个特性，可以为同一个模型创建多个图纸布局和打印方案。

10.4.2　删除、创建和调整浮动视口

要删除浮动视口，可以直接单击浮动视口边界，然后单击删除工具。要改变视口的大小，可以选中浮动视口边界，这时在矩形边界的四个角点出现夹点，选中夹点拖动鼠标就可以改变浮动视口的大小，如图 10-26 所示。要改变浮动视口的位置，可以把鼠标指针移至浮动视口边界上，拖动鼠标就可以改变视口的位置。

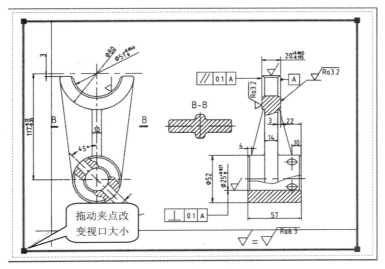

图 10-26　改变视口的大小

　　由于系统默认只有一个视口，如果用户需要多个视口，可以自己创建。下面以建立两个视口为例说明视口的创建步骤。

　　[1] 单击视口边框，按 Delete 键删除不需要的视口，然后执行"视图"→"视口"→"两个视口"命令。

　　[2] 系统询问视口排列方式，直接按 Enter 键。

　　[3] 系统提示："指定第一个角点或 [布满(F)] <布满>:"，直接按 Enter 键，如图 10-27所示。

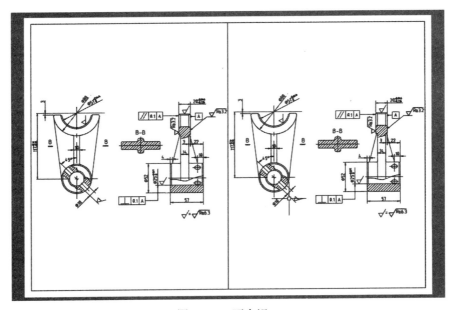

图 10-27　两个视口

　　[4] 进入左边的浮动窗口模型空间，可以改变图形的位置和大小，然后调整视口的大小。这样可以用一个视口显示整幅图形,而用另一个视口显示图形的某一个局部，如图 10-28 所示。

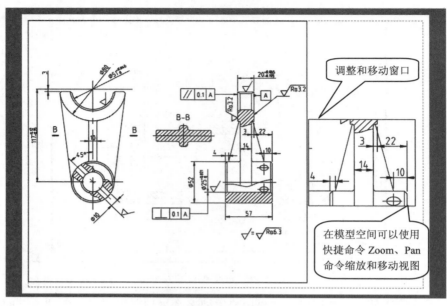

图 10-28　视口编辑

10.4.3　控制视口中的图形对象显示

1. 冻结层

用户可以利用"图层特性管理器"选项板在一个视口中冻结某层，使处于该层的图形对象不显示，而不会影响其他窗口。在图 10-28 右边的视口中双击进入模型状态，然后利用"图层特性管理器"选项板冻结标注层，如图 10-29 所示。单击"尺寸线"行的视口冻结图标 使之变为 ，这时右边窗口中的标注消失，但这并不影响其他窗口的显示，如图 10-30 所示。

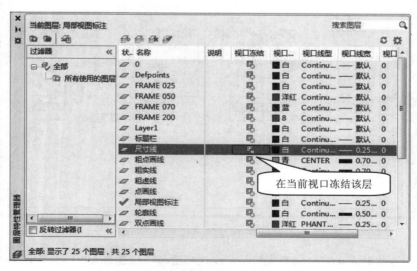

图 10-29　"图层特性管理器"选项板

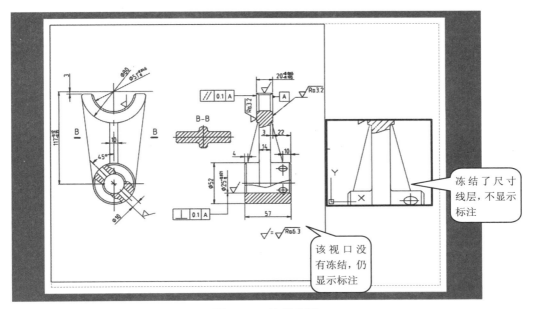

图 10-30 冻结某层

如果用户不需要打印视口的边界，可以把视口边界单独放在一层，然后冻结此层，如图 10-31 所示（把左视口边界放在一层，然后冻结该层）。

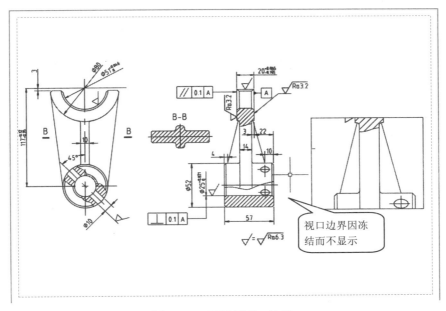

图 10-31 不显示视口边界

2. 打开和关闭浮动窗口

重新生成每一个视口时，显示较多数量的活动浮动视口会影响系统性能，此时可以通过关闭一些窗口或限制活动窗口的数量来节省时间。另外，如果不希望打印某个视口，也可以将它关闭。

用户可以使用"特性"选项板打开和关闭视口，操作步骤如下：

[1] 在布局中选择要打开和关闭的视口，如图 10-31 中的右视口。

[2] 使用鼠标右键快捷菜单中的"特性"选项，打开"特性"选项板，如图 10-32 所示。

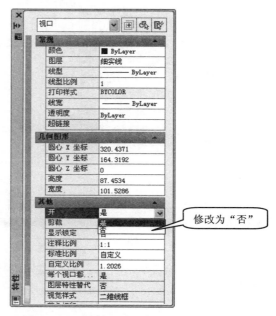

图 10-32 "特性"选项板

[3] 在"其他"栏中，把"是"选项设置为"否"，这时就关闭了视口，如图 10-33 所示。利用"特性"选项板同样可以打开关闭了的视口。

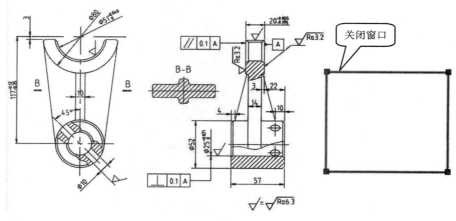

图 10-33 关闭视口

10.4.4 设置图纸的比例尺

设置比例尺是出图过程中一个重要的步骤，在任何一张正规图纸的标题栏中，都有比例一栏需要填写。该比例是图纸中图形与其实物相应要素的线性尺寸之比。

AutoCAD 绘图和传统的图纸绘图在设置比例尺方面有很大的不同。传统的图纸绘图的比例尺需要开始就确定,绘制出的是经过比例换算的图形。而 AutoCAD 绘图过程中,在模型空间始终按照 1∶1 的实际尺寸绘图。在出图时,才按照比例将模型缩放到布局图上,然后打印。

如果要查看当前布局的比例,可以在浮动窗口内双击进入模型空间,在状态栏显示的就是图纸空间相对于模型空间的比例,如图 10-34 所示。用户可以修改这个比例。

图 10-34 "视口"工具栏

因为在模型空间中是按照 1∶1 比例进行绘图的,而在图纸空间中布局图又是按照 1∶1 打印的,因此图纸空间相对于模型空间的比例,就是图纸中图形与其实物相应要素的线性尺寸之比,也就是标题栏里填写的比例。

提示: 只有布局图处于模型空间状态,状态栏中显示的数值才是正确的比例。

10.5 创建非矩形视口

扫码看视频

可以将在图纸空间中绘制的对象转换为视口,这样可以创建具有不规则边界的新视口。

MVIEW 命令的"对象"和"多边形"选项有助于定义形状不规则的视口。将图纸空间中绘制的对象转换为视口,即可创建具有不规则边界的新视口。

使用"对象"选项,可以选择对象,并将其转换为视口。定义不规则边界的多段线可以包含弧线或直线段,它们可以自交,但必须包含至少 3 个顶点。视口创建之后,定义不规则边界的多段线将与这个视口关联起来。

如图 10-35 所示,在图纸空间绘制一个圆,然后执行"视图"→"视口"→"对象"命令,在系统提示下选择要剪切视口的对象(如图纸空间绘制的圆),就会形成一个非矩形视口。用户可以根据需要调整图形比例和位置,也可以利用视口边界的句柄调整视口形状。

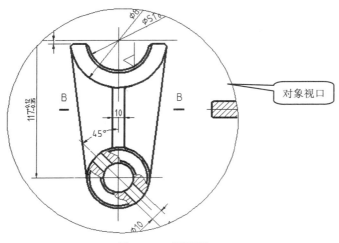

图 10-35 圆形视口

定义不规则视口的边界时，AutoCAD 将计算选定对象所在的范围，在边界的角上放置视口对象，然后根据边界中指定的对象剪裁视口。

用户还可以使用"视图"→"视口"→"多边形视口"命令创建多边形视口，"多边形"选项用于根据指定的点创建不规则视口，其命令提示序列与创建多段线一样。图 10-36 所示为使用多边形创建的视口。

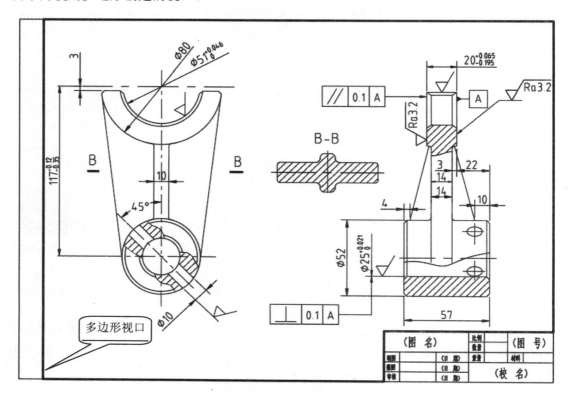

图 10-36　多边形视口

10.6　相对于图纸空间视口的尺寸缩放

扫码看视频

如图 10-37 所示两个视口中的标注文字大小不一致，这是因为两个图形是同一图形按不同的比例显示在图纸空间形成的。现在的任务是如何使尺寸文字字高与整个图形相匹配。

左窗口中的尺寸标注是按照这样的原则进行的：比如布局空间视口比例是 2：1，也就是要将模型空间的图形放大 2 倍，这样标注文字也要放大 2 倍。那么在设置标注样式时可以设置文字高度为标准高度（如 5mm，这是图纸上要求的），在"标注样式"对话框的"调整"选项卡中设置标注特征比例，如图 10-38 所示，设置全局比例为 0.5。这样在比例为 2：1 布局视口显示的文字高度就会正好是 5mm（5mm×2=10mm，缩小 1 倍正好为 5mm）。但其他不按此比例缩放的视口中的文字就会变得大小不一致（如右视口）。

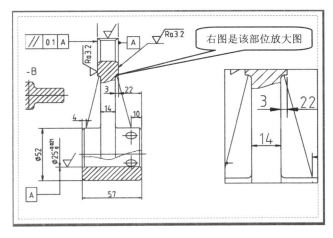

图 10-37　文字字高尺寸不一致　　　　　　　图 10-38　设置标注特征比例

解决这个问题的步骤如下：

[1] 首先冻结右窗口的尺寸标注层，然后定义一个层（如"局部视图标注"，并且在左窗口中冻结该层）以存放局部视图的标注。把该层置为当前层。

[2] 建立一个新的标注样式（如局部标注），注意要将"标注样式"对话框的"调整"选项卡中设置标注特征比例为"将标注缩放到布局"（这样在图纸空间标注的文字高度就是标注样式中设置的文字高度）。

[3] 在"局部视图标注"层使用"局部标注"标注样式在右视口标注尺寸，这样标注文字的大小就一致了，如图 10-39 所示。

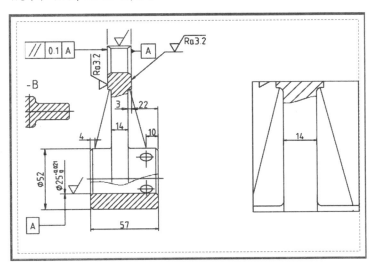

图 10-39　标注右视口尺寸

提示：使用"将标注缩放到布局"选项调整尺寸标注的几何参数，能使在布局视口内标注尺寸时，由系统根据布局视口与图纸幅面之间的比例，自动调整标注几何参数的图形大小，且能反映被标注对象的真实尺寸，是一种有效的尺寸标注方法。

10.7 注释性对象在布局打印时的应用

扫码看视频

10.7.1 注释性对象

将注释添加到图形中时，用户可以打开这些对象的注释性特性。这些注释性对象将根据当前注释比例设置进行缩放，并自动以正确的大小显示。

注释性对象按图纸高度进行定义，并以注释比例确定的大小显示。

以下对象可以为注释性对象（具有注释性特性）：

- 标注。可以建立注释性标注样式，在"标注样式管理器"中选择一种样式作为基础样式，单击 新建(N)... 按钮，出现"创建新标注样式"对话框，选中"注释性"复选框，然后与创建非注释性样式一样建立标注样式。用注释性标注样式标注的尺寸都带有注释性。对于已有的非注释性尺寸标注可以修改其注释特性：选择尺寸标注，打开"特性"选项板，把注释选项修改为"是"即可。

- 公差。这里讲的公差为几何公差标注，用户可以先标注几何公差，然后使用"特性"选项板，把注释选项修改为"是"。

- 块。单击"块创建"按钮 ，打开"块定义"对话框，选中"注释性"复选框，其他操作与前面讲的非注释性块创建一样，这样可以创建注释性的块。插入图形的注释性块参照都具有注释性。

- 属性。定义属性时执行"绘图"→"块"→"定义属性"命令，打开"属性定义"对话框，选中"注释性"复选框即可。

- 引线和多重引线。对于引线，可以先绘制引线，然后使用"特性"选项板，把注释选项修改为"是"即可；对于多重引线，可以先创建注释性多重引线样式，然后使用该样式标注。

- 文字。可以建立注释性文字样式，在"文字样式"对话框中单击 新建(N)... 按钮，选中"注释性"复选框，然后跟创建非注释性文字一样建立注释性文字样式。用注释性文字样式书写的文字都带有注释性。对于已有的非注释性文字可以修改其注释特性：选择文字，打开"特性"选项板，把注释选项修改为"是"即可。

- 填充。在图案填充时，在"图案填充和渐变色"对话框中选中"注释性"复选框即可。对于已有的非注释性填充可以修改其注释特性：选择填充，打开"特性"选项板，把注释选项修改为"是"即可。

10.7.2 布局中注释性对象的显示

在规范的工程图纸中，文字、标注、表面结构、基准、剖面线应该有统一的标准，在 AutoCAD 中对这些对象进行大小设置后（工程图默认的比例是 1∶1），对于 1∶1 的出图比例，可以很好地贯彻标准，但是在非 1∶1 的出图比例中，需要对这些对象单独进行比例调整，非常不方便。设置注释性特性的目的是为了在非 1∶1 比例出图的时候不用费周折调整文字、标注、表面结构、基准、剖面线等的比例。

　　因为在模型空间中我们使用 1∶1 的比例绘图，所以插入的注释性对象的注释性比例是 1∶1。如果在布局中有多个不同比例的视口（如 1∶2 和 2∶1），为了让注释性对象在不同比例的窗口中按标准大小显示，需要为这些对象添加同样的注释性比例。

　　选择注释性对象，右击，在快捷菜单上选择"特性"选项，单击注释性比例行，在出现的 [▣] 按钮上单击，出现"注释对象比例"对话框，使用 [添加(A)…] 按钮添加需要的比例，比如将来要在 1∶2 的视口中正确显示文字，就应该为注释性文字添加一个 1∶2 的注释性比例。

　　如果要给所有的注释对象添加注释性比例，可以单击激活按钮 人 （注释比例更改时自动将比例添加到注释性对象），然后使用 人 1:1 / 100% ▾ 按钮选择注释比例。每次选择的注释比例都都会自动添加到所有注释性对象中。

　　这样在布局视口中就会正确显示具有同样注释比例的注释性对象了。

　　打开图 10-40 所示的模型文件，其中使用的表面结构块、几何公差、文字、尺寸标注和图案填充都是注释性对象。

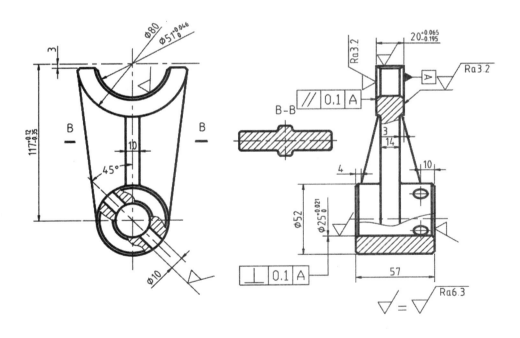

图 10-40　模型文件

　　进入布局，建立两个视口，调整至两个视口的显示比例不一样（如左边视口比例是 1∶1，右边视口比例是 2∶1），此时会发现两个视口的注释（必须保证注释性对象有 1∶1 和 2∶1 两种注释比例）大小（包括剖面线的疏密程度）是一样的，都按照设置的大小正确显示，如图 10-41 所示。注释性对象的使用解决了出图时标注对象大小不一致的问题。

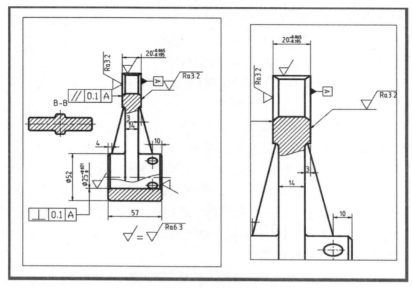

图 10-41　布局显示

10.8　打　　印

扫码看视频

创建一个打印布局一般需要进行下列工作：

- 页面设置，包括打印设备和布局设置。
- 安排浮动视口、调整显示内容、指定比例。
- 冻结浮动窗口边框。
- 插入标题栏和书写文字说明等。

完成之后的布局如图 10-42 所示。这些工作完成后，就可以打印布局了。

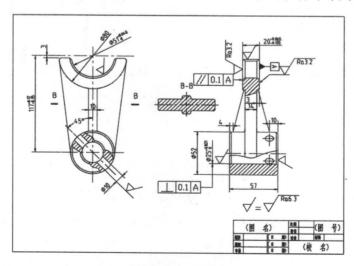

图 10-42　布局图

打印步骤如下：

[1]　进入要打印的布局，单击"快速访问工具栏"的打印按钮 🖨，或者执行"文件"→"打印"命令，打开"打印"对话框，如图 10-43 所示。

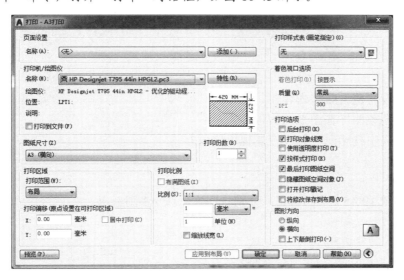

图 10-43　"打印"对话框

[2]　如果要打印布局，此对话框设置不用改动。用户可以在打印前预览一下打印效果。

[3]　单击 预览(P)... 按钮，预览打印效果如图 10-44 所示。通过完全预览可以了解图形是否打印完整、是否存在偏移等情况。然后右击，出现快捷菜单，选择"退出"选项，返回"打印"对话框做相关调整，再进行预览直到满意为止。

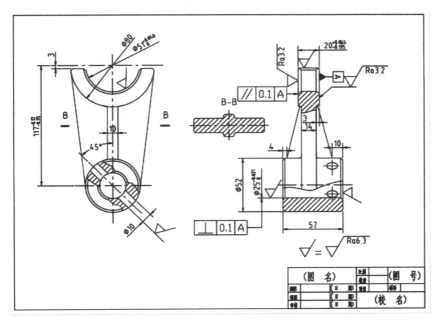

图 10-44　完全预览效果

[4] 预览效果满意后就可以单击 确定 按钮进行打印了。

10.9　思考与练习

1．概念题

（1）页面设置包含哪些内容？

（2）怎样调整图样在图纸上的位置？

（3）在布局中打印时，怎样控制视口比例？

2．操作题

完整绘制图 10-45 和图 10-46，分别打印在一张 A3 图纸上。

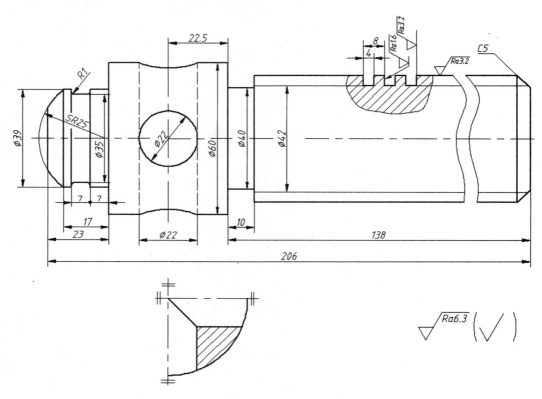

图 10-45　习题图 1

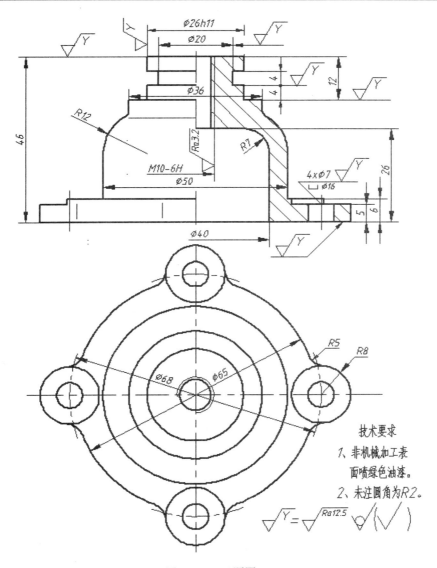

图 10-46　习题图 2

第11章 图 纸 集

本章重点

- 创建图纸集
- 建立子集
- 新建图纸
- 图纸集发布及查看

对于大多数设计组，图形集是主要的提交对象。图形集用于传达项目的总体设计意图并为该项目提供文档和说明。然而，手动管理图形集的过程较为复杂和费时。

使用图纸集管理器，可以将图形作为图纸集管理。图纸集是一个有序命名集合，其中的图纸来自几个图形文件，如图 11-1 所示。图纸是从图形文件中选定的布局。可以从任意图形将布局作为编号图纸输入到图纸集中。用户可以将图纸集作为一个单元进行管理、传递、发布和归档。

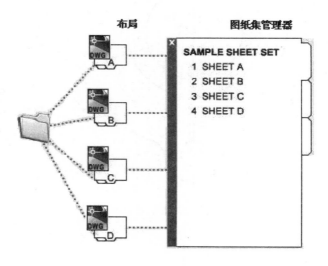

图 11-1　图纸集形成示例

11.1　创建图纸集

扫码看视频

创建图纸集前需要作好的准备工作如下：

- 合并图形文件。建议将要在图纸集中使用的图形文件移动到少数几个文件夹中，这样可以简化图纸集的管理。

- 避免使用多个布局选项卡。建议在每个要用于图纸集的图形中仅包含一个用作图纸的布局。对于多用户访问的情况，这样做是非常必要的，因为一次只能在一个图形中打开一张图纸。
- 创建图纸创建样板。创建或确定图纸集用来创建新图纸的图形样板文件(DWT)。此图形样板文件称为图纸创建样板。在"图纸集特性"对话框或"子集特性"对话框中指定此样板文件。
- 创建页面设置替代文件。创建或指定 DWT 文件来存储页面设置，以便打印和发布。DWT 文件称为页面设置替代文件，可用于将一种页面设置应用到图纸集中的所有图纸，并替代存储在每个图形中的各个页面设置。

创建图纸集有"从图纸集样例创建图纸集"和"从现有图形文件创建图纸集"两种途径，这里以后者为例讲述创建步骤。

提示：在"创建图纸集"向导中，选择"从现有图形文件创建图纸集"时，需指定一个或多个包含图形文件的文件夹。使用此选项，可以指定让图纸集的子集组织复制图形文件的文件夹结构。这些图形的布局可自动输入到图纸集中。

---

[1] 组织文档结构，如"齿轮油泵"文件夹下包含"外壳""轴"和"其他"3 个子文件夹，在子文件夹中组织包含布局的文件。

[2] 单击"视图"选项卡→"选项板"面板→图纸集管理器按钮，出现如图 11-2 所示的"图纸集管理器"选项板。

图 11-2　"图纸集管理器"选项板

[3] 在"图纸列表控件"下拉列表中选择"新建图纸集"，出现如图 11-3 所示的"创建图纸集-开始"对话框。

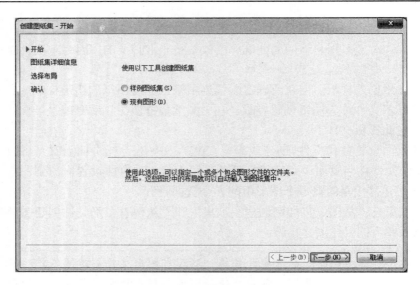

图 11-3 "创建图纸集-开始"对话框

[4] 选择"现有图形"单选按钮,单击 下一步(N) > 按钮,出现如图 11-4 所示的"创建图纸集-图纸集详细信息"对话框,修改图纸集名称和保存的目录,还可以单击 图纸集特性(P) 按钮,使用如图 11-5 所示的"图纸集特性-齿轮油泵"对话框进行特性设置。

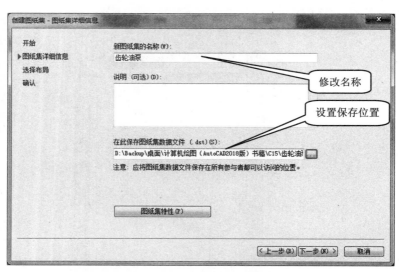

图 11-4 "创建图纸集-图纸集详细信息"对话框

[5] 单击 下一步(N) > 按钮,出现"创建图纸集-选择布局"对话框,单击 输入选项(D)... 按钮,出现如图 11-6 所示的"输入选项"对话框,选择"根据文件夹结构创建子集"和"忽略顶层文件夹"复选框。确定后单击"创建图纸集-选择布局"对话框的 浏览(W)... 按钮,出现如图 11-7 所示的"浏览文件夹"对话框,选择"齿轮油泵"文件夹,单击 确定 按钮。这时文件夹中的图纸全部输入到图纸集中了,如图 11-8 所示。

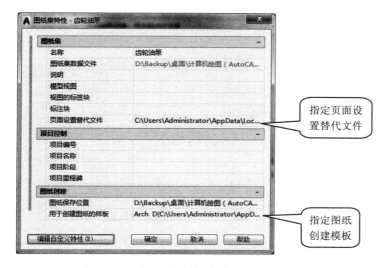

图 11-5　"图纸集特性-齿轮油泵"对话框

图 11-6　"输入选项"对话框

图 11-7　"浏览文件夹"对话框

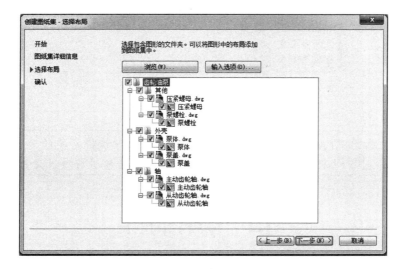

图 11-8　输入图纸

[6] 单击 下一步(N) 按钮弹出 "创建图纸集-确认" 对话框，如图 11-9 所示，单击 完成 按钮完成图纸集创建。

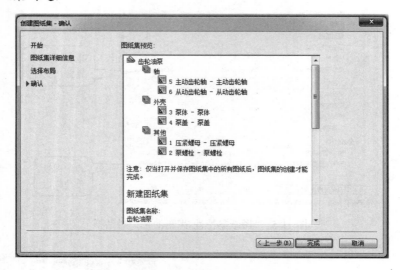

图 11-9 "创建图纸集-确认" 对话框

[7] 这时 "图纸管理器" 选项板如图 11-10 所示。在指定的图纸集存放目录中会出现名为 "齿轮油泵.dst" 的文件。

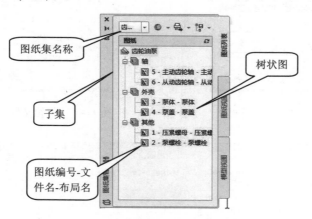

图 11-10 "图纸管理器" 选项卡

提示：在树状图中的 "齿轮油泵" 图纸集名上使用右键快捷菜单的 "特性" 选项，同样可以使用如图 11-5 所示的 "图纸集特性-齿轮油泵" 对话框进行特性设置。

11.2 整理图纸集

扫码看视频

用户可以使用 "图纸管理器" 选项卡下拉列表中的 "打开" 选项打开保存的图纸集文

件（*.dst），可以使用快捷菜单建立子集、新图纸，还可以通过拖曳的方法调整图纸的位置。

11.2.1　建立子集

如果要建立一级子集，在图纸集名称上右击，选择快捷菜单的"新建子集"选项，出现如图 11-11 所示的"子集特性"对话框，输入子集名称（如填充物）。单击 确定 按钮，一个新子集就出现了，如图 11-12 所示。要创建下级子集，在子集上选择相应的快捷菜单命令即可。

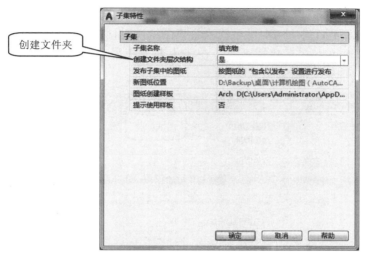

图 11-11　"子集特性"对话框

用户可以在子集名称或图纸上按下鼠标，拖动到需要的位置放开鼠标即可改变其顺序，如图 11-13 所示。可以使用快捷菜单删除子集或图纸。注意如果子集有下一级子集，要删除子集，需先删除下级的内容。

图 11-12　新建子集

图 11-13　改变顺序

提示： 在图纸上使用快捷菜单中的"重命名并重新编号"选项，可以打开"重命名并重新编号"对话框，对图纸进行重新编号等操作。

11.2.2 新建图纸

如果要往图纸集中添加图纸，有两种方法：新建图纸和将布局作为图纸输入。

1. 新建图纸

例如要在"填充物"子集内加一张图纸，可在子集名称上右击，选择快捷菜单的"新建图纸"选项，出现如图 11-14 所示的"新建图纸"对话框，并进行如图所示的设置。对话框中的图纸样板可以在新建图纸前，在子集名上使用右键快捷菜单中的特性选项进行设置。

图 11-14 "新建图纸"对话框

单击 确定 按钮，图纸集如图 11-15 所示。在图纸上双击就可以打开"盘盖填料.dwg"文件，文件中有一个以默认样板建立的名字为"盘盖填料"布局。用户可以使用这个布局组织新图样。

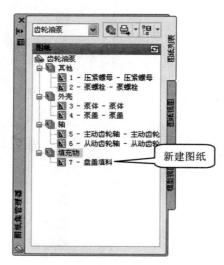

图 11-15 新建图纸

2．将布局作为图纸输入

例如需要在"填充物"子集内再加一张图纸，可在子集名称上右击，选择快捷菜单的"将布局作为图纸输入"选项，出现"按图纸输入布局"对话框，如图 11-16 所示。单击按钮 浏览图形(B)... ，出现"选择图形"对话框，选择包含要输入布局的图形文件；此时在列表中显示了可输入的布局，单击 输入选定内容(I) 按钮，布局就作为图纸输入到图纸集中了。在图纸上使用鼠标右键打开快捷菜单，选择"重命名并重新编号"选项，可以为图纸重新编号，比如把刚插入的图纸编号改为"8"。

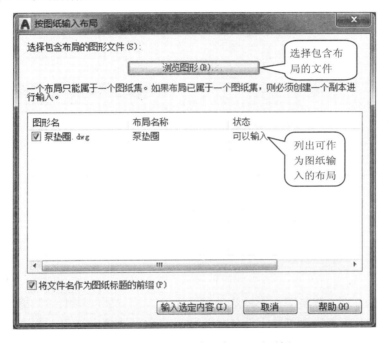

图 11-16　"按图纸输入布局"对话框

11.3　图　纸　清　单

扫码看视频

用户可以方便地在图纸集中插入图纸清单。下面是插入图纸清单的步骤（参见图 11-17）。

[1] 在"齿轮油泵"图纸集名称上右击，选择快捷菜单的"新建图纸"命令，建立一张放图纸清单表格的图纸（图纸编号为 0，名称为"图纸清单"），如图 11-18 所示。

[2] 双击打开"图纸清单"图纸，在"齿轮油泵"图纸集名称上右击，选择快捷菜单的"插入图纸一览表"命令，出现"图纸一览表"对话框，进行如图 11-19 所示的设置。

[3] 设置完毕，单击 确定 按钮，系统提示输入表格的插入点，在图纸上的合适位置单击，一个图纸清单就完成了，如图 11-20 所示。

图 11-17　图纸集

图 11-18　新建图纸

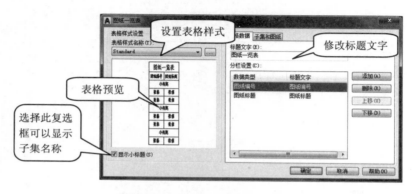

图 11-19　"图纸一览表"对话框

如果图纸删除或修改名字，图纸清单可以更新。例如删除图纸 8，然后选择图纸清单表格并在其上右击，在快捷菜单上选择"更新表格数据链接"选项，则表格会自动修改，如图 11-21 所示。

图纸一览表	
图纸编号	图纸标题
0	图纸清单
其他	
1	压紧螺母 — 压紧螺母
2	泵螺栓 — 泵螺栓
外壳	
3	泵体 — 泵体
4	泵盖 — 泵盖
轴	
5	主动齿轮轴 — 主动齿轮轴
6	从动齿轮轴 — 从动齿轮轴
填充物	
7	盘盖填料
8	泵垫圈 — 泵垫圈

图 11-20　图纸清单

图纸一览表	
图纸编号	图纸标题
0	图纸清单
其他	
1	压紧螺母 — 压紧螺母
2	泵螺栓 — 泵螺栓
外壳	
3	泵体 — 泵体
4	泵盖 — 泵盖
轴	
5	主动齿轮轴 — 主动齿轮轴
6	从动齿轮轴 — 从动齿轮轴
填充物	
7	盘盖填料

图 11-21　更新图纸清单

11.4 图纸集发布

扫码看视频

在图纸集名称上右击，选择快捷菜单的"发布"→"发布对话框"命令，将出现如图 11-22 所示的"发布"对话框。其"图纸名"列表中包含要发布的图纸，使用该栏上面的工具按钮可以进行添加、删除图纸等操作。

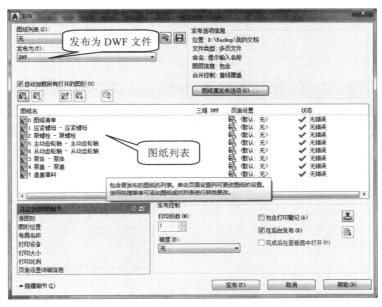

图 11-22 "发布"对话框

选择发布为 DWF 文件，单击 **图纸集发布选项(O)...** 按钮，出现"图纸集 DWF 发布选项"对话框，设置如图 11-23 所示，单击 **确定** 按钮返回。

图 11-23 "图纸集 DWF 发布选项"对话框

单击 发布(P) 按钮，系统提示输入 DWF 文件的名称，如"齿轮油泵"，单击 选择(S) 按钮就开始发布了。一段时间后右下角气泡提示框会提示发布完成，如图 11-24 所示。

图 11-24　Autodesk DWF 发布提示

到保存文件目录下双击"齿轮油泵.dwf"文件就可以打开它（用户需要安装 Autodesk DWF Viewer 应用程序），如图 11-25 所示。用户也可以把这个文件发给别人查看。

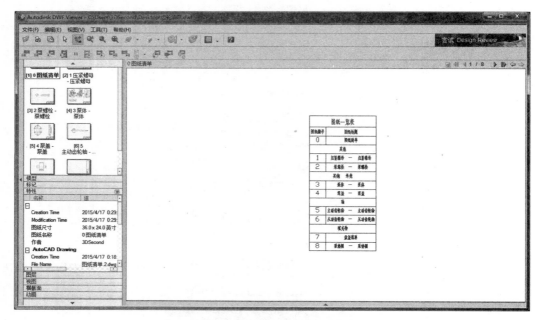

图 11-25　Autodesk DWF Viewer

11.5　思考与练习

1．概念题

（1）创建图纸集之前要进行哪些准备工作？

（2）简述建立子集的操作步骤？

（3）简述新建图纸的操作步骤？

（4）怎样插入图纸清单？

2．选择题

（1）图纸集中的图纸在出现下列（　　　）变化后，图纸一览表在更新图纸清单后会出现变化。

A．图纸的增加

B．图纸的删除

C．图纸的编号

D．以上都是

（2）关于图纸集、子集和图纸，下列说法正确的是（　　　）。

A．不可以定义图纸集的自定义特性

B．不可以定义图纸的自定义特性

C．不能创建子集的自定义特性

D．图纸集、子集和图纸均可以自定义特性